高等学校建筑环境与能源应用工程专业规划教材

工 业 通 风

（第四版修订本）

孙一坚　沈恒根　主编

中国建筑工业出版社

图书在版编目（CIP）数据

工业通风/孙一坚，沈恒根主编．—4版．—北京：中国建筑工业出版社，2010（2024.1重印）
高等学校建筑环境与能源应用工程专业规划教材
ISBN 978-7-112-11755-0

Ⅰ．工…　Ⅱ．①孙…②沈…　Ⅲ．通风除尘-高等学校-教材　Ⅳ．TU834

中国版本图书馆CIP数据核字（2010）第010331号

本书系统地讲述了工业通风的原理、设计和计算方法，其中对各种局部排风罩的工作原理、常用除尘器的除尘机理及有害气体吸收和吸附的机理做了较为详细的介绍。增加了蒸发冷却通风、通风除尘系统的运行调节等内容。

本版在《工业通风》（第三版）的基础上修订而成，根据近年来工业通风技术的发展、与本专业有关的国家标准规范的修订变化以及注册公用设备工程师（暖通空调专业）考试与通风相关的内容要求，对本书相关内容进行了修改。新增了全面通风方式的分类、蒸发冷却通风、滤筒式除尘器、电袋组合式除尘器、通风（除尘）系统的运行调节等内容。

责任编辑：姚荣华　张文胜
责任设计：崔兰萍
责任校对：赵　颖　王雪竹

高等学校建筑环境与能源应用工程专业规划教材
工　业　通　风
（第四版修订本）
孙一坚　沈恒根　主编
*
中国建筑工业出版社出版、发行（北京西郊百万庄）
各地新华书店、建筑书店经销
霸州市顺浩图文科技发展有限公司制版
天津翔远印刷有限公司印刷
*
开本：787×1092毫米　1/16　印张：16½　字数：399千字
2010年3月第四版　2024年1月 第五十三次印刷
定价：**32.00**元
ISBN 978-7-112-11755-0
（24000）

第四版修订本说明

本书自1980年出版至今，历经第一版、第二版、第三版共30次印刷及第四版的7次印刷。由于教材内容深入浅出，结合工程实际，除满足建筑环境与能源应用工程专业（即原供热、供燃气、通风与空调专业）使用外，还被从事本专业的工程技术人员作为主要专业用书参考。

本书第四版由湖南大学孙一坚、东华大学沈恒根对全书进行修订和编写工作。第四版修订本对发现的问题又做了纠正。第四版修订过程中，我们力求继承传统，以阐明工业通风的基本原理和基本规律为主，同时尽量注意理论联系实际，反映近年来在本学科领域的最新成果。应该说明，第四版是在第三版基础上进行的工作，保留了原书所给出的专业基础理论方面的分析和论述。在第三版中，陈在康教授、谭天祐教授、叶龙教授等做了大量工作，第四版中也包含了他们的贡献。

本版仍保持原书的编排方式和教材风格，每章后有思考题、习题。根据近年来工业通风技术的发展、与本专业有关的国家标准规范的修订变化以及注册公用设备工程师（暖通空调专业）考试与通风相关的内容要求，对本书相关内容进行了修改。修订与编写过程中，参考了《机械工业采暖通风与空气调节设计手册》、《实用供热空调设计手册》、暖通空调有关设计标准规范及大量的刊物论文，在此向有关作者致谢。

本书在编写过程中得到中国建筑工业出版社的支持和帮助，谨致谢意。

本书出版后经过一段时间的使用，发现了其中的一些错漏之处，主要表现在文字表述、符号、公式表示和一些数据等方面。为了修正发现的错漏，特出版该修订本。

敬请读者对本书的不足之处，提出批评指正。

第三版说明

根据供热通风、空调及燃气工程学科专业指导委员会的审定，由我们负责对1985年版的《工业通风》教材进行修订和改编。在修订过程中，我们力求继承传统，发扬优点，克服不足之处。本教材以阐明工业通风的基本原理和基本规律为主，同时尽量注意理论联系实际，反映近年来在本学科领域国内外的最新成果。

目前计算机的运用日益普及，为提高学生运用计算机解决本门学科问题的能力，在第三、六章相应增加了有关内容，各校可根据本校实际情况自行处理。这部分内容可作为学生上机时的参考。

本书由湖南大学孙一坚主编，第一，二、三、五、七章由孙一坚、陈在康编写，第四、八章由谭天祐编写。本书由西安冶金建筑学院叶龙教授主审。

本书在编写过程中得到学科专业指导委员会的的支持和帮助，谨致谢意。

敬请读者对本书的不足之处，提出批评指正。

前　言

通风工程在我国实现四个现代化的进程中，一方面起着改善居住建筑和生产车间的空气条件，保护人民健康、提高劳动生产率的重要作用，另一方面在许多工业部门又是保证生产正常进行，提高产品质量所不可缺少的一个组成部分。通风工程在内容上基本上可分为工业通风和空气调节两部分。工业通风的主要任务是，控制生产过程中产生的粉尘、有害气体、高温、高湿，创造良好的生产环境和保护大气环境。随着工业生产的不断发展，散发的工业有害物日益增加，例如全世界每年估计排入大气的粉尘约为1亿吨，硫氧化物（SO_x）高达1.5亿吨。这些有害物如果不进行处理，会严重污染室内外空气环境，对人民身体健康造成极大危害。例如工人长期接触、吸入 SiO_2 粉尘后，肺部会引起弥漫性纤维化，到一定程度便形成“硅肺”。大气污染的影响范围广，后果更加严重。我们的国家是社会主义国家，人民群众是国家真正的主人，搞好劳动保护和环境保护，为广大人民群众创造良好的劳动和生活环境是我们从事通风工程科研、设计和施工工作人员的崇高职责。

本教材在编写过程中，力求以阐明基本规律和基本理论为主要目的，尽量做到理论联系实际，反映本门学科的现代先进水平。

考虑到环境保护工作日益重要，本教材对除尘器的除尘机理作了较详细的阐述。关于有害气体吸收、吸附机理的介绍也适当加强，为学生今后进一步掌握这方面的理论打下初步基础。

考虑到气力输送系统在工业上的应用日益广泛，它具有工艺与除尘结合的特点，而且它的基本计算方法与通风除尘系统类似。因此，本书对气力输送系统的设计计算作了简要介绍。

测试技术是对通风系统进行检验、改进和研究的重要手段。为此本书介绍了与工业通风系统有关的常用测试仪表和测试方法。

本课程重点讲述通风排气系统及进排气的净化方法。有关进气处理的内容将在《空气调节》中讲述。有关流体力学和通风机的原理将在《流体力学泵与风机》中讲述。

本书有不足之处，恳请读者批评指正。

目　　录

第1章　工业污染物及其防治的综合措施

在工业生产过程中散发的各种污染物（颗粒物、污染蒸气和气体）以及余热和余湿，如果不加控制，会使室内外环境空气受到污染和破坏，危害人类的健康、动植物的生长，影响生产过程的正常运行。因此，控制工业污染物对室内外空气环境的影响和破坏，是当前急需解决的问题。工业通风就是研究这方面问题的一门技术。为了控制工业污染物的产生和扩散，改善车间空气环境和防止大气污染，本章将对如下问题进行介绍与分析：

（1）了解工业污染物产生的原因和散发的机理；

（2）认识各种工业污染物对人体及工农业生产的危害；

（3）明确室内外环境空气要求达到的卫生标准和排放标准规定的控制目标；

（4）阐明改善环境空气条件的综合措施。

1.1　颗粒物、污染气体的来源及危害

1.1.1　颗粒物的来源及其对人体的危害

（1）颗粒物的来源

颗粒物（PM，Parricles Mater 的简写）是指能在空气中浮游的微粒，有固态颗粒物、液态颗粒物。工业领域中大多是粉尘，即固态颗粒物，它主要产生于冶金、机械、建材、轻工、电力等许多工业部门的生产过程，本书中若无特指均指固体颗粒物。其来源主要有以下几个方面：

1）固体物料的机械粉碎和研磨，例如选矿、耐火材料车间的矿石破碎过程和各种研磨加工过程；

2）粉状物料的混合、筛分、包装及运输，例如水泥、面粉等的生产和运输过程；

3）物质的燃烧，例如煤燃烧时产生的烟尘量，占燃煤量的10%以上；

4）物质被加热时产生的蒸气在空气中的氧化和凝结，例如矿石烧结、金属冶炼等过程中产生的锌蒸气，在空气中冷却时，会凝结、氧化成氧化锌固体微粒。烟气中 SO_2、NO_x 进入大气衍生的硫酸盐、硝酸盐微粒。

第1）、2）两种来源属于物料物理形态与尺度的变化产生的颗粒物，其尺度相对较大，称为灰尘。第3）种来源属于物料的化学变化产生的颗粒物，若化学变化的残灰随烟进入气体中，则颗粒物尺度相对较大，常见为烟尘。如果其残灰未进入气体中，则气体中的颗粒物尺度相对较小，称为烟。例如香烟燃烧产生的烟和烟灰，其中烟的颗粒物尺度较小，达到微米级及其以下，而烟灰的颗粒物尺度相对较大。第4）种来源属于气态相变成固态产生的的颗粒物，其尺度也比较小。

当一种物质的微粒分散在另一种物质之中可以构成一个分散系统，我们把固体或液体微粒分散在气体介质中而构成的分散系统称为气溶胶。当分散在气体中的微粒为固体时，

通称为含尘气体，当分散在气体中的微粒为液体时，通称为雾。

按照环境空气质量，对颗粒物分类为：

总悬浮颗粒物（TSP，Total Suspended Particle 的简写）：指悬浮在空气中，空气动力学当量直径≤100μm 的颗粒物。

可吸入颗粒物（PM_{10}）：指悬浮在空气中，空气动力学当量直径≤10μm 的颗粒物。

呼吸性颗粒物（$PM_{2.5}$）：指悬浮在空气中，空气动力学当量直径≤2.5μm 的颗粒物。

按照气溶胶的来源及性质，可分为：

1）灰尘（dust） 包括所有固态分散性微粒。粒径上限约为 200μm；较大的微粒沉降速度快，经过一定时间后不可能仍处于浮游状态。粒径在 10μm 以上的称为"降尘"，粒径在 10μm 以下的称为"飘尘"或可悬浮颗粒物。主要来源于工业排尘、建筑工地扬尘、道路扬尘等。

2）烟（smoke） 包括所有凝聚性固态微粒，以及液态粒子和固态粒子因凝集作用而生成的微粒，通常是高温下生成的产物。粒径范围约为 0.010～1.0μm，一般在 0.50μm 以下。如铅金属蒸气氧化生成的 PbO，木材、煤、焦油燃烧生成的烟就是属于这一类。它们在空气中沉降得很慢，有较强的扩散能力。主要来源于工业炉窑、餐饮炉灶等。

3）雾（mist） 包括所有液态分散性微粒的液态凝集性微粒，如很小的水滴、油雾、漆雾和硫酸雾等，粒径在 0.10～10μm 之间。

4）烟雾（smog） 烟雾原指大气中形成的自然雾与人为排出的烟气（煤粉尘、二氧化硫等）的混合体，如伦敦烟雾。其粒径从十分之几到几十微米。还有一种光化学烟雾，是工厂和汽车排烟中的氮氧化物和碳氢化合物经太阳紫外线照射而生成的二次污染物，是一种浅蓝色的有毒烟雾，亦称洛杉矶烟雾。

(2) 颗粒物对人体的危害

工业污染物危害人体的途径有三个方面。在生产过程中最主要的途径是经呼吸道进入人体，其次是经皮肤进入人体，通过消化道进入人体的情况较少。

颗粒物对人体健康的危害与颗粒物的性质、粒径大小和进入人体的颗粒物量有关。颗粒物的化学性质是危害人体的主要因素。因为化学性质决定它在体内参与和干扰生化过程的程度和速度，从而决定危害的性质和大小。有些毒性强的金属颗粒物（铬、锰、镉、铅、镍等）进入人体后，会引起中毒以至死亡。例如铅使人贫血，损害大脑；锰、镉损坏人的神经、肾脏；镍可以致癌；铬会引起鼻中隔溃疡和穿孔，以及使肺癌发病率增加。此外，它们都能直接对肺部产生危害。如吸入锰尘会引起中毒性肺炎；吸入镉尘会引起心肺机能不全等。颗粒物中的一些重金属元素对人体的危害很大。

一般颗粒物进入人体肺部后，可能引起各种尘肺病。有些非金属颗粒物如硅、石棉、炭黑等，由于吸入人体后不能被排除，将变成硅肺、石棉肺或尘肺。例如含有游离二氧化硅成分的颗粒物，在肺泡内沉积会引起纤维性病变，使肺组织硬化而丧失呼吸功能，发生"硅肺"病。

颗粒物粒径的大小是危害人体健康的另一个重要因素。它主要表现在以下两个方面：

微细颗粒物粒径小，在空气中不易沉降，也难于被捕集，会造成长期空气污染，同时容易随空气吸入进到人的呼吸系统深部。一般来讲，人呼吸接触的是 TSP，较粗的颗粒物被人的鼻腔阻拦或口腔沉积，粒径小于 10μm 的 PM_{10} 颗粒物可以进入人的气管、支气管中。支气管表面具有长着可以蠕动的纤毛，这些纤毛可以将沉积的颗粒物随黏液送到咽喉，然后被人咳出去或者咽到胃里。粒径小于 2.5μm 的 $PM_{2.5}$ 微细颗粒物能够进入由纤维和肺泡组成的肺部。如果在肺泡沉淀下来，由于肺泡壁板薄、总表面积大，有含碳酸液体的润湿，再加上周围毛细血管很多，使其成为吸收污染物的主要地点。粒径小的尘粒较易溶解，肺泡吸收也较快。因为尘粒通过肺泡的吸收速度快，而且被肺泡吸收后，不经肝脏的解毒作用，直接被血液和淋巴液输送至全身，对人体有很大的危害性。颗粒物若沉积在肺部纤维上破坏其活动性，大量沉积会导致尘肺，使人的呼吸能力显著下降。

从上述分析可以看出，2.5μm 以下的颗粒物对人体危害较大。据实测，生产车间产尘点空气中的颗粒物粒径大多在 10μm 以下，而且 2.5μm 以下者约占 40%～90%。对于呼吸能力强的人员来讲，更粗的颗粒物进入人体内部的可能性大；环境中颗粒污染物浓度越大，颗粒物进入人体的量越大。

颗粒物粒径小，其化学活性增大，表面活性也增大（由于单位质量的表面积增大），加剧了人体生理效应的发生与发展。例如锌和一些金属本身并无毒，但将其加热后形成烟状氧化物时，可与体内蛋白质作用而引起发烧，发生所谓铸造热病。

再有，颗粒物的表面可以吸附空气中的污染气体、液体以及细菌病毒等微生物，它是污染物质的媒介物，还会和空气中的二氧化硫联合作用，加剧对人体的危害。

铅尘还能大量吸收太阳紫外线短波部分，对儿童的生长发育产生影响。

1.1.2 污染蒸气和气体的来源及其对人体的危害

在化工、造纸、纺织物漂白、金属冶炼、浇铸、电镀、酸洗、喷漆等过程中，均产生大量的污染蒸气和气体。

污染蒸气和气体既能通过人的呼吸进入人体内部危害人体，又能通过人体外部器官的接触伤害人体，对人体健康有极大的危害和影响。下面介绍几种常见的污染蒸气和气体，说明它们对人体的危害。

（1）汞蒸气（Hg）

汞蒸气一般产生于汞矿石的冶炼和用汞的生产过程，是一种剧毒物质。汞即使在常温或0℃以下，也会大量蒸发，对人体造成很大的危害。汞蒸气通过呼吸道或胃肠道进入人体后便发生中毒反应。汞的急性中毒症状主要表现在消化器官和肾脏，慢性中毒则表现在神经系统（易怒、头疼、记忆力减退等），以及伴随而来的营养不良、贫血和体重减轻等症状。

（2）铅（Pb）

在有色金属冶炼、红丹、蓄电池、橡胶等生产过程中有铅蒸气产生，它在空气中可以迅速氧化和凝聚成氧化铅微粒。铅及其化合物通过呼吸道进入人体后，一部分在体内积累，损害消化道、造血器官和神经系统。铅的急性中毒表现为口中略有甜味、流涎、恶心及胃痛等，慢性中毒开始时有神经衰弱、食欲不振等症状，严重时可以出现中毒性脑病。

（3）苯（C_6H_6）

苯是一种挥发性较强的液体，苯蒸气是一种具有芳香味、易燃和麻醉性的气体。它主要产生于焦炉煤气和以苯为原料和溶剂的生产过程。苯进入人体的途径是吸入蒸气或从皮肤表面渗入。苯中毒能危及血液和造血器官，对妇女影响较大。

（4）一氧化碳（CO）

一氧化碳多数属于工业炉、内燃机等设备不完全燃烧时的产物，也有来自煤气设备的渗漏。由于人体内红血球中所含血色素对一氧化碳的亲和力远大于对氧的亲和力，所以吸入一氧化碳后会阻止血色素与氧气之间的亲和，使人体发生缺氧现象，引起窒息性中毒。一氧化碳是无色无味气体，能均匀地和空气混合，不易被人发觉，因此必须注意防备。

（5）二氧化硫（SO_2）

二氧化硫主要来自含硫矿物燃料（煤和石油）的燃烧产物，在金属矿物的焙烧、毛和丝的漂白、化学纸浆和制酸等生产过程亦有含二氧化硫的废气排出。二氧化硫是无色、有硫酸味的强刺激性气体，是一种活性毒物，在空气中可以氧化成三氧化硫，形成硫酸烟雾，其毒性要比二氧化硫大10倍。它对呼吸器官有强烈的腐蚀作用，使鼻、咽喉和支气管发炎。

（6）氮氧化物（NO_x）

氮氧化物主要来源于燃料的燃烧及化工、电镀等生产过程。NO_x 是棕红色气体，对呼吸器官有强烈刺激，能引起急性哮喘病。实验证明，NO_2 会迅速破坏肺细胞，可能是肺气肿和肺瘤的病因之一。NO_2 浓度在1.0～3.0ppm① 时，可闻到臭味；浓度为13ppm时，眼鼻有急性刺激感；浓度在16.9ppm条件下，呼吸10min，会使肺活量减少，肺部气流阻力提高。

根据污染蒸气和气体对人体危害的性质，可将它们概括为麻醉性的、窒息性的、刺激性的和腐蚀性的几类。

综上所述，工业污染物对人体的危害程度取决于下列因素：

（1）污染物本身的物理、化学性质对人体产生污染作用的程度，即毒性的大小。

污染物与人体组织发生化学或物理化学作用，在一定条件下破坏正常的生理机能，引起某些器官和系统发生暂时性或永久性病变，称为中毒。不同的污染物，其毒性有大有小。在生产环境中，往往同时存在两种以上的污染物，它们有的表现为单独作用，有的表现为相加作用或相乘作用（毒性大于相加的总和），这些也都与污染物的性质有关。

（2）污染物在空气中的含量，即浓度的大小。

（3）污染物与人体持续接触的时间。

进入机体内的污染物质在其未失去活性之前，毒性作用可表示为：

$$k=ct \tag{1-1}$$

式中 k——某种可观察到的毒性作用；

c、t——分别为污染物浓度及其对机体的作用时间。浓度的大小和接触时间的长短，反映污染物进入机体的数量。如果进入人体的污染物量不足，则毒性高的物质也不会引起中毒。

另外，还常常存在一个最低浓度 a，污染物在这个最低浓度以下，即使长时间作用，对人体也不会产生危害或仅有一些轻微反应。因为这种浓度的污染物，或者不被吸收，或者被人体的保护性反应所分解（毒性减弱或变为无害），或者可使其从体内排出，这时上式变为：

$$k=(c-a)t \tag{1-2}$$

（4）车间的气象条件以及人的劳动强度、年龄、性别和体质情况等。

在空气干燥和潮湿或温度高低的不同条件下，一定浓度的污染物可能产生不同的危害

---

① ppm——part per million，百万分之几，在工业通风中，1ppm=1mL/m^3。

作用。潮湿时会促使某些污染物的毒性增大；高温时使人体皮肤毛细血管扩张，出汗增多，血液循环及呼吸加快，从而增加吸收污染物的速度。

劳动强度对污染物的吸收及危害作用等有明显的影响。重体力劳动时对某些污染物所致的缺氧更为敏感。

在同样条件下接触污染物时，有些人可能没有任何受害症状，有些人中毒，并且致病的程度也往往各不相同。这与各人的年龄、性别和体质等有关。

1.1.3 颗粒物、污染蒸气和气体对生产的影响

颗粒物对生产的影响主要是降低产品质量和机器工作精度。如感光胶片、集成电路、化学试剂、精密仪表和微型电机等产品，要是被固态颗粒物沾污或其转动部件被磨损、卡住，就会降低质量甚至报废。有些工厂曾经由于对生产环境的固态颗粒物控制不严而受到许多损失。

颗粒物还使光照度和能见度降低，影响室内作业的视野。

有些颗粒物如煤尘、铝粉和谷物粉尘在一定条件下会发生爆炸，造成经济损失和人员伤亡。

污染蒸气和气体对工农业生产也有很大危害。例如二氧化硫、三氧化硫、氟化氢和氯化氢等气体遇到水蒸气时，会对金属材料、油漆涂层产生腐蚀作用，缩短其使用寿命。

污染气体对农作物的危害表现为三种情况：

(1) 在高浓度污染气体影响下，产生急性危害，使植物叶表面产生伤斑或者直接使植物叶片枯萎脱落；

(2) 在低浓度污染气体长期影响下，产生慢性危害，使植物叶片退绿；

(3) 在低浓度污染气体影响下产生所谓看不见的危害，即植物外表不出现症状，但生理机能受影响，造成产量下降，品质变坏。

对农作物危害较普通的污染气体有：二氧化硫、氟化氢、二氧化氮和臭氧等。

1.1.4 工业污染物对大气的污染

工业污染物不仅会危害室内空气环境，如不加控制地排入大气，还会造成大气污染，在更广阔的范围内破坏大气环境。工业化国家大气污染的发展和演变大致可分三个阶段。第一阶段的大气污染主要是燃煤引起的，即所谓“煤烟型”污染，主要的污染物是烟尘和SO_2。在第二阶段，随着工业的发展，石油代替煤作为主要燃料，同时汽车数量倍增，这时大气污染已不再限于城市和工矿区，而是呈现广域污染。主要污染物是SO_2与含有重金属的飘尘、硫酸烟雾、光化学烟雾等共同作用的产物，属于复合污染。在第三阶段，重视环境保护，经过严格控制、综合治理，环境污染基本得到控制，环境质量明显改善。

目前，由于能源结构的特点与区域社会经济发展的差异性，在工业化国家发生的大气污染三个阶段，在我国表现出逐段发生或共存状态。我国的能源结构主要以煤为主，燃煤过程产生的主要大气污染物为烟尘、SO_2和NO_x等。在运输和交通工具使用的汽车数量上也呈现出快速发展的态势，汽车尾气污染逐渐成为城市环境的主要污染物。

在城市与城镇化建设、工业建设发展过程中，我国十分重视节能减排和生态环境的保护工作，在国民经济高速发展的同时不得以牺牲生态环境为代价已为社会共识，国家在有关大气污染控制和改善环境的法律法规中，对各类污染排放物都提出了严格的排放限值要求，尤其是在国民经济高速增长的同时国家都提出污染排放量减排指标。通过在环境综合

治理、清洁生产、污染控制技术等方面的实施，我国的环境空气质量已经得到了明显改善。

1.2 工业污染物在车间内的传播机理

颗粒物、污染气体都要经过一定的传播过程，扩散到空气中去，再与人体接触。使颗粒物从静止状态变成悬浮于周围空气中的作用，称为"尘化"作用。它包括一次尘化过程和二次尘化过程。首先讨论颗粒物在车间环境空气中的传播过程。

根据颗粒物的运动方程，可以分析一个直径为10μm、密度为2700kg/m^3 的尘粒在空气中的运动情况。尘粒所受的力，主要有重力、机械力（惯性力）、分子扩散力和气流带动尘粒运动的力。当尘粒在重力作用下自由降落时，其最大降落速度为0.0080m/s，与一般车间具有的空气流动速度（0.20～0.30m/s）相比是很小的。这说明，颗粒物的运动主要受室内气流的支配。当尘粒受到作布朗运动的空气分子的撞击而扩散运动时，由于尘粒的质量比分子大得多，尘粒依靠扩散在1s内运动的距离只有1.2×10^{-8}m，与室内气流速度相比，分子扩散力的作用完全可以忽略不计。当尘粒受机械力作用以初速度 v，作水平运动时，由于空气的阻力，尘粒呈减速运动，可用下式表达尘粒运动的规律：

尘粒运动的末速度为

$$v=v_0\mathrm{e}^{-t/\tau} \tag{1-3}$$

尘粒在时间 t 内运动的距离为

$$S=\int_0^t v\mathrm{d}t=\int_0^t v_0\mathrm{e}^{-t/\tau}\mathrm{d}t=\tau v_0(1-\mathrm{e}^{-t/\tau}) \tag{1-4}$$

式中
$$\tau=\frac{d_c^2\rho_c}{18\mu}$$

d_c——尘粒的直径，m；

ρ_c——尘粒的密度，kg/m^3；

μ——空气的动力黏度，Pa·s。

设上述尘粒以初速度 $v_0=10$m/s 作水平运动，经过0.01s后，尘粒的速度迅速降到5×10^{-5}m/s，很快失去功能，尘粒运动的最大距离只有8×10^{-3}m。这表明，即使在机械力作用下，尘粒也不可能单独在车间内传播。因此，颗粒物不具有独立运动的能力，它运动的主要能量来自环境气流的作用。

使尘粒由静止状态进入空气中浮游的尘化作用称为一次尘化作用，引起一次尘化作用的气流称为一次尘化气流，一次尘化造成局部区域空气污染。处于悬浮状态的颗粒物进一步扩散污染到整个环境空间的尘化作用称为二次尘化作用，引起二次尘化作用的气流称为二次尘化气流。

常见的一次尘化作用有：

(1) 剪切压缩造成的尘化作用

筛分物料用的振动筛上下往复振动时，使疏松的物料不断受到挤压，因而会把物料间隙中的空气猛烈地挤压出来。当这些气流向外高速运动时，由于气流和固态颗粒物的剪切压缩作用，带动固态颗粒物一起逸出，如图1-1所示。

(2) 诱导空气造成的尘化作用

物体或块、粒状物料在空气中高速运动时，能带动周围空气随其流动，这部分空气称为诱导空气，如图 1-2 所示。

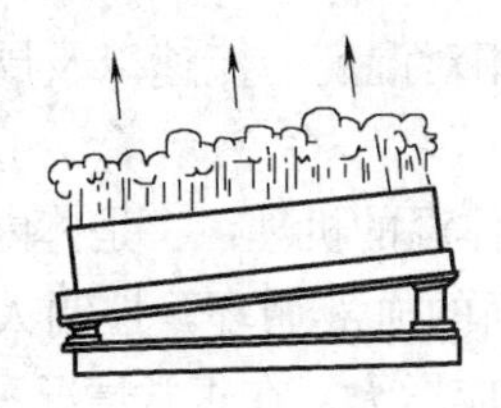
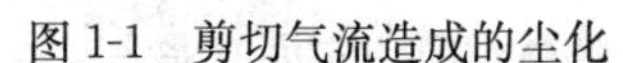

图 1-1　剪切气流造成的尘化

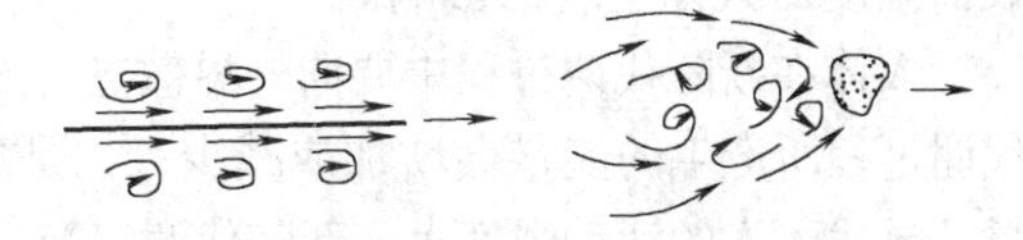

图 1-2　惯性物诱导气流造成的尘化

图 1-3 是诱导空气造成尘化的一个实例，用砂轮磨光金属时，在砂轮高速旋转下甩出的金属屑会产生诱导空气，使磨削下来的细固态颗粒物随其扩散。又如钢凿冲击石块时，石块的碎粒四处飞溅所产生的诱导空气也会造成尘化。

(3) 综合性的尘化作用

如图 1-4 所示，皮带运输机输送的粉料从高处下落到地面时，由于气流和颗粒物的剪切作用，被物料挤压出来的高速气流会带着颗粒物向四周飞溅。另外，粉料在下落过程中，由于剪切和诱导空气的作用，高速气流也会使部分物料飞扬。

(4) 热气流上升造成的尘化作用

当炼钢电炉、加热炉以及金属浇铸等热产尘设备表面的空气被加热上升时，会带着颗粒物一起运动。

二次尘化作用的气流主要有车间内的自然风气流、机械通风气流、惯性物诱导气流、冷热气流对流等。二次尘化气流带着局部地点的含尘空气在整个车间内流动，使颗粒物污染扩散到整个车间。二次气流速度越大，作用越明显，如图 1-5 所示。

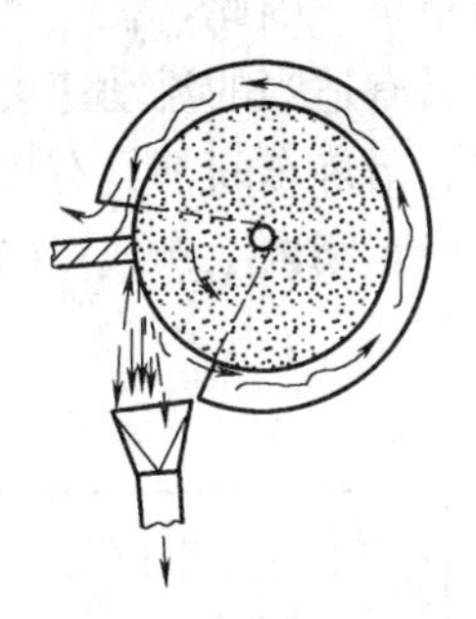

图 1-3　惯性气流诱导粉尘

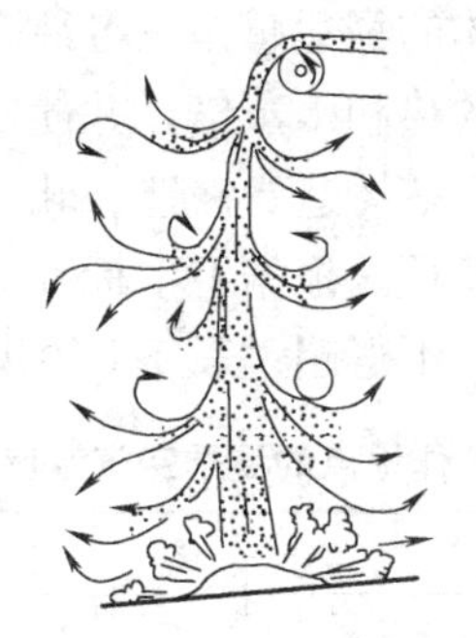

图 1-4　综合性尘化作用

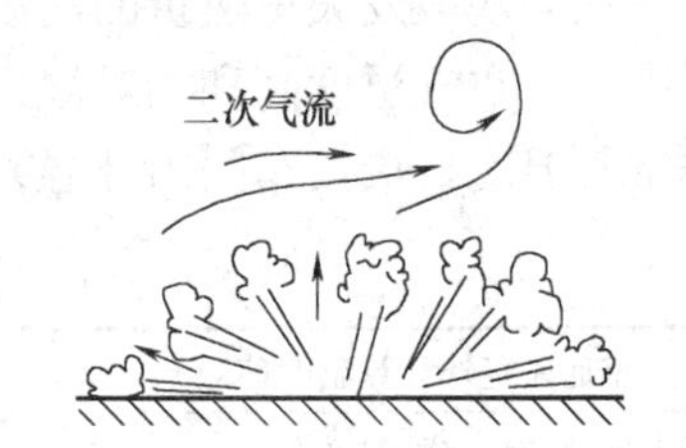

图 1-5　二次气流对粉尘扩散的作用

通过以上分析可以看出，防治一次尘化作用主要从工艺过程控制或改革工艺来解决。颗粒物是依附于气流而运动的，只要控制好作用于颗粒物的气流流动，就可以控制颗粒物的二次尘化作用，改善车间空气环境。这就是采用通风方法控制工业污染物，必须合理组织车间内气流的主要原因。进行除尘系统设计时，应尽量采用密闭装置，使一次尘化气流和二次尘化气流隔开，避免颗粒物传播。

污染气体和蒸气散发到空气中，通过分子扩散和周围空气分子混合形成混合气体。由于污染气体和蒸气自身的扩散能力有限，因此它们大多和固态颗粒物一样，是随室内气流运动在室内传播的。

1.3 气象条件对人体生理的影响

本节分析影响室内气象条件的环境参数：空气的温度、相对湿度、流速以及周围物体表面温度对人体生理的影响。

人体在新陈代谢过程中要向外界散热。人体内有两个控制体温的机理：一是体内的新陈代谢过程所产生的能量会增加或减少；二是通过改变皮肤表面的血液循环，控制人体散热量。显然，人的活动强度大，新陈代谢率高，人体的散热量相应增大。在正常情况下，人体依靠自身的调节机能使自身的得热和散热保持平衡。因此，人的体温是稳定的（36.5～37℃）。

人的冷热感觉与空气的温度、相对湿度、流速和周围物体表面温度等因素有关。人体散热主要通过皮肤与外界的对流、辐射和表面汗液蒸发三种形式进行，呼吸和排泄只排出少部分热量。

对流换热取决于空气的温度和流速。当空气温度低于体温时，温差愈大人体对流散热愈多，空气流速增大对流散热也增大；当空气温度等于体温时，对流换热完全停止；当空气温度高于体温时，人体不仅不能散热，反而得热，空气流速愈大，得热愈多。

辐射散热与空气的温度无关，只取决于周围物体（墙壁、炉子、机器等）的表面温度。当物体表面温度高于人体表面温度时，人体得到辐射热；相反，则人体散失辐射热。

蒸发散热主要取决于空气的相对湿度和流速。当空气温度高于体温，又有辐射热源时，人体已不能通过对流和辐射散出热量，但是只要空气的相对湿度较低（水蒸气分压力较小），气流速度较大，可以依靠汗液的蒸发散热；如果空气的相对湿度较高，气流速度较小，则蒸发散热很少，人会感到闷热。相对湿度愈低，空气流速愈大，则汗液愈容易蒸发。

由此可见，对人体最适宜的空气环境，除了要求一定的清洁度外，还要求空气具有一定的温度、相对湿度和流动速度，人体的舒适感是三者综合影响的结果。因此，在生产车间内必须防止和排除生产中大量散发的热和水蒸气，并使室内空气具有适当的流动速度。

在某些散发大量热量的高温车间，如铸造、锻造、轧钢、炼焦、冶炼车间都具有辐射强度大、空气温度高和相对湿度低的特征。根据卫生标准规定，一般车间内工作地点的夏季空气温度，应按车间内外温差计算，不得超过表 1-1 的规定。

车间内工作地点的夏季空气温度 **表 1-1**

夏季通风室外计算温度(℃)	22 及以下	23	24	25	26	27	28	29～32	33 及以上
工作地点与室外温度差(℃)	10	9	8	7	6	5	4	3	2

某些企业或车间（如炼焦、平炉、轧钢等）的工作地点温度确受条件限制，在采用一般降温措施后仍不能达到表 1-1 要求时，可再适当放宽，但不得超过 2.0℃。同时应在工作地点附近设置工人休息室，休息室的温度可以按空调设计温度选取。

1.4 污染物浓度、卫生标准和排放标准

1.4.1 污染物浓度

污染物对人体的危害，不但取决于污染物的性质，还取决于污染物在空气中的含量。

单位体积空气中的污染物含量称为浓度。一般地说，浓度愈大，危害也愈大。

污染蒸气或气体的浓度有两种表示方法，一种是质量浓度，另一种是体积浓度。质量浓度即每立方米空气中所含污染蒸气或气体的毫克数，以 mg/m^3 表示。体积浓度即每立方米空气中所含污染蒸气或气体的毫升数，以 mL/m^3 表示。因为 $1m^3=10^6mL$，常采用百万分率符号 ppm 表示，即 $1mL/m^3=1ppm$。1ppm 表示空气中某种污染蒸气或气体的体积浓度为百万分之一。例如通风系统的排气中，若二氧化硫的浓度为 10ppm，就相当于每立方米空气中含有二氧化硫 10mL。

在标准状态下，质量浓度和体积浓度可按下式进行换算：

$$Y=\frac{M\times10^3}{22.4\times10^3}C=\frac{M}{22.4}C \quad (mg/m^3) \tag{1-5}$$

式中 Y——污染气体的质量浓度，mg/m^3；

M——污染气体的摩尔质量，g/mol；

C——污染气体的体积浓度，ppm 或 mL/m^3。

【例 1-1】 在标准状态下，10ppm 的二氧化硫相当于多少 mg/m^3？

【解】 二氧化硫的摩尔质量 $M=64g/mol$，所以

$$Y=64/22.4\times10=28.6mg/m^3$$

粒尘在空气中的含量，即含尘浓度也有两种表示方法。一种是质量浓度；另一种是颗粒浓度，即每立方米空气中所含固态颗粒物的颗粒数。在工业通风技术中一般采用质量浓度，颗粒浓度主要用于洁净车间。

1.4.2 环境空气质量标准

人类主要在有环境空气的空间中生活、生产、工作，作为空气质量保障条件，我国于1982年开始执行《大气环境质量标准》GB 3095—82。随着环境形势的发展，于 1996 年修订为《环境空气质量标准》GB 3095—1996。标准中规定了环境空气质量功能区划分、标准分级、污染物项目、取值时间及浓度限值，采样分析方法及数据统计的有效性规定。

按照环境空气质量功能标准对不同地区进行分类：一类区为自然保护区、风景名胜区和其他需要特殊保护的地区；二类区为城镇规划中确定的居住区、商业交通居民混合区、文化区、一般工业区和农村地区；三类区为特定工业区。这三类区所执行的环境空气质量标准分为三级：一类区执行一级标准；二类区执行二级标准；三类区执行三级标准。各类地区环境空气中污染物的浓度限值给出了明确规定，本书附录 2 中列出了部分常见污染物浓度限值。

从 1997 年 6 月开始，我国的城市陆续开展空气质量日报、周报工作，采用空气污染指数（API）量化环境空气污染的程度来评定城市环境空气质量。

采用空气污染指数（API）报告环境空气污染程度，其范围由 0 到 500，其中 50、100、200 分别对应于一、二、三类地区的平均浓度限值，500 则对应于对人体健康产生明显危害的污染水平。表 1-2 给出了报告用五类污染物浓度与空气污染指数换算，表 1-3 中给出了空气污染指数与环境空气质量等级间的关系，其中将空气质量级别分为五级，分别为空气质量优秀、良好、轻度污染、中度污染、重度污染。

1.4.3 卫生标准

作为保护工业企业建筑环境内劳动者和工业企业周边环境居民的安全与健康，使工业

我国城市环境空气质量日报空气污染指数 API 分级标准　　表 1-2

污染指数	污染物浓度（mg/m^3）				
API	SO_2（日均值）	NO_2（日均值）	PM_{10}（日均值）	CO（小时均值）	O_3（小时均值）
50	0.050	0.080	0.050	5	0.120
100	0.150	0.120	0.150	10	0.200
200	0.800	0.280	0.350	60	0.400
300	1.600	0.565	0.420	90	0.800
400	2.100	0.750	0.500	120	1.000
500	2.620	0.940	0.600	150	1.200

空气污染指数范围及相应的空气质量类别　　表 1-3

空气污染指数 API	空气质量状况	对健康的影响	建议采取的措施
0～50	优	可正常活动	
51～100	良		
101～150	轻微污染	易感人群症状有轻度加剧，健康人群出现刺激症状	心脏病和呼吸系统疾病患者应减少体力消耗和户外活动
151～200	轻度污染		
201～250	中度污染	心脏病和肺病患者症状显著加剧，运动耐受力降低，健康人群中普遍出现症状	老年人和心脏病、肺病患者应在停留在室内，并减少体力活动
251～300	中度重污染		
＞300	重污染	健康人运动耐受力降低，有明显强烈症状，提前出现某些疾病	老年人和病人应当留在室内，避免体力消耗，一般人群应避免户外活动

企业设计符合卫生标准要求，我国于 1962 年颁布了《工业企业设计卫生标准》，于 1979 年作了修订，在 2002 年又再次修订为《工业企业设计卫生标准》GBZ 1—2002 及《工作场所污染因素职业接触限值》GBZ 2—2002。标准 GBZ 1 适用于国内所有新建、扩建、改建建设项目和技术改造、技术引进项目的职业卫生设计及评价。该标准还规定了工业企业的选址与整体布局、防尘、防暑、防噪声与振动、防非电离辐射、辅助用室等方面的内容，以保证工业企业的设计符合卫生要求。标准 GBZ2 给出了具体工作场所污染因素的职业接触限值，部分有毒污染物质容许浓度见附录 3。

卫生标准中规定的工作场所污染因素的职业接触限值，是职业性污染因素的接触限值，指劳动者在职业活动过程中长期反复接触对机体不引起急性或慢性有害健康影响的容许接触水平。化学因素的职业接触限值，可分为时间加权平均容许浓度、最高容许浓度和短时间接触容许浓度三类。其中，时间加权平均容许浓度，指以时间为权数规定的 8h 工作日的平均容许接触水平；最高容许浓度，指工作地点、在一个工作日内、任何时间均不应超过的有毒化学物质的浓度；短时间接触容许浓度，指一个工作日内任何一次接触不得超过的 15min 时间加权平均的容许接触水平。

1.4.4 排放标准

为保护环境，防止工业废水、废气、废渣（简称“三废”）对大气、水源和土壤的污染，保障人民身体健康，我国在 1973 年颁布了第一个环保标准《工业“三废”排放试行标准》GBJ 4—73。1982 年又制订了《大气环境质量标准》GB 3095—82。作为对 GBJ 4

标准的改进，不同行业又制订了相应的排放标准，如《水泥工业污染物排放标准》GB 4915—85、《钢铁工业污染物排放标准》GB 4911—4913—85 等。1996 年，在以上排放标准的基础上制定了国家标准《大气污染物综合排放标准》GB 16297—1996。该标准规定了 33 种大气污染物的排放限值，同时规定了标准执行中的各种要求。该标准适用于现有污染源大气污染物排放管理，以及建设项目的环境影响评价、设计、环境保护设施竣工验收及其投产后的大气污染物排放管理。

在《大气污染物综合排放标准》GB 16297—1996 中规定的最高允许排放速率，现有污染源分一、二、三级，新污染源分为二、三级。按污染源所在的环境空气质量功能区类别，执行相应级别的排放速率标准，即：位于一类区的污染源执行一级标准（一类区禁止新、扩建污染源，一类区现有污染源改建执行现有污染源的一级标准）；位于二类区的污染源执行二级标准；位于三类区的污染源执行三级标准。

在使用国家排放标准时，需查询是否有地方标准和行业标准。按环保标准制定规则，地示标准要严于国家标准，由此来正确选择适合的排放浓度限值。随着我国对环保要求日益严格，针对重化工行业污染严重的火电厂、钢铁冶金、有色冶金、建材水泥、建材玻璃等行业制订了严格的大气污染物排放标准，使用时注意查询。国家标准《锅炉大气污染物排放标准》GB 1327—2001；北京市地方标准《锅炉大气污染物排放标准》GB 11139—2007。

附录 4～附录 7 中列出了部分大气污染物排放浓度限值。

1.5 防治工业污染物的综合措施

防尘、防毒的实践表明，在多数情况下单靠通风方法去防治工业污染物，既不经济也达不到预期效果，必须采取综合措施。首先应该改革工艺设备和工艺操作方法，从根本上不产生或少产生污染物，在此基础上再采用合理的通风措施，实施严格的检查管理制度，才能有效地防治工业污染物。

(1) 改革工艺设备和工艺操作方法，从根本上防止和减少污染物的产生

生产工艺的改革能有效地解决防尘、防毒问题。例如，用湿式作业代替干式作业可以大大减少固态颗粒物的产生。在产尘车间内坚持湿法清扫可以防止二次尘源的产生。用无毒原料代替有毒或剧毒原料，能从根本上防止污染物的产生。采用无氟电镀、无汞仪表等等，解除了剧毒物质的危害。改革工艺时，应尽量使生产过程自动化、机械化、密闭化，避免污染物与人体直接接触。

在总图布置和建筑设计方面与工艺及通风措施密切结合起来，进行综合防治。

(2) 采用通风措施控制污染物

如果通过工艺设备和工艺操作方法的改革后仍有污染物散入室内，应采取局部通风或全面通风措施。采用局部通风时，要尽量把产尘、产毒工艺设备密闭起来，以最小的风量获得最好的效果。验收通风系统效果需满足两个要求：车间环境空气中污染物浓度不超过卫生标准的限值要求；通风排气中的污染物浓度达到排放标准限值的要求。

(3) 个人防护措施

由于技术和工艺上的原因，某些车间作业地点未能达到卫生标准要求的控制标准时，

应对操作人员采取个人防护措施，如配备防尘、防毒口罩或面具，穿戴按工种配备的防护服装等。

(4) 建立严格的检查管理制度

为了确保通风系统的安全运行，对通风系统要建立运行规程，设置专职管理的班组或人员。定期进行通风设备的维护和修理，定时监测环境空气中污染物的浓度。对生产过程中接触尘、毒的人员应定期进行体检，以便及时发现问题，采取措施进行整改。对严重危害工人身体健康又不采取防护措施、长期达不到卫生标准要求的劳动生产岗位或车间，依据国家标准要求可勒令其停止生产。

习　题

1. 颗粒物、污染蒸气和气体对人体有何危害?

2. 试阐明颗粒物粒径大小与人体危害的关系。

3. 试阐述颗粒物不具有独立运动能力，它的运动能量主要来自于气流作用的依据。

4. 写出下列物质在车间空气中的最高容许浓度限值，并指出何种物质的毒性最大：一氧化碳、二氧化硫、氯、丙烯醛、铅烟、五氧化砷、氧化镉。

5. 卫生标准对工业车间环境空气中工业污染物做了哪些规定？试举例说明。

6. 空气中汞蒸气的含量为 0.01mg/m^3，试将该值换算为 mL/m^3。

7. 排放标准制定为何地方标准要严于国家标准要求？试举例说明。

8. 试阐述在不同的室内气象条件下环境空气对人体舒适感的影响。

第2章　控制工业污染物的通风方法

用通风方法改善车间环境空气质量，简要说就是在局部地点或整个车间把不符合卫生标准的污染空气经过处理达到排放标准排至室外，把新鲜空气或经过净化符合卫生标准的空气送入室内。我们把前者称为排风，把后者称为进风。

防止工业污染物污染室内空气最有效的方法是：在污染物产生地点直接进行捕集，经过净化处理，排至室外，这种通风方法称为局部排风。局部排风系统需要的风量小、效果好，设计时应优先考虑。

如果由于生产条件限制、污染物源不固定等原因，不能采用局部排风，或者采用局部排风后，室内污染物浓度仍超过卫生标准，这种情况下可以采用全面通风。全面通风是对整个车间进行通风换气，即用新鲜空气把整个车间的污染物浓度稀释到最高容许浓度限值以下。全面通风所需的风量比局部排风大，相应的系统也较大。

按照通风动力的不同，通风系统可分为机械通风和自然通风两类。自然通风是依靠室外风力造成的风压和室内外空气温度差所造成的热压使空气流动；机械通风是依靠风机造成的压力使空气流动。自然通风不需要专门的动力，是一种比较经济的通风方法。

本章主要介绍全面通风的一般原理及局部通风系统的构成。

2.1　局部通风

局部通风系统分为局部进风和局部排风两大类，它们都是利用局部气流，使局部工作地点不受污染物的污染，创造良好的空气环境。

2.1.1　局部排风系统

局部排风系统的结构如图2-1所示，它由以下几部分组成：

(1) 局部排风罩

局部排风罩用来捕集污染物。它的性能对局部排风系统的技术经济指标有直接影响。性能良好的局部排风罩，如密闭罩，只要较小的风量就可以获得良好的工作效果。针对生产设备和工艺操作，可以选择适合的排风罩形式。

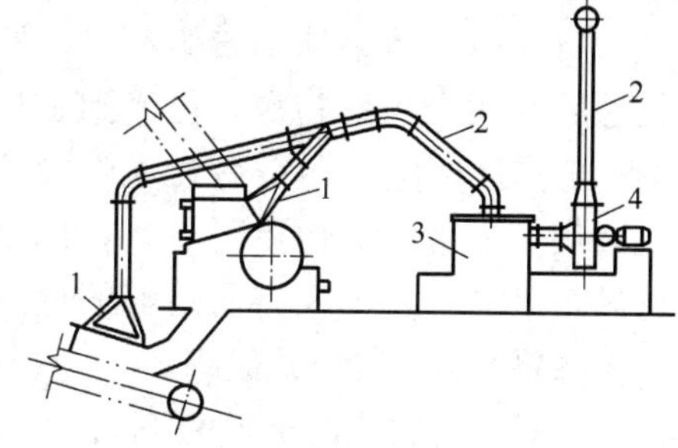

图2-1　局部排风系统示意图
1—局部排风罩；2—风管；
3—净化设备；4—风机

(2) 风管

通风系统中输送气体的管道称为风管，它把系统中的各种设备或部件连成一个整体。为了提高系统的经济性，应合理选定风管的截面形状、管中气体流速、管路走向。风管通常用表面光滑的材料制作，如：薄钢板、聚氯乙烯板，有时也用混凝土、砖等材料。

(3) 净化设备

为了防止大气污染，当排出的工业污染物超过排放标准时，必须用净化设备处理，达到排放标准后，排入大气。净化设备分除尘器和污染气体净化装置两类。

（4）风机

风机向机械排风系统提供空气流动的动力。为了防止风机的磨损和腐蚀，通常把它放在净化设备的后面。

2.1.2 局部送风系统

对于面积大、操作人员少的生产车间，用全面通风的方式改善整个车间的环境空气，既困难又不经济。例如某些高温车间，不需要对整个车间进行降温，可以只向个别局部工作地点送风，在局部地点造成良好的空气环境，这种通风方法称为局部送风。

局部送风系统分为系统式和分散式两种。图 2-2 是铸造车间浇注工部系统式局部送风系统示意图。空气经集中处理后送入局部工作区。分散式局部送风可以使用轴流风扇、喷雾风扇对室内空气再循环，也可以采用蒸发冷却机组处理室外空气进行送风。

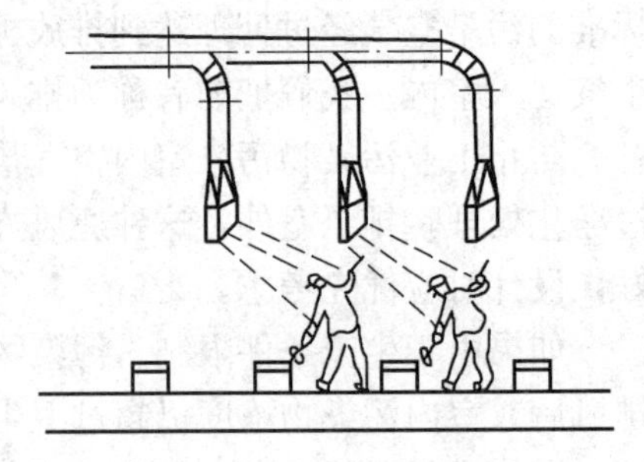

图 2-2 系统式局部送风系统示意图

2.2 全面通风

全面通风一方面用清洁空气稀释室内空气中的污染物浓度，同时不断把污染空气排至室外，使室内空气中污染物浓度不超过卫生标准规定的最高允许浓度。

应当指出：全面通风的效果不仅与通风量有关，而且与通风气流的组织有关。气流组织的一般做法为，把送风空气送到相对清洁区域，然后流向污染区域。图 2-3（*a*）所示是清洁空气直接送到工作位置，再经污染物源排至室外。图 2-3（*b*）所示是送风空气经污染物源，再流到工作位置。工作区的空气污染后让人呼吸接触就会产生职业病。由此可见，要使全面通风效果良好，不仅需要足够的通风量，而且要有合理的气流组织。

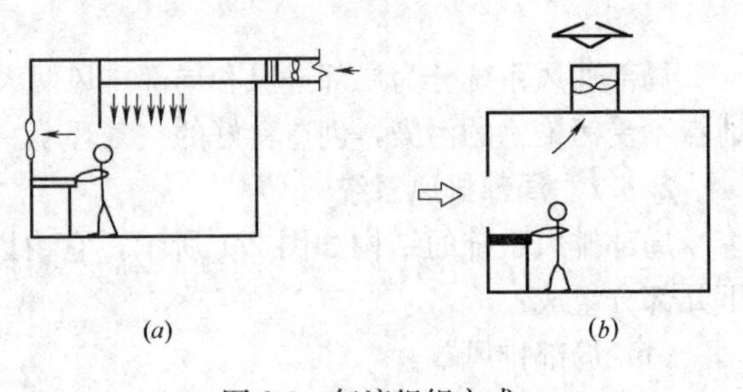

图 2-3 气流组织方式

按照对有害物控制机理的不同，全面通风可分为稀释通风、单向流通风和均匀流通风等。

（1）稀释通风

该方法是对整个房间（或车间）进行通风换气，用新鲜空气把车间的有害物浓度稀释到最高允许浓度以下。该方法所需的全面通风量较大，控制效果较难。

（2）单向流通风

图 2-4 是单向流通风的示意图。它通过有组织的气流运动，控制有害物的扩散和转移。保证操作人员的呼吸区内，达到卫生标准的要求。这种方法具有通风量较小、控制效

果较好等优点。

(3) 均匀流通风

速度和方向完全一致的宽大气流称为均匀流，用它进行的通风称为均匀流通风。它的工作原理是利用送风气流构成的均匀流把室内污染空气全部压出和置换，如图 2-5 所示。气流速度原则上要控制在 0.20～0.50m/s 之间。这种通风方法能有效排出室内污染空气。目前主要应用于汽车喷漆室等对气流、温度、湿度控制要求高的场合。

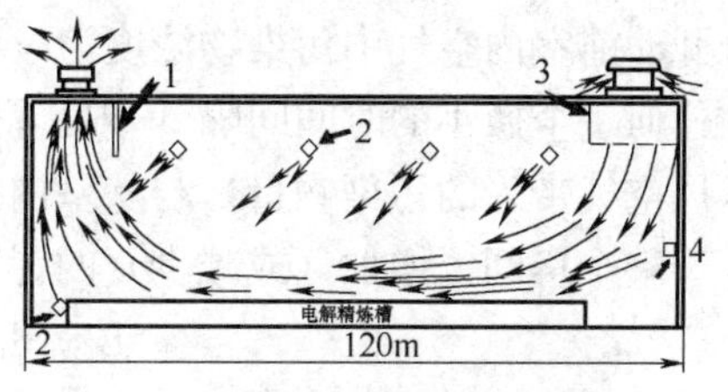

图 2-4 单向流通风示意图

1—屋顶排风机组；2—局部加压射流；3—屋顶送风小室；4—基本射流

(4) 置换通风

在有余热的房间，由于在高度方向上具有稳定的温度梯度，如果以较低的风速（$v<0.20$～0.50m/s），将送风温差较小（$\Delta t=2.0$～4.0℃）的新鲜空气直接送入室内工作区。低温的新风在重力下先是下沉，随后慢慢扩散，在地面上方形成一层薄薄的空气层。而室内热源产生的热气流，由于浮力作用而上升，并不断卷吸周围空气。这样由于热气流上升时的卷吸作用、后续新风的推动作用和排风口的抽吸作用，地板上方的新鲜空气缓慢向上移动，形成类似于向上的均匀流的流动，于是工作区的污浊空气被后续的新风所取代。当达到稳定时，室内空气在温度、浓度上便形成两个区域：上部混合区和下部单向流动的清洁区，如图 2-6 所示，这种通风方式称为热置换通风。热置换通风的效果与送风条件有关。与传统的稀释通风方式相比，它具有节能、通风效率高等优点。我国在影剧院的气流组织中，曾采用座椅送风口，把空调送风直接送入观众区，这种气流组织方式在概念上和置换通风是一致的。

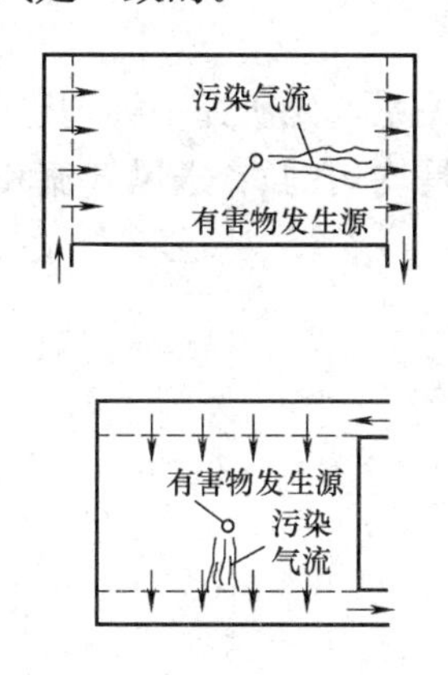

图 2-5 均匀流通风示意图

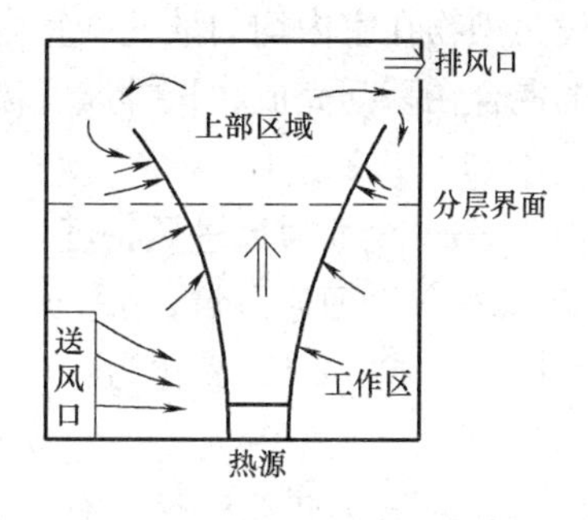

图 2-6 热置换通风示意图

2.2.1 全面通风换气量的确定

确定全面通风换气量可以采用的基本原理为：风量平衡原理和污染物质量平衡原理，即总进入质量与总排出质量相等；热平衡原理，即总进入能量、总排出能量、车间蓄能或散能的能量平衡。风量平衡因进排风空气温度不同，注意采用质量风量表示；当温差相差不大时，可以采用体积风量表示。对于热平衡，严格讲气相要按进、排气体的焓值进行核算，当气相中的水蒸气未产生相变，可以采用表达显热的气相温度来表示。

对体积为 V_f 的房间进行全面通风时，污染物源每秒钟散发的污染物量为 x，通风系统开动前室内空气中污染物浓度为 y，如果采用全面通风稀释室内空气中的污染物，那么在任何一个微小的时间间隔 $d\tau$ 内，室内得到的污染物量（即污染物源散发的污染物量和送风空气带入的污染物量）与从室内排出的污染物量（排出空气带走的污染物量）之差应等于整个房间内增加（或减少）的污染物量，即

$$L_j y_0 d\tau + x d\tau - L_p y d\tau = V_f dy \tag{2-1}$$

式中　L_j——全面通风进风量，m^3/s；

y_0——送风空气中污染物浓度，g/m^3；

x——污染物散发量，g/s

L_p——全面通风排风量，m^3/s；

y——在某一时刻室内空气中污染物浓度，g/m^3；

V_f——房间体积，m^3；

$d\tau$——某一段无限小的时间间隔，s；

dy——在 $d\tau$ 时间内房间内浓度的增量，g/m^3。

式（2-1）称为全面通风的基本微分方程式。它反映了任何瞬间室内空气中污染物浓度 y 与全面通风量 L 之间的关系。

根据风质量平衡原理，进、排风空气质量相等，而进、排风之间存在温差造成进、排风密度不同，使得进排风体积风量有差异，即

$$L_j = G/\rho_j;\ L_p = G/\rho_p$$

式中　G——全面通风风量，kg/s；

ρ_j——全面通风进风密度，kg/m^3；

ρ_p——全面通风排风密度，kg/m^3。

为了便于分析室内空气中污染物浓度与通风量之间的关系，先研究一种理想的情况，假设污染物在室内均匀散发（室内空气中污染物浓度分布是均匀的）、送风气流和室内空气的混合在瞬间完成、送排风气流的温度相差不大时，有：

$$L_j = L_p = G/\rho = L$$

式中　ρ——全面通风进风密度，kg/m^3；

L——全面通风量，m^3/s。

因而，式（2-1）简化为：

$$L y_0 d\tau + x d\tau - L y d\tau = V_f dy \tag{2-2}$$

对式（2-2）进行变换，有：

$$\frac{d\tau}{V_f} = \frac{dy}{L y_0 + x - L y}$$

$$\frac{d\tau}{V_f} = -\frac{1}{L} \cdot \frac{d(L y_0 + x - L y)}{L y_0 + x - L y}$$

如果在时间 τ 内，室内空气中污染物浓度从 y_1 变化到 y_2，那么

$$\int_0^{\tau} \frac{d\tau}{V_f} = -\frac{1}{L} \int_{y_1}^{y_2} \frac{d(L y_0 + x - L y)}{L y_0 + x - L y}$$

$$\frac{\tau L}{V_f}=\ln\frac{Ly_1-x-Ly_0}{Ly_2-x-Ly_0}$$

即

$$\frac{Ly_1-x-Ly_0}{Ly_2-x-Ly_0}=\exp\left[\frac{\tau L}{V_f}\right] \tag{2-3}$$

当$\frac{\tau L}{V_f}<1$时，级数$\exp\frac{\tau L}{V_f}$收敛，方程（2-3）可以用级数展开的近似方法求解。如近似地取级数的前两项，则得：

$$\frac{Ly_1-x-Ly_0}{Ly_2-x-Ly_0}=1+\frac{\tau L}{V_f}$$

$$L=\frac{x}{y_2-y_0}-\frac{V_f}{\tau}\cdot\frac{y_2-y_1}{y_2-y_0}\quad(\mathrm{m^3/s}) \tag{2-4}$$

利用式（2-4）求出的全面通风量是在给出某个规定的时间τ、车间环境空气中限定的污染物浓度值y_2时的计算结果。式（2-4）称为不稳定状态下的全面通风量计算式。

对式（2-3）进行变换，可求得当全面通风量L一定时，任意时刻室内的污染物浓度y_2。

$$y_2=y_1\exp\left(-\frac{\tau L}{V_f}\right)+\left(\frac{x}{L}+y_0\right)\left[1-\exp\left(-\frac{\tau L}{V_f}\right)\right] \tag{2-5}$$

若室内空气中初始的污染物浓度$y_1=0$，上式可写成：

$$y_2=\left(\frac{x}{L}+y_0\right)\left[1-\exp\left(-\frac{\tau L}{V_f}\right)\right] \tag{2-6}$$

当通风时间$\tau\to\infty$时，$\exp-\frac{L\tau}{V_f}\to0$，室内污染物浓度$y_2$趋于稳定，其值为：

$$y_2=y_0+\frac{x}{L}\quad(\mathrm{g/m^3}) \tag{2-7}$$

实际上，室内污染物浓度趋于稳定的时间并不需要$\tau\to\infty$，例如：当$\frac{\tau L}{V_f}\geqslant3$时，$\exp(-3)=0.0497\ll1$，因此可以近似认为$y_2$已趋于稳定。

由式（2-5）、式（2-6）可以画出室内污染物浓度y_2随通风时间τ变化的曲线，如图2-7所示。图中的曲线1是：$y_1>\left(y_0+\frac{x}{L}\right)$，曲线2是：$0<y_1<\left(y_0+\frac{x}{L}\right)$；曲线3是$y_1=0$。

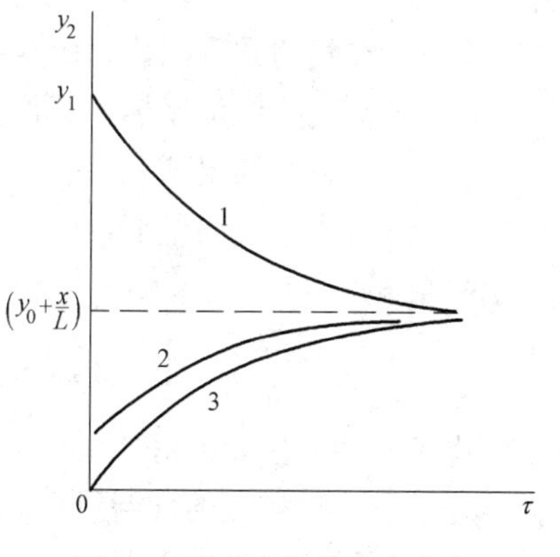

图2-7　室内有害物浓度曲线

从上述分析可以看出：室内污染物浓度按指数规律增加或减少，其增减速度取决于$\frac{L}{V_f}$。

根据式（2-7），室内污染物浓度y_2处于稳定状态时所需的全面通风量按下式计算；

$$L=\frac{x}{y_2-y_0}\quad(\mathrm{m^3/s}) \tag{2-8}$$

实际上，室内污染物的分布及通风气流是难以均匀的；混合过程也难以在瞬间完成；即使室内平均污染物浓度值符合卫生标准要求，污染物源附近空气中的污染物浓度值仍然会比室内平均值高。为了保证污染物源附近工人呼吸带的污染物浓度控制在容许限值以下，实际所需的全面通风量要比式（2-8）的计算值偏大。因此引入安全系数 K，式（2-8）可改写成：

$$L=\frac{Kx}{y_2-y_0}\quad (\mathrm{m^3/s}) \tag{2-9}$$

安全系数 K 为考虑多方面的因素的通风量倍数。如：污染物的毒性；污染物源的分布及其散发的不均匀性；室内气流组织及通风的有效性等。精心设计的小型试验室能使 $K=1$。一般通风房间，可查询有关暖通空调设计手册选用。

【例 2-1】 某地下室的体积 $V_f=200$m，设有全面通风系统。通风量 $L=0.04\mathrm{m^3/s}$，有 198 人进入室内，人员进入后立即开启通风机，送入室外空气，试问经过多长时间该室的 CO_2 浓度达到 $5.9\mathrm{g/m^3}$（即 $y_2=5.9\mathrm{g/m^3}$）。

【解】 由有关资料查得每人每小时呼出的 CO_2 约为 40g，因此，CO_2 的产生量 $x=40\times198=7920\mathrm{g/h}=2.2\mathrm{g/s}$。

送入室内的空气中，CO_2 的体积含量为 0.05%（即 $y_0=0.98\mathrm{g/m^3}$），风机启动前室内空气中 CO_2 浓度与室外相同，即 $y_1=0.98\mathrm{g/m^3}$。

由式（2-3）得：

$$\begin{aligned}\tau&=\frac{V_f}{L}\ln\frac{Ly_1-x-Ly_0}{Ly_2-x-Ly_0}\\&=\frac{200}{0.04}\ln\frac{0.04\times0.98-2.2-0.04\times0.98}{0.04\times5.9-2.2-0.04\times0.98}\\&=\frac{200}{0.04}\ln0.0937=468.56(\mathrm{s})=7.81\mathrm{min}\end{aligned}$$

如果室内产生热量或水蒸气，为了消除余热或余湿所需的全面通风量可按下式计算。

消除余热

$$G=\frac{Q}{c(t_p-t_0)}\quad (\mathrm{kg/s}) \tag{2-10}$$

式中 G——室内余热量，kg/s；

Q——空气的质量比热，kJ/s；

c——空气的质量比热，其值为 1.01kJ/（kg·℃）；

t_p——排空气的温度，℃；

t_0——进入空气的温度，℃。

消除余湿

$$G=\frac{W}{d_p-d_0}\quad (\mathrm{kg/s}) \tag{2-11}$$

式中 W——余湿量，g/s；

d_p——排出空气的含湿量，g/kg 干空气；

d_0——进入空气的含湿量，g/kg 干空气。

当送、排风温度不相同时，送、排风的体积流量是变化的，故在式（2-10）、式（2-11）中均采用质量流量。

根据卫生标准的规定，当数种溶剂（苯及其间系物或醇类或醋酸类）的蒸气，或数种刺激性气体（三氧化二硫及三氧化硫或氟化氢及其盐类等）同时在室内放散时，由于它们对人体的作用是叠加的，全面通风量应按各种气体分别稀释至容许浓度所需空气量的总和计算。同时放散不同种类的污染物时，全面通风量应分别计算稀释各污染物所需的风量，然后取最大值。

当散入室内的污染物量无法具体计算时，全面通风量可按类似房间换气次数的经验数值进行计算。所谓换气次数，就是通风量 L（m^3/h）与通风房间体积 V_f 的比值，即换气次数 $n=L/V_f$（次/h）。各种房间的换气次数，可从有关的暖通空调设计手册中查得。

【例 2-2】 某车间使用脱漆剂，每小时消耗量为 4kg，脱漆剂成分为苯 50%，乙酸乙酯 30%，乙醇 10%，松节油 10%，求全面通风所需空气量。

【解】 各种有机溶剂的散发量为：

苯　$x_1=4\times50\%=2kg/h=555.6mg/s$；

醋酸乙酯　$x_2=4\times30\%=12kg/h=333.3mg/s$：

乙醇　$x_3=4\times10\%=0.4kg/h=111.1mg/s$

松节油　$x_4=4\times10\%=0.4kg/h=111.1mg/s$。

根据卫生标准，车间空气中上述有机溶剂蒸气的容许浓度为

苯　$y_{p1}=6mg/m^3$；

乙酸乙酯　$y_{p2}=200mg/m^3$；

乙醇没有规定，不计风量；

松节油　$y_{p4}=300mg/m^3$。

送风空气中上述四种溶剂的浓度为零，即 $y_0=0$。取安全系数 $K=6$，按式（2-9），分别计算把每种溶剂蒸气稀释到最高容许浓度以下所需的风量。

苯　$$L_1=\frac{6\times555.5}{6-0}=555.50m^3/s$$

乙酸乙酯　$$L_2=\frac{6\times333.3}{200-0}=10.00m^3/s$$

乙醇　$$L_3=0;$$

松节油　$$L_4=\frac{6\times111.1}{300-0}=2.22m^3/s$$

数种有机溶剂混合存在时，全面通风量为各自所需风量之和，即

$$\begin{aligned}L&=L_1+L_2+L_3+L_4\\&=555.50+10.00+0+2.22\\&=567.72m^3/s\end{aligned}$$

2.2.2 气流组织

全面通风效果不仅取决于通风量的大小，还与通风气流的组织有关。所谓气流组织就是合理地布置送、排风口位置、分配风量以及选用风口形式，以便用最小的通风量达到最佳的通风效果。

图 2-8 是某油漆车间的全面通风实例，采用图 2-8（*a*）所示的通风方式，工人和工件都处在涡流区内，工人可能因污染物受害。如改用图 2-8（*b*）所示的通风方式，室外空气流经工作区，再由排风口排出，通风效果可大为改善。图 2-9 为某焊接车间通风方案，图 2-9（*a*）在厂房上部焊接烟带区设置轴流排风机，无法有效排除烟尘，改用图 2-9（*b*）中

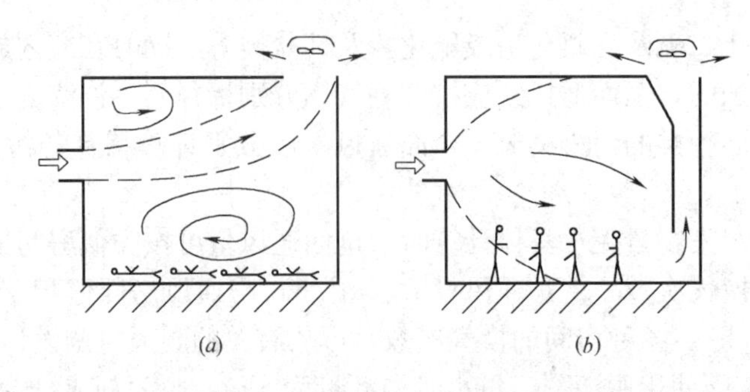

图 2-8　某油漆车间气流组织实例

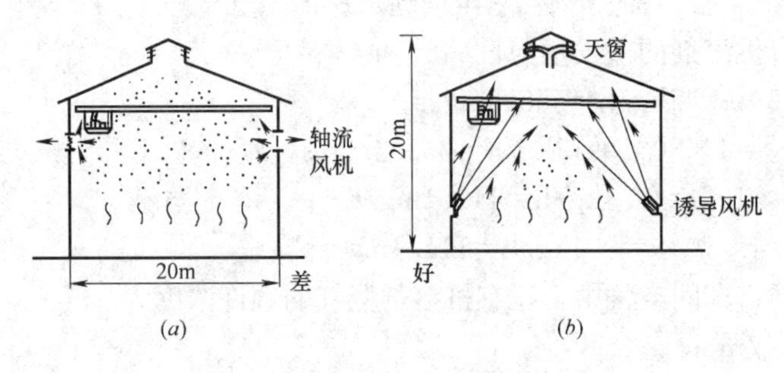

图 2-9　某焊接车间的气流组织对比

所示的诱导排风方式后，车间内工作环境空气质量明显改善。从上面的分析可以看出，全面通风效果与车间的气流组织密切相关。一般通风房间的气流组织有多种方式，设计时要根据污染物源位置、工人操作位置、污染物性质及浓度分布等具体情况，按下述原则确定：

（1）排风口尽量靠近污染物源或污染物浓度高的区域，把污染物迅速从室内排出。

（2）送风口应尽量接近操作地点，送入通风房间的清洁空气，要先经过操作地点，再经污染区排至室外。

（3）在整个通风房间内，尽量使送风气流均匀分布，减少涡流，避免污染物在局部地区的积聚。

当车间内同时散发热量和污染气体时，如车间内设有工业炉、加热的工业槽及浇注的铸模等设备，在热设备上方常形成上升气流。在这种情况下，一般采用图 2-10 所示的下送上排通风方式。清洁空气从车间下部进入，在工作区散开，然后带着污染气体或吸收的余热从上部排风口排出。

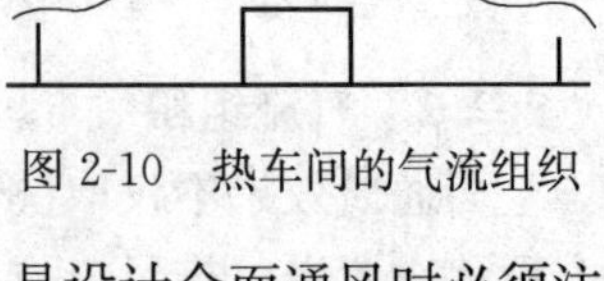

图 2-10　热车间的气流组织

为了把污染物从室内迅速排出，排风口应尽量设在污染物浓度高的区域。因此，了解车间内的污染气体浓度分布，是设计全面通风时必须注意的一个问题。污染气体在车间内的浓度分布，不仅与污染气体本身的密度有关，还与污染气体与室内空气混合后的混合气体密度有关。当车间内散发的污染气体其密度较大时，静态污染气体会沉积在下部，排风口会因此设在车间下部。但这种看法还不够全面，由于车间内污染气体浓度一般不会太高，由此引起的空气密度增值一般不会超过 0.30～0.40g/m^3。但是，空气温度变化 1.0℃所引起的气体密度变化值为 4.0g/m^3。由此可见，只要室内空气温度分布有极小的不均匀，污染气体就会随室内空气一起运动。因此，污染气体本身的密度大小对其浓度分布的影响相对较小。只有当室内没有对流气流时，密度较大的污染气体才会沉积在车间下部。另外，有些比较轻的挥发物，如汽油、醚等，也会由于蒸发吸热，使周围空气冷却，会和周围空气一起有沉积。

根据采暖通风与空气调节设计规范的规定，机械送风系统的送风方式应符合下列要求：

(1) 放散热或同时放散热、湿和污染气体的生产厂房及辅助建筑物，当采用上部或上、下部同时全面排风时，宜送至作业地带；

(2) 放散粉尘或密度比空气大的气体或蒸气，而不同时放散热的生产厂房及辅助建筑，当从下部地带排风时，宜送至上部地带。

(3) 当固定工作地点靠近污染物放散源，且不可能安装有效的局部排风装置时，应直接向工作地点送风。

设计规范还规定，采用全面通风消除余热、余湿或其他污染物质时，应分别从室内温度最高、含湿量或污染物质浓度最大的区域排风，并且排风量分配应符合下列要求：

(1) 当污染气体和蒸气密度比空气小，或在相反情况下，但车间内有稳定的上升气流时，宜从房间上部地带排出所需风量的 2/3，从下部地带排出 1/3；

(2) 当污染气体和蒸气密度比空气大，车间内不会形成稳定的上升气流时，宜从房间上部地带排出所需风量的 1/3，从下部地带排出 2/3；

(3) 房间上部地带排出风量不应小于每小时一次换气；

(4) 从房间下部地带排出的风量，包括距地面 2.0m 以内的局部排风量。

2.2.3 风量平衡和热平衡

(1) 风量平衡

在通风房间中，不论采用何种通风方式，单位时间内进入室内的空气量应和同一时间内排出的空气量保持相等，即通风房间的空气量要保持平衡，这就是一般说的空气平衡或风量平衡。

如前所述，通风方式按工作动力可分为机械通风和自然通风两类。因此，风量平衡的数学表达式为；

$$G_{zj}+G_{jj}=G_{zp}+G_{jp} \tag{2-12}$$

式中 G_{zj}——自然进风量，kg/s；

G_{jj}——机械进风量，kg/s；

G_{zp}——自然排风量，kg/s；

G_{jp}——机械排风量，kg/s。

在不设有组织自然通风的房间中，当机械进、排风量相等（$G_{jj}=G_{jp}$）时，室内压力等于室外大气压力，室内外压差为零。当机械进风量大于机械排风量（$G_{jj}>G_{jp}$）时，室内压力高于室外压力，处于正压状态。反之，室内压力降低，处于负压状态。由于通风房间不是非常严密的，处于正压状态时，室内空气会通过房间不严密的缝隙或窗户、门洞渗到室外，这部分空气量称为无组织排风，当室内处于负压状态时，室外空气会渗入室内，这部分空气量称为无组织进风。在工程设计中，为了使相邻房间不受污染，常有意识地利用无组织进风和无组织排风。让清洁度要求高的房间保持正压，产生污染物的房间保持负压。冬季房间内的无组织进风量不宜过大，如果室内负压过大，会导致表 2-1 所示的不良后果。

室内负压引起的危害　　表 2-1

负压(Pa)	风速(m/s)	危　害
2.45～4.9	2～2.9	使操作者有吹风感
2.45～12.26	2～4.5	自然通风的抽力下降
4.9～12.25	2.9～4.5	燃烧炉出现逆火
7.35～12.25	3.5～6.4	轴流式排风扇工作困难
12.25～49	4.5～9	大门难以启闭
12.25～61.25	6.4～10	局部排风系统能力下降

(2) 热平衡

要使通风房间温度保持不变，必须使室内的总得热量等于总失热量，保持室内热量平衡，即热平衡。热平衡计算一般需考虑全热负荷。夏季热平衡计算参见赵荣义主编的《空气调节》一书，冬季热平衡计算见下文。

随工业厂房的设备、产品及通风方式的不同，车间得热量、失热量差别较大。一般通过高于室温的生产设备、产品、采暖设备及送风系统等取得热量；通过围护结构、低于室温的生产材料及排风系统等损失热量。在使用机械通风，又使用再循环空气补偿部分车间热损失的车间中，热平衡方程式的形式为：

$$\sum Q_b + cL_p\rho_n t_n = \sum Q_f + cL_{jj}\rho_{jj}t_{jj} + cL_{zj}\rho_w t_w + cL_{hx}\rho_n(t_s - t_n) \tag{2-13}$$

式中　$\sum Q_b$——围护结构、材料吸热的总失热量，kW；

$\sum Q_f$——生产设备、产品及采暖散热设备的总放热量，kW；

L_p——局部和全面排风风量，m^3/s；

L_{jj}——机械进风量，m^3/s；

L_{zj}——自然进风量，m^3/s；

L_{hx}——再循环空气量，m^3/s；

ρ_n——室内空气密度，kg/m^3；

ρ_w——室外空气密度，kg/m^3；

t_n——室内排出空气温度，℃；

t_w——室外空气计算温度，℃。在冬季，对于局部排风及稀释污染气体的全面通风，采用冬季采暖室外计算温度。对于消除余热、余湿及稀释低毒性污染物质的全面通风，采用冬季通风室外计算温度。冬季通风室外计算温度是指历年最冷月平均温度的平均值；

t_{jj}——机械进风温度，℃；

t_s——再循环送风温度，℃

c——空气的质量比热，其值为 1.01kJ/(kg·℃)。

式 (2-13) 是通风房间热平衡方程式的一般形式。

从上面的分析可以看出，通风房间的风量平衡、热平衡是自然界的客观规律。设计时不遵循上述规律，实际运行时，会在新的室内状态下达到平衡。但此时的室内参数已发生变化，达不到设计预期的要求。

在保证室内卫生和工艺要求的前提下，为降低通风系统的运行能耗，提高经济效益，进行车间通风系统设计时，可采取以下的节能措施：

1) 在集中采暖地区，设有局部排风的建筑，因风量平衡需要送风时，应首先考虑自然补风（包括利用相邻房间的清洁空气）的可能性。所谓自然补风是指利用该建筑的无组织渗透风量来补偿局部排风量。如果该建筑的冷风渗透量能满足排风要求，则可不设机械进风装置。

从热平衡的观点看，由于在采暖设计计算中已考虑了渗透风量所需的耗热量，所以用渗透风量补偿局部排风量不会影响室内温度。只有当局部排风系统风量大于计算渗透风量时，才会导致渗透风量的增加，从而影响室内温度。

2）当相邻房间未设有组织进风装置时，可取其冷风渗透量的50%作为自然补风。

3）对于每班运行不足2h的局部排风系统，经过风量和热量平衡计算，对室温没有很大影响时，可不设机械送风系统。

上述三条是结合我国当前国情的节能措施。

4）设计局部排风系统时（特别是局部排风量大的车间）要有全局观点，不能片面追求大风量，应改进局部排风罩的设计，在保证效果的前提下，尽量减小局部排风量，以减小车间的进风量和排风热损失，这一点，在严寒地区特别重要。

5）机械进风系统在冬季应采用较高的送风温度。直接吹向工作地点的空气温度，不应低于人体表面温度（34℃左右），最好在37～50℃之间。这样，可避免工人有吹冷风的感觉。

6）净化后的空气再循环利用。根据卫生标准的规定，经净化设备处理后的空气中，如污染物质浓度不超过室内最高允许浓度的30%，空气可再循环使用。

7）把室外空气直接送到局部排风罩或排风罩的排风口附近，补充局部排风系统排出的风量。例如，图2-11所示的补偿罩，与排风罩结合在一起，一送一排，以减少从室内排走的空气量。

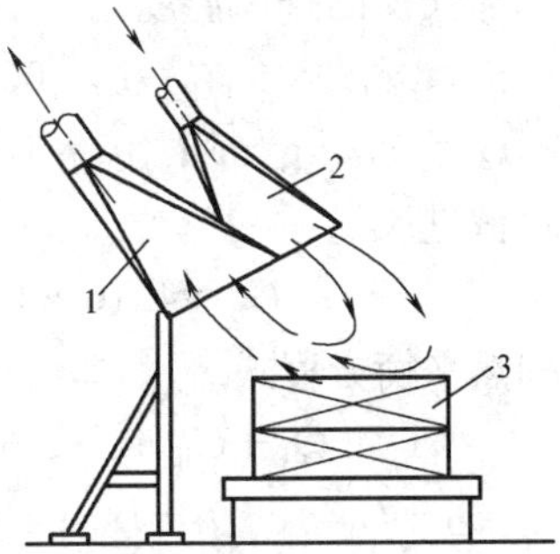

8）为充分利用排风余热，节约能源，在可能的条件下应设置热回收装置。目前国内已有多种形式的余热回收装置。图2-12是转轮式空气余热交换器，它能回收排风能量的70%。图2-13是通过热管换热器，用高温烟气加热室外空气，用作车间的热风采暖。有关热回收装置的结构和应用，可以参考《空气调节》一书。

图2-11 浇注输送器上的补偿罩
1—排风罩；2—补偿罩；3—铸型输送器

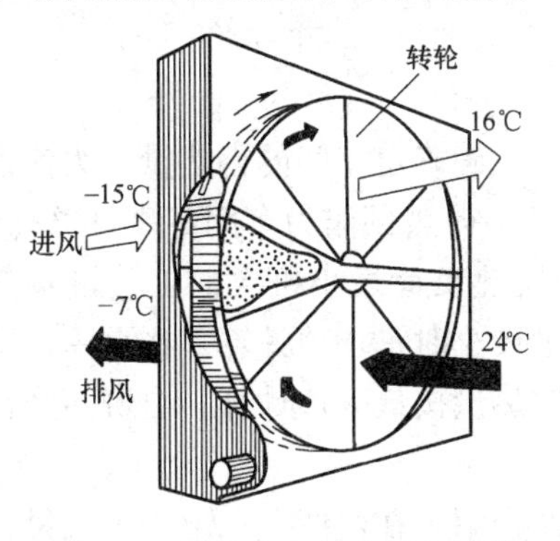

图2-12 转轮式空气余热交换器

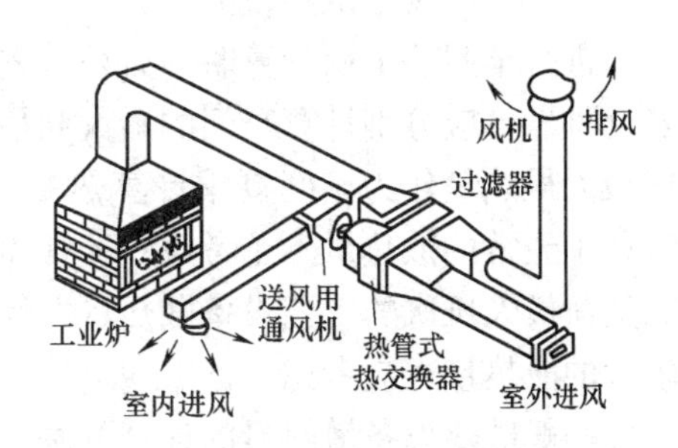

图2-13 热管换热器用于热风采暖

要保持室内的湿度和污染物浓度不变，必须保持湿平衡和污染物质的平衡。前面介绍的全面通风通风量计算公式就是建立在风量平衡和热、湿、污染物质平衡基础上的，它们只适用于较简单的情况。实际的通风问题比较复杂，有时进风和排风同时有几种形式和状态；有时要根据排风量确定进风量；有时要根据热平衡条件确定送风参数等等。对于这些问题，都必须根据风量平衡、热平衡条件进行计算。下面通过实例说明如何根据风量平衡、热平衡，计算机械进风量和进风温度。

【例 2-3】 已知某车间内生产设备散热量 $Q_1=350\text{kW}$，围护结构失热量 $Q_2=400\text{kW}$，上部天窗排风量 $L_{zp}=2.78\text{m}^3/\text{s}$，局部排风量 $L_{jp}=4.16\text{m}^3/\text{s}$，自然进风量 $L_{zj}=1.34\text{m}^3/\text{s}$，室内工作区温度 $t_n=20℃$，室外空气温度 $t_w=-12℃$，车间内温度梯度为 0.3℃/m，上部天窗中心高 $H=10\text{m}$（见图 2-14）。求 1）机械进风量 L_{jj}；2）机械送风温度 t_j；3）加热机械进风所需的热量 Q_3。

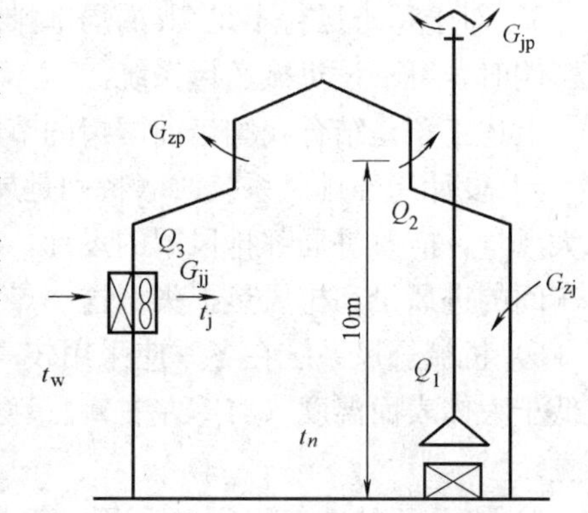

图 2-14 某车间通风系统示意图

【解】 列空气平衡方程式：

$$G_{zj}+G_{jj}=G_{zp}+G_{jp}$$

$$G_{jj}+L_{zj}\cdot\rho_{-12}=L_{jp}\rho_{zp}+L_{zp}\rho_{p}$$

上部天窗的排风温度：

$$t_p=t_n+0.3(H-2)=20+0.3(10-2)=22.4℃$$

$\rho_{-12}=1.35\text{kg/m}^3$；$\rho_{20}=1.2\text{kg/m}^3$；$\rho_{22.4}\approx1.2\text{kg/m}^3$。

机械进风量：

$$G_{jj}=4.16\times1.2+2.78\times1.2-1.34\times1.35=6.52\text{kg/s}$$

列热平衡方程式

$$Q_1+G_{jj}\cdot c\cdot t_j+G_{zj}\cdot c\cdot t_w=Q_2+G_{zp}\cdot c\cdot t_p+G_{jp}\cdot c\cdot t_n$$

$$Q_1+G_{jj}\cdot c\cdot t_j+L_{zj}\cdot c\cdot\rho_{-12}\cdot t_w=Q_2+L_{zp}\cdot c\cdot\rho_{22.4}t_p+L_{jp}\cdot c\cdot\rho_{20}\cdot t_n$$

$$350+6.52\times1.01\times t_j+1.34\times1.01\times1.35\times(-12)$$
$$=400+2.78\times1.01\times1.2\times22.4+4.16\times1.01\times1.2\times20$$

机械送风温度：$t_j=37.7℃$

加热机械进风所需的热量：$Q_3=G_{jj}\cdot c(t_j-t_w)=6.52\times1.01(37.7+12)=327.28\text{kW}$

2.2.4 污染物质散发量的计算

（1）生产设备散热量的计算

进行车间热平衡计算时，必须首先了解生产过程，正确确定车间的得热量。为使设计安全可靠，应分别计算车间的最大和最小得热量。把最小得热量作为车间冬季计算热量；把最大得热量作为车间夏季计算热量。即在冬季，采用热负荷最小班次的工艺设备散热量；不经常的散热量不予考虑；经常而不稳定的散热量按小时平均值计算。在夏季，采用热负荷最大班次的工艺设备散热量；经常而不稳定的散热量按最大值计算；白班不经常的较大的散热量也应考虑。

一般散热设备散热量的计算方法，在传热学中已经介绍。在生产上，由于工艺设备种类繁多，结构复杂，完全用理论计算的方法确定设备散热量是很困难的，设计计算时可查阅有关文献。生产车间主要散热设备有下列几个方面：

1）工业炉及其热设备的散热量；

2）原材料、成品或半成品冷却的散热量；

3）蒸汽锻锤的散热量；

4）燃料燃烧的散热量；

5）电炉、电机的散热量；

6）热水槽表面散热量。

（2）散湿量的计算

生产车间的散湿，主要有下列几方面：

1）暴露水面或潮湿表面散发的水蒸气量；

2）材料或成品的散湿量；

3）化学反应过程中散发的水蒸气量。

（3）污染气体散发量的计算

在生产车间内，污染气体的来源主要有以下几个方面：

1）燃料燃烧产生的污染气体；

2）通过炉子的缝隙漏入室内的烟气；

3）从生产设备或管道的不严密处，漏入室内的污染气体；

4）容器中化学品自由表面的蒸发；

5）物体表面涂漆时，散入室内的溶剂蒸气；

6）生产过程中化学反应产生的污染气体。如电解铝时产生的氟化氢，铸件浇注时产生的一氧化碳等。

由于生产过程的复杂性，散湿量和污染气体散发量一般都是通过现场测定和调查研究，按经验数据确定的。

2.2.5 全面通风系统

（1）全面送风系统

图2-15是机械送风系统示意图，该系统在冬季可用作热风采暖系统。夏季需要降温的车间，可把空气加热器用作空气冷却器；供给冷冻水，进行空气冷却处理。

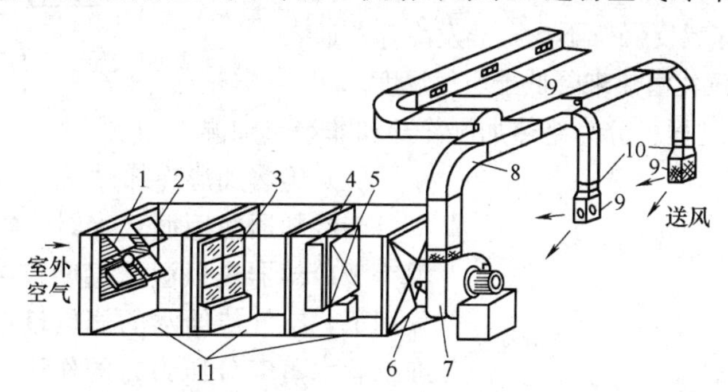

图2-15 机械送风系统示意图

1—百叶窗；2—保温阀；3—过滤器；4—旁通阀；5—空气加热器；6—启动阀；7—通风机；8—通风管网；9—出风口；10—调节阀；11—送风室

（2）屋顶通风机

图2-16是屋顶通风机的示意图，该风机直接安装于屋顶作进风或排风之用。它有轴流式、离心式两种，国产的屋顶通风机风量在2000～4000m³/h之间。由于屋顶通风机具

有安装简便、应用灵活等特点，在国内外广泛应用于各类工业与民用建筑的全面通风换气。过去车间上部大都设有天窗，通过天窗进行上部排风。在集中采暖地区，在冬季如开启天窗，上部排风量则无法控制，车间热损失很大；如关闭天窗，烟尘、污染气体不能及时排除，弥漫于车间。在南方地区，阴雨天多，当室外气压较低时，天窗排烟困难。采用屋顶通风机可根据需要，随时启用和停止，克服了天窗排烟的缺点。因此，在设计规范中规定，设计全面排风时，如技术经济比较合理，可采用屋顶通风机进行全面排风（图 2-16）。

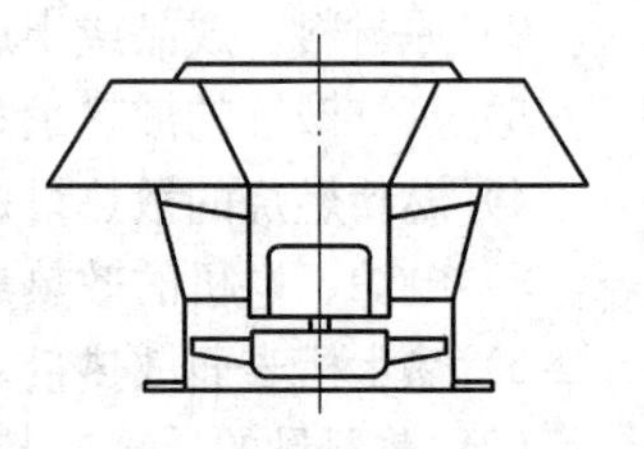

图 2-16　屋顶通风机

2.3　蒸发冷却降温通风

蒸发冷却是利用自然环境中未饱和空气的干球温度和湿球温度差对空气进行降温。当水与不饱和空气接触时，部分水吸收空气中的显热发生相变形成水蒸气，使空气湿度增加、温度下降。按照工作原理，蒸发冷却分为直接蒸发冷却（DEC）和间接蒸发冷却（IEC）两种形式。当室内存在余热热源时，可以采用蒸发冷却通风方式，降低送风温度，达到节能、降温的效果。

本文重点介绍工业领域通常使用的直接蒸发冷却。

2.3.1　直接蒸发冷却（DEC）工作原理

直接蒸发冷却的原理是利用自然条件中空气的干、湿球温差来获取降温幅度，简单地说就是把显热转变为潜热造成温度下降，达到环境降温的要求。其物理过程如图 2-17 所示。室外空气在风机的作用下流过被水淋湿的填料而被冷却，空气的干球温度降低而湿球温度保持不变，蒸发冷却器通过液态水汽化吸收汽化潜热来降低干空气温度。

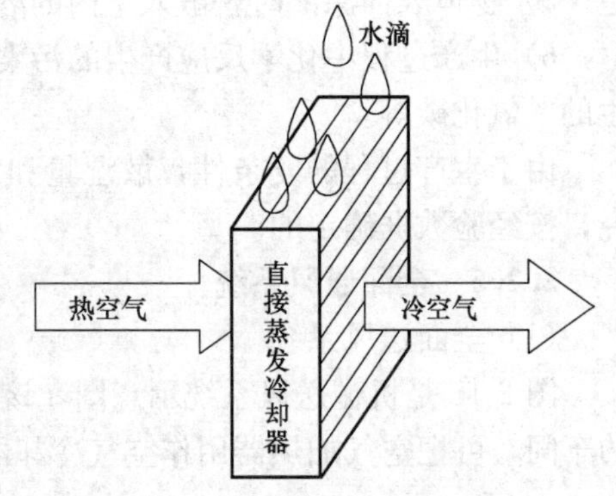

图 2-17　直接蒸发冷却物理过程

直接蒸发制冷过程可分为绝热加湿冷却和非绝热加湿冷却。

（1）绝热加湿冷却过程

当冷却器使用循环水时，喷淋到填料上的水温等于冷却器进风湿球温度，在空气与水的温差作用下，空气传给水的显热量在数值上恰好等于在二者水蒸气分压力差的作用下，水蒸发到空气中所需要的汽化潜热，总热交换为零。此过程中忽略水蒸发带给空气的水自身原有的液态热（湿球温度×1 千卡/千克），称为等焓冷却加湿过程，简称绝热加湿过程。

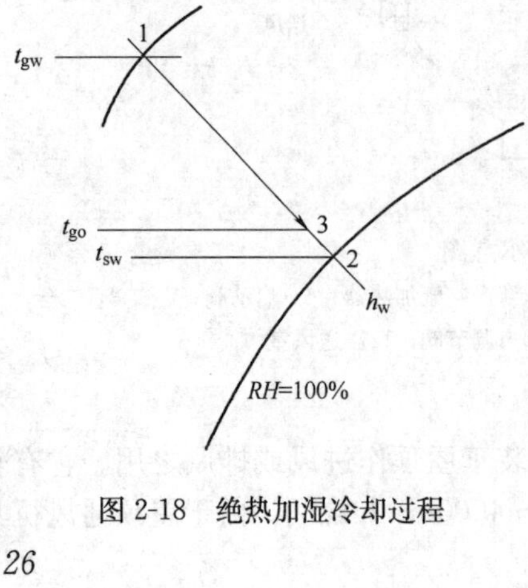

图 2-18　绝热加湿冷却过程

空气变化过程如图 2-18 所示，空气干球温度为 t_{gw}，从 1 进入冷却器，冷却过程沿等焓线 h_w

向空气湿球温度2移动，但因为蒸发冷却器效率达不到100%，所以空气只能被冷却到3，3就是空气离开冷却器的状态点。

绝热加湿的冷却程度是有一定限度的，干空气传递的显热量不可能超过液态水汽化所吸收的潜热，它受空气湿球温度的限制，也就是说空气只能在这个湿球温度下达到饱和。在实际应用中，干空气的饱和程度达不到100%饱和，即冷却器的冷却效率（或饱和效率）达不到100%，一般能达到70%～95%。饱和效率计算公式如下所示：

$$\eta_{DEC}=\frac{t_{gw}-t_{go}}{t_{gw}-t_{sw}}\times 100\% \tag{2-14}$$

式中 η_{DEC}——直接蒸发冷却饱和效率，%；

t_{gw}——空气干球温度，℃；

t_{go}——空气冷却器出口处干球温度，℃；

t_{sw}——空气湿球温度，℃。

从上述分析可以看出，直接蒸发冷却的降温效果取决于当地室外空气的湿球温度。在我国西北地区（如新疆），当地室外空气的湿球温度较低，在某些相对湿度控制要求不高的建筑，把直接蒸发冷却作为空调系统的冷源。表2-2是我国部分城市夏季空调设计的室外空气温度、湿度。

部分城市夏季空调设计室外空气温度、湿度 **表2-2**

地名	干球温度(℃)	湿球温度(℃)	室外计算相对湿度(%)		地名	干球温度(℃)	湿球温度(℃)	室外计算相对湿度(%)	
			最热月平均	最热月14时平均				最热月平均	最热月14时平均
北京	33.2	26.4	78.0	64.0	天津	33.4	26.9	78.0	65.0
沈阳	31.4	25.4	78.0	64.0	哈尔滨	30.3	23.4	77.0	61.0
上海	34.0	28.2	83.0	67.0	南京	35.0	28.3	81.0	64.0
武汉	35.2	28.2	79.0	63.0	广州	33.5	27.7	83.0	67.0
济南	34.8	26.7	73.0	54.0	成都	31.6	26.7	85.0	70.0
重庆	36.5	27.3	75.0	56.0	昆明	25.8	19.9	83.0	64.0
西安	35.2	26.0	72.0	55.0	兰州	30.5	20.2	61.0	44.0
乌鲁木齐	34.1	18.5	44.0	31.0	克拉玛依	34.9	19.1	32.0	29.0

（2）非绝热加湿冷却过程

当冷却器使用不循环水，喷淋水温度 t_3 不等于空气湿球温度时，空气与外界有热交换，所以冷却过程是非绝热冷却过程。

当喷淋水温度 t_3 高于湿球温度 t_2 而低于干球温度时，空气传给水的显热量在数值上小于在二者水蒸气分压力差作用下水蒸发到空气中所需要的汽化潜热，即显热交换量小于潜热交换量，空气的焓值增加。空气变化过程如图2-19所示，图中2是空气湿球温度，1-2是绝热加湿冷却过程，此时这种情况不会发生。当空气从状态点1进入冷却器，冷却过程沿1—3线增焓增湿至状态点4。状态点4是空气的最终状况。

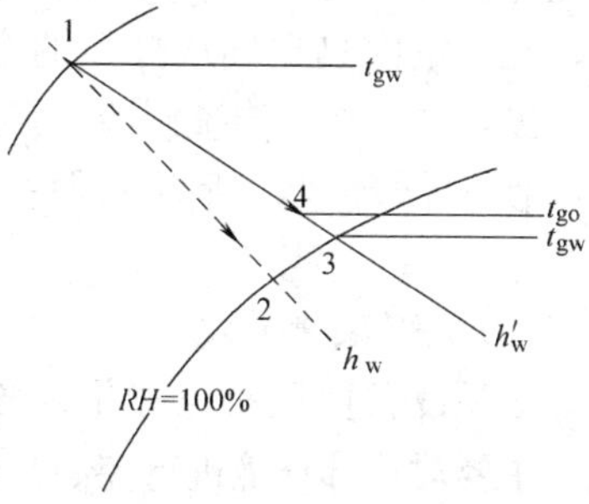

图2-19 非绝热加湿冷却过程

(3) 直接蒸发冷却的特点

以广东省某电子厂车间为例，直接蒸发冷却具有如下特点：

1）投资少，能耗小，效能大。

2）直接蒸发冷却系统采用直流式系统，100%新风送入室内，再通过门、窗等无组织排出。在室内降温的同时，进行通风、换气、防尘、除味，并增加空气含氧量，提高劳动者工作效率。

该车间面积 3500m²，楼层高 3.5m，工人数量 800 人，夏天车间温度约 40℃。密集的岗位及浸锡炉产生的浓烈气味和烟雾使车间的空气卫生条件较差，出现工人因太热或缺氧而晕倒，车间虽装有大量的风扇及排气扇，但难以改善空气的质量和含氧量。

根据该电子厂实际情况，安装多台直接蒸发空调机组后，取得了良好通风换气和降温的效果，在室外较热时，仍然可把车间温度下降 5℃左右，详见表 2-3。由表 2-4 可以看出，针对该厂房情况，采用直接蒸发冷却进行降温，可以显著降低通风空调能耗。

空调机运行时实际测量数据 **表 2-3**

天气状况	晴	晴	晴	小雨	晴	晴	阴	晴
室外温度(℃)	32	32	33	28	30	31	30	34
室内出风口温度(℃)	26	25	25	24	25	26	26	26
室内外温差(℃)	6	7	8	4	5	5	4	8
相对湿度	52%	56%	52%	80%	60%	62%	72%	50%

空调运行费用对比 **表 2-4**

机型	机组数量	功率(kW)	每天运行费(元)(按 12h,1 元/kWh)	每年运行费(万元)
集中式系统	600kW 机组	192	2240	81.76
直接蒸发冷却空调	40 台	44	528	19

2.3.2 直接蒸发冷却设备

(1) 使用循环水的蒸发冷却设备

该类设备主要包括一个风机、填料、水泵以及补水泄流部件，如图 2-20 所示。风机抽取室外空气，通过湿润的填料，使得室外空气加湿冷却，冷却的空气进入房间，并将室内热空气从打开的窗口、门等处排出，这一点和传统制冷空调明显不同，它不使用循环风，所以能保持室内空气清新。

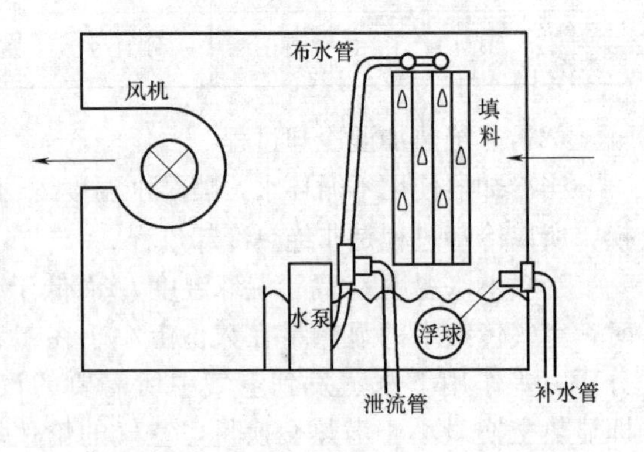

图 2-20 使用循环水的蒸发冷却设备

(2) 喷雾冷却设备

该类设备由风机、雾化装置等部件构成，主要对局部环境进行控制。运行时利用风机叶片将水雾化后送至工作环境，雾滴与环境空气进行热、质交换，吸收空气中显热量，使环境空气温度下降。

2.4 事故通风

在生产车间里，当生产设备发生事故或故障时，有出现突然散发大量污染气体或有爆炸性的气体的可能，应设置事故排风系统。事故排风的风量应根据工艺设计所提供的资料通过计算确定。当工艺设计不能提供有关计算资料时，应按每小时不小于房间全部容积的8次换气量确定。

事故排风必需的排风量应由经常使用的排风系统和事故排风的排风系统共同保证。事故排风的风机应分别在室内、外便于操作地点设置开关。

事故排风的室内排风口应设在污染气体或爆炸危险物质散发量可能最大的地点。事故排风不设进风系统补偿，而且一般不进行净化处理。事故排风的室外排放口不应布置在人员经常停留或经常通行的地点，而且应高于20m范围内最高建筑物的屋面3.0m以上。当其与机械送风系统进风口的水平距离小于20m时，应高于进风口6.0m以上。

在本章的前几节中介绍了局部排风、局部送风和全面通风等通风方式，分析了它们的作用、特点及应用条件。进行车间的通风设计时，首先应根据生产工艺的特点和污染物的性质，尽可能采用局部通风。如果设置局部通风后仍不能满足卫生标准的要求，或工艺条件不允许设置局部通风时，才考虑采用全面通风。有些生产车间（如铸造、烧结等），工艺设备比较复杂，车间内同时散发粉尘、污染气体、热和湿等多种污染物，进行这类车间的通风设计时，必须全面考虑各种污染物的散发情况，综合运用各种通风方式，才能做出效果良好的设计方案。恰当地运用各种通风方法，综合解决整个车间的通风问题，对创造良好的室内环境、提高通风系统的技术经济性能具有十分重要的意义。例如：在铸造车间，一般采用局部排风捕集粉尘和污染气体，用全面的自然通风消除散发到整个车间的热量及部分污染气体，同时对个别高温工作地点（如浇注、落砂）用局部送风装置进行降温。从这个例于可以看出，单纯采用某一种通风方式是不可能经济合理地解决整个车间污染物控制问题的。

习　题

1. 确定全面通风风量时，有时采用分别稀释各污染物空气量之和，有时取其中的最大值，为什么？

2. 进行热平衡计算时，为什么计算稀释污染气体的全面通风耗热量时采用冬季采暖室外计算温度；而计算消除余热、余湿的全面通风耗热量时则采用冬季通风室外计算温度？

3. 通风设计如果不考虑风量平衡和热平衡，会出现什么现象？

4. 某车间体积$V_f=1000m^3$，由于突然发生事故，某种污染物大量散入车间，散发量为350mg/s，事故发生后10min被发现，立即开动事故风机，事故排风量为$L=3.6m^3/s$。试问：风机启动后要经过多长时间室内污染物浓度才能降低到$100mg/m^3$以下（风机启动后污染物继续发散）。

5. 某大修厂在喷漆室内对汽车外表喷漆，每台车需1.5h，消耗硝基漆12kg，硝基漆中含有20%的香蕉水。为了降低漆的黏度，便于工作，喷漆前又按漆与溶剂质量比4：1加入香蕉水。香蕉水的主要成分是：甲苯50%、环己酮8%、环己烷8%、乙酸乙酯30%、正丁醇4%。计算使车间空气符合卫生标准所需的最小通风量（取K值为1.0）。

6. 某车间工艺设备散发的硫酸蒸气量$x=20mg/s$，余热量$Q=174kW$。已知夏季的通风室外计算温度$t_w=32℃$，要求车间内污染蒸气浓度不超过卫生标准，车间内温度不超过35℃。试计算该车间的全面通风量（因污染物分布不均匀，故取安全系数 $K=3$）。

7. 某车间同时散发 CO 和 SO2，$x_{CO}=140$mg/s，$x_{SO_2}=56$mg/s，试计算该车间所需的全面通风量。由于污染物及通风空气分布不均匀，取安全系数 $K=6$。

8. 某车间布置如图 2-21 所示，已知生产设备散热且 $Q=350$kW，围护结构失热量 $Q_b=450$kW，上部天窗排风且 $L_{zp}=2.78\text{m}^3/\text{s}$，局部排风量 $L_{jp}=4.16\text{m}^3/\text{s}$，室内工作区温度 $t_n=20$℃，室外空气温度 $t_w=-12$℃，机械进风温度 $t_j=37$℃，车间内温度梯度 $\frac{\Delta t}{H}=0.3$℃/m，从地面到天窗中心线的距离为 10m，求机械进风量 L_{jj} 和自然进风量 $L_{zj}\,\text{m}^3/\text{s}$。

9. 车间通风系统布置如图 2-21 所示，已知机械进风量 $G_{jj}=1.11$kg/s，局部排风量 $G_p=1.39$kg/s，机械进风温度 $t_j=20$℃，车间的得热量 $Q_d=20$kW，车间的失热量 $Q_s=4.5(t_n-t_w)$kW，室外空气温度 $t_w=5$℃，开始时室内空气温度 $t_n=20$℃，部分空气经侧墙上的窗孔 A 自然流入或流出，试问车间达到风量平衡、热平衡状态时

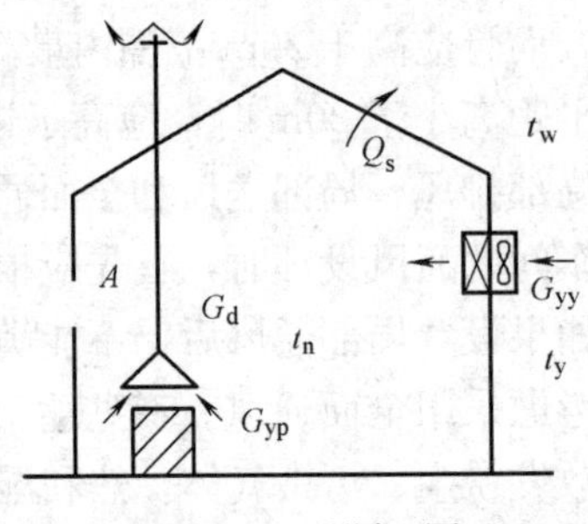

图 2-21　习题 8 图

（1）窗孔 A 是进风还是排风，风量多大？

（2）室内空气温度是多少？

10. 某车间生产设备散热量 $Q=11.6$kJ/s，局部排风量 $G_{jp}=0.84$kg/s，机械进风量 $G_{jj}=0.56$kg/s，室外空气温度 $t_w=30$℃，机械进风温度 $t_{jj}=25$℃，室内工作区温度 $t_n=32$℃，天窗排气温度 $t_p=38$℃，试问用自然通风排除余热时，所需的自然进风量和自然排风量是多少？

11. 某车间局部排风量 $G_{jp}=0.56$kg/s，冬季室内工作区温度 $t_n=15$℃，采暖室外计算温度 $t_w=-25$℃，围护结构耗热量 $Q=5.8$kJ/s。为使室内保持一定的负压，机械进风量为排风量的 90%，试确定机械进风系统的风量和送风温度。

12. 某办公室的体积为 170m^3，利用自然通风系统每小时换气 2 次，室内无人时，空气中 CO_2 含量与室外相同，为 0.05%，工作人员每人呼出的 CO_2 量为 19.8g/h，在下列情况下，求室内最多可容纳的人数。

（1）工作人员进入房间后的第一小时，空气中 CO_2 含量不超过 0.1%。

（2）室内一直有人，CO_2 含量始终不超过 0.1%。

13. 体积为 224m^3 的车间中，设有全面通风系统，全面通风量为 $0.14\ \text{m}^3/\text{s}$，$CO_2$ 的初始体积浓度为 0.05%，有 15 人在室内进行轻度劳动，每人呼出的 CO_2 量为 45g/h，进风空气中 CO_2 的浓度为 0.05%，求

（1）达到稳定时，车间内 CO_2 的浓度。

（2）通风系统开启后最少需要多长时间，车间内 CO_2 的浓度才能接近稳定值（误差为 2%）。

第3章　局部排风罩

局部排风罩是局部排风系统的重要组成部分。通过局部排风罩口的气流运动，可在污染物质散发地点直接捕集污染物或控制其在车间的扩散，保证室内工作区污染物浓度不超过国家卫生标准的要求。设计完善的局部排风罩，用较小的排风量即可获得最佳的控制效果。

按照工作原理不同，局部排风罩可分为以下几种基本形式：

（1）密闭罩；

（2）柜式排风罩（通风柜）；

（3）外部吸气罩（包括上吸式、侧吸式、下吸式用槽边排风罩等）；

（4）接受式排风罩；

（5）吹吸式排风罩。

设计局部排风罩时应遵循以下原则：

（1）局部排风罩应尽可能靠近污染物发生源，使污染物局限于较小空间，尽可能减小其吸气范围，便于捕集和控制。

（2）排风罩的吸气气流方向应尽可能与污染气流运动方向一致。

（3）已被污染的吸入气流不允许通过人的呼吸区。设计时要充分考虑操作人员的位置和活动范围。

（4）排风罩应力求结构简单、造价低，便于制作安装和拆卸维修。

（5）与工艺密切相结合，使局部排风罩的配置与生产工艺协调一致，力求不影响工艺操作。

（6）要尽可能避免或减弱干扰气流，如穿堂风、送风气流等对吸气气流的影响。

局部排风罩的结构虽不十分复杂，但由于各种因素的相互制约，要同时满足上述要求并非易事。设计人员应充分了解生产工艺、操作特点及现场实际情况。

3.1　密　闭　罩

密闭罩的结构如图3-1所示，它把污染物源全部密闭在罩内，在罩上设有工作孔，从罩外吸入空气，罩内污染空气由上部排风口排出。它只需较小的排风量就能有效控制污染物的扩散，排风罩气流不受周围气流的影响。它的缺点是，影响设备检修，有的看不到罩内的工作状况。

用于产尘设备的密闭罩称为防尘密闭罩。

3.1.1　防尘密闭罩的形式

防尘密闭罩随工艺设备及其配置的不同，其形式是多样的。按照它和工艺设备的配置关系，可分为三类：

（1）局部密闭罩

如图 3-2 所示，在局部产尘点进行密闭，产尘设备及传动装置留在罩外，便于观察和检修。罩的容积小、排风量少、经济性好。适用于含尘气流速度低、连续扬尘和瞬时增压不大的扬尘点。

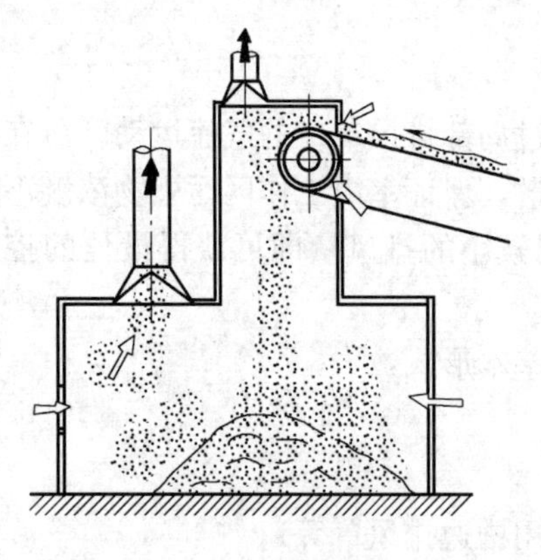

图 3-1　密闭罩

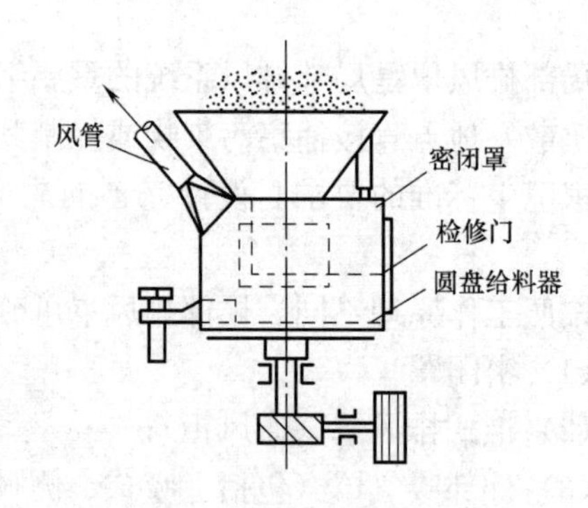

图 3-2　圆盘给料器密闭罩

（2）整体密闭罩

如图 3-3 所示，产尘设备大部分或全部密闭，只有传动部分留在罩外。适用于有振动或含尘气流速度高的设备。

（3）大容积密闭罩（密闭小室）

图 3-4 所示的是振动筛的密闭小室，振动筛、提升机等设备全部密闭在小室内。工人可直接进入小室检修和更换筛网。密闭小室容积大，适用于多点产尘、阵发性产尘、含尘气流速度高和设备检修频繁的场合。它的缺点是占地面积大，材料消耗多。

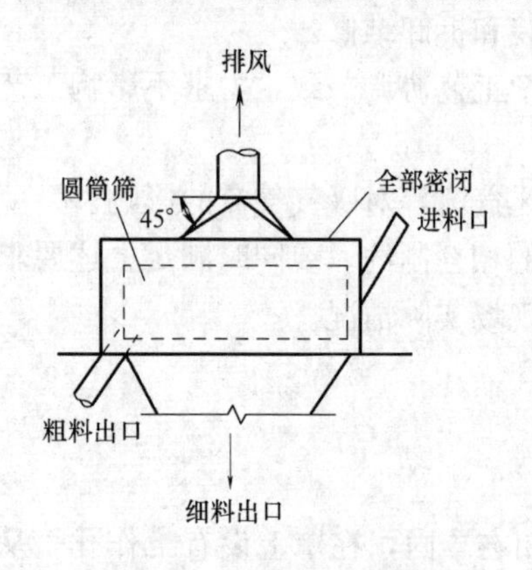

图 3-3　圆筒筛密闭罩

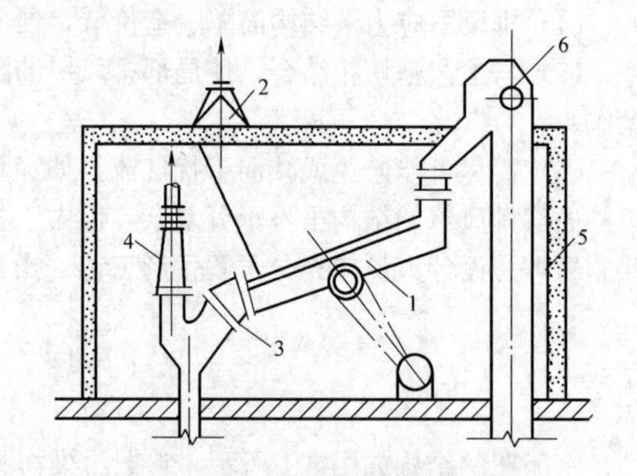

图 3-4　振动筛密闭小室

1—振动筛；2—小室排风口；3—卸料口；4—排风口；5—密闭小室；6—提升机

根据工艺设备的操作特点，密闭罩有固定式和移动式两种形式。图 3-5 是用于小型振动落砂机的固定式密闭罩。图 3-6 是大型振动落砂机上的移动式密闭罩。砂箱落砂前，由电动机驱动，使移动罩右移。把大型砂箱用吊车安放在落砂机上，移动罩向左移动，使砂箱密闭在罩内，然后开动风机和落砂机进行落砂。

3.1.2 排风口位置的确定

尘源密闭后，要防止粉尘外逸，还需通过排风消除罩内正压。罩内形成正压的主要因素为：

（1）机械设备运动

当图 3-3 所示的圆筒筛在工作过程中高速转动时，会带动周围空气一起运动，造成一次尘化气流。高速气流与罩壁发生碰撞时，把自身的动压转化为静压，使罩内压力升高。

（2）物料运动

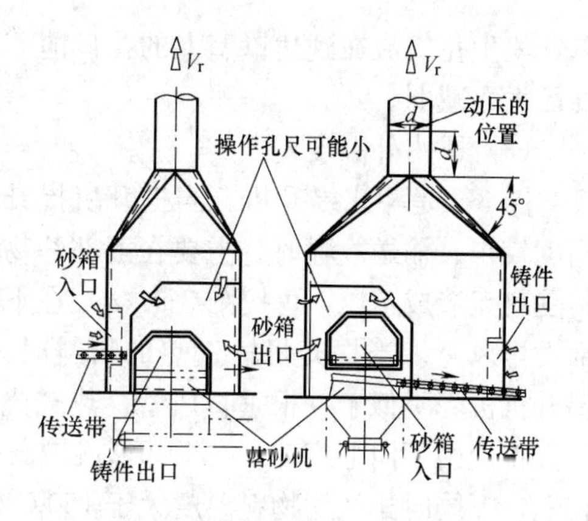

图 3-5 落砂机固定式密闭罩

图 3-7 是皮带运输机转落点的工作情况。落差小于或等于 1.0m 时，物料诱导的空气量较小，可按图 3-7（*a*）设置排风口。物料的落差较大时，高速下落的物料诱导周围空气一起从上部罩口进入下部皮带密闭罩，使罩内压力升高。物料下落时的飞溅是造成罩内正压的另一个原因。为了消除下部密闭罩内诱导空气的影响，物料的落差大于 1.0m 时，应按图 3-7（*b*）所示的下部进行抽风，同时设置宽大的缓冲箱以减弱飞溅的影响。

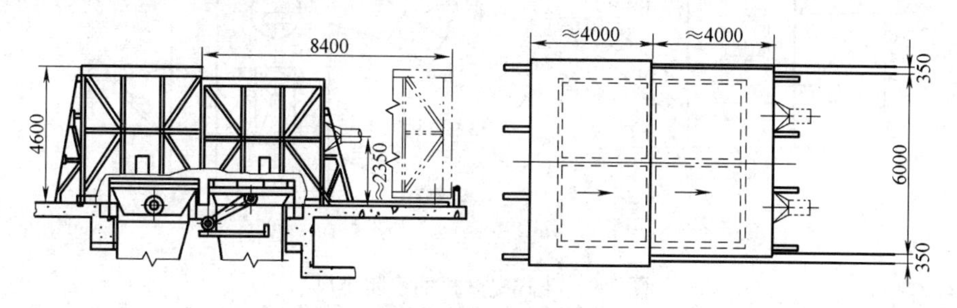

图 3-6 落砂机移动式密闭罩

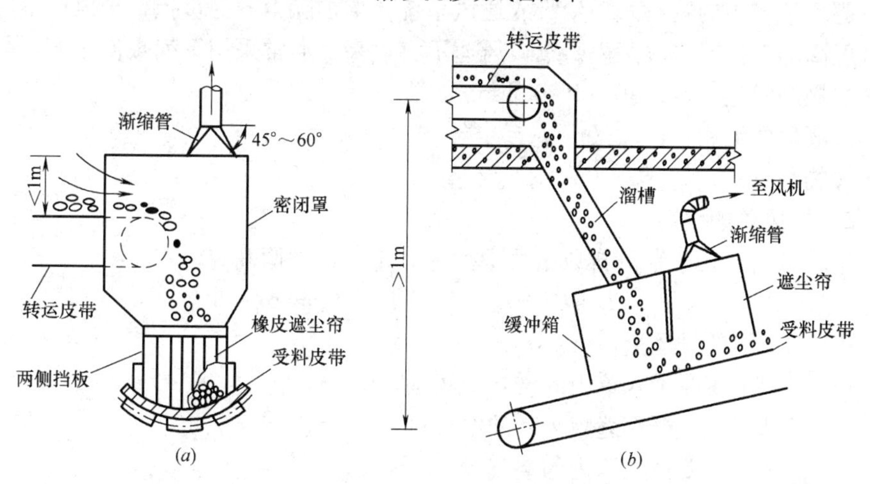

图 3-7 皮带运输机转落点密闭罩

（*a*）落差≤1.0m；（*b*）落差>1.0m

图 3-8 是发生飞溅时的情况，由于局部气流飞溅速度较高，采用抽风的方法无法抑止这种局部高速气流。正确的方法是避免在飞溅区域内有孔口或缝隙，或者设置宽大的密闭

罩，使尘化气流在到达罩壁上的孔口前速度已大大减弱。

（3）罩内外温度差

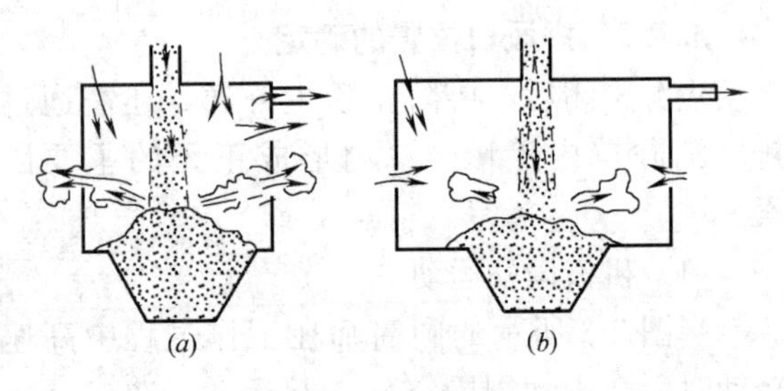

图 3-8 密闭罩内的飞溅

图 3-9 是斗式提升机。当提升机提升高度较小、输送冷料时，主要在下部的物料受料点造成正压，可按图 3-9（a）在下部设排风点。当提升机输送热的物料时，提升机机壳类似于一根垂直风管，热气流带着粉尘由下向上运动，在上部形成较高的热压。因此，当物料温度为 50～150℃时，要在上、下同时排风，物料温度大于 150℃时只需在上部排风，如图 3-9（b）。

从上述分析可以看出，排风口位置应根据生产设备的工作特点及含尘气流运动规律确定。排风口应设在罩内压力最高的部位，以利于消除正压。

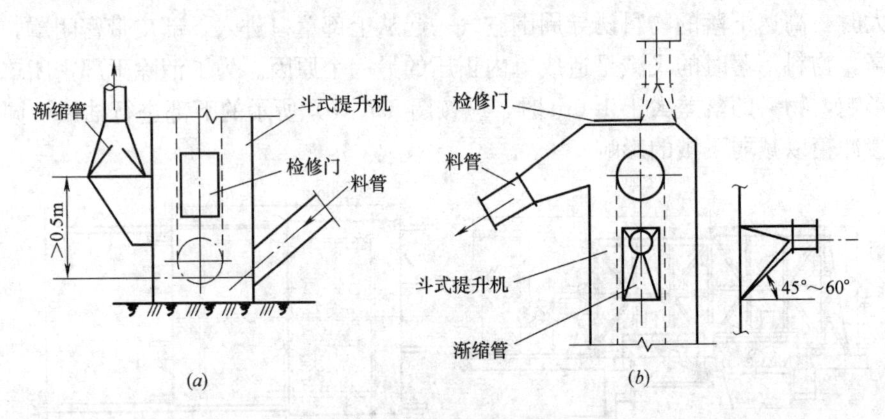

图 3-9 斗式提升机的密闭排风

为了避免把过多的物料式粉尘吸入通风系统，增加除尘器的负担，排风口不应设在含尘气流浓度高的部位或飞溅区内。罩口风速不宜过高，通常采用下列数值：

筛落的极细粉尘： v=0.40～0.60m/s；

粉碎或磨碎的细粉：v<2.0m/s；

粗颗粒物料： v<3.0m/s。

3.1.3 排风量的确定

从理论上分析，密闭罩的排风量可根据进、排风量平衡确定。

$$L=L_1+L_2+L_3+L_4 \quad (m^3/s) \tag{3-1}$$

式中 L——密闭罩的排风量，m^3/s；

L_1——物料下落时带入罩内的诱导空气量，m^3/s；

L_2——从孔口或不严密缝隙吸入的空气量，m^3/s；

L_3——因工艺需要鼓入罩内的空气量，m^3/s；

L_4——在生产过程中因受热使空气膨胀或水分蒸发而增加的空气量，m^3/s。

在上述因素中，L_3 取决于工艺设备的配置，只有少量设备如自带的鼓风机的混砂机等才需要考虑。L_4 在工艺过程发热量大、物料含水率高时才需要考虑，如水泥厂的转筒烘干机等。在一般情况下，式（3-1）可简化为

$$L=L_1+L_2 \tag{3-2}$$

对不同的设备，它们的工作特点、密闭罩的结构形式及尘化气流的运动规律各不相同。难以用一个统一的公式对上述两部分风量进行计算。目前大部分按经验数据或经验公式确定，设计时可参考有关的手册[5][6]。但从式（3-2）可以看出，要减少除尘密闭罩的局部排风量，应尽可能减小工作孔或缝隙面积，并设法限制诱导空气随物料一起进入罩内。

3.2 柜式排风罩

柜式排风罩的结构和密闭罩相似，由于工艺操作需要，罩的一面可全部敞开。图3-10（*a*）是小型排风罩，适用于化学实验室、小零件喷漆等；图 3-10（*b*）是大型的室式排风罩，操作人员在柜内工作，主要用于大件喷漆、粉料装袋等。按照气流运动特点，柜式排风罩分为吸气式和吹吸式两类。吸气式通风柜单纯依靠排风的作用，在工作孔上造成一定的吸入速度，防止污染物外逸。图 3-11 是送风式通风柜，排风量的 70%左右由上部风口供给（采用室外空气），其余 30%从室内流入罩内。在需要供热（冷）的房间内，设置送风式排风柜可节能 60%左右。图 3-12 是吹吸联合工作的通风柜。它可以隔断室内干扰气流，防止柜内形成局部涡流，使污染物得到较好控制。

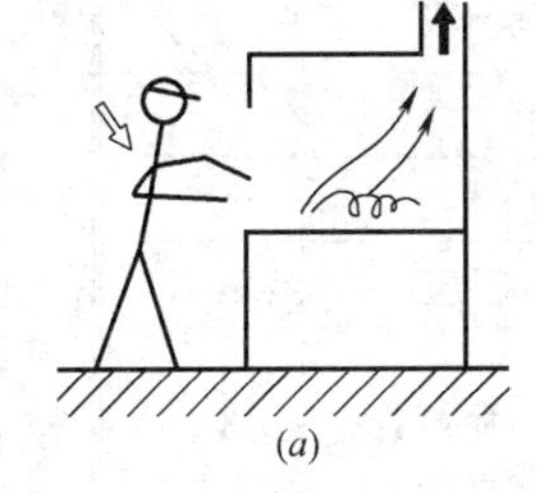

(*a*)

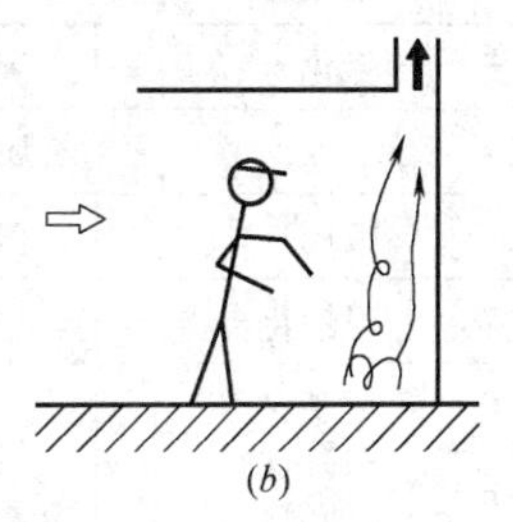

(*b*)

图 3-10　柜式排风罩

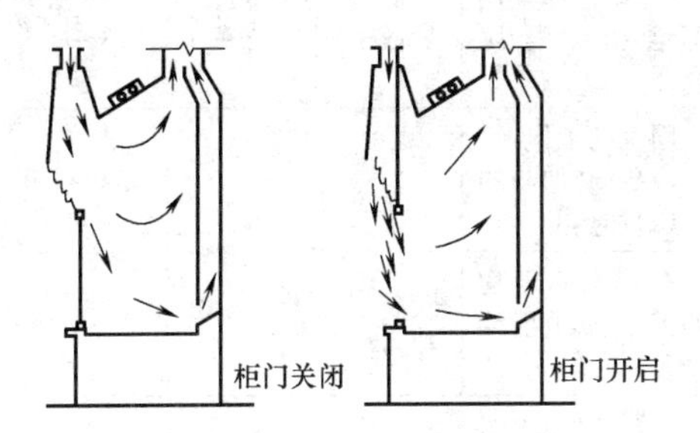

图 3-11　送风式通风柜

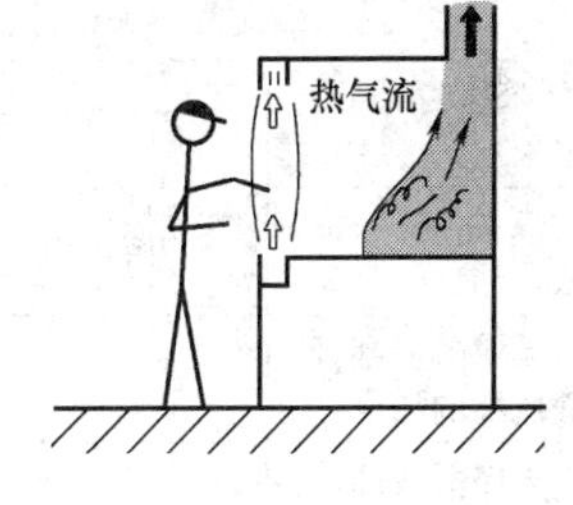

图 3-12　吹吸联合工作的通风柜

通风柜的排风量按下式计算：

$$L=L_1+v \cdot F \cdot \beta \tag{3-3}$$

式中　L_1——柜内的污染气体发生量，m^3/s；

v——工作孔上的气流速度，m/s；

F——工作孔或缝隙的面积，m^2；

β——安全系数，取 1.1～1.2。

对化学实验用的通风柜，工作孔上的控制风速可按表 3-1 确定。对某些特定的工工艺过程，其控制风速可参照表 3-2 确定。

通风柜的控制风速　　表 3-1

污染物性质	控制风速(m/s)
无毒污染物	0.25～0.375
有毒或有危险的污染物	0.40～0.50
剧毒或少量放射性污染物	0.50～0.60

排风柜的控制风速 **表 3-2**

序号	生产工艺	有害物的名称	速度(m/s)
一、金属热处理			
1	油槽淬火、回火	油蒸气、油分解产物(植物油为丙烯醛)热	0.3
2	硝石槽内淬火 $t=400\sim700℃$	硝石、悬浮尘、热	0.3
3	盐槽淬火 $t=800\sim900℃$	盐、悬浮尘、热	0.5
4	熔铅 $t=400℃$	铅	1.5
5	氰化 $t=700℃$	氰化合物	1.5
二、金属电镀			
6	镀镉	氢氰酸蒸气	1～1.5
7	氰铜化合物	氢氰酸蒸气	1～1.5
8	脱脂: (1)汽油 (2)氯化烃 (3)电解	汽油,氯表碳氢化合物蒸气	0.3～0.5 0.5～0.7 0.3～0.6
9	镀铅	铅	1.5
10	酸洗: (1)硝酸 (2)盐酸	酸蒸气和硝酸 酸蒸气(氯化氢)	0.7～1.0 0.5～0.7
11	镀铬	铬酸雾气和蒸气	1.0～1.5
12	氰化镀锌	氢氰酸蒸气	1.0～1.5
三、涂刷和溶解油漆			
13	苯、二甲苯、甲苯	溶解蒸气	0.5～0.7
14	煤油、白节油、松节油	溶解蒸气	0.5
15	无甲酸戊酯、乙酸戊酯的漆		0.5
16	无甲酸戊酯、已酸戊酯和甲烷的漆		0.7～1.0
17	喷漆	漆悬浮物和溶解蒸气	1.0～1.5
四、使用粉散材料的生产过程			
18	装料	粉尘允许浓度: $10mg/m^3$ 以下 $4mg/m^3$ 以下 小于 $1mg/m^3$	 0.7 0.7～1.0 1.0～1.5
19	手工筛分和混合筛分	粉尘允许浓度: $10mg/m^3$ 以下 $4mg/m^3$ 以下 小于 $1mg/m^3$	 1.0 1.25 1.5
20	称量和分装	粉尘允许浓度: $10mg/m^2$ 以下 小于 $1mg/m^3$	 0.7 0.7～1.0
21	小件喷硅清理	硅盐酸	1～1.5
22	小零件金属喷镀	各种金属粉尘及其氧化物	1～1.5
23	水溶液蒸发	水蒸气	0.3
24	柜内化学试验工作	各种蒸气气体允许浓度 $>0.01mg/L$ $<0.01mg/L$	 0.5 0.7～1.0
25	焊接: (1)用铅或焊锡 (2)用锡和其他不含铅的金属合金	允许浓度 低于 0.01mg/L 低于 0.01mg/L	 0.5～0.7 0.3～0.6
26	用汞的工作 (1)不必加热的 (2)加热的	 汞蒸气 汞蒸气	 0.7～1.0 1.0～1.25
27	有特殊有害物的工序(如放射性物质)	各种蒸气、气体和粉尘	2～3
28	小型制品的电焊 (1)优质焊条 (2)裸焊条	 金属氧化物 金属氧化物	 0.5～0.7 0.5

罩内发热量大，采用自然排风时，其最小排风量是按中和面高度不低于通风柜工作孔上缘确定的。通风柜的中和面是指通风柜某侧壁高度上壁内外压差为零的位置。

通风柜上工作孔的速度分布对其控制效果有较大影响，如速度分布不均匀，污染气流会从吸入速度低的部位逸入室内。图 3-13 是冷过程通风柜采用上部排风时，气流的运动情况。工作孔上部的吸入速度为平均流速的 150%，而下部仅为平均流速的 60%，污染气体会从下部逸出。为了改善这种状况，应把排风口设在通风柜的下部，如图 3-14 所示。对于产热量较大的工艺过程，柜内的热气流要向上浮升，如果仍像冷过程一样，在下部吸气，污染气体就会从上部逸出，如图 3-15 所示。因此，热过程的通风柜必须在上部排风。

对于发热量不稳定的过程，可以上下均设排风口，如图3-16所示，随柜内发热量的变化，调节上、下排风量的比例，使工作孔的速度分布比较均匀。

图3-13　上抽风冷过程通风柜

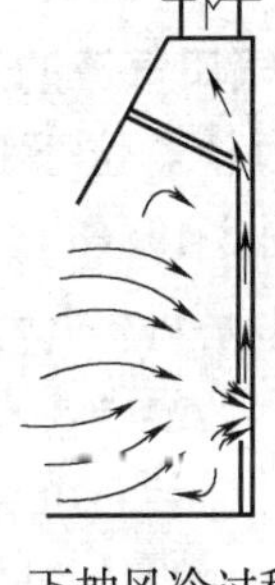

图3-14　下抽风冷过程通风柜

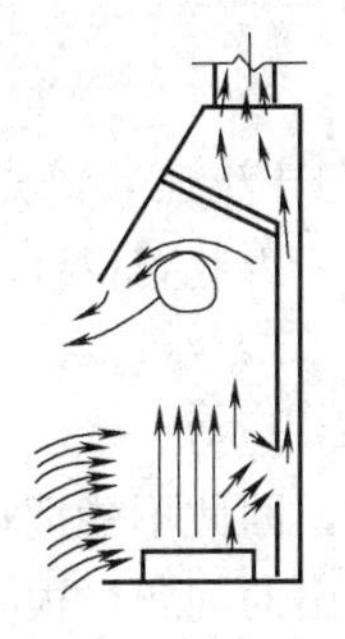

图3-15　下部吸气的热过程的通风柜

图3-16　上下同时吸气的通风柜

3.3　外部吸气罩

由于工艺条件的限制，生产设备不能密闭时，可把排风罩设在污染物源附近，依靠罩口的抽吸作用，在污染物发散地点造成一定的气流运动，把污染物吸入罩内。这类排风罩统称为外部吸气罩，如图3-17所示。

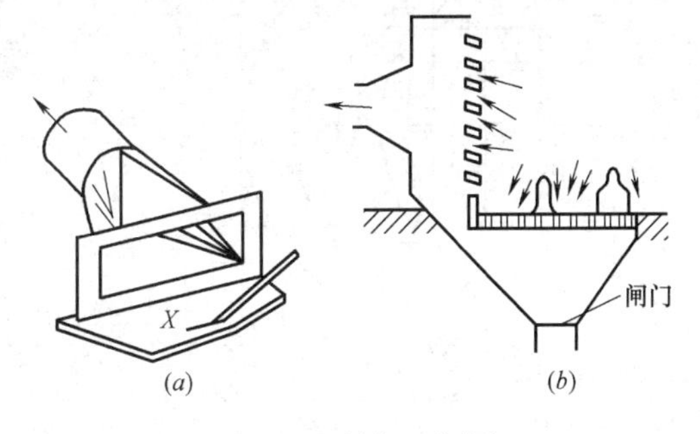

图3-17　外部吸气罩
(a) 焊接作业；(b) 振动落砂机

为保证污染物全部吸入罩内，必须在距吸气口最远的污染物散发点（即控制点）上造成适当的空气流动，如图3-18所示。控制点的空气运动速度称为控制风速（也称吸入速度）。这样就向我们提出一个问题，外部吸气罩需要多大的排风量 L，才能在距罩口 x 米处造成必要的控制风速 v_x 要解决这个

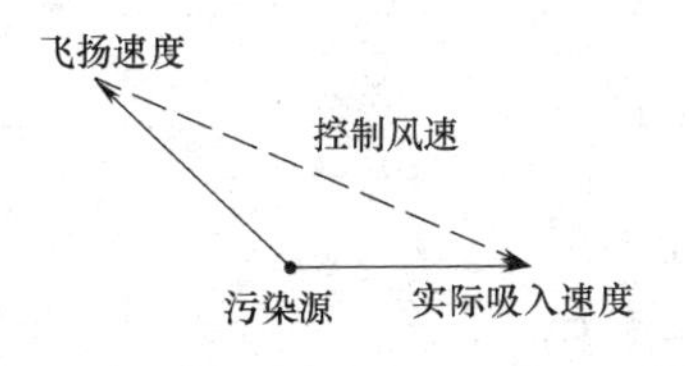

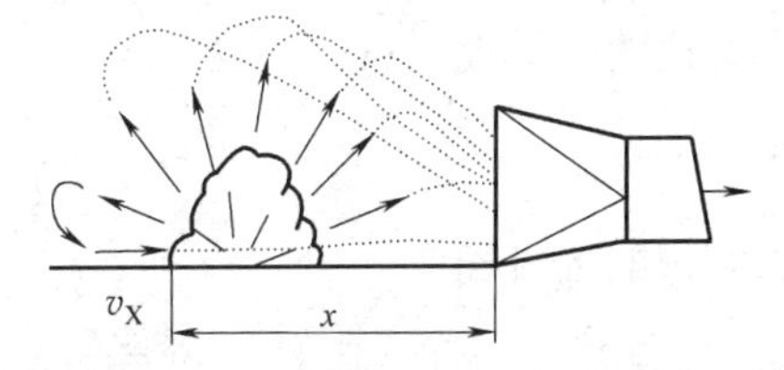

图3-18　外部吸气罩的控制风速

问题，必须掌握 L 和 v_x 之间的变化规律。因此，我们首先要研究吸气口气流的运动规律。

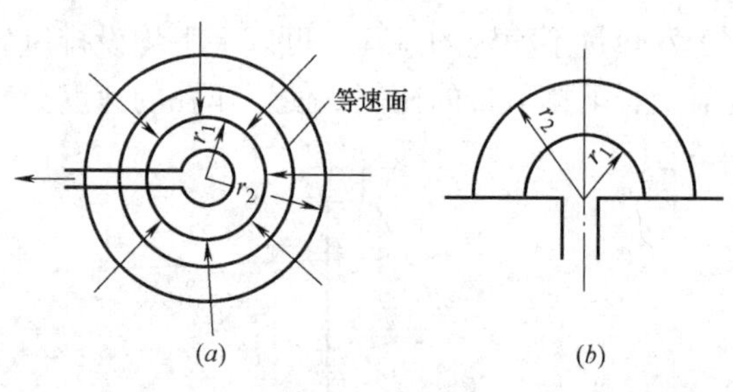

图 3-19　点汇吸气口

(a) 自由空间吸气口；(b) 受限空间吸气口

3.3.1　吸气口气流的运动规律

根据流体力学，位于自由空间的点汇吸气口［见图 3-19 (a)］的排风量为：

$$L=4\pi r_1^2 v_1=4\pi r_2^2 v_2 \tag{3-4}$$

式中　v_1、v_2——点 1、点 2 的空气流速，m/s；

r_1、r_2——点 1、点 2 至吸气口的距离，m。

吸气口设在墙上时，吸气范围受到限制，它的排风量为：

$$L=2\pi r_1^2 v_1=2\pi r_2^2 v_2 \tag{3-5}$$

从式 (3-4)、式 (3-5) 可以看出，吸气口外某一点的空气流速与该点至吸气口距离的平方成反比，而且它是随吸气口吸气范围的减小而增大的。因此，设计时罩口应尽量靠近污染物源，并设法减小其吸气范围。

3.3.2　前面无障碍的排风罩排风量计算

实际采用的排风罩都是有一定面积的，不能看作一个点，因此不能把点汇吸气口的流动规律直接用于外部吸气罩的计算。为了解决生产实践中提出的问题，很多人曾对各种吸气口的气流规律进行大量的实验研究。图 3-20 和图 3-21 就是通过实验求得的四周无法兰边和四周有法兰边的圆形吸气口的速度分布图。这两个图的横坐标是 x/d（x—某一点距吸气口的距离，m；d—吸气口的直径，m)，等速面的速度是以吸气口流速的百分数表示的。

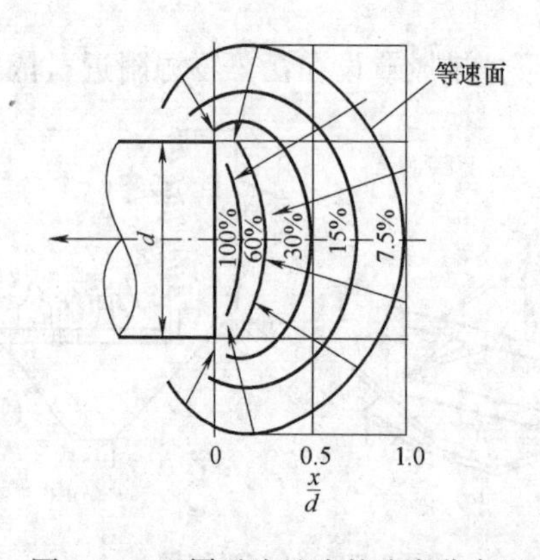

图 3-20　四周无法兰边的速度分布图

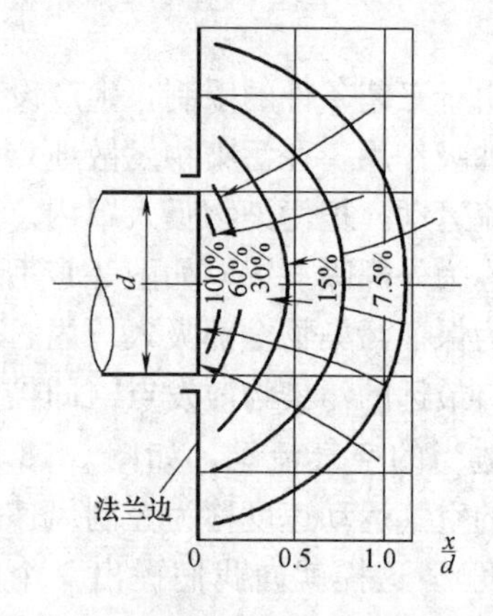

图 3-21　四周有法兰边的速度分布图

图 3-20 和图 3-21 的实验结果可用下列数学式表示：

对于四周无边的圆形吸气口

$$\frac{v_0}{v_x}=\frac{10x^2+F}{F} \tag{3-6}$$

对于四周有边的圆吸气口

$$\frac{v_0}{v_x}=0.75\left[\frac{10x^2+F}{F}\right] \tag{3-7}$$

式中　v_0——吸气口的平均流速，m/s；

v_x——控制点的吸入速度，m/s；

x——控制点至吸气口的距离，m；

F——吸气口的面积，m^2。

式（3-6）和式（3-7）是根据吸气罩的速度分布图得出的，仅适用于 $x \leqslant 1.5d$ 的场合。当 $x>1.5d$ 时，实际的速度衰减要比计算值大。

根据式（3-6）和式（3-7），前面无障碍四周无边或有边的圆形吸气口的排风量可按下列公式计算：

$$\text{四周无边}\quad L=v_0F=(10x^2+F)v_x \quad (m^3/s) \tag{3-8}$$

$$\text{四周有边}\quad L=v_0F=0.75(10x^2+F)v_x \quad (m^3/s) \tag{3-9}$$

图 3-22（a）是设在工作台上的侧吸罩，可以把它看成是一个假想的大排风罩的一半，根据式（3-8），假想的大排风罩的排风量为：

$$L'=(10x^2+2F)v_x \quad (m^3/s) \tag{3-10}$$

实际的排风罩的排风量为：

$$L=\frac{1}{2}L'=\frac{1}{2}(10x^2+2F)v_x=(5x^2+F)v_x \quad (m^3/s) \tag{3-11}$$

式中　F——实际排风罩的罩口面积，m^2。

式（3-11）适用于 $x<2.4\sqrt{F}$ 的场合。

根据国内外学者的研究，法兰边总宽度可近似取为罩口宽度，超过上述数据时，对罩口的速度场分布没有明显影响。

对长宽比不同的矩形吸气口的速度分布进行综合性的数据处理，得出图 3-23 所示的吸气口速度分布计算图。

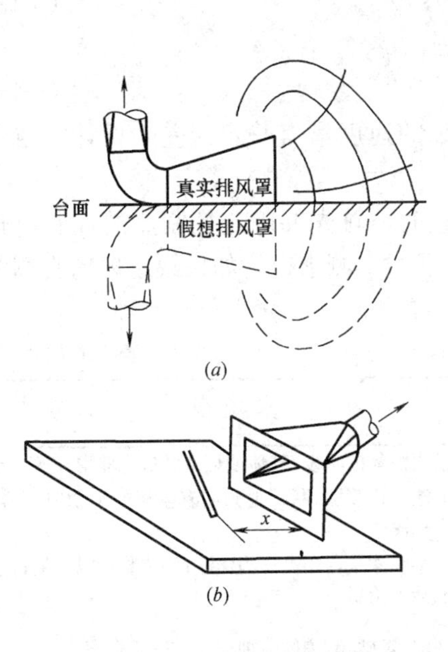

图 3-22　工作台上的侧吸罩

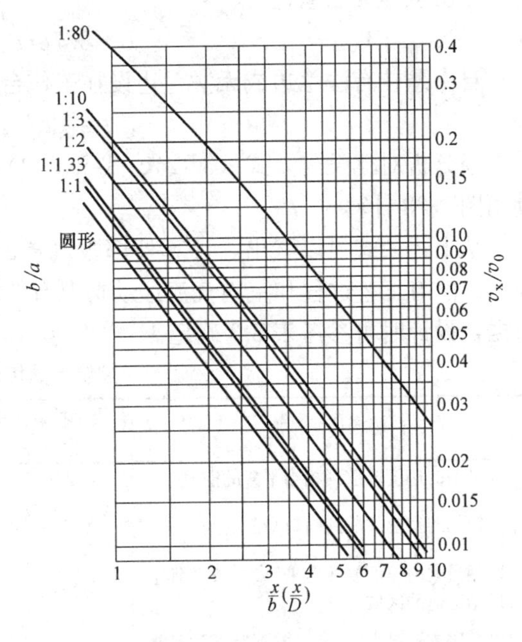

图 3-23　矩形吸气口速度分布计算图

【例 3-1】 有一尺寸为 300mm×600mm 的矩形排风罩（四周无边），要求在距罩口 x=900mm 处，造成 v_x=0.25m/s 的吸入速度，计算该排风罩的排风量。

【解】

$$a/b=600/300=2.0$$

$$x/b=900/300=3.0$$

由图 3-23 查得：$v_x/v_0=0.037$

罩口上平均风速 $v_0=v_x/0.037=0.25/0.037=6.76$m/s

罩口排风量 $L=3600v_0F=3600\times6.76\times0.3\times0.6=4380$m³/h

对于四周有边的矩形吸气口，其排风量修正可与式（3-9）相似，即为无法兰边时的 75%。

【例 3-2】 焊接工作台上有一侧吸罩，见图 3-22（b）。已知罩口尺寸为 300mm×600mm，工作至罩口的最大距离为 0.6m，控制点吸入速度 v_x=0.5m/s。计算该排风罩的排风量。

【解】 把该罩看成是 600mm×600mm 的假想罩。

$$a/b=600/600=1.0$$

$$x/b=600/600=1.0$$

由图 3-23 查得：

$$\frac{v_x}{v_0}=0.13$$

罩口平均风速 $v_0=v_x/0.13=0.5/0.13=3.85$m/s

实际排风量　$L=3600Fv_0=3600\times0.3\times0.6\times3.85=2495$m³/h

对于 $b/a\leqslant0.2$ 的条缝形排风口，目前国内外的工业通风手册都沿用下列计算公式：

自由悬挂无法兰边

$$L=3.7lxv_x \quad (\text{m}^3/\text{s}) \tag{3-12}$$

自由悬挂有法兰边或无法兰边设在工作台上

$$L=2.8lxv_x \quad (\text{m}^3/\text{s}) \tag{3-13}$$

经分析对比发现，式（3-12）、式（3-13）和实际的速度谱有一定误差，设计时也可利用图 3-23 计算。

从上述公式可以看出，计算外部吸气罩的排风量时，首先要确定控制点的控制风速 v_x。v_x 值与工艺过程和室内气流运动情况有关，一般通过实测求得。如果缺乏现场实测的数据，设计时可参考表 3-3 确定。

控制点的控制风速 v_x　　**表 3-3（1）**

污染物放散情况	最小控制风速 (m/s)	举　例
以轻微的速度放散到相当平静的空气中	0.25～0.5	槽内液体的蒸发；气体或烟从敞口容器中外逸
以较低的初速放散到尚属平静的空气中	0.5～1.0	喷漆室内喷漆；断续地倾倒有尘屑的干物料到容器中；焊接
以相当大的速度放散出来，或是放散到空气运动迅速的区域	1～2.5	在小喷漆室内用高压力喷漆；快速装袋或装桶；往运输器上给料
以高速放散出来，或是放散到空气运动很迅速的区域	2.5～10	磨削；重破碎；滚筒清理

表 3-3（2）

范围下限	范围上限	范围下限	范围上限
室内空气流动小或有利于捕集 有害物毒性低	室内有扰动气流 有害物毒性高	间歇生产产量低 大罩子大风量	连续生产产量高 小罩子局部控制

3.3.3 前面有障碍时外部吸气罩排风量计算

排风罩如果设在工艺设备上方，由于设备的限制，气流只能从侧面流入罩内，罩口的流线和图 3-20 是不同的。上吸式排风罩的尺寸及安装位置按图 3-24 确定。为了避免横向气流的影响，要求 H 尽可能小于或等于 0.3a（罩口长边尺寸），其排风量按下式计算。

$$L=KPHv_x \quad (m^3/s) \tag{3-14}$$

式中 P——排风罩口敞开面的周长，m；

H——罩口至污染源的距离，m；

v_x——边缘控制点的控制风速，m/s；

K——考虑沿高度速度分布不均匀的安全系数，通常取 K=1.4。

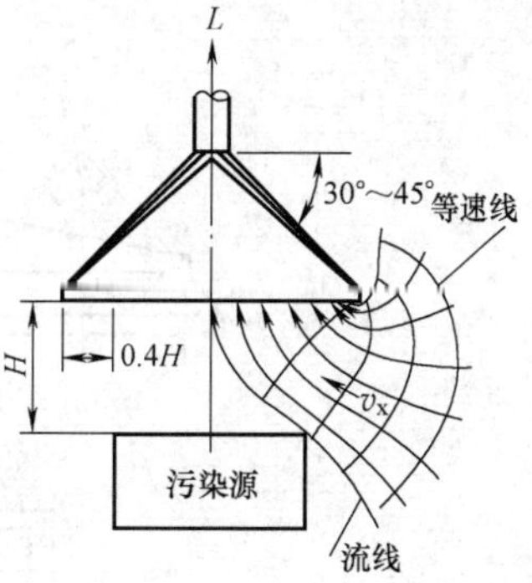

图 3-24 冷过程的上吸式吸气罩

设计外部吸气罩时在结构上应注意以下问题：

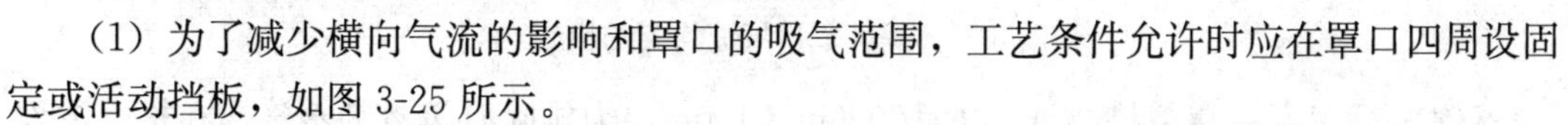

（1）为了减少横向气流的影响和罩口的吸气范围，工艺条件允许时应在罩口四周设固定或活动挡板，如图 3-25 所示。

（2）罩口上的速度分布对排风罩性能有较大影响。扩张角 α 变化时，罩口轴心速度 v_c 和罩口平均速度 v_0 的比值见表 3-4。图 3-26 是不同扩张角下排风罩的局部阻力系数（以管口动压为准）。当 α= 30°～60°时，阻力最小。综合结构、速度分布、阻力三方面的因素，α 应尽可能小于或等于 60°。当罩口平面尺寸较大时，可采取图 3-27 所示的措施。

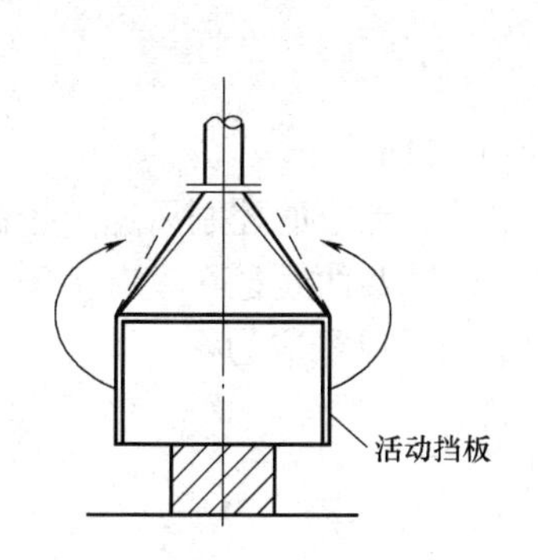

图 3-25 设有活动挡板的扇形罩

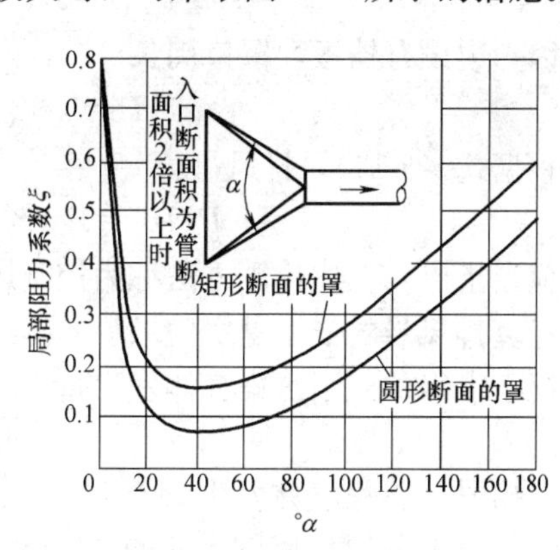

图 3-26 排风罩的局部阻力系数

不同 α 角下的速度比 表 3-4

α	v_c/v_0	α	v_c/v_0
30°	1.07	60°	1.33
40°	1.13	90°	2.0

1）把一个大排风罩分割成几个小排风罩，如图 3-27（a）所示。

2）在罩内设挡板，如图 3-27（b）所示。

3）在罩口上设条缝口，要求条缝口风速在 10m/s 以上。静压箱内的速度不超过条缝口速度的 1/2，如图 3-27（*c*）所示。

4）在罩口设气流分布板，如图 3-27（*d*）所示。

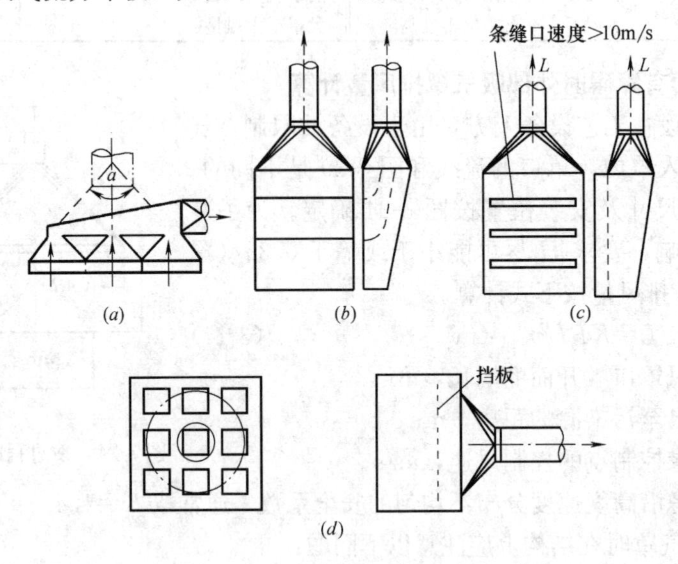

图 3-27 保障罩口气流均匀的措施

【例 3-3】 有一浸漆槽槽面尺寸为 0.6m×1.0m，为排除有机溶剂蒸气，在槽上方设排风罩，罩口至槽面距离 H=0.4m，罩的一个长边设有固定挡板，计算排风罩排风量。

【解】 根据表 3-3，取 v_x=0.25m/s

罩口尺寸：　　　　长边 $A=1.0+0.4\times0.4\times2=1.32$m

　　　　　　　　　短边 $B=0.6+0.4\times0.4\times2=0.92$m

因一边设有挡板，罩口周长

$$P=1.32+0.92\times2=3.16\text{m}$$

根据式（3-14），排风量为

$$L=KPHv_x=1.4\times3.16\times0.4\times0.25=0.44\text{m}^3/\text{s}$$

应当指出，上述计算方法称为控制风速法，核心是确定控制点上的控制风速。控制风速法计算排风量的依据是实验求得的排风罩口速度分布曲线，这些曲线是在没有污染气流的情况下求得的。当污染气体发生量 $L_1\neq0$ 时，外部吸气罩的排风量应为：

$$L=L_1+L_2 \tag{3-15}$$

式中 L_1——污染气体发生量；

L_2——从罩口周围吸入的空气量。

对这种情况如果仍用控制风速法计算，边缘控制点上的实际控制风速 v_z 将小于设计的控制风速 v_x，污染物可能逸入室内。为了解决这个矛盾，只能近似地加大控制风速。所以控制风速法主要用于 $L_1\approx0$ 的冷过程，如低温敞口槽、手工刷漆、焊接等。日本的学者研究了排风罩口上同时有污染气流和吸气气流时的气流运动规律，并得出了有关的计算公式，这就是下面介绍的流量比法。

3.3.4 流量比法

（1）流量比法的理论基础——排风罩口气流的流线合成

上吸式局部排风罩口的气流运动是上升的污染气流和周围吸入气流的合成。如果把它们近似看作势流，可通过势流叠加进行流线合成。

对均匀分布的污染气流，其流函数为：

$$\psi_1 = v_1 x \tag{3-16}$$

式中 v_1——污染气流上升速度；

x——计算点至原点的距离。

罩口上吸入气流的流函数应满足拉普拉斯方程，即

$$\frac{\partial^2\psi}{\partial x^2}+\frac{\partial^2\psi}{\partial y^2}=0 \tag{3-17}$$

利用有限差分法求解上列方程，可得出罩口周围各点的流函数值，并画出其流线。

1）吸入气流的数值解

对于图 3-28 所示的二维排风罩，其边界条件按下述方法确定：

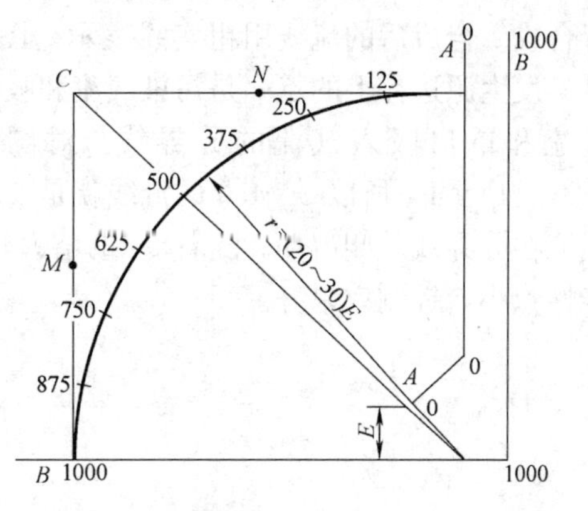

图 3-28　排风罩口边界上的流函数值

① AA、BB 是排风罩口边界上的两条流线，其流函数值差即为流线间流量。如罩口排风量 $L_2=1000$，则流线 AA 的函数值 $\psi_A=0$，流线 BB 的流函数值 $\psi_B=1000$。

② 对于二维吸气口，可近似认为在 $r=(20\sim30)E$ 处，吸气气流的速度分布符合线汇吸气口运动规律，即在半径 $r=(20\sim30)E$ 的圆周上，流函数值是均匀分布的。

③ 由图 3-28 可以看出，C 点的流函数值 $\psi_C=500$，在 AC 线上任意一点 N 的流函数值为：

$$\psi_N=500\mathrm{arctg}\left(\frac{AN}{AC}\right) \tag{3-18}$$

在 CB 线上任意一点 M 的流函数值为：

$$\psi_M=500+500\mathrm{arctg}\left(\frac{CM}{CB}\right) \tag{3-19}$$

边界范围和边界条件确定以后，把边界内的流场划分为足够小的正方形网格。同一流场的网格大小可以不一致，以适应不同精度的要求。例如在吸气口断面上网格最密，以反映流动的局部显著变化。流场的分格情况如图 3-29 所示。根据边界条件和流场内部的分格情况，

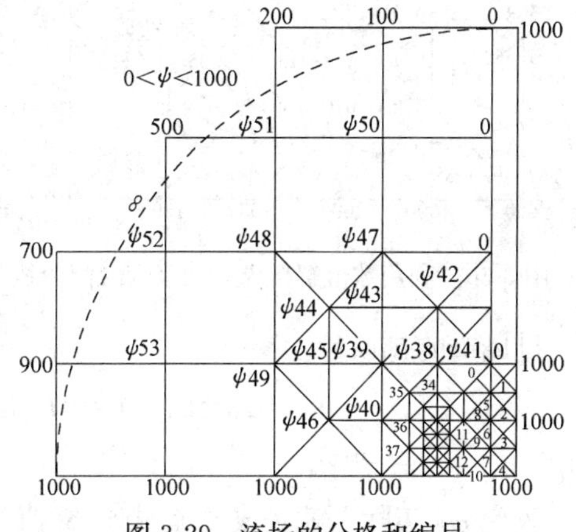

图 3-29　流场的分格和编号

利用有限差分法把拉普拉斯方程变成一组线性代数方程。各格子点的流函数方程如下：

$$\left.\begin{aligned}
\psi_1&=\frac{1}{4}(0+1000+1000+\psi_5)\\
\psi_2&=\frac{1}{4}(1000+1000+\psi_5+\psi_6)\\
\psi_3&=\frac{1}{4}(1000+1000+\psi_6+\psi_7)\\
&\vdots\\
\psi_{53}&=\frac{1}{4}(900+1000+\psi_{49}+\psi_{52})
\end{aligned}\right\} \tag{3-20}$$

采用超松弛叠代法解出上列的线性方程组，即可求得流场内各点的流函数值，画出吸气气流的流线，如图 3-30 所示。

2）排风罩口气流的流线合成

在图 3-31 上把污染气流的流线（用虚线表示）和吸入气流流线（用细实线表示）进行合成。合成后的流线用粗实线表示。图 3-31 是在 $L_1=10$、$L_2=2.0$ 的情况下得出的。污染发生源边界上的点 a 是污染气流和吸气气流的汇合点，通过该点的流线 a-a 就是污染气流和罩口吸入气流的分界线。对图 3-31 所示的情况，汇合点的流函数数值 $\psi_a=5+(-1)=4$，所以 $\psi=4.0$ 的流线就是二者的分界线，污染气流在分界线内侧流动，清洁气流在分界线外侧流动。随着 L_2 的增大，分界线会向罩内移动，污染物从罩内散出的可能性减小，控制效果好。

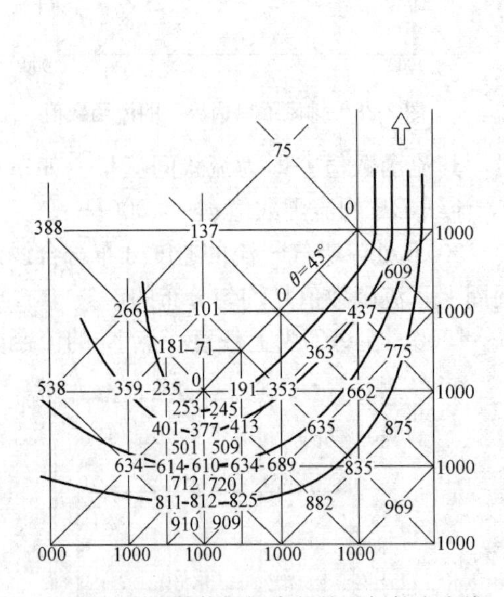

图 3-30 利用数值解析求得的吸气气流流线

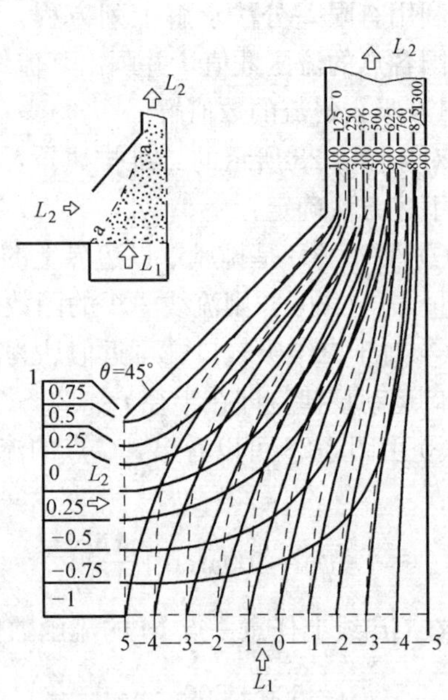

图 3-31 排风罩口气流流线的合成

排风罩的排风量

$$L_3=L_1+L_2=L_1(1+L_2/L_1)=L_1(1+K) \tag{3-21}$$

式中 K——流量比。

改变 L_2 实际上就是改变流量比 K 值。寻求安全、经济、合理的 K 值是流量比法研究的核心问题。

(2) 流量比 K

随着周围吸入气流量 L_2 的减小，K 值也逐渐减小，污染气流和清洁气流的分界线逐渐外移。当 K 值减小到某一数值时，污染气流从罩口泄漏。即将发生泄漏时的流量比称为极限流量比，以 K_L 表示。

$$K_L=(L_2/L_1)_{limit} \tag{3-22}$$

由于影响气流运动的因素非常复杂，上述的流线合成只是为 K_L 的研究奠定了理论基础，实际的 K_L 计算是通过实验研究得出的。

研究表明，K_L 与污染气体发生量无关，只与污染源和罩的相对尺寸有关。对图 3-32 所示的二维上吸式排风罩，K_L 值按下式计算[3]：

$$K_L = 0.2\left(\frac{H}{E}\right)\left[0.6\left(\frac{F_3}{E}\right)^{-1.3} + 0.4\right] \qquad (3\text{-}23)$$

上式的适用范围为 $\frac{D_3}{E} > 0.2$、$H/E \leqslant 0.7$、$1.0 \leqslant F_3/E \leqslant 1.5$。

从上式可以看出，影响 K_L 的主要因素是 H/E 和 F_3/E。H/E 是影响 K_L 的主要因素，设计时要求 $H/E \leqslant 0.7$。增大 F_3 可减小吸气范围，K_L 随 F_3/E 的增大而减小。实验表明，在 $F_3/E \geqslant (1.5 \sim 2.0)$ 时，对 K_L 不再有明显影响。

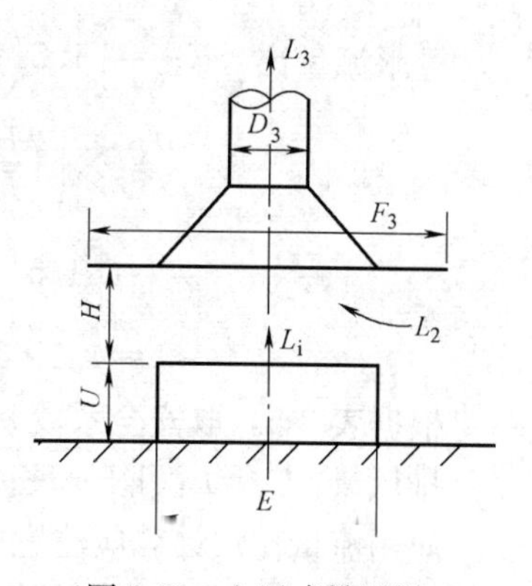

图 3-32　上吸式排风罩

污染气体与周围空气有一定温度差时，K_L 按下式修正。

$$K_{L(\Delta t)} = K_{L(\Delta t=0)} + \frac{3}{2500}\Delta t \qquad (3\text{-}24)$$

式中　Δt——污染气体与周围空气的温差，℃。

式（3-24）适用于热源温度小于 750℃的场合。

研究者还对二维、三维、上吸、侧吸等不同情况进行了详细研究，并导出了 K_L 的计算式，详见文献［5］、［12］。

（3）排风罩排风量计算

$$L_3 = L_1[1 + mK_{L(\Delta t)}] = L_1(1 + K_D) \quad (\mathrm{m^3/s}) \qquad (3\text{-}25)$$

式中　m——考虑干扰气流影响的安全系数，按表 3-5 确定；

K_D——设计流量比。

【例 3-4】 有一振动筛如图 3-33 所示，振动筛的平面尺寸为 E=800mm、l=650mm，粉状物料用手工投向筛上时粉尘的发散速度 v=0.5m/s，周围干扰气流速度 v_0=0.3m/s，在该处设计侧吸罩。

【解】 如图 3-33 所示，侧吸罩罩口尺寸取为 650mm×400mm，罩口法兰边全宽 F_3=800mm，U=0，H=0。

安全系数 *m*　　　　表 3-5

干扰气流速度(m/s)	安全系数 *m*
0～0.15	5
0.15～0.30	8
0.30～0.45	10
0.45～0.60	15

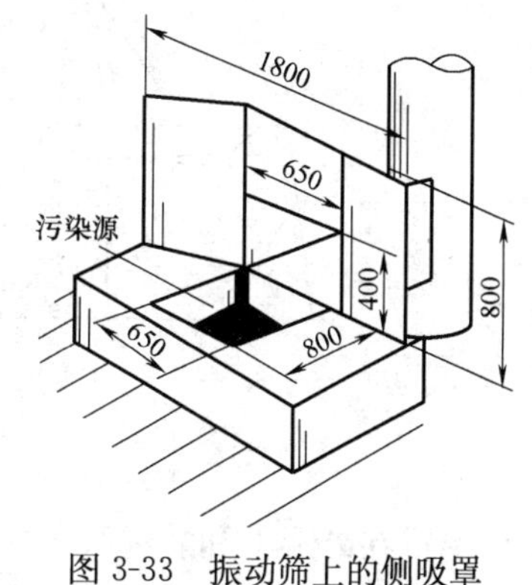

图 3-33　振动筛上的侧吸罩

污染气体发生量为：

$$L_1 = 0.65 \times 0.8 \times 0.5 = 0.26\mathrm{m^3/s}$$

从文献［11］查得：

极限流量比 $K_L=\left[1.5\left(\frac{F_3}{E}\right)^{-1.4}+2.5\right][\gamma^{1.7}+0.2]$

$$\times\left[\left(\frac{H}{E}\right)^{1.5}+0.2\right]\left[0.3\left(\frac{U}{E}\right)^{2.0}+1.0\right]$$

$$=\left[1.5\left(\frac{0.8}{0.8}\right)^{-1.4}+2.5\right]\left[\left(\frac{0.8}{0.65}\right)^{1.7}+0.2\right]\times0.2\times1.0$$

$$=4.0\times1.62\times0.2\times1.0=1.30$$

根据表 3-5，取安全系数 $m=8$

排风量 $L_3=L_1(1+mK_L)=0.26(1+8\times1.3)=0.26\times11.4=2.96\text{m}^3/\text{s}$

应用流量比法计算应注意以下几点：

1）极限流量比 K_L 的计算式都是在特定条件下通过实验求得的，计算时应注意这些公式的适用范围。由于气流运动的复杂性，流量比法同样有某些不完善之处，如安全系数过大等，有待研究改进。

2）流量比法是以污染气体发生量 L_1 为基础进行计算的。L_1 应根据实测的发散速度和发散面积计算确定。如果无法确切计算污染气体发生量，建议仍按控制风速法计算。

3）从例 3-4 中可以看出，周围干扰气流对排风量有很大影响，在可能条件下应设法减弱它的影响。v_0 应尽可能实测确定。

3.4 热源上部接受式排风罩

有些生产过程或设备本身会产生或诱导一定的气流运动，带动污染物一起运动，如高温热源上部的对流气流及砂轮磨削时抛出的磨屑及大颗粒粉尘所诱导的气流等。对这种情况，应尽可能把排风罩设在污染气流前方，让它直接进入罩内。这类排风罩称为接受罩，如图 3-34 所示。

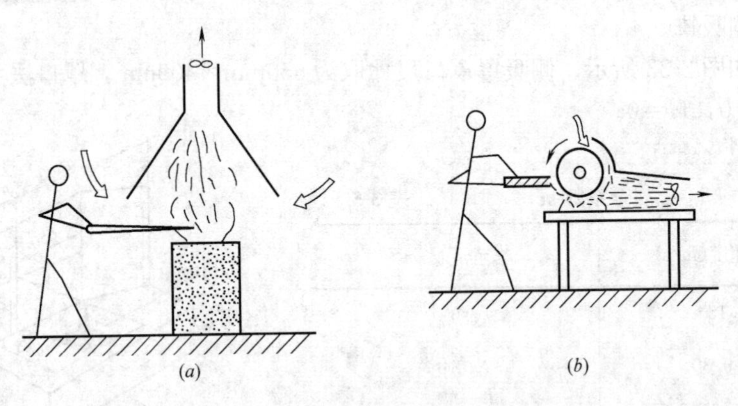

图 3-34 接受罩

接受罩在外形上和外部吸气罩完全相同，但二者的作用原理不同。对接受罩而言，罩口外的气流运动是生产过程本身造成的，接受罩只起接受作用。它的排风量取决于接受的污染空气量的大小。接受罩的断面尺寸应不小于罩口处污染气流的尺寸。粒状物料高速运动时所诱导的空气量，由于影响因素较为复杂，通常按经验公式确定。这里将研究热源上部热射流的运动规律和热源上部接受罩的计算方法。

3.4.1 热源上部的热射流

热源上部的热射流主要有两种形式，一种是生产设备本身散发的热射流，如炼钢炉炉顶散发的热烟气；一种是高温设备表面对流散热时形成的热射流。

当热物体和周围空间有较大温差时，通过对流散热把热量传给相邻空气，周围空气受热上升，形成热射流。对热射流观察发现，在离热源表面 $(1.0\sim2.0)B$(B—热源直径，m) 处（通常在 $1.5B$ 以下）射流发生收缩，在收缩断面上流速最大，随后上升气流逐渐缓慢扩大。可以把它近似看作是从一个假想点源以一定角度扩散上升的气流，如图 3-35 所示。

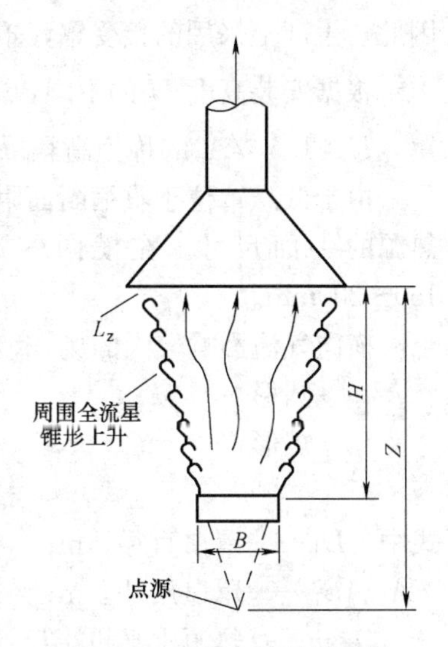

图 3-35 热源上部的接受罩

热源上方的热射流呈不稳定的蘑菇状脉冲式流动，难以对它进行较精确的测量。采用实验研究实测的公式进行计算的方法如下：

在 $H/B=0.90\sim7.4$ 的范围内，在不同高度上热射流的流量为

$$L_z=0.04Q^{1/3}Z^{3/2}\quad(m^3/s)\tag{3-26}$$

式中 Q——热源的对流散热量，kJ/s。

$$Z=H+1.26B\quad(m)\tag{3-27}$$

式中 H——热源至计算断面距离，m；

B——热源水平投影的直径或长边尺寸，m。

在某一高度上热射流的断面直径为：

$$D_z=0.36H+B\quad(m)\tag{3-28}$$

通常近似认为热射流收缩断面至热源的距离 $H_0=1.5\sqrt{A_p}$（A_p 为热源的水平投影面积）。当热源的水平投影面积为圆形时，$H_0=1.5\left[\frac{\pi}{4}B^2\right]^{\frac{1}{2}}=1.33B$。因此，收缩断面上的流量按下式计算：

$$\begin{aligned}L_0&=0.04Q^{1/3}[(1.33+1.26)B]^{3/2}\\&=0.167Q^{1/3}B^{3/2}\quad(m^3/s)\end{aligned}\tag{3-29}$$

热源的对流散热量

$$Q=\alpha F\Delta t\quad(J/s)\tag{3-30}$$

式中 F——热源的对流放热面积，m^2；

Δt——热源表面与周围空气温度差，℃；

α——对流放热系数，$J/(m^2\cdot s\cdot ℃)$。

$$\alpha=A\Delta t^{1/s}\tag{3-31}$$

式中 A——系数，水平散热面 $A=1.7$；垂直散热面 $A=1.13$[7]。

3.4.2 热源上部接受罩排风量计算

从理论上说，只要接受罩的排风量等于罩口断面上热射流的流量，接受罩的断面尺寸等于罩口断面上热射流的尺寸，污染气流就能全部排除。实际上由于横向气流的影响，热射流会发生偏转，可能逸入室内。接受罩的安装高度 H 越大，横向气流的影响越严重。

因此，生产上采用的接受罩，罩口尺寸和排风量都必须适当加大。

根据安装高度 H 的不同，热源上部的接受罩可分为两类，$H \leqslant 1.5\sqrt{A_p}$ 的称为低悬罩，$H > 1.5\sqrt{A_p}$ 的称为高悬罩。

由于低悬罩位于收缩断面附近，罩口断面上的热射流横断面积一般是小于（或等于）热源的平面尺寸。在横向气流影响小的场合，排风罩口尺寸应比热源尺寸扩大150～200mm。

横向气流影响较大的场合，按下式确定：

圆形
$$D_1 = B + 0.5H \quad (\mathrm{m}) \tag{3-32}$$

矩形
$$A_1 = a + 0.5H \quad (\mathrm{m}) \tag{3-33}$$

$$B_1 = b + 0.5H \quad (\mathrm{m}) \tag{3-34}$$

式中 D_1——罩口直径，m；

A_1、B_1——罩口尺寸，m；

a、b——热源水平投影尺寸，m。

高悬罩的罩口尺寸按下式确定：

$$D = D_z + 0.8H \quad (\mathrm{m}) \tag{3-35}$$

接受罩的排风量按下式计算：

$$L = L_z + v'F' \quad (\mathrm{m^3/s}) \tag{3-36}$$

式中 L_z——罩口断面上热射流流量，$\mathrm{m^3/s}$；

F'——罩口的扩大面积，即罩口面积减去热射流的断面积，$\mathrm{m^2}$；

v'——扩大面积上空气的吸入速度，$v' = 0.5 \sim 0.75\mathrm{m/s}$。

对于低悬罩，式（3-36）中的 L_z 即为收缩断面上的热射流流量。

高悬罩排风量大，易受横向气流影响，工作不稳定，设计时应尽可能降低其安装高度。在工艺条件允许时，可在接受罩上设活动卷帘，如图 3-36 所示。罩上的柔性卷帘设在钢管上，通过传动机构转动钢管，带动卷帘上下移动，升降高度视工艺条件而定。

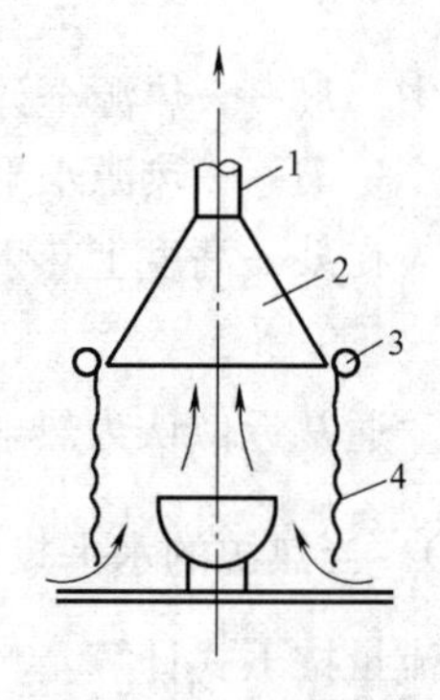

图 3-36 带卷帘的接受罩

1—风管；2—伞形罩；3—卷绕装置；4—卷帘

【例 3-5】 某金属熔化炉，炉内金属温度为 500℃，周围空气温度为 20℃，散热面为水平面，直径 $B = 0.7\mathrm{m}$，在热设备上方 0.5m 处设接受罩，计算其排风量。

【解】
$$1.5\sqrt{A_p} = 1.5\left[\frac{\pi}{4}(0.7)^2\right]^{1/2} = 0.93\mathrm{m}$$

由于 $1.5\sqrt{A_p} > H$，该接受罩为低悬罩。

热源的对流散热量为：

$$Q = \alpha \Delta t F = 1.7\Delta t^{4/3} F$$
$$= 1.7 \times (500-20)^{4/3} \times \frac{\pi}{4}(0.7)^2$$
$$= 2457\mathrm{J/s} \approx 2.46\mathrm{kJ/s}$$

热射流收缩断面上的流量为：

$$L_0=0.167Q^{1/3}B^{3/2}$$
$$=0.167\times(2.46)^{1/3}\times(0.7)^{3/2}$$
$$=1.32\text{m}^3/\text{s}$$

罩口断面直径为：

$$D_1=B+200$$
$$=700+200=900\text{mm}$$

取 $v'=0.5\text{m/s}$，

排风罩排风量为

$$L=L_0+v'F'$$
$$=0.132+\frac{\pi}{4}[0.9^2-0.7^2]\times0.5$$
$$=0.258\text{m}^3/\text{s}$$

图 3-37 和图 3-38 所示的炼钢电炉上方的屋顶排烟罩是高悬，罩应用的典型实例，它通常用作电炉的二次排烟。排除电炉在冶炼过程中通过一次排烟方式（直接安装在电炉上部的排烟罩）未能排尽散发于车间上空的烟尘。它一般不单独设置。在电炉顶部行车上空范围内的建筑屋架加装高悬罩可以将电炉所逸散的烟尘捕集 90%以上。设计中要注意气流组织，考虑建筑热压、风压所造成的气流或穿堂风作用，避免它们吹散电炉上升烟气而逸出屋顶排烟罩外。在电炉跨吊车上空屋架上做大罩，罩子可分成两个或多个（见图 3-27）。

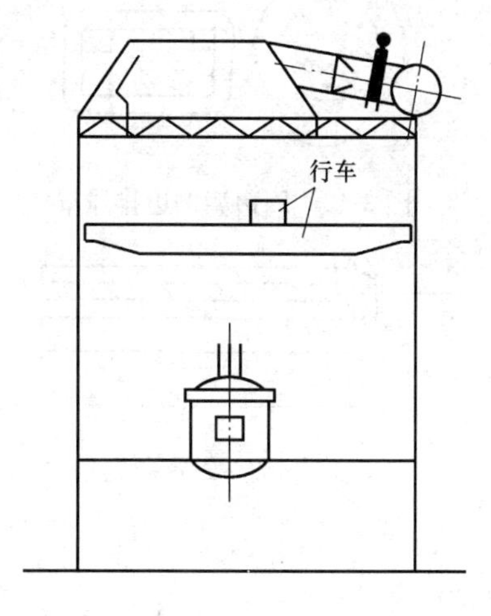

图 3-37　屋顶排烟罩（一）

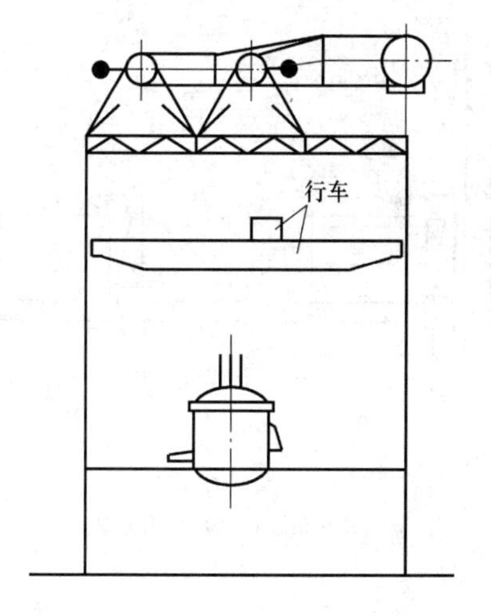

图 3-38　屋顶排烟罩（二）

3.5　槽边排风罩

槽边排风罩是外部吸气罩的一种特殊形式，专门用于各种工业槽，它是为了不影响工人操作而在槽边上高置的条缝形吸气口。槽边排风罩分为单侧和双侧两种，单侧适用于槽宽 $B\leqslant700\text{mm}$，$B>700\text{mm}$ 时用双侧，$B>1200\text{mm}$ 时宜采用吹吸式排风罩。

目前常用的有两种形式，平口式（见图 3-39）和条缝式（见图 3-40）。平口式槽边排风罩因吸气口上不设法兰边，吸气范围大。但是当槽靠墙布置时，如同设置了法兰边一样，吸气范围由 $3/2\pi$ 减小为 $\pi/2$，如图 3-41 所示。减小吸气范围，排风量会相应减小。条缝式槽边排风罩的特点是截面高度 E 较大，$E=250$mm 的称为高截面，$E=200$mm 的称为低截面。增大截面高度如同设置了法兰边一样，可以减小吸气范围。因此，它的排风量比平口式小。其缺点是占用空间大，对手工操作有一定影响。目前条缝式槽边排风罩广泛应用于电镀车间的自动生产线上。

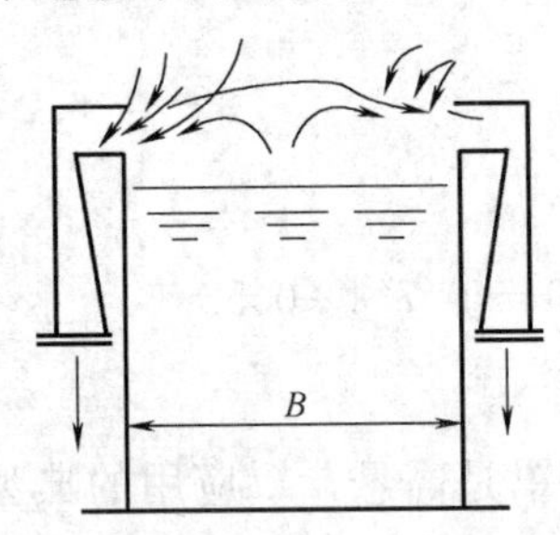

图 3-39　平口式双侧槽边排风罩

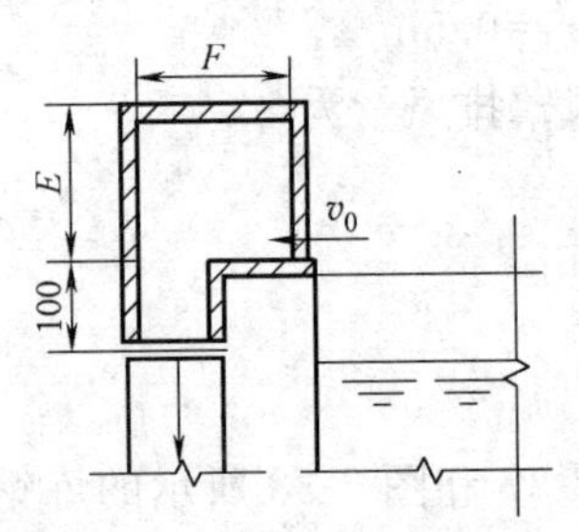

图 3-40　条缝式槽边排风罩

条缝式槽边排风罩的布置除单侧和双侧外，还可按图 3-42 所示的形式布置，它们称为周边式槽边排风罩。

条缝式槽边排风罩上的条缝口高度沿长度方向不变的（如图 3-43），称为等高条缝。条缝口高度按下式确定：

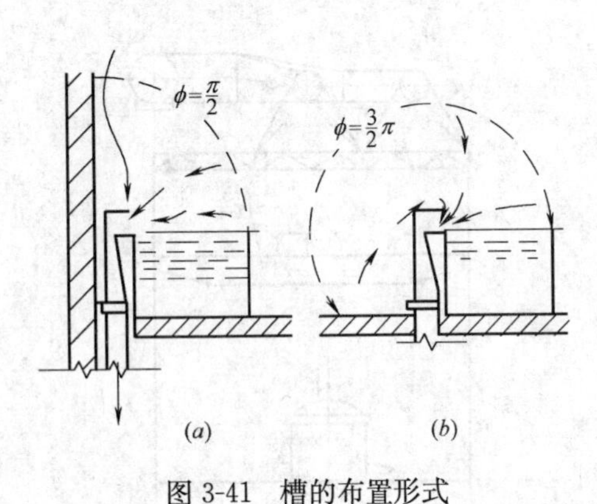

图 3-41　槽的布置形式

(a) 靠墙布置；(b) 自由布置

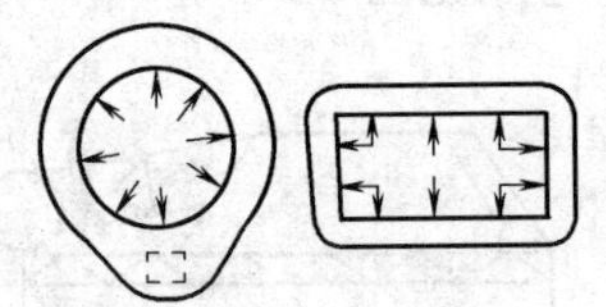

图 3-42　周边型槽边排风罩

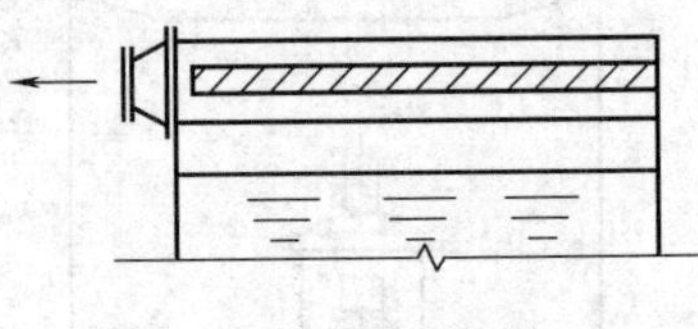

图 3-43　等高条缝

$$h=L/3600v_0l \quad (\text{m}) \tag{3-37}$$

式中　L——排风罩排风量，m^3/h；

l——条缝口长度，m；

v_0——条缝口上的吸入速度，m/s。

v_0 通常取 7～10m/s，排风量大时还可适当提高。一般取 $h\leqslant 50$mm。

条缝口上的速度分布是否均匀，对槽边排风罩的控制效果有重大影响，设计时可采取以下措施：

(1) 减小条缝口面积（f）和罩横断面积（F_t）之比，即通过增大条缝口阻力，促使速度分布均匀。f/F_t 愈小，速度分布愈均匀。$f/F_t \leqslant 0.3$ 时可近似认为是均匀的。

（2）槽长大于 1500mm 时可沿槽长度方向分设两个或三个排风罩，如图 3-44 所示。

（3）采用图 3-45 所示的楔形条缝口。楔形条缝的高度可近似按表 3-6 确定。

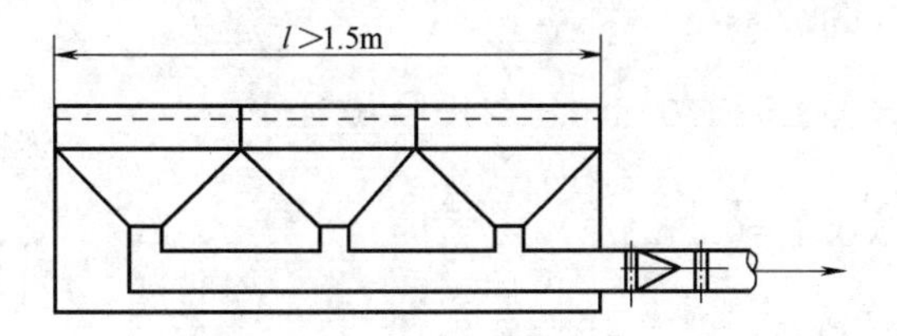

图 3-44　多风口布置

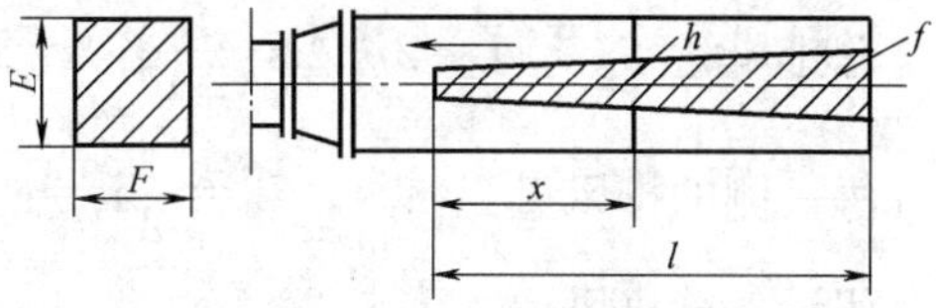

图 3-45　楔形条缝口

楔形条缝口高度的确定　表 3-6

f/F_t	$\leqslant 0.50$	$\leqslant 1.0$
条缝末端高度 h_1	$1.30h_0$	$1.40h_0$
条缝末端高度 h_2	$0.70h_0$	$0.60h_0$

注：h_0 为条缝口平均高度。

条缝式槽边排风罩的风量按下列公式计算：

（1）高截面单侧排风

$$L=2v_xAB\left(\frac{B}{A}\right)^{0.2} \quad (m^3/s) \tag{3-38}$$

（2）低截面单侧排风

$$L=3v_xAB\left(\frac{B}{A}\right)^{0.2} \quad (m^3/s) \tag{3-39}$$

（3）高截面双侧排风（总风量）

$$L=2v_xAB\left(\frac{B}{2A}\right)^{0.2} \quad (m^3/s) \tag{3-40}$$

（4）低截面双侧排风（总风量）

$$L=3v_xAB\left(\frac{B}{2A}\right)^{0.2} \quad (m^3/s) \tag{3-41}$$

（5）高截面周边型排风

$$L=1.57v_xD^2 \quad (m^3/s) \tag{3-42}$$

（6）低截面周边型排风

$$L=2.36v_xD^2 \quad (m^3/s) \tag{3-43}$$

式中　A——槽长，m；

B——槽宽，m；

D——圆槽直径，m；

v_x——边缘控制点的控制风速，m/s。v_x 可按附录 8 确定。

条缝式槽边排风罩的阻力为：

$$\Delta p=\zeta\frac{v_0^2}{2}\rho \quad (Pa) \tag{3-44}$$

式中　ζ——局部阻力系数，$\zeta=2.34$；

v_0——条缝口上空气流速，m/s；

ρ——周围空气密度，kg/m³。

【例 3-6】 长 $A=1$m，宽 $B=0.8$m 的酸性镀铜槽，槽内溶液温度等于室温。设计该槽上的槽边排风罩。

【解】 因 $B>700\text{mm}$，采用双侧槽边排风罩。

根据国家设计标准，条缝式槽边排风罩的断面尺寸（$E\times F$）共有三种，250mm×200mm、250mm×250mm、200mm×200mm。本题选用 $E\times F=250\text{mm}\times250\text{mm}$。

控制风速 $$v_x=0.3\text{m/s}$$

总排风量 $$L=2v_xAB\left(\frac{B}{2A}\right)^{0.2}=2\times0.3\times1\times0.8(0.8/2)^{0.2}=0.4\text{m}^3/\text{s}$$

每一侧的排风量 $$L'=\frac{1}{2}L=\frac{1}{2}\times0.4=0.2\text{m}^3/\text{s}$$

假设条缝口风速 $$v_0=8\text{m/s}$$

采用等高条缝，条缝口面积 $f=L'/v_0=0.2/8=0.025\text{m}^2$

条缝口高度 $$h_0=f/A=0.025\text{m}=25\text{mm}$$

$$f/F_t=0.025/(0.25\times0.25)=0.4>0.3$$

为保证条缝口上速度分布均匀，在每一侧分设两个罩子，设两根立管。

因此 $$f'/F_t=\frac{f/2}{F_t}=\frac{0.025/2}{0.25\times0.25}=0.2<0.3$$

阻力 $$\Delta p=\zeta\frac{v_0^2}{2}\rho=2.34\times\frac{8^2}{2}\times1.2=90\text{Pa}$$

3.6 大门空气幕

在运输工具或人员进出频繁的生产车间或公共建筑中，为减少或隔绝外界气流的侵入，可在大门上设置条缝形送风口，利用高速气流所形成的气幕隔断室外空气，如图3-46所示。它不影响车辆或人的通行，可使采暖建筑减少冬季热负荷；对需要供冷的建筑可减少夏季冷负荷。这种装置称为大门空气幕。空气幕不但用于隔断室外空气，也用于其他场合，例如在洁净房间防止尘埃进入，在冷库隔断库内外空气流动，在生产车间可利用气幕进行局部隔断，防止污染物的扩散。

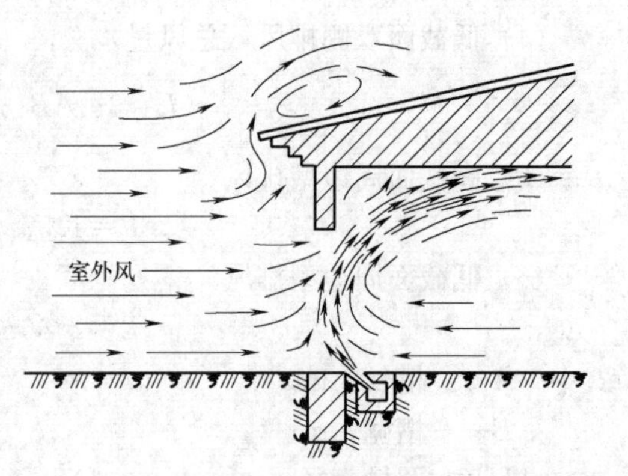

图3-46 大门空气幕

3.6.1 大门空气幕的形式

（1）侧送式空气幕

侧送式空气幕是把条缝形吹风口设在大门的侧面，设在一侧的称为单侧，在大门两侧设吹风口的称为双侧。图3-47是单侧侧送式空气幕，它适用于门洞不太宽、物体通过时间短的大门。门洞较宽或物体通过的时间较长时（如通过火车），可设双侧空气幕。双侧空气幕的两股气流相遇时，部分气流会相互抵消，因此效果不如单侧好。

（2）下送式空气幕

图3-48是下送式空气幕，气流由下部地下风道吹出，冬季阻挡室外冷风的效果比侧送式好。由于它采用下部送风，送风射流会受到运输工具的阻挡，而且会把地面的灰尘吹起。因此下送式空气幕仅适用于运输工具通过时间短，工作场地较为清洁的车间。

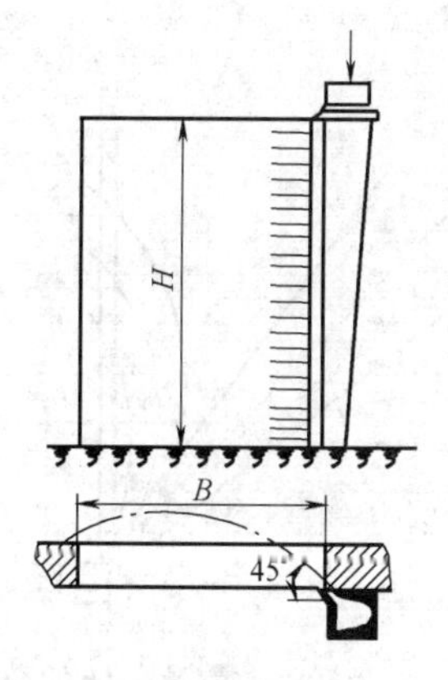

图 3-47　单侧侧送式空气幕

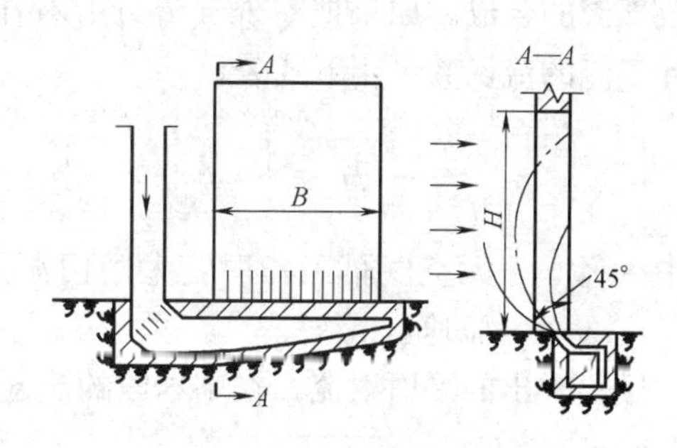

图 3-48　下送式空气幕

（3）上送式空气幕

上送式空气幕是把条缝形风口设在大门上方，气流由上而下。因民用建筑大门空气幕上所受的风压、热压相对较小，为简化结构，常把贯流式风机直接装在大门上方，用室内再循环空气由上向下吹风，如图 3-49 所示。这种空气幕出口风速较低，用一层厚的缓慢流动的气流组成气幕，只要射流出口动量相等，它们抵抗横向气流的能力和高速气幕是相同的。由于它出口流速低，出口动压损失小；气流运动过程中卷入的周围空气少，加热室外冷空气所消耗的热量也少。因此它的投资费用和运行费用都是较低的。尽管上送式空气幕的挡风效率不如下送式空气幕，由于它具有喷出气流卫生条件好、安装简便、占用空间小、不影响建筑美观等优点，是一种有发展前途的形式。

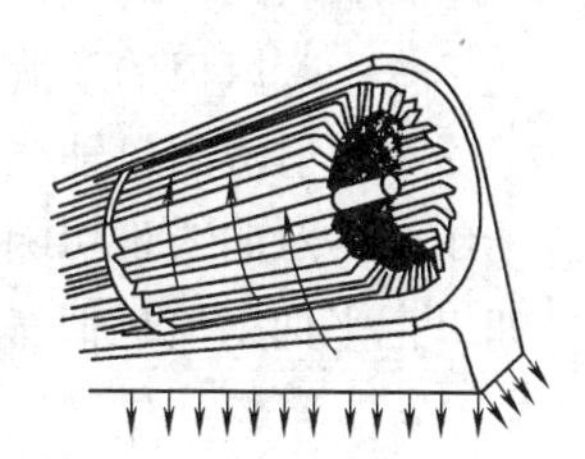

图 3-49　采用贯流式风机的上送式空气幕

用于生产车间的大门空气幕，其目的只是阻挡室外冷空气，通常只设吹风口，不设回风口，让射流和地面接触后自由向室内外扩散，这种大门空气幕称为简易空气幕。

在主要是通过人的公共建筑大门上，常设置上送式空气幕。为了较好地组织气流，在大门上方设吹风口，地面设回风口，空气经过滤、加热等处理后循环使用，为了不使人有不舒适的吹风感，出口速度不宜超过 6.0m/s。

按照送出气流温度的不同，大门空气幕分为：

（1）热空气幕

空气幕内设加热器，空气加热后送出，适用于严寒、寒冷地区。

（2）等温空气幕

空气未经处理直接送出，它构造简单、体积小、适用范围广，是非严寒地区应用最广的一种形式。

（3）冷空气幕

空气幕内设冷却器，空气冷却处理后送出，主要用于夏热冬冷和夏热冬暖地区。

上述的各种空气幕已有工业厂定型生产，使设计、安装大为简化。

3.6.2　下（侧）送式空气幕计算

大门空气幕计算有多种方法，由于考虑因素不同，结果各不相同，下文介绍常用空气幕的一种简单计算方法。如图 3-50 所示，空气幕工作时的气流运动是室外气流和吹风口吹出的平面射流这两股气流的合成。如果把室外气流近似看作是均匀流，室外气流的流函数可用下式表示：

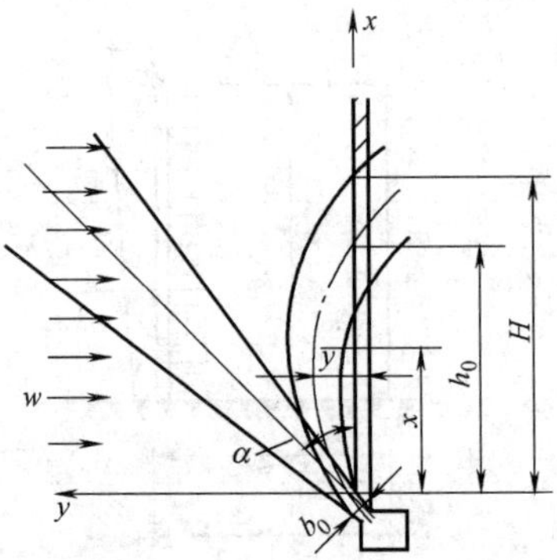

$$\psi_1 = \int_0^x v_{\mathrm{w}} \mathrm{d}x \tag{3-45}$$

式中　v_{w}——无空气幕工作时，大门门洞上室外空气流速，m/s。

倾斜吹出的平面射流，在基本段的流函数为：

$$\psi_2 = \frac{\sqrt{3}}{2} v_0 \sqrt{\frac{a b_0 x}{\cos\alpha}} \mathrm{th} \frac{\cos^2\alpha}{a x}(y - x\tan\alpha) \tag{3-46}$$

图 3-50　空气幕气流的合成

式中　v_0——射流的出口流速，m/s；

b_0——吹风口宽度，m；

a——吹风口的紊流系数；

α——射流出口轴线与 x 轴的夹角；

th——双曲线正切函数。

如果把平面射流近似看作是势流，上述两股气流叠加后的流函数为：

$$\psi = \psi_1 + \psi_2 = \int_0^x v_{\mathrm{w}} \mathrm{d}x + \frac{\sqrt{3}}{2} v_0 \sqrt[2]{\frac{a b_0 x}{\cos\alpha}} \mathrm{th} \frac{\cos^2\alpha}{a x}(y - x\tan\alpha) \tag{3-47}$$

把 $x=0$、$y=0$ 代入上式，得 $\psi_0 = 0$

把 $x=H$、$y=0$ 代入上式，求得该点的流函数为：

$$\psi_{\mathrm{H}} = \int_0^H v_{\mathrm{w}} \mathrm{d}x - \frac{\sqrt{3}}{2} v_0 \sqrt{\frac{a b_0 H}{\cos\alpha}} \mathrm{th} \frac{\cos\alpha\sin\alpha}{a} \tag{3-48}$$

根据流体力学，两条流线的流函数值差就是这两条流线之间的流量。所以大门空气幕工作时，流入大门的空气量为：

$$L = B(\psi_{\mathrm{H}} - \psi_0) = B\int_0^H v_{\mathrm{w}} \mathrm{d}x - \frac{\sqrt{3}}{2} B v_0 \sqrt{\frac{a b_0 H}{\cos\alpha}} \mathrm{th} \frac{\cos\alpha\sin\alpha}{a} \tag{3-49}$$

式中　B——大门宽度，m；

H——大门高度，m。

令

$$\varphi = \frac{\sqrt{3}}{2} \sqrt{\frac{a}{\cos\alpha}} \mathrm{th} \frac{\cos\alpha\sin\alpha}{a} \tag{3-50}$$

把式（3-50）代入式（3-49），得：

$$L = BHv_{\mathrm{w}} - B\varphi v_0 \sqrt{b_0 H} \tag{3-51}$$

空气幕工作时流入大门的空气量就是吹风口吹出空气量 L_0 和空气幕工作时侵入大门的室外空气量 L_{w} 之和。

$$L = BHv_{\mathrm{w}} - B\varphi v_0 \sqrt{b_0 H} = L_{\mathrm{w}} - B\varphi v_0 \sqrt{b_0 H} = L_0 + L'_{\mathrm{w}}$$

式中　L_w——空气幕不工作时侵入大门的室外空气量，m^3/s；

L'_w——空气幕工作时流入室内的室外空气量，m^3/s；

L_0——空气幕吹风量，m^3/s。

把 $L_0=Bb_0v_0$ 代入上式，则有：

$$L_w-\varphi L_0\sqrt{H/b_0}=L_0+L'_w$$

$$L_0=\frac{L_w-L'_w}{1+\varphi\sqrt{\frac{H}{b_0}}} \tag{3-52}$$

当 $a=0.2$ 时，φ 值与 α 角的关系列于表 3-7 中。

φ 值　　　　**表 3-7**

喷射角 α	φ
10°	0.26
20°	0.36
30°	0.41
40°	0.45
45°	0.46

令

$$\eta=\frac{L_w-L'_w}{L_w} \tag{3-53}$$

η 称为空气幕效率，它表示空气幕所能阻挡的室外空气量大小。$\eta=100\%$，$L'_w=0$。

把 $\eta L_w=(L_w-L'_w)$ 代入式（3-52），则有：

$$L_0=\frac{\eta L_w}{1+\varphi\sqrt{\frac{H}{b_0}}}\quad (m^3/s) \tag{3-54}$$

计算侧送式大门空气幕时，应把式（3-54）中的 H 改为大门宽度 B。

L_w 的计算可以采用《供热工程》中给出的经验公式。如果已知在热压作用下车间的中和面高度，就可求出室外风压和热压同时作用下大门口气流运动的流函数，求得 L_w。有关中和面的概念见第 7 章。

空气幕设计时应注意以下问题：

（1）公共建筑宜采用上送式；生产厂房宜采用双侧送风，外门宽度小于 3.0m 时可用单侧送风。受条件限制不能采用侧送时，可用上送式。一般不宜采用下送式。

（2）出于经济上的考虑，空气幕效率 η 一般采用下列数值：

下送空气幕　$\eta=0.60\sim0.80$；

侧送空气幕　$\eta=0.80\sim1.0$。

（3）侧送时射流的喷射角 α 一般取 45°，下送时，为了避免射流偏向地面，取 $\alpha=30\sim40°$。

（4）空气幕射流与室外空气混合后的温度不宜过低，否则大门附近的工人会有吹冷风感。下送时，混合温度 t_0 应不低于 5℃；侧送风时，混合温度 t_h 应不低于 10℃。

（5）条缝口的出口流速，对公共建筑外门不宜大于 6.0m/s；生产厂房外门不宜大于 8.0m/s；对高大外门不宜大于 25m/s。

（6）空气幕阻力

$$\Delta P=\zeta_0\frac{v_0}{2}\rho\quad (Pa) \tag{3-55}$$

式中　ζ_0——空气幕局部阻力系数，侧送 $\zeta_0=2.0$；下送 $\zeta_0=2.6$；

v_0——出口流速，m/s；

ρ——空气密度，kg/m^3。

【例 3-7】 已知大门尺寸为 3m×3m，室外风速 $v_w=2m/s$，室外空气温度 $t_w=-20℃$，室内空气温度 $t_n=15℃$，不考虑热压作用。在大门上采用侧送式空气幕，计算空气幕的吹风量。要求空气幕的混合温度为 10℃，计算送风温度 t_0 及空气幕所需的加热量。

【解】 因不考虑热压作用，只有室外风作用，空气幕不工作时流入室内的室外空气量为：

$$L_w=HBv_w=3\times3\times2=18m^3/s$$

设 $\alpha=40°$，紊流系数 $\alpha=0.2$，由表 3-8 查得 $\varphi=0.45$。

设空气幕效率 $\eta=100\%$，吹风口宽度 $b_0=0.2m$

根据式 (3-54)，空气幕吹风量为：

$$L_0=\frac{\eta L_w}{1+\varphi\sqrt{\frac{B}{b_0}}}=\frac{18}{1+0.45\sqrt{\frac{3}{0.2}}}=6.56m^3/s$$

出口流速 $v_0=L_0/Hb_0=6.56/3\times0.2=10.9m/s$

根据流体力学，对于空气幕的平面射流在射流末端的空气量为：

$$L_1'=L_0\times1.2\left[\frac{aB}{b_0/2}+0.41\right]^{1/2}$$

$$=6.56\times1.2\left[\frac{0.2\times3}{\frac{0.2}{2}}+0.41\right]^{1/2}=6.56\times1.2\times2.53=20m^3/s$$

卷入射流中的室外空气量为：

$$L_w'=\frac{1}{2}(L_1'-L_0)=\frac{1}{2}(20-6.56)=6.72m^3/s$$

假设周围卷入的空气和空气幕吹出的空气得到充分混合，在射流末端射流的平均温度(即混合温度) $t_h=10℃$时，空气幕送风温度 t_0 可根据下列热平衡方程式求出。

$$6.56t_0+6.72\times15+6.72\times(-20)=20\times10$$

解上式求得 $t_0=35.6℃$

空气幕加热器的加热量为：

$$Q_0=L_0\rho c(t_0-t_n)=6.56\times1.2\times1\times(35.6-15)$$
$$=162.16kJ/s$$

因空气幕直接采用室内空气，把空气幕空气从 10℃加热到 15℃所消耗的热量应附加在车间的采暖设备上。

3.7 吹吸式排风罩

3.7.1 吹吸式通风的原理

如 3.3 节所述，外部吸气罩罩口外的气流速度衰减很快。图 3-51 (*b*) 是二维吸风口(条缝形吸风口) 的速度分布图，从图上可以看出，在罩口中心的轴线上 $x=2b_0$ (b_0 为条缝口宽度) 处，空气的吸入速度 $v=0.1v_0$ (v_0 为罩口风速)。因此罩口至污染源距离较大时，需要较大的排风量才能在控制点造成所需的控制风速。图 3-51 (*a*) 是二维吹风口的速度分布，由于射流的能量密集程度高，速度衰减慢，即使在 $x=40b_0$ 处，中心轴线上的

速度 $v=0.4v_0$（v_0 为吹风口出口平均风速）。因此，人们设想可以利用射流作为动力，把污染物输送到排风罩口，再由其排除，或者利用射流阻挡、控制污染物的扩散。这种把吹和吸结合起来的通风方法称为吹吸式通风。

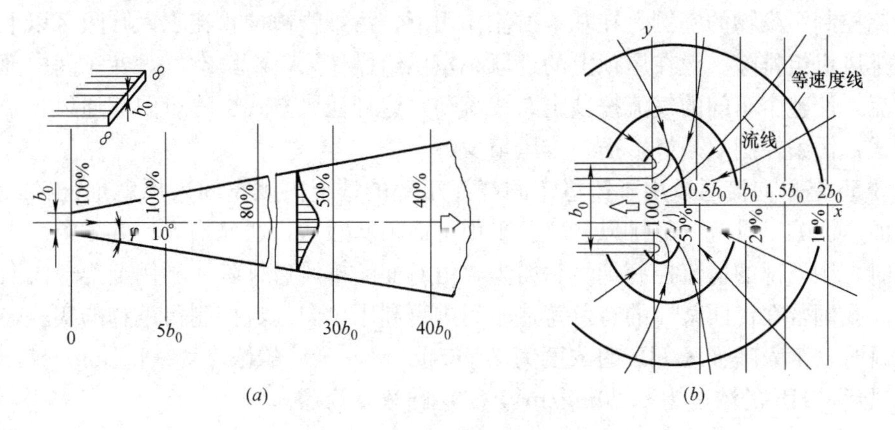

图 3-51　吹和吸的速度分布比较

（a）二维吹风口的速度分布；（b）二维吸风口的速度分布

图 3-52 是吹吸式通风的示意图。由于吹吸式通风依靠吹、吸气流的联合工作进行污染物的控制和输送，它具有风量小、污染控制效果好、抗干扰能力强、不影响工艺操作等特点。近年来在国内外得到日益广泛的应用。下面是应用吹、吸气流进行污染物控制的实例。

（1）图 3-53 是吹吸气流用于金属熔化炉的情况。第 3.4 节所述，热源上部接受罩的安装高度较大时，排风量较大，而且容易受横向气流影响，为了解决这个矛盾，可以在热源前方设置吹风口，如图 3-51 所示，在操作人员和热源之间组成一道气幕，同时利用吹出的射流诱导污染气流进入上部接受罩。

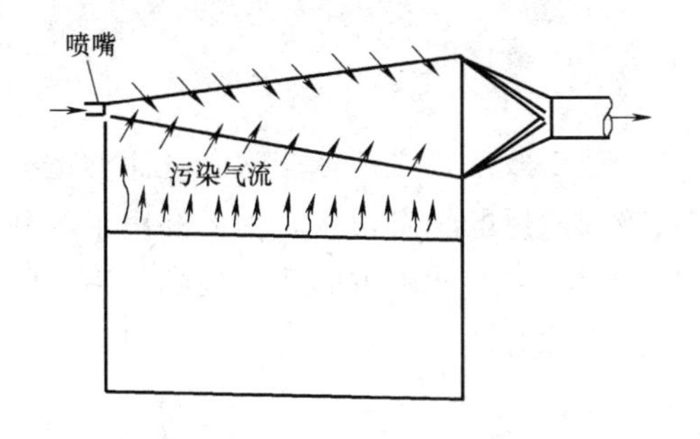

图 3-52　吹吸式通风示意图

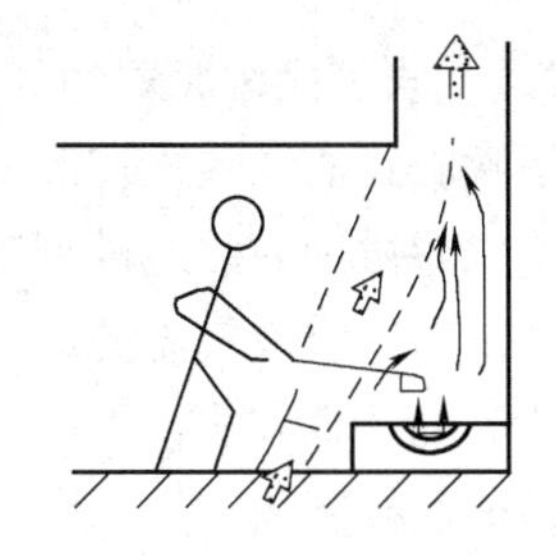

图 3-53　吹吸气流在金属熔化炉的应用

（2）图 3-54 是用气幕控制初碎机坑粉尘的情况。当卡车向地坑卸大块物料时，地坑上部无法设置局部排风罩，会扬起大量粉尘。为此可在地坑一侧设吹风口，利用吹吸气流抑止粉尘的飞扬，含尘气流由对面的吸风口吸除，经除尘器后排放。

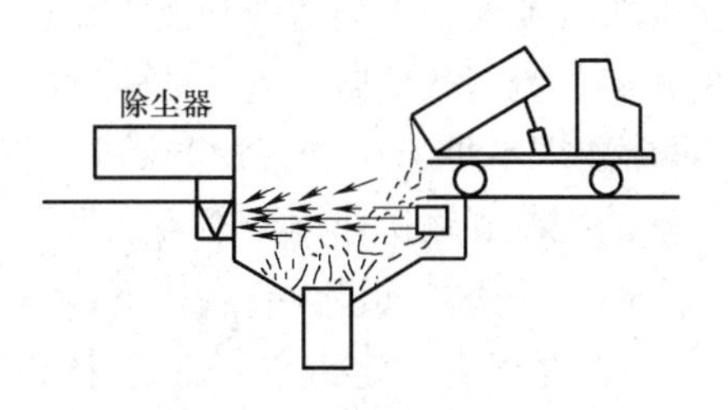

图 3-54　用气幕控制初碎机坑的粉尘

（3）吹吸气流不但可以控制单个设备散发的污染物，而且可以对整个车间的污染物进行有效控制。按照传统的设计方法采用车间全面通风时，要用大量室外空气对污染物进行稀释，使整个车间的污染物浓度不超过卫生标准的规定。如第 2 章所述，由于车间污染物和气流分布的不均匀，要使整个车间都达到要求是很困难的。图 3-55 是在大型电解精炼车间采用吹吸气流控制污染物的实例。在基本射流作用下，污染物被抑止在工人呼吸区以下，最后经屋顶排风机组排除。设在屋顶上的送风小室供给操作人员新鲜空气，在车间中部有局部加压射流，使整个车间的气流按预定路线流动。这种通风方式也称单向流通风。采用这种通风方式，污染控制效果好，送、排风量少。

图 3-56 是单向流通风用于铸造车间浇注工部的情况。该车间采用就地浇铸，污染物源分布面广。难以设置局部排风装置。采用全面稀释通风，通风量大、效果差。采用单向流通风时，用下部的射流控制烟气和粉尘，由对面的排风口排除，利用上部射流向室内补充空气。我国曾在江西某厂的有色铸造车间进行利用单向气流控制污染物的实验，未设单向流通风时，工人呼吸区 HF 的浓度为 24.6mg/m^3，SO_2 的浓度为 14.4mg/m^3，设置单向流通风后，HF 的浓度为 0.20mg/m^3，SO_2 的浓度为零。

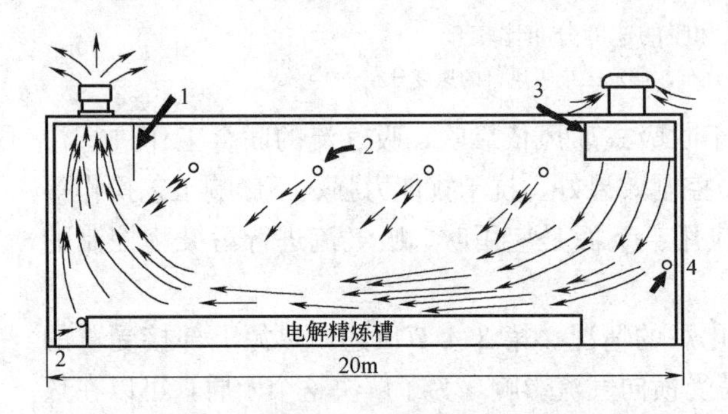

图 3-55　电解精炼车间直流式气流简图

1—屋顶排气机组；2—局部加压射流；
3—屋顶送风小室；4—基本射流

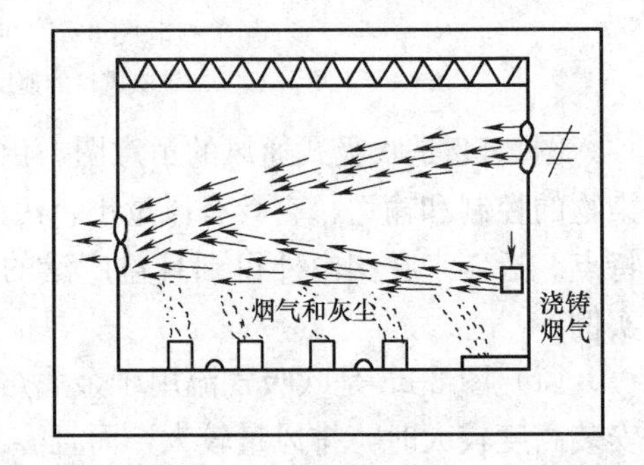

图 3-56　用单向流通风控制铸造车间污染物

3.7.2　吹吸式排风罩的计算

要使吹吸式通风系统在经济的前提下获得最佳的使用效果，必须依据吹吸气流的运动规律，使二者协调一致地进行工作。国内外研究吹吸式通风的学者很多，他们提出了各种计算方法。由于吹吸气流的运动情况较为复杂，虽然对某些基本观点有了一致的认识，但还缺乏统一的计算方法，下面介绍两种具有代表性的计算方法。

(1) 速度控制法

前苏联学者巴杜林（B. B. Батурнн）提出的计算方法是这类方法的典型代表[17]，他把吹吸气流对污染物的控制能力简单地归结为取决于吹出气流的速度与作用在吹吸气流上的污染气流（或横向气流）的速度之比。只要吸风口前射流末端的平均速度保持一定数值(通常要求不小于 0.75～1.0m/s)，就能保证对污染物的有效控制。这种方法只考虑吹出气流的控制和输送作用，不考虑吸风口的作用，把它看作是一种安全因素。

对工业槽，其设计要点如下：

1) 对于有一定温度的工业槽，吸风口前必需的射流平均速度 v_1' 按下列经验数值确定：

槽温　$t=70\sim95℃$　　$v_1'=H$（H 为吹、吸风间口距离，m）　m/s

$t=60℃$　　$v_1'=0.85H$　m/s

$t=40℃$　　$v_1'=0.75H$　m/s

$t=20℃$　　$v_1'=0.5H$　m/s

2）为了避免吹出气流逸出吸风口处，吸风口的排风量应大于吸风口前射流的流量，一般为射流末端流量的 1.10～1.25 倍。

3）吹风口高度 b_0 一般为 $0.010\sim0.015H$，为了防止吹风口发生堵塞，b_0 应大于 5.0～7.0mm。吹风口出口流速不宜超过 10～12m/s，以免液面波动。

4）要求吸风口上的气流速度 $v_1 \leqslant (2.0\sim3.0)v_1'$，$v_1$ 过大，吸风口高度 b_1 过小，污染气流容易逸入室内。但是 b_1 也不能过大，以免影响操作。

【例 3-8】 某工业槽宽 $H=2.0$m、长 $l=2$m，槽内溶液温度 $t=40℃$，采用吹吸式排风罩。计算吹、吸风量及吹、吸风口高度。

【解】　(1) 吸风口前射流末端平均风速

$$v_1'=0.75H=0.75\times2=1.5\text{m/s}$$

(2) 吹风口高度 $b_0=0.015H=0.015\times2=0.03\text{m}=30\text{mm}$

(3) 根据流体力学平面射流的公式计算吹风口出口流速 v_0

因 $v_1'=1.5$m/s 是指射流末端有效部分的平均风速，可以近似认为射流末端的轴心风速 $v_w=2v_1'$。

$$v_w=2v_1'=2\times1.5=3\text{m/s}$$

按照平面射流计算式

$$\frac{v_m}{v_0}=\frac{1.2}{\sqrt{\frac{aH}{b_0}+0.41}}$$

吹风口出口流速

$$v_0=v_m\times\frac{\sqrt{\frac{aH}{b_0}+0.41}}{1.2}$$

$$=3\times\frac{\sqrt{\frac{0.2\times2}{0.03}+0.41}}{1.2}=9.26\text{m/s}$$

(4) 吹风口的吹风量

$$L_0=b_0\cdot l\cdot v_0=0.03\times2\times9.26=0.56\text{m}^3/\text{s}$$

(5) 计算吸风口的前射流流量 L_1'

根据流体力学

$$\frac{L_1'}{L_0}=1.2\sqrt{\frac{aH}{b_0}+0.41}$$

$$L_1'=0.56\times1.2\sqrt{\frac{0.2\times2}{0.03}+0.41}=2.49\text{m}^3/\text{s}$$

(6) 吸风口的排风量

$$L_1=1.1L_1'=1.1\times2.49=2.74\text{m}^3/\text{s}$$

(7) 吸风口气流速度

$$v_1=3v_1'=3\times1.5=4.5\text{m/s}$$

(8) 吸风口高度

$$b_1=L_1/lv_1=2.74/2\times4.5=0.304\text{m}$$

取 $b_1=300\text{mm}$

美国联邦工业卫生委员会(ACGIH)也采用类似的计算方法。这类计算方法有以下不足之处:

1) 在侧流或侧压作用下射流会发生偏转,为了对污染物进行有效的控制,射流必须要有一定的抵抗侧流、侧压的能力。射流抵抗侧流、侧压的能力并不单纯地与速度有关,还与射流的流量有关,即取决于射流的出口动量。

根据流体力学的射流理论,射流在运动过程中各断面的动量保持守恒,即:

$$M=L_0\rho v_0\tau=L_x\rho v_{xp}\tau=L_1'\rho v_1'\tau=F\tau \tag{3-56}$$

式中 M——射流的动量,N·s;

L_0——射流出口流量,m^3/s;

L_x——某一断面上射流流量,m^3/s;

L_1'——对流末端流量,m^3/s;

ρ——空气密度,kg/m^3;

v_0——射流出口流速,m/s;

v_{xp}——某一断面上射流平均流速,m/s;

v_1'——射流末端的平均流速,m/s;

τ——时间,s;

F——射流力,N。

因此

$$F=L_0\rho v_0=L_1'\rho v_1' \tag{3-57}$$

从上式可以看出,射流抵抗侧流、侧压的能力可用射力 F 表示[14]。所需的射流力大小取决于侧流、侧压的大小。F 值确定以后,L_0 与 v_0 可以有无数种组合。在上述计算中只考虑了 v_0 的作用,没有考虑 L_0 的作用。

2) 吹吸式通风依靠吹吸气流的联合作用进行工作,但是上述的计算方法没有考虑吸风口的作用。因此设计中没有提出吹吸气流的最佳组合问题,即设计中如何使吹风量和排风量之和(L_0+L_1)保持最小。

3) 它采用狭长的高速平面射流,出口流速 v_0 一般在 10m/s 左右。流体与物体相撞时易于破裂,导致污染物散入室内。如采用低速气流,两者相遇时气流围绕物体流动,对污染物的控制效果好。

(2) 流量比法

日本学者林太郎把在吸气式排风罩研究中所应用的流量比概念扩展到吹吸式排风罩。如图3-57所示,吸风口的风量为:

$$L_1=L_0+(L_G+L_s)=L_0+L_2=L_0(1+K) \tag{3-58}$$

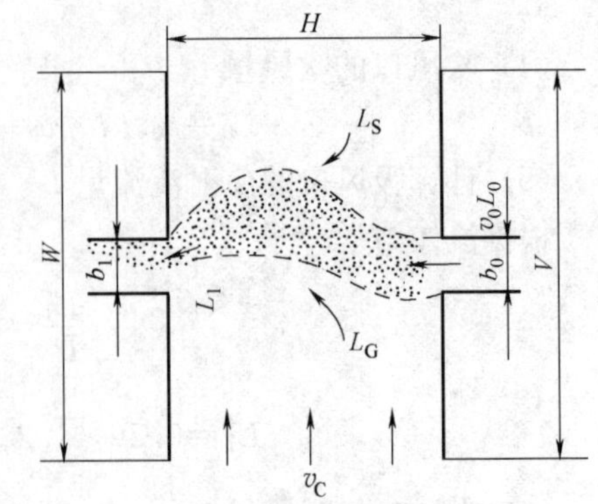

图 3-57 吹吸式排风罩示意图

式中　L_0——吹风口吹风量，m^3/s；

L_G——污染气体量，m^3/s；

L_s——从周围吸入的空气量，m^3/s；

K——流量比，$K=\dfrac{L_2}{L_0}=\dfrac{(L_s+L_G)}{L_0}$。

在污染气流与吹出气流的接触过程中，污染气体分子要通过扩散和边界层的局部涡流渗入射流内部。因此要使污染物不进入室内工作区，必须把吹出气流全部排除。在吹吸式通风系统的运行过程中，随 L_1 的逐渐减小，被污染的吹出气流将由全部排除逐渐过渡到从罩口泄漏。即将发生泄露时的 L_2/L_0 称为极限流量比，以 K_L 表示。实验研究表明，K_L 与罩的形状尺寸及污染（干扰）气流的大小有关，可用下式表示。

$$K_L=f\left(\frac{H}{b_0}、\frac{b_1}{b_0}、\frac{W}{b_0}、\frac{v_G}{v_0}、\frac{V}{b_0}\right) \tag{3-59}$$

式中　b_0——吹风口高度；

b_1——吸风口高度；

H——吹、吸风口间距；

W——吸风口法兰边全高；

V——吹风口法兰边全高；

v_G——污染（干扰）气流的速度；

v_0——吹风口出口的流速。

在上述因素中影响较大的为 H/b_0、W/b_0、v_G/v_0。

1）吸风口法兰边全高 W

实验表明，$W/b_0<5.0$ 时，K_L 是随 W/b_0 的减小而急剧增大的。$W/b_0\geqslant5.0$ 后，K_L 趋于稳定。设计时希望 $W/b_0\geqslant5.0$ 或 $W/b_1\geqslant2.0$。在吹风口上不应设法兰边，即希望 $V/b_0=1.0$。吹风口上设置法兰边后，会在吹出气流与周围卷入气流之间形成局部涡流，如图 3-58 所示。

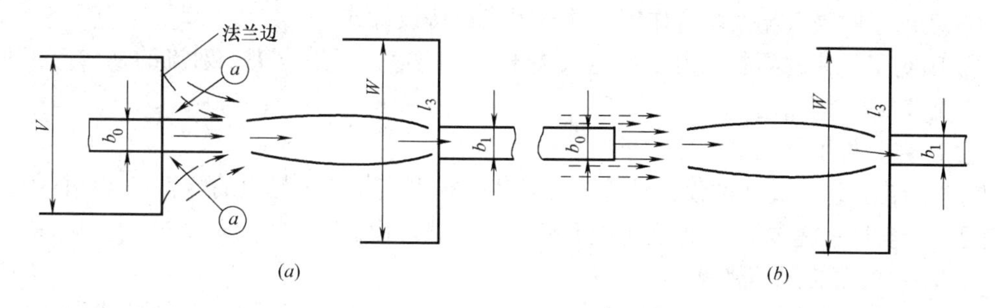

图 3-58　吹风口上法兰边的影响

2）吹风口高度 b_0

在 H 值一定的情况下，K_L 是随 b_0 的增大而减小的。H/b_0 应小于 20～30。工艺条件允许时，应适当加大 b_0，即希望采用低速射流。

3）吹风速度 v_0

v_G/v_0 的大小对 K_L 有极大影响，希望 v_G/v_0 在 0.30～2.0 之间，设计时应保证 0<

$v_G/v_0 \leqslant 3.0$。

对实验结果整理后，得出二维吹吸式排风罩的 K_L 计算公式。

$$K_L = \left(\frac{H}{b_0}\right)^{1.1}\left[0.46\left(\frac{W}{b_0}\right)^{-1.1}+0.13\right]\left[0.04\left(\frac{V}{b_0}\right)^{0.2}+0.51\right] \times\left[5.8\left(\frac{v_G}{v_0}\right)^{1.4}\left(\frac{H}{b_0}\right)^{0.25}+1\right] \tag{3-60}$$

上式适用于 $0.5\leqslant\frac{b_1}{b_0}\leqslant10$、$2\leqslant\frac{W}{b_0}\leqslant50$、$1\leqslant\frac{V}{b_0}\leqslant80$、$0\leqslant\frac{H}{b_0}\leqslant30$。

对不同形式的工艺设备，吹吸式排风罩的 K_L 计算式详见文献［3］。

设计流量比

$$K_D = mK_L \tag{3-61}$$

式中 m——安全系数。

$$m=\frac{l+b_0}{1}\times1.1 \tag{3-62}$$

式中 l——吹、吸风口长度，m。

吹风量

$$L_0 = lb_0v_0 \quad (\mathrm{m^3/s}) \tag{3-63}$$

吸风口排风量

$$L_1 = L_0(1+mK_L) = L_0(1+K_D) \quad (\mathrm{m^3/s}) \tag{3-64}$$

从式（3-63)、式（3-64）可以看出，要保证不发生泄漏，不论采用多大的 L_0，总会求得一个相应的 L_1。这样就向我们提出了一个问题，究竟哪一个 L_0 和 L_1 的组合是最经济合理的？这就是吹吸式排风罩设计中的最优化问题。

4）经济设计式

先作定性分析。L_0 过小，说明没有充分发挥射流的覆盖和输送作用，这样就会加重吸风口的负担，使 L_1 增大。如果 L_0 过大，整个射流的流量大大增加，它已超出了污染控制的需要，由于射流流量的增大，也会使 L_1 增大。因此最佳的运行工况应是在不发生污染物泄漏的前提下，使 L_0+L_1 保持最小。根据分析研究，研究者导出了为保证 L_0+L_1 保持最小应满足的基本条件，详见文献［12］。

从上面的分析可以看出，流量比法较之控制风速法有以下发展：

① 考虑了吹吸气流的联合作用，并且提出经济设计式。

② 阐明了气幕的隔断能力不单纯取决于出口流速，而是取决于射流的动量。主张用低速气流替代高速气流。

③ 研究分析了罩几何尺寸的影响。

应当指出，流量比法的设计计算式都是依据模型实验结果导出的，有些方面尚不能完全满足生产实际的需要。v_G 值在可能条件下应实测求出。

3.7.3 气幕旋风排风罩

气幕旋风排风罩是一种新型的排风罩，它利用人工产生的气旋捕集和控制污染物。排风罩的结构如图 3-59 所示，在排风罩四角安装四根送风立柱，以 20°的角度按同一旋转方向向内侧吹出连续的气幕，形成气幕空间。在气幕中心上方设有排风口。在旋转气流中心由于吸气而产生负压，这一负压核心使旋转气流受到向心力的作用；同时气流在旋转过程中又将受到离心力的作用。在向心力和离心力平衡的范围内，旋转气流形成涡流，涡流收束于负压核心四周并朝向排风口，这就形成了所谓的“人工龙卷风”（见图 3-60)。由于利用了龙卷风原理，涡流核心具有较大的上升速度。实验研究表明，上升速度沿高度的变

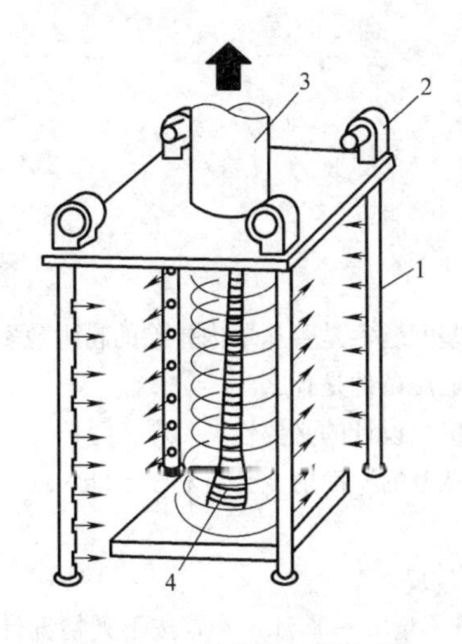

图 3-59　气幕旋风排气罩

1—送风立柱；2—送风风机；3—排风管；4—涡流核

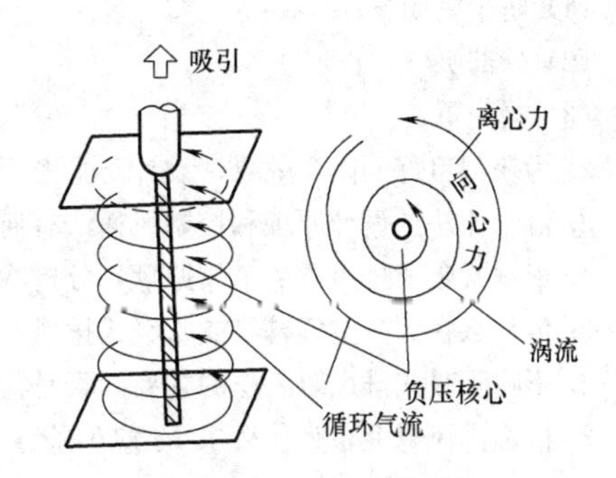

图 3-60　龙卷风的发生原理

化不大，有利于捕集远离排风口的污染物。这种排风罩的主要优点是：

(1) 可以远距离捕集粉尘和污染气体。

(2) 由于有一个封闭的气幕空间，污染气流与外界隔开，用较小的排风量即可有效排除污染空气，其排风量约为一般排风罩的 1/10～1/2。

(3) 有较强的抗横向气流能力。

3.7.4　有射流作用的槽边排风罩

外部吸气罩罩口外的风速是随距离的增大而急剧下降的，它不能有效控制远距离的污染物。采用吹吸式排风罩虽可克服上述缺点，但是当吹吸风口间有较大物体存在（如人或工件）时，会使气流破裂，控制效果恶化。因此，人们在寻求一种既有吸气气流特点，又能在较小风量下有效控制污染物的方法。

有射流作用的槽边排风罩结构如图 3-61 所示，在槽边的同一侧设置条缝形喷口和吸口。喷口设在吸口上方，喷口的轴线与槽面的夹角称为射流角。喷口吹出的清洁空气不与流向吸口的污染气流相接触，也不被吸口吸入。喷口吹出的平面射流在吸口的影响下会向内发生偏移，从而使吸口的吸气范围从无射流作用时的 $3/2\pi$ 减小到小于射流角 α，使吸口吸入的气流量显著减小。另一方面，射流从喷口喷出后，流量在沿程不断增大，即不断卷吸两侧的周围空气，这将增大射流与槽面间吸气流场的吸入速度。因此在同样的控制效果下吸口的排风量会有所下降。

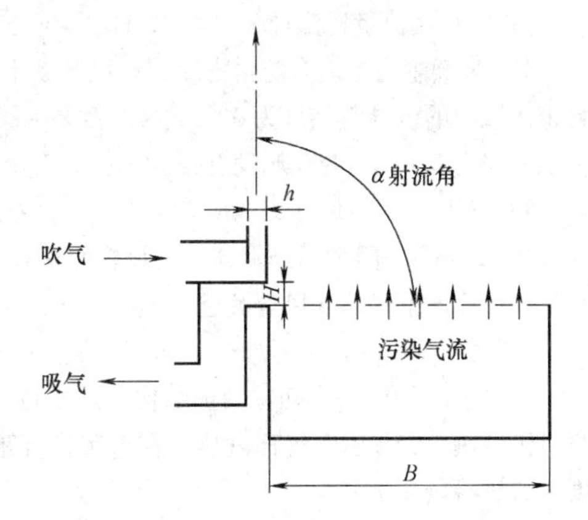

图 3-61　有射流作用的槽边排风罩

实验研究表明，有射流作用的槽边排风罩的吹、吸总风量比单侧单吸槽边排风罩少 17%以上（槽宽 0.90m 以上），排风量少 28%以上。排风量的减少可使包括净化处理在内的通风能耗和设备投资明显减少。在采暖地区，还可以减少排风热损失。

习　题

1. 分析下列各种局部排风罩的工作原理和特点。

(1) 防尘密闭罩；

(2) 外部吸气罩；

(3) 接受罩。

2. 为获得良好的防尘效果，设计防尘密闭罩时应注意哪些问题？是否从罩内排除的粉尘愈多愈好？

3. 流量比法的设计原理和控制风速法有何不同？它们的适用条件是什么？

4. 根据吹吸式排风罩的工作原理，分析吹吸式排风罩最优化设计的必要性。

5. 为什么在大门空气幕（或吹吸式排风罩）上采用低速宽厚的平面射流会有利于节能？

6. 影响吹吸式排风罩工作的主要因素是什么？

7. 槽边排风罩上，为什么 f/F_t 愈小条缝口速度分布愈均匀？

8. 有一侧吸罩，罩口尺寸为 300mm×300mm。已知其新风量 $L=0.54m^3/s$，按下列情况计算距罩口 0.3m 处的控制风速。

(1) 自由悬挂，无法兰边；

(2) 自由悬挂，有法兰边；

(3) 放在工作台上，无法兰边。

9. 有一镀银槽槽面尺寸 $A\times B=800mm\times600mm$，槽内溶液温度为室温，采用低截面条缝式槽边排风罩。槽靠墙布置或不靠墙布置时，计算其排风量、条缝口尺寸及阻力。

10. 有一金属熔化炉（坩埚炉）平面尺寸为 600mm×600mm，炉内温度 $t=600$℃。在炉口上部 400mm 处设接受罩，周围横向风速为 0.3m/s。确定排风罩罩口尺寸及排风量。

11. 有一浸漆槽槽面尺寸为 600mm×600mm，槽内污染物发散速度按 $v_1=0.25m/s$ 考虑，室内横向风速为 0.3m/s。在槽上部 350mm 处设外部吸气罩。分别用控制风速法和流量比法进行计算。对计算结果进行比较。

[提示：用流量比法计算时，罩口尺寸应与前者相同]

12. 某产尘设备设有防尘密闭罩，已知罩上缝隙及工作孔面积 $F=0.8m^2$，其流量系数 $\mu=0.4$，物料带入罩内的诱导空气量为 $0.2m^2/s$。要求在罩内形成 25Pa 的负压，计算该排风罩排风量。如果罩上又出现面积为 $0.08m^2$ 的孔洞没有及时修补，会出现什么现象？

13. 某车间大门尺寸为 3m×3m，当地室外计算温度 $t_w=-12$℃、室内空气温度 $t_0=15$℃、室外风速 $v_w=2.5m/s$。因大门经常开启，设置侧送式大门空气幕。空气幕效率 $\eta=100\%$，要求混合温度等于 10℃，计算该空气幕吹风量及送风温度。

[喷射角 $\alpha=45°$，不考虑热压作用，风压的空气动力系数 $K=1.0$]

14. 与 13 题同一车间，围护结构耗热量 $Q_l=400kW$，车间用暖气片作值班采暖，不足部分，50%由暖风机供热，50%由空气幕供热，在这种情况下，大门空气幕送风温度及加热器负荷是多少？

[空气幕吹风量采用 14 题的结果]

15. 有一工业槽，长×宽为 2000mm×1500mm，槽内溶液温度为常温，在槽上分别设置槽边排风罩及吹吸式排风罩，按控制风速法分别计算其排风量。

[提示：①控制点的控制风速 $v_1=0.4m/s$，②吹吸式排风罩的 $H/b_0=20$]

16. 有两股气流如图 3-62 所示，求污染气流的边界（$L_1=L_2$）。

[提示：确定流线的流函数值时，要注意流函数的增值方向]

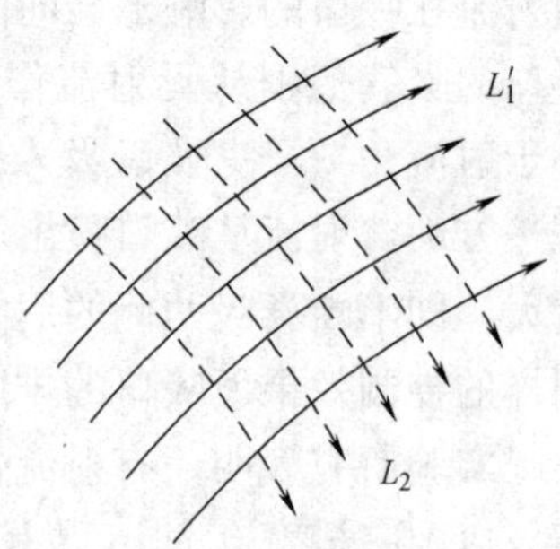

图 3-62　题 16 图

第4章　通风排气中颗粒物的净化

人类在生产和生活的过程中，需要有一个清洁的空气环境（包括大气环境和室内空气环境）。但是，许多生产过程（如水泥、耐火材料、有色金属冶炼、铸造等）都会散发大量颗粒物，如果任意向大气排放，将污染大气，危害人身健康，影响工农业生产。因此含尘空气必须经过净化处理，达到排放标准才允许排入大气。有些生产过程，如原材料加工、食品生产、水泥等，排出的颗粒物都是生产的原料或成品，回收这些有用物料，具有很大的经济意义。在这些工业部门，除尘设备既是环保设备又是生产设备。

为了保证室内空气的清洁度，通风空调系统的进风需要净化处理。对于以温湿度控制为主的空调系统，进风空气的含尘浓度一般要求低于0.5～1.0mg/m^3。有些生产过程（如电子，精密仪表等）对空气的清洁度有更高的要求。

净化工业生产过程中排出的含尘气体称为工业除尘，净化进风空气称为空气过滤。这两类净化的基本原理是相同的，但采用的设备则各有不同。本章主要阐述除尘技术的基本原理和各类除尘器和空气过滤器的典型结构。

4.1　颗粒物的特性

块状物料破碎成细小的粉状微粒后，除了继续保持原有的主要物理化学性质外，还出现了许多新的特性，如爆炸性、带电性等等。在这些特性中，与除尘技术关系密切的，有以下几个方面：

4.1.1　密度

根据实验方法和应用场合的不同，颗粒物的密度分为真密度和容积密度两种。

自然状态下堆积起来的颗粒物在颗粒之间及颗粒内部充满空隙，我们把松散状态下单位体积颗粒物的质量称为颗粒物的容积密度。如果设法排除颗粒之间及颗粒内部的空气，所测出的在密实状态下单位体积颗粒物的质量，我们把它称为真密度（或尘粒密度）。两种密度的应用场合不同，例如研究单个尘粒在空气中的运动时应用真密度，计算灰斗体积时则应用容积密度。

4.1.2　粘附性

颗粒物相互间的凝聚与颗粒物在器壁上的附着都与颗粒物的粘附性有关。颗粒物的粘附性是颗粒物与颗粒物之间或颗粒物与器壁之间的力的表现。这种力包括分子力、毛细粘附力及静电力等。

粘附性与颗粒物的形状、大小以及吸湿等状况有关。粒径细、吸湿性大的颗粒物，其粘附性也强。

尘粒间的粘附使尘粒增大，有利于提高除尘效率，而颗粒物与器壁间的粘附则会使除尘器和管道堵塞及发生故障。

4.1.3 爆炸性

固体物料破碎后，总表面积大大增加，例如边长为1.0cm的立方体粉碎成边长为1.0μm的小粒子后，总表面积由6.0cm^2增加到6.0m^2。由于表面积增加，颗粒物的化学活泼性大为加强。某些在堆积状态下不易燃烧的可燃物，如糖、面粉、煤粉等，当它以粉末状悬浮于空气中时，与空气中的氧有了充分的接触机会，在一定的温度和浓度下，可能发生爆炸。设计除尘系统时，必须高度注意。

4.1.4 荷电性与比电阻

悬浮于空气中的尘粒由于天然辐射、外界离子或电子的附着、尘粒间的摩擦等，都能使尘粒荷电。此外，在颗粒物生成过程中也可能使其荷电。在这种状况下颗粒物荷电的极性不稳定，荷电量也很小。

在电除尘器中，要采用人工设置高压静电场的方法使尘粒充分荷电。

颗粒物的比电阻反映颗粒物的导电性能，它是颗粒物的重要特性之一，对电除尘器的运行具有重大影响，有关问题将在后面的章节中详述。

4.1.5 颗粒物的润湿性

颗粒物颗粒能否与液体相互附着或附着难易的性质称为颗粒物的润湿性。当尘粒与液体接触时，接触面能扩大而相互附着，就是能润湿；反之，接触面趋于缩小而不能附着，则是不能润湿。一般根据颗粒物被液体润湿的程度，将颗粒物大致分为两类：容易被水润湿的软水性颗粒物和难以被水润湿的疏水性颗粒物。当然，这种分类是相对的。颗粒物的润湿性还与液体的表面张力、尘粒与液体间粘附力以及相对运动速度有关。例如1.0μm以下的尘粒很难被水润湿，这是因为细尘粒和水滴表面均附有一层气膜，只有在两者具有较高的相对速度的情况下，水滴冲破气膜才能相互附着凝并。各种湿式除尘装置主要依靠颗粒物与水的润湿作用捕集颗粒物。

有些颗粒物（如水泥、石灰等）与水接触后，会发生粘结和变硬，这种颗粒物称为水硬性颗粒物。水硬性颗粒物不宜采用湿法除尘。

4.1.6 颗粒物的粒径及粒径分布

颗粒物的粒径对于球形尘粒来说，是指它的直径。实际的颗粒物颗粒其大小、形状均是不规则的。为了表征颗粒的大小，需要按一定方法，确定一个表示颗粒大小的代表性尺寸，作为颗粒的直径，简称粒径。例如用显微镜法测定粒径时有定向粒径、长轴粒径、短轴粒径等；用筛分法测出的称为筛分直径；用液体沉降法测出的称为斯托克斯粒径。粒径的测定方法不同，其定义的方法也不同，得出的粒径值差别也很大，很难进行比较。

在通风除尘技术中，常用斯托克斯粒径作为颗粒物的粒径。其定义为，在同一种流体中，与尘粒密度相同并且具有相同沉降速度的球体直径称为该尘粒的斯托克斯粒径。

颗粒物的粒径分布是指某种颗粒物中，各种粒径的颗粒所占的比例，也称颗粒物的分散度。若以颗粒的粒数表示所占的比例称为粒数分布；若以颗粒的质量表示所占的比例称为质量分布。在某一粒径间隔Δd_c内尘粒所占的质量百分数也称为粒径的频率分布。

粒径区间Δd_c（d_{c_i}，$d_{c_{i+1}}$）对应颗粒物质量百分数为$\Delta\Phi$（d_{c_i}，$d_{c_{i+1}}$）；当粒径区间Δd_c趋近于零时，得到颗粒物粒径的分布密度函数，表示如下：

$$f(d_c)=\lim_{\Delta d_c\to 0}\frac{\Delta\Phi}{\Delta d_c}=\frac{d\Phi}{d(d_c)} \tag{4-1}$$

颗粒物累积质量百分数可表示为：

$$\Phi(0,d_{c_i})=\sum_{k=1}^{i}\Delta\Phi_k=\int_0^{d_{c_i}}f(d_c)\mathrm{d}(d_c) \tag{4-2}$$

在整个分布范围内，颗粒物累积质量百分数为100%，故：

$$\Phi=\sum_{k=1}^{n}\Delta\Phi_k=\int_0^{+\infty}f(d_c)\mathrm{d}(d_c)=1 \tag{4-3}$$

现以某厂的生产颗粒物为例，将其粒径分布（频率分布）在表4-1列出。

表4-1中的分组质量百分数 $\Delta\Phi_i$ 及累计质量百分数都能反映粒径的分布情况。为了更直观地表示颗粒物的粒径分布，表4-1的数据可以用图表示，如图4-1所示。统计学上把这种图称为直方图。图4-2中的曲线则是直方图光滑化后的粒径分布曲线。为了消除因粒径间隔 Δd_c 的取法不同所造成的曲线形状的差异，图中直方图对应的纵坐标为 $y=\frac{\Delta\Phi}{\Delta d_c}$，这条曲线称为粒径的相对频率分布曲线，粒径分布曲线可用函数 $y=f(d_c)=\frac{\mathrm{d}\Phi}{\mathrm{d}\ (d_c)}$表示。颗粒物累积质量百分数由该曲线根据式（4-2）求出。

粒径的频率分布表 **表4-1**

粒径范围 d_{c_i}，$d_{c_{i+1}}$ (μm)	粒径区间 Δd_c (μm)	该粒径区间的算术平均粒径 $d_{cpi}=\frac{d_{c_i}+d_{c_{i+1}}}{2}$ (μm)	粒径区间质量百分数 $\Delta\Phi$ (%)	筛下累积质量百分数 $\Phi(0,d_{c_{i+1}})=\int_0^{d_{c_{i+1}}}f(d_p)d(d_p)$ (%)
0～5	5	2.5	19.5	19.5
5～10	5	7.5	20.5	40.0
10～15	5	12.5	15.0	55.0
15～20	5	17.5	10.0	65.0
20～30	10	25	12.0	77.0
30～40	10	35	7.5	84.5
40～50	10	45	4.5	89.0
50～60	10	55	2.5	91.5
＞60	—	—	8.5	100

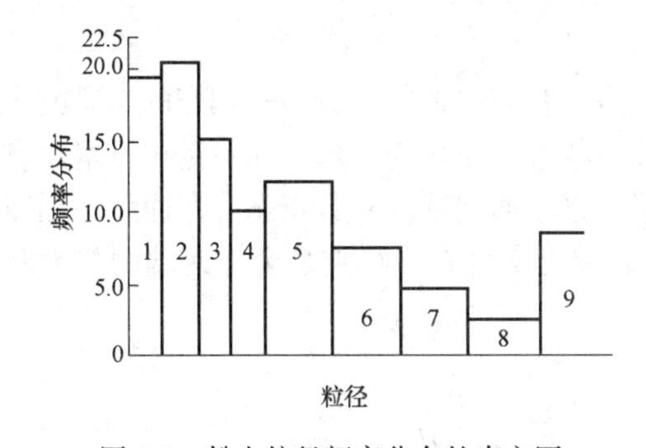

图4-1 粉尘粒径频率分布的直方图

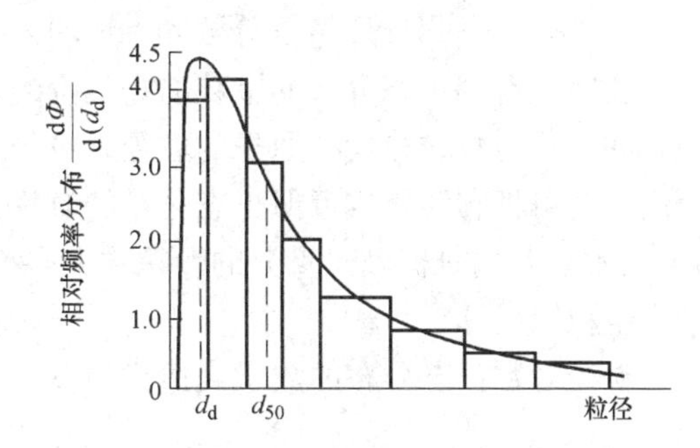

图4-2 粒径的相对频率分布曲线

曲线 $f(d_c)$ 下面所包含的面积等于该粒径范围内尘粒所占的百分数。

粒径分布函数

颗粒物为较细颗粒物时，它的分布可用正态分布函数表示，该粒径的颗粒物的分布密度函数可表示为：

$$f(d_c)=\frac{d\Phi}{d(d_c)}=\frac{1}{\sqrt{2\pi}\sigma}\exp\left[-\frac{(d_c-d_{cp})^2}{2\sigma^2}\right] \tag{4-4}$$

式中 d_c——颗粒物的粒径；

d_{cp}——颗粒物的算术平均粒径；

σ——粒径的标准偏差。

颗粒物的算术平均粒径

$$d_{cp}=\frac{\sum d\Phi_i d_{ci}}{\sum d\Phi_i} \tag{4-5}$$

式中 $d\Phi_i$——在某一粒径间隔内，尘粒所占的质量百分数，$\sum d\Phi_i=1.0$；

d_{ci}——在该粒径间隔内尘粒的平均粒径。

凡符合正态分布的函数具有左右对称的特征，在这种情况下算术平均粒径即为累计质量百分数为50%时的粒径，我们把这个粒径称为中位径，以 d_{cp}或 d_{50}表示。

标准偏差是正态分布的另一个特征值，按下式计算。

$$\sigma=\sqrt{\frac{\sum d\Phi(d_c-d_{cp})^2}{\sum d\Phi}} \tag{4-6}$$

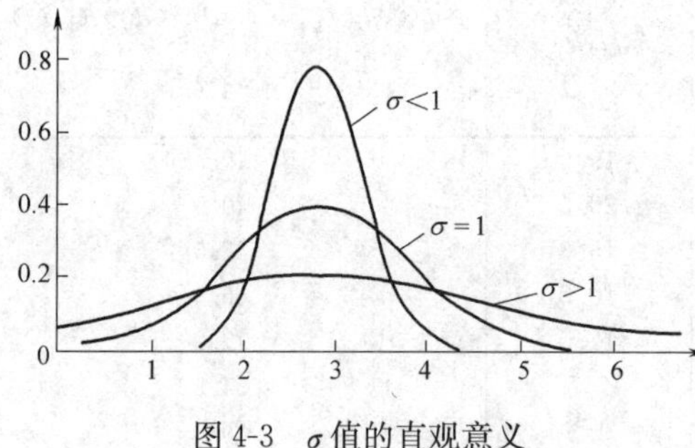

图 4-3 σ 值的直观意义

根据概率计算，在多次测定后，在 $d_{cp}\pm\sigma$ 范围的尘粒所出现的概率是68.3%（即质量百分数是 68.3%），在 $d_{cp}\pm 2\sigma$ 范围内的尘粒则占 95.4%。σ 值的大小反映尘粒集中的程度，σ 值大，曲线平缓，粒径分布分散；σ 值小，曲线陡直，粒径分布集中，如图 4-3 所示。

根据计算，

$$\sigma=d_{84.1}-d_{cp}=d_{cp}-d_{15.9} \tag{4-7}$$

式中 $d_{84.1}$——累计质量百分数 $\Phi=84.1\%$时的粒径，

$d_{15.9}$——累计质量百分数 $\Phi=15.9\%$时的粒径。

实际上符合正态分布的颗粒物是很少的，大多数颗粒物的粒径分布是偏态的。研究表明，如果用对数粒径代替原先的粒径，粒径的相对频率分布用对数增量而不是用算术增量分组，就可把它转化成近似正态分布的对称曲线，这条曲线称为对数正态分布曲线，如图 4-4 所示。凡属机械破碎筛分的颗粒物大多符合对数正态分布，特别是舍弃两端的粗大和细小尘粒以后。

粒径对数正态分布的数学表达式为：

$$f(\log d_c)=\frac{d\Phi}{d(\log d_c)}=\frac{1}{\sqrt{2\pi}\log\sigma_j}\times\exp\left[-\frac{(\log d_c-\log d_{cj})^2}{2(\log\sigma_j)^2}\right] \tag{4-8}$$

式中 d_{cj}——颗粒物的几何平均粒径；

σ——颗粒物的几何标准偏差。

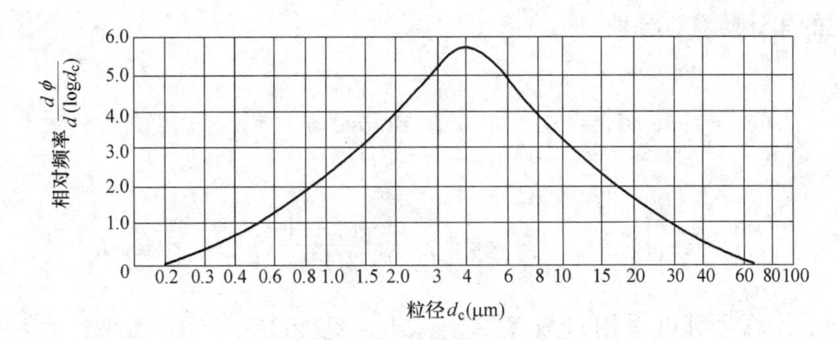

图 4-4　对数正态分布

颗粒物的几何平均粒径就是颗粒物的对数平均粒径，可用下式表示：

$$\log d_{cj}=\frac{\sum d\Phi_i \log d_{ci}}{\sum d\Phi_i} \tag{4-9}$$

$$\log\sigma_j=\sqrt{\frac{\sum d\Phi(\log d_{ci}-\log d_{cj})^2}{\sum d\Phi}} \tag{4-10}$$

这里的 σ_j 所反映的几何意义和前面的 σ 已经不同，它是 $\log d_c$ 的标准偏差。在对数坐标上，公式（4-7）变成了下列形式

$$\log\sigma_j=\log d_{84.1}-\log_{cj}=\log d_{cj}-\log d_{15.9}$$

所以

$$\sigma_j=\frac{d_{84.1}}{d_{cj}}=\frac{d_{cj}}{d_{15.9}} \tag{4-11}$$

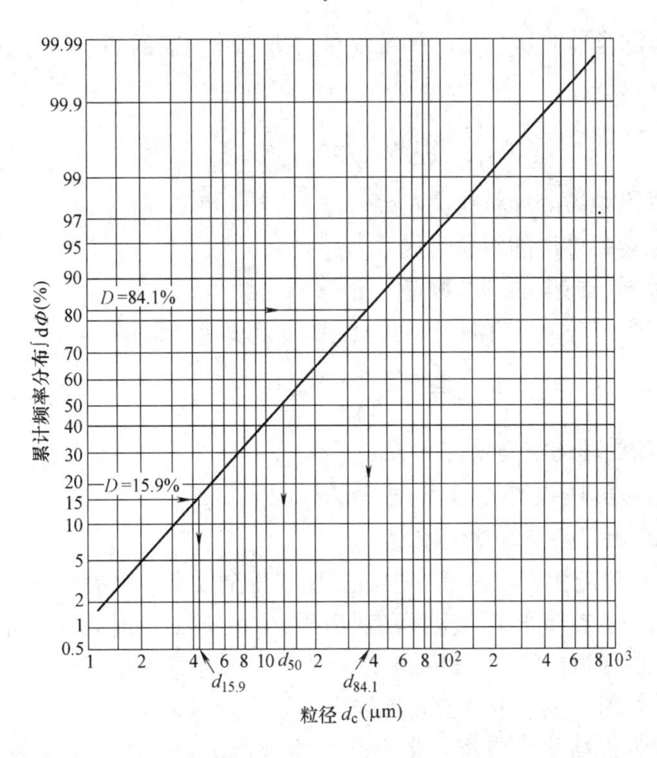

图 4-5　颗粒物的累计频率分布曲线在对数概率纸上的表示

颗粒物的累计质量百分数

$$\Phi_{0-c1}=\int_{0}^{d_{c1}}\mathrm{d}\Phi=\int_{-\infty}^{\log d_{c1}}F(\log d_{c})\mathrm{d}(\log d_{c})$$

$$=\int_{-\infty}^{\log d_{c1}}\frac{1}{\sqrt{2\pi}\log\sigma_{j}}\exp\left[-\frac{(\log d_{c}-\log d_{cj})^{2}}{2(\log\sigma_{j})^{2}}\right]\mathrm{d}(\log d_{c}) \tag{4-12}$$

为了便于计算，可以采用对数概率坐标纸，见图 4-5。它的横坐标是按对数粒径 $\log d_c$划分的，纵坐标是按概率积分值划分的。对数概率纸在除尘技术上具有以下用途：

(1) 从该图可直接求得 d_{cj}和σ_j。

(2) 如已知颗粒物的 d_{cj}和σ_j，可利用该图了解整个粒径分布。

(3) 凡属机械破碎、筛分的颗粒物测出的粒径分布在对数概率纸上应接近一条直线。如果偏离直线分布太远，则应重新进行测定，并检查其原因。

4.2 除尘器效率和除尘机理

4.2.1 除尘器效率

除尘器效率是评价除尘器性能的重要指标之一。它是指除尘器从气流中捕集颗粒物的能力，常用除尘器全效率、分级效率和穿透率表示。

(1) 全效率

含尘气体通过除尘器时所捕集的颗粒物量占进入除尘器的颗粒物总量的百分数称为除尘器全效率，以 η 表示。

$$\eta=\frac{G_3}{G_1}\times100\%=\frac{G_1-G_2}{G_1}\times100\% \tag{4-13}$$

式中 G_1——进入除尘器的颗粒物量，g/s；

G_2——从除尘器排出的颗粒物量，g/s；

G_3——除尘器所捕集的颗粒物量，g/s。

如果除尘器结构严密，没有漏风，式 (4-13) 可改写为：

$$\eta=\frac{Ly_1-Ly_2}{Ly_1}\times100\% \tag{4-14}$$

式中 L——除尘器处理的空气量，m^3/s；

y_1——除尘器进口的空气含尘浓度，g/m^3；

y_2——除尘器出口的空气含尘浓度，g/m^3。

式 (4-13) 要通过进尘、收尘或排尘质量比求得全效率，称为质量法，用这种方法测出的结果比较准确，主要用于实验室。在现场测定除尘器效率时，通常先同时测出除尘器前后的空气含尘浓度，再按式 (4-14) 求得全效率，这种方法称为浓度法。含尘空气管道内的浓度分布既不均匀又不稳定，要测得准确结果比较困难。

在除尘系统中为提高除尘效率，常把两个除尘器串联使用（见图 4-6），两个除尘器串联时的总除尘效率为：

$$\eta=\eta_1+\eta_2(1-\eta_1)=1-(1-\eta_1)(1-\eta_2) \quad (4\text{-}15)$$

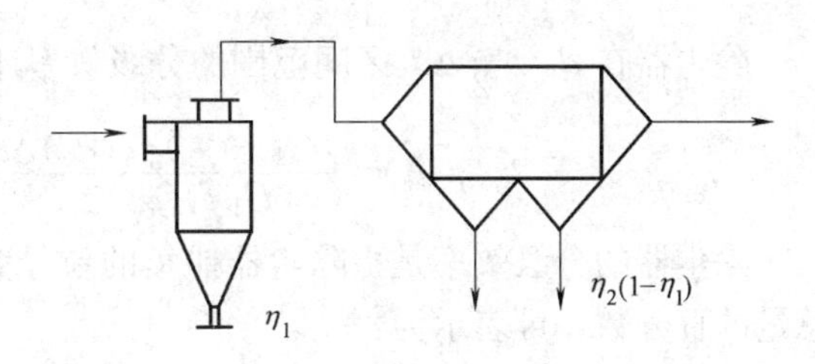

图 4-6　两级除尘器串联

式中　η_1——第一级除尘器效率；

η_2——第二级除尘器效率。

应当注意，两个型号相同的除尘器串联运行时，由于它们处理颗粒物的粒径不同，η_1和η_2是不相同的。

n个除尘器串联时其总效率为：

$$\eta_0=1-(1-\eta_1)(1-\eta_2)\cdots(1-\eta_n) \quad (4\text{-}16)$$

（2）穿透率

有时两台除尘器的全效率分别为99.0%或99.5%，两者非常接近，似乎两者的除尘效果差别不大。但是从大气污染的角度去分析，两者的差别是很大的，前者排入大气的颗粒物量要比后者高出一倍。因此，有些文献中，除了用除尘器效率外，还用穿透率P表示除尘器的性能，即：

$$P=(1-\eta)\times100\% \quad (4\text{-}17)$$

除尘器全效率的大小与处理颗粒物的粒径有很大关系，例如有的旋风除尘器处理40μm以上的颗粒物时，效率接近100%，处理5μm以下的颗粒物时，效率会下降到40%左右。因此，只给出除尘器的全效率对工程设计是没有意义的，必须同时说明试验颗粒物的真密度和粒径分布或该除尘器的应用场合。要正确评价除尘器的除尘效果，必须按粒径标定除尘器效率，这种效率称为分级效率。图 4-7 是某种除尘器的分级效率。

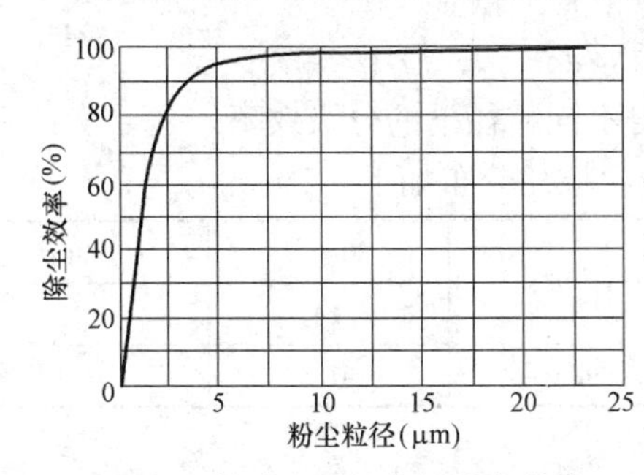

图 4-7　某除尘器的分级效率曲线

（3）除尘器的分级效率

在工程应用中，为便于实际操作，常采用分级效率进行除尘器的选择。

含尘量$G=L\cdot y$，其中气体量为L，含尘浓度为y。$f_i(d_c)$为颗粒物的粒径分布密度，那么进入除尘器的粒径在$d_c\pm\frac{1}{2}\Delta d_c$范围内的颗粒物量为：

$$\Delta G_1(d_c)=G_1f_1(d_c)\Delta d_c$$

同理，在除尘器出口处，排出的颗粒物量为：

$$\Delta G_2(d_c)=G_2f_2(d_c)\Delta d_c$$

除尘器在粒径$d_c\pm\frac{1}{2}\Delta d_c$区间的分级效率为：

$$\eta(d_c)=1-\frac{\Delta G_2(d_c)}{\Delta G_1(d_c)}=1-\frac{G_2f_2(d_c)\Delta d_c}{G_1f_1(d_c)\Delta d_c} \quad (4\text{-}18)$$

除尘器捕集的粒径在$d_c\pm\frac{1}{2}\Delta d_c$范围内的颗粒物量为：

$$\Delta G_3(d_c)=(G_1-G_2)f_3(d_c)\Delta d_c$$

除尘器在 $d_c \pm \frac{1}{2}\Delta d_c$ 区间范围的分级效率还可以表述为

$$\eta(d_c)=\frac{(G_1-G_2)f_3(d_c)\Delta d_c}{G_1 f_1(d_c)\Delta d_c}=\frac{(G_1-G_2)\mathrm{d}\Phi_3(d_c)}{G_1\mathrm{d}\Phi_1(d_c)}$$

除尘器的分级效率是指除尘器捕集的粒径为 d_c 的颗粒物占进入除尘器该粒径颗粒物总量的百分数，可表示为：

$$\eta(d_c)=\frac{G_3(d_c)}{G_1(d_c)}\times 100\% \tag{4-19}$$

研究表明，大多数除尘器的分级效率可用下列经验公式表示：

$$\eta(d_c)=1-\exp(-\alpha d_c^m) \tag{4-20}$$

式中　α、m——待定的常数。

当 $\eta(d_c)=50\%$ 时，$d_c=d_{c50}$。我们把除尘器分级效率为 50% 时的粒径 d_{c50} 称为分割粒径（Cut diameter）或临界粒径。根据公式（4-20），有：

$$0.5=1-\exp[-\alpha d_{c50}^m]$$

$$\alpha=\ln 2/d_{c50}^m=0.693/d_{c50}^m \tag{4-21}$$

把上式代入式（4-20），则得：

$$\eta(d_c)=1-\exp\left[-0.693\left(\frac{d_c}{d_{c50}}\right)^m\right] \tag{4-22}$$

只要已知 d_{c50} 及除尘器特性系数 m，就可以求得不同粒径下的分级效率。

【例 4-1】 已知某除尘器的分级效率和进口处粉尘粒径分布如下：

粒径(μm)	0～5	5～10	10～20	20～40	>40
$f_1(d_c)\Delta d_c$(%)	10	25	32	24	9
$\eta(d_c)$(%)	64	86.4	92.8	97.4	99

【解】 计算该除尘器的全效率

$$\eta=\sum_{i=1}^{n}\eta(d_c)f_i(d_c)\Delta d_c=0.1\times 0.64+0.25\times 0.864+0.32\times 0.928+0.24\times 0.974+0.09\times 0.99=90\%$$

由于 $G(d_c)=G\cdot f(d_c)$，知道除尘器总效率和进、出口粒径的分布密度函数后，即可求出除尘器的分级效率。

$$\eta(d_c)=\frac{G_3}{G_1}\cdot\frac{f_3(d_c)}{f_1(d_c)}\times 100\%=\eta\cdot\frac{f_3(d_c)}{f_1(d_c)} \tag{4-23}$$

4.2.2　除尘机理

目前常用除尘器的防尘机理主要有以下几个方面：

（1）重力

气流中的尘粒可以依靠重力自然沉降，从气流中进行分离。由于微细尘粒的沉降速度一般较小，这个机理只适用于粗大的尘粒。

（2）离心力

含尘气流作圆周运动时，由于惯性离心力的作用，尘粒和气流会产生相对运动，使尘粒从气流中分离。它是旋风除尘器工作的主要机理。

(3) 惯性碰撞

含尘气流在运动过程中遇到物体的阻挡（如挡板、纤维、水滴等）时，气流要改变方向进行绕流，细小的尘粒会随气流一起流动。粗大的尘粒具有较大的惯性，它会脱离流线，保持自身的惯性运动，这样尘粒就和物体发生了碰撞，如图 4-8 所示。这种现象称为惯性碰撞，惯性碰撞是过滤式除尘器、湿式除尘器和惯性除尘器的主要除尘机理。

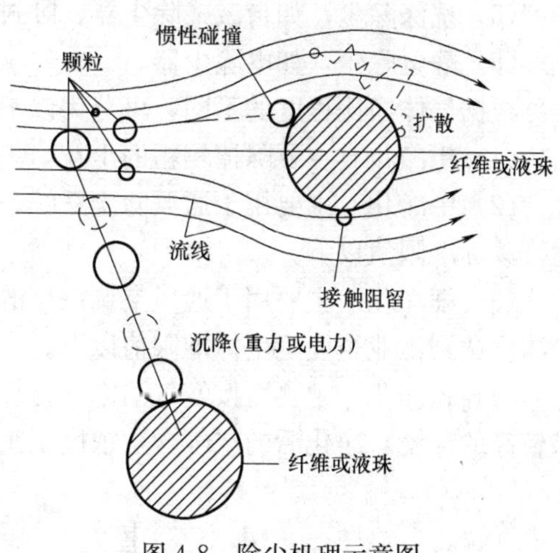

图 4-8　除尘机理示意图

(4) 接触阻留

细小的尘粒随气流一起绕流时，如果流线紧靠物体（纤维或液滴）表面，有些尘粒因与物体发生接触而被阻留，这种现象称为接触阻留。另外，当尘粒尺寸大于纤维网眼而被阻留时，这种现象称为筛滤作用。粗孔或中孔的泡沫塑料过滤器主要依靠筛滤作用进行除尘。

(5) 扩散

小于 1μm 的微小粒子在气体分子的撞击下，像气体分子一样作布朗运动。如果尘粒在运动过程中和物体表面接触，就会从气流中分离，这个机理称为扩散。对于 $d_c \leqslant 0.3\mu m$ 的尘粒，这是一个很重要的机理。

从湿式除尘器和袋式除尘器的分级效率曲线可以发现，当 $d_c = 0.30\mu m$ 左右时，除尘器效率最低。这是因为在 $d_c > 0.30\mu m$ 时，扩散的作用还不明显，而惯性的作用是随 d_c 的减小而减小的。当 $d_c \leqslant 0.30\mu m$ 时，惯性已不起作用，主要依靠扩散，布朗运动是随粒径的减小而加强的。

(6) 静电力

悬浮在气流中的尘粒，如带有一定的电荷，可以通过静电力使它从气流中分离。由于自然状态下，尘核的荷电量很小，因此，要得到较好的除尘效果，必须设置专门的高压电场，使所有的尘粒都充分荷电。

(7) 凝聚

凝聚作用不是一种直接的除尘机理。通过超声波、蒸汽凝结、加湿等凝聚作用，可以使微小粒子凝聚增大，然后再用一般的除尘方法去除。

工程上常用的各种除尘器往往不是简单地依靠某一种除尘机理，而是几种除尘机理的综合运用。

4.2.3　除尘器分类

根据主要除尘机理的不同，目前常用的除尘器可分为以下几类：

(1) 重力除尘，如重力沉降室；

(2) 惯性除尘，如惯性除尘器；

(3) 离心力除尘，如旋风除尘器；

(4) 过滤除尘，如袋式除尘器、颗粒层除尘器、纤维过滤器、纸过滤器；

(5) 洗涤除尘，如自激式除尘器、卧式旋风水膜除尘器；

(6) 静电除尘，如电除尘器。

根据气体净比程度的不同，可分为以下几类：

(1) 粗净化　主要除掉较粗的尘粒，一般用作多级除尘的第一级。

(2) 中净化　主要用于通风除尘系统，要求净化后的气体含尘浓度达到国家大气污染物排放标准限值以下。

(3) 细净化　主要用于通风空调系统的进风系统和再循环系统，要求净化后的空气含尘浓度达到工业企业卫生标准限值以下。

(4) 超净化　主要需按空气洁净度指标核计，常用计数含尘浓度表示。用于清洁度要求较高的环境，净化后的空气含尘浓度视工艺要求而定。

4.3　重力沉降室和惯性除尘器

4.3.1　重力沉降室

重力沉降室是通过重力使尘粒从气流中分离的，它的结构如图 4-9 所示。含尘气流进入重力沉降室后，流速迅速下降，在层流或接近层流的状态下运动，其中的尘粒在重力作用下缓慢向灰斗沉降。

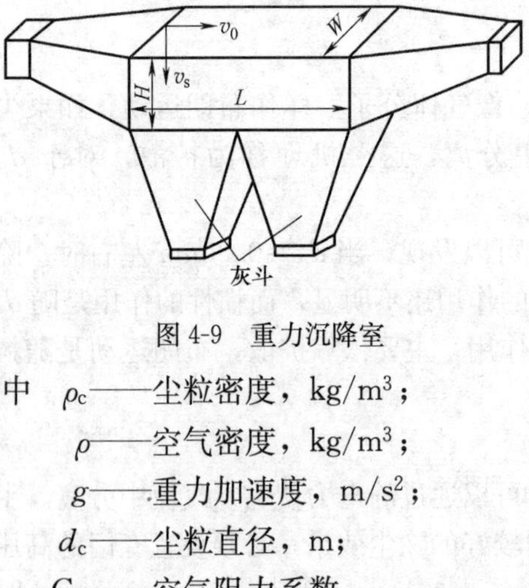

图 4-9　重力沉降室

(1) 尘粒的沉降速度

根据流体力学，尘粒在静止空气中自由沉降时，其末端沉降速度按下式计算。

$$v_{\mathrm{s}}=\sqrt{\frac{4(\rho_{\mathrm{c}}-\rho)gd_{\mathrm{c}}}{3C_{\mathrm{R}}\rho}} \quad (\mathrm{m/s}) \qquad (4\text{-}24)$$

式中　ρ_{c}——尘粒密度，$\mathrm{kg/m^3}$；

ρ——空气密度，$\mathrm{kg/m^3}$；

g——重力加速度，$\mathrm{m/s^2}$；

d_{c}——尘粒直径，m；

C_{R}——空气阻力系数。

C_{R} 值与尘粒相对气流运动的雷诺数 Re_{c} 有关，Re_{c} 为：

$$Re_{\mathrm{c}}=\frac{d_{\mathrm{c}}\cdot v_{\mathrm{s}}}{\mu}\cdot\rho$$

$Re_{\mathrm{c}}\leqslant 1$ 时　　$C_{\mathrm{R}}=24/Re_{\mathrm{c}}$

$Re_{\mathrm{c}}=1\sim 10^3$ 时　　$C_{\mathrm{R}}=13/Re^{\mathrm{f}}$

$Re_{\mathrm{c}}>1\times 10^3$ 时　　$C_{\mathrm{R}}\approx 0.44$

在通风除尘中通常认为处于 $Re_{\mathrm{c}}\leqslant 1$ 的范围内，把 $C_{\mathrm{R}}=24/Re_{\mathrm{c}}$ 代入式 (4-24)，则得

$$v_{\mathrm{s}}=\frac{g(\rho_{\mathrm{c}}-\rho)d_{\mathrm{c}}^2}{18\mu} \quad (\mathrm{m/s}) \qquad (4\text{-}25)$$

式中　μ——空气的动力黏度，Pa・s。

由于 $\rho_{\mathrm{c}}\gg\rho$，式 (4-25) 可简化为：

$$v_s=\frac{g\rho_c d_c^2}{18\mu}\quad (m/s) \tag{4-26}$$

如果已知尘粒的沉降速度，可用下式求得对应的尘粒直径：

$$d_c=\sqrt{\frac{18\mu v_s}{g(\rho_c-\rho)}}\quad (m) \tag{4-27}$$

如果尘粒不是处于静止空气中，而是处于流速为 v_s的上升气流中，尘粒将会处于悬浮状态，这时的气流速度称为悬浮速度。悬浮速度和沉降速度的数值相等，但意义不同。沉降速度是指尘粒下落时所能达到的最大速度，悬浮速度是指要使尘粒处于悬浮状态，上升气流的最小上升速度。悬浮速度用于除尘管道的设计。

当尘粒粒径较小，特别是小于 1.0μm 时，其大小已接近空气中气体分子的平均自由行程（约 0.10μm），这时尘粒与周围空气层发生“滑动”现象，气流对尘粒运动作用的实际阻力变小，尘粒实际的沉降速度要比计算值大。因此对 $d_c\leqslant 5.0\mu m$ 的尘粒计算沉降速度时要进行修正。

$$v_s=k_c\frac{\rho_c g d_c^2}{18\mu} \tag{4-28}$$

式中　k_c——库宁汉（Cunninghum）滑动修正系数。

当空气温度 $t=20$℃、压力 $P=1$atm 时

$$k_c=1+\frac{0.172}{d_c} \tag{4-29}$$

式中　d_c——尘粒直径，μm。

（2）重力沉降室的计算

气流在沉降室内停留时间

$$t_1=l/v\quad (s) \tag{4-30}$$

式中　l——沉降室长度，m；

　　v——沉降室内气流运动速度，m/s。

沉降速度为 v_s的尘粒从除尘器顶部降落到底部所需时间为 t_2：

$$t_2=H/v_s\quad (s) \tag{4-31}$$

式中　H——重力沉降室长度，m。

要把沉降速度为 v_s的尘粒在沉降室内全部除掉，必须满足 $t_1\geqslant t_2$，即

$$\left(\frac{l}{v}\right)\geqslant(H/v_s) \tag{4-32}$$

把式（4-27）代入上式，就可求得重力沉降室能 100％捕集的最小粒径。

$$d_{min}=\sqrt{\frac{18\mu Hv}{g\rho_c l}} \tag{4-33}$$

式中　d_{min}——重力沉降室能 100％捕集的最小捕集粒径，m。

沉降室内的气流速度 v_0 要根据尘粒的密度和粒径确定，一般为 0.3～2m/s。

设计新的重力降尘室时，先要根据式（4-25）算出捕集尘粒的沉降速度 v_s，假设沉降室内的气流速度和沉降室高度（或宽度），然后再求得沉降室的长度和宽度（或高度）。

沉降室长度
$$l \geqslant \frac{H}{v_s} v \quad (\mathrm{m}) \tag{4-34}$$

沉降室宽度
$$W = \frac{L}{H v_0} \quad (\mathrm{m}) \tag{4-35}$$

式中　L——沉降室处理的空气量，$\mathrm{m^3/s}$。

重力沉降室一般适用于捕集 50μm 以上的颗粒物。由于它对粉尘的除尘效率低、占地面积大，通风工程中主要作为预除尘应用。

4.3.2　惯性除尘器

为了改善重力沉降室的除尘效果，可在其中设置各种形式的挡板，使气流方向发生急剧转变，利用尘粒的惯性或使其和挡板发生碰撞而捕集，这种除尘器称为惯性除尘器。惯性除尘器的结构形式分为碰撞式和回转式两类，如图 4-10 所示。气流在撞击或方向转变前速度愈高，方向转变的曲率半径愈小，则除尘效率愈高。

图 4-11 所示的百叶窗式分离器也是一种惯性除尘器。含尘气流进入锥形的百叶窗式分离器后，大部分气体从栅条之间的缝隙流出。气流绕过栅条时突然改变方向，尘粒由于自身的惯性继续保持直线运动，随部分气流（约 5.0%～20%）一起进入下部灰斗，在重力和惯性力作用下，尘粒在灰斗中分离。百叶窗式分离器的主要优点是外形尺寸小，除尘器阻力比旋风除尘器小。

惯性除尘器主要用于捕集 20～30μm 以上的粗大尘粒，常用作多级除尘中的第一级除尘。

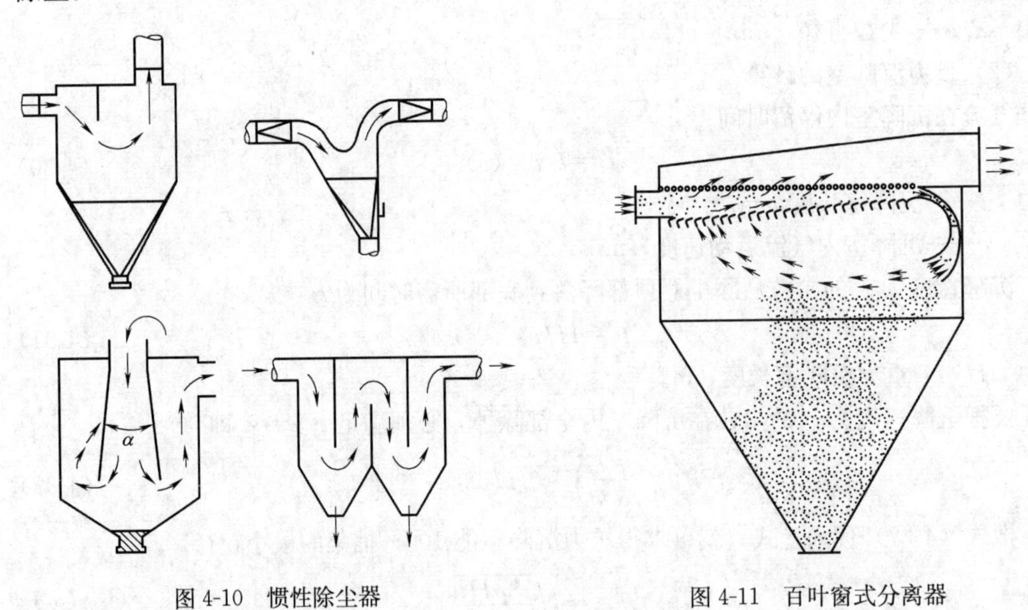

图 4-10　惯性除尘器　　　　图 4-11　百叶窗式分离器

4.4　旋风除尘器

旋风除尘器是利用气流旋转过程中作用在尘粒上的惯性离心力，使尘粒从气流中分离的设备，它结构简单、体积小、维护方便。旋风除尘器主要用于含尘气体中较粗颗粒物的去除，也可用于气力输送中的物料分离。

4.4.1 旋风除尘器的工作原理

(1) 旋风除尘器内气流与尘粒的运动

普通的旋风除尘器由筒体、锥体、排出管三部分组成，有的在排出管上设有蜗壳形出口，如图4-12所示。含尘气流由切线进口进入除尘器，沿外壁由上向下作螺旋形旋转运动，这股向下旋转的气流称为外涡旋。外涡旋到达锥体底部后，转而向上，沿轴心向上旋转，最后经排出管排出。这股向上旋转的气流称为内涡旋。向下的外涡旋和向上的内涡旋，两者的旋转方向是相同的。气流作旋转运动时，尘粒在惯性离心力的推动下，要向外壁移动。到达外壁的尘粒在气流和重力的共同作用下，沿壁面落入灰斗。

气流从除尘器顶部向下高速旋转时，顶部的压力发生下降，一部分气流会带着细小的尘粒沿外壁旋转向上，到达顶部后，再沿排出管外壁旋转向下，从排出管排出。这股旋转气流称为上涡旋。如果除尘器进口和顶盖之间保持一定距离，没有进口气流干扰，上涡旋表现比较明显（见图4-16）。

对旋风除尘器内气流运动的测定发现，实际的气流运动是比较复杂的。除切向和轴向运动外还有径向运动。

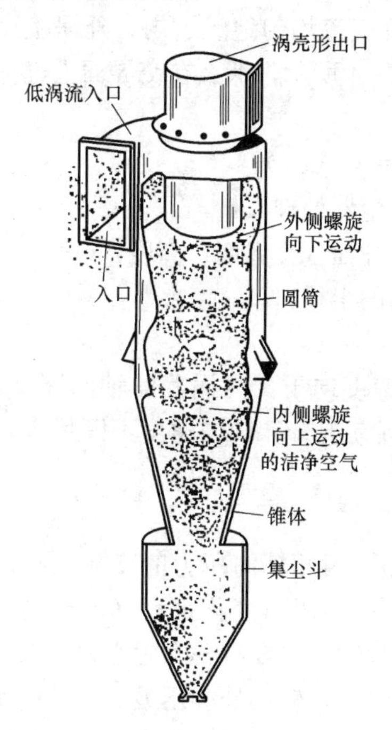

图4-12 旋风除尘器示意图

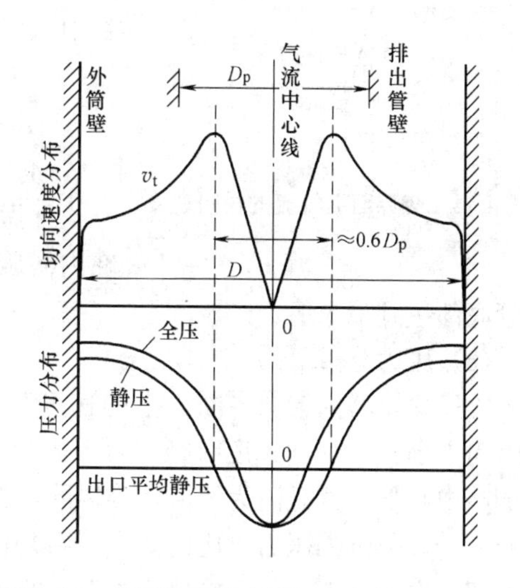

图4-13 旋风除尘器内的切向速度和压力分布

(2) 切向速度

切向速度是决定气流速度大小的主要速度分量，也是决定气流中质点离心力大小的主要因素。

图4-13是实测位于正压管段侧的旋风除尘器某一断面上的速度分布和压力分布。从该图可以看出，外涡旋的切向速度 v_t 是随半径 r 的减小而增大的，在内、外涡旋交界面上，v_t 达到最大。可以近似认为，内外涡旋交界面的半径 $r_0 \approx (0.6 \sim 0.65) r_P$（$r_P$ 为排出

管半径)。内涡旋的切向速度是随 r 的减小而减小的,类似于刚体的旋转运动。旋风除尘器内某一断面上的切向速度分布规律可用下式表示:

外涡旋 $$v_t^{1/n}r=c \tag{4-36}$$

内涡旋 $$v_t/r=c' \tag{4-37}$$

式中 v_t——切向速度;

r——距轴心的距离;

c'、c、n——常数,通过实测确定。

一般 $n=0.5\sim0.8$,如果近似地取 $n=0.5$,则式(4-36)可以改写为:

$$v_t^2 r=c \tag{4-38}$$

(3)径向速度

实测表明,旋风除尘器内的气流除了作切向运动外,还要做径向的运动。气流的切向分速度 v_t 和径向分速度 w 对尘粒的分离起着相反的影响,前者产生惯性离心力,使尘粒有向外的径向运动,后者则造成尘粒作向心的径向运动,把它推入内涡旋。

如果认为外涡旋气流均匀地经过内、外涡旋交界面进入内涡旋,如图 4-14 所示,那么在交界面上气流的平均径向速度为:

$$w_0=L/2\pi r_0 H \quad \text{(m/s)} \tag{4-39}$$

式中 L——旋风除尘器处理风量,m^3/s;

H——假想圆柱面(交界面)高度,m;

r_0——交界面的半径,m。

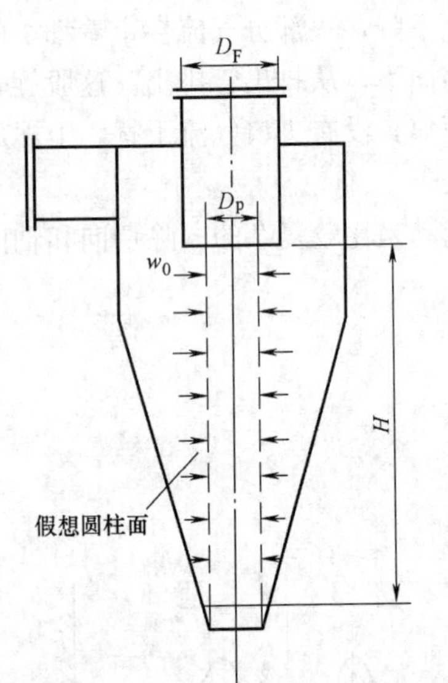

图 4-14 交界面上气流的径向速度

(4)轴向速度

外涡旋的轴向速度向下,内涡旋的轴向速度向上。在内涡旋,随气流逐渐上升,轴向速度不断增大,在排气管底部达到最大值。

(5)压力分布

旋风除尘器内轴向各断面上的速度分布差别较小,因此轴向压力的变化较小。从图 4-13 可以看出,切向速度在径向有很大变化,因此径向的压力变化很大(主要是静压),外侧高中心低。这是因为气流在旋风除尘器内作圆周运动时,要有一个向心力与离心力相平衡,所以外侧的压力要比内侧高。在外壁附近静压最高,轴心处静压最低。试验研究表明,即使在正压下运行,旋风除尘器轴心处也保持负压,这种负压能一直延伸到灰斗。据测定,有的旋风除尘器当进口处静压为+900Pa 时,除尘器下部静压为-300Pa。因此,如果除尘器下部不保持严密,会有空气渗入,把已分离的颗粒物重新卷入内涡旋。

4.4.2 旋风除尘器的计算

(1)除尘器分级效率的分割粒径

旋风除尘器分割粒径计算大多采用平衡轨道理论为基础的设计方法。筛分理论是平衡轨道理论的经典设计方法,它从切向和径向气流作用于颗粒物粒子的受力平衡来分析设备的除尘原理。

处于外涡旋的尘粒在径向会受到两个力的作用：

惯性离心力
$$F_1=\frac{\pi}{6}d_c^3\rho_c v_t^2/r \tag{4-40}$$

式中 v_t——尘粒的切线速度，可以近似认为等于该点气流的切线速度，m/s；

r——旋转半径，m。

向心运动的气流给予尘粒的作用力：

$$P=3\pi\mu w d_c \tag{4-41}$$

式中 w——气流与尘粒在径向的相对运动速度，m/s。

这两个力方向相反，因此作用在尘粒上的合力为：

$$F=F_1-P=\frac{\pi}{6}d_c^3\rho_c v_1^2/r-3\pi\mu w d_c \tag{4-42}$$

由于粒径分布是连续的，必定存在某个临界粒径 d_k，作用在该尘粒上的合力恰好为零，即 $F=F_1-P=0$。这就是说，惯性离心力的向外推移作用与径向气流造成的向内飘移作用恰好相等。对于 $d_c>d_k$ 的尘粒，因 $F_1>P$，尘粒会在惯性离心力推动下移向外壁。对于 $d_c<d_k$ 的尘粒，因 $F_1<P$，尘粒会在向心气流推动下进入内涡旋。有人假想在旋风除尘器内似乎有一张孔径为 d_k 的筛网在起筛分作用，粒径 $d_c>d_k$ 的被截留在筛网一面，$d_c<d_k$ 的尘粒则通过筛网排出。那么筛网置于什么位置呢？在内、外涡旋交界面上切向速度最大，尘粒在该处所受到的惯性离心力也最大，因此可以设想筛网的位置应位于内、外涡旋交界面上。对于粒径为 d_k 的尘粒，因 $F_1=P$，它将在交界面不停地旋转。实际上由于气流紊流等因素的影响，从概率统计的观点看，处于这种状态的尘粒有 50%的可能被捕集，有 50%的可能进入内涡旋，这种尘粒的分离效率为 50%。因此 $d_k=d_{c50}$。根据式（4-42），在内外涡旋交界面上，当 $F_1=P$ 时，有：

$$\frac{\pi}{6}d_{c50}^3\rho_c v_{0t}^2/r_0=3\pi\mu w_0 d_{c50}$$

旋风除尘器的分割粒径为：

$$d_{c50}=\left[\frac{18\mu w_0 r_0}{\rho_c v_{0t}^2}\right]^{\frac{1}{2}}\quad(\mathrm{m}) \tag{4-43}$$

式中 r_0——交界面的半径，m；

w_0——交界面上的气流径向速度，m/s；

v_{0t}——交界面上的气流切向速度，m/s。

应当指出，颗粒物在旋风除尘器内的分离过程是很复杂的，上述计算方法具有某些不足之处。例如它只是分析单个尘粒在除尘器内的运动，没有考虑尘粒相互间碰撞及局部涡流对尘粒分离的影响。由于尘粒之间的碰撞，粗大尘粒向外壁移动时，会带着细小的尘粒一起运动，结果有些理论上不能捕集的细小尘粒也会一起除下。相反，由于局部涡流和轴向气流的影响，有些理论上应被除下的粗大尘粒却被卷入内涡旋，排出除尘器。另外，有些已分离的尘粒，在下落过程中也会重新被气流带走。外涡旋气流在锥体底部旋转向上时，会带走部分已分离的尘粒，这种现象称为返混。因此，理论计算的结果和实际情况仍有一定差别。

对于高效旋风除尘器，考虑轴向气流对颗粒物的作用后，分割粒径计算可采用下式[31]：

$$d_{c50}=2.62\left(\frac{\mu D_1}{\rho_p V_0}\right)^{0.5}\left[\frac{K_{A_0}K_{D_2}^{2n+1}}{\cos\theta K_H(1+K_{D_3})}\right]^{0.5}$$

对于切向进气旋风除尘器，采用 $n=1.0-(1.0-0.67D_0^{0.14})\left(\frac{T}{293}\right)^{0.3}$

对于涡向进气旋风器采用 $n=0.82(10^{-4}\times Re_p)^{0.18}$ $(6\times10^3<Re_p<3\times10^4)$

$n=1.60(10^{-4}\times Re_p)^{1.5}$ $(Re_p<6\times10^3)$

其中 $Re_p=(D_0/H)(D_0v_0\rho/\mu)$；$D_0=4/(ab/\pi)^{0.5}$

(2) 旋风除尘器的阻力

由于气流运动的复杂性，旋风除尘器阻力目前还难于用公式计算，一般要通过试验或现场实测确定。

$$\Delta P=\zeta\frac{u^2}{2}\rho \quad (\text{Pa}) \tag{4-44}$$

式中 ζ——局部阻力系数，通过实测求得；

u——进口速度，m/s；

ρ——气体的密度，kg/m³。

4.4.3 影响旋风除尘器性能的因素

(1) 进口速度 u

进口速度 u 对除尘效率和除尘器阻力具有重大影响。除尘效率和除尘器阻力是随 u 的增大而增高的。由于阻力是与进口速度的平方成比例，因此 u 值不宜过大，一般控制在12～25m/s之间。

(2) 筒体直径 D_0 和排出管直径 d_P

筒体直径愈小，尘粒受到的惯性离心力愈大，除尘效率愈高。目前常用的旋风除尘器直径一般不超过800mm，风量较大时可用几台除尘器并联运行。

一般认为，内、外涡旋交界面的直径 $D_0\approx0.6d_p$，内涡旋的范围是随 d_p 的减小而减小的，减小内涡旋有利于提高除尘效率。但是 d_p 不能过小，以免阻力过大。一般取 $d_p=(0.50\sim0.60)D$。

(3) 旋风除尘器的筒体和锥体高度

由于在外涡旋内有气流的向心运动，外涡旋在下降时不一定能达到除尘器底部，因此，筒体和锥体的总高度过大，对除尘效率影响不大，反而使阻力增加。实践证明，筒体和锥体的总高度以不大于筒体直径的5倍为宜。

(4) 除尘器下部的严密性

从图4-13的压力分布图可以看出，由外壁向中心静压是逐渐下降的，即使旋风除尘器在正压下运行，锥体底部也会处于负压状态。如果除尘器下部不严密，渗入外部空气，会把正在落入灰斗的颗粒物重新带走，使除尘效率显著下降。

4.4.4 旋风除尘器的其他结构形式

(1) 多管除尘器

如前所述，旋风除尘器效率是随筒体直径的减小而增加的，为了提高除尘效率，可以把许多小直径（100～250mm）旋风管（称为旋风子）并联使用，这种除尘器称为多管除尘器。图 4-15 是多管除尘器的示意图，含尘气流沿轴向通过螺旋形导流片进入旋风子，在其中作旋转运动。多管除尘器内通常要并联几十个以上的旋风子。试验研究表明，多个旋风子组合后的除尘效果要比单个旋风子差。保证各旋风子气流分布均匀是多管除尘器设计运行的关键。

旋风子尺寸不宜过小，不宜处理黏性大的颗粒物，以免堵塞。多管除尘器主要用于高温烟气净化。

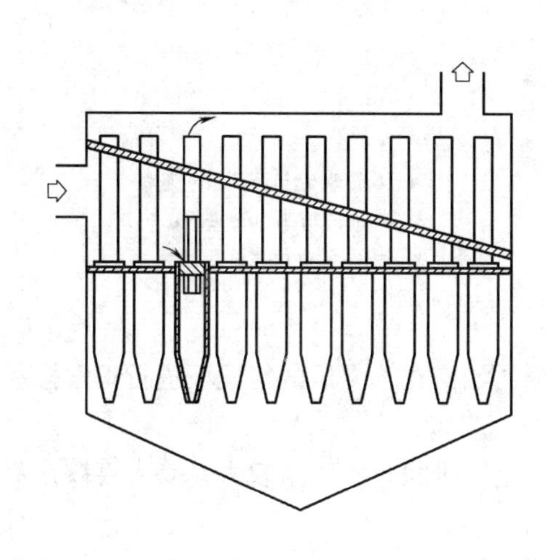

图 4-15　多管除尘器示意图

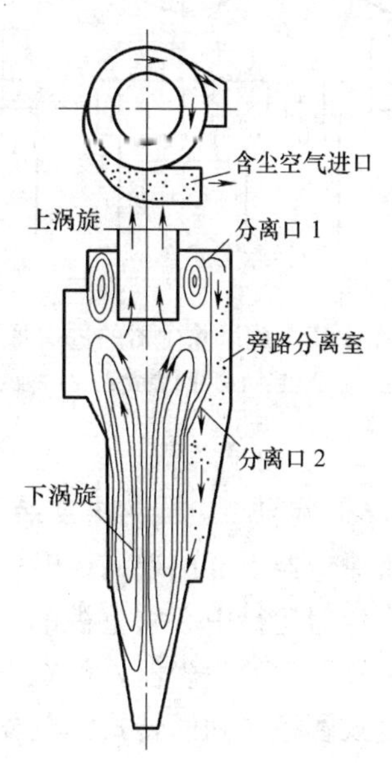

图 4-16　旁路式旋风除尘器示意图

(2) 旁路式旋风除尘器

旁路式旋风除尘器的结构如图 4-16 所示，它有以下几个特点：

1) 没有切向分离室（旁路分离室）；

2) 顶盖和进口之间保持一定距离；

3) 排出管插入深度较短。

一般的旋风除尘器，气流直接沿顶盖流入，在进口气流的干扰下，上涡旋表现不明显。如果按图 4-16 的形式设置进口，由于上涡旋不受进口气流的干扰，细小的颗粒物会在顶部积聚，形成灰环。为此，在旁路式旋风除尘器上专门设有旁路分离室，让积聚在上部的细颗粒物经旁路进入除尘器下部。试验表明，关闭除尘器的旁路时，它的效率会显著下降。使用时要特别注意旁路积灰，以免堵塞。

用 $\rho_c=2700\text{kg/m}^3$、中位粒径 $d_{cj}=14\mu\text{m}$ 的滑石粉作试验，当进口风速 $u=17.5\text{m/s}$ 时，旁路式旋风除尘器的效率约为 85%，在正常情况下，阻力约为 800～1100Pa。

4.4.5　旋风除尘器的进口形式

目前常用的旋风除尘器的进口形式有直入式、蜗壳式和轴流式三种，如图 4-17 所示。直入式又分为平顶盖和螺旋形顶盖。平顶盖直入式进口结构简单，应用最为广泛。螺旋形直入式进口避免了进口气流与旋转气流之间的干扰，可减小阻力，但效率会下降。如果除尘器处理风量大，需要大的进口，采用蜗壳式进口可以避免进口气流与排出管发生直接碰撞（见图 4-18），有利于除尘效率和阻力的改善。轴流式进口主要用于多管旋风除尘器的旋风子。

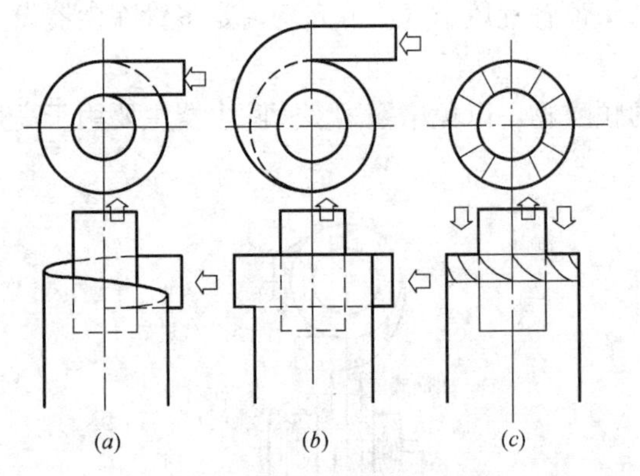

图 4-17　旋风除尘器的进口形式

（*a*）直入式；（*b*）蜗壳式；（*c*）轴流式

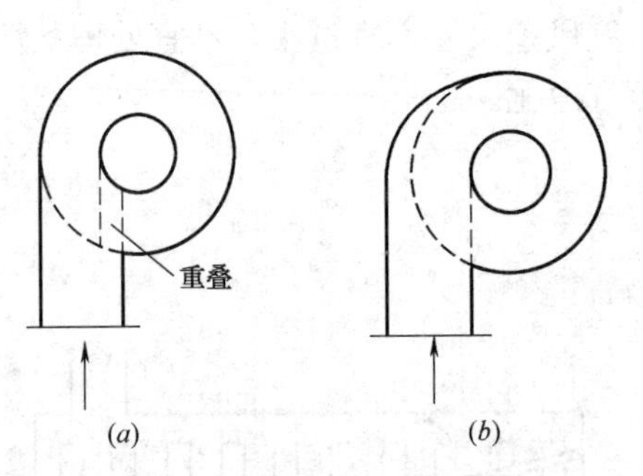

图 4-18　蜗壳式进口的优点

（*a*）进口与排出管重叠；

（*b*）蜗壳式进口不产生重叠

4.4.6　旋风除尘器的排灰装置

旋风除尘器下部出现漏风时，效率会显著下降。如何在不漏风的情况下进行正常排灰是旋风除尘器运行中必须重视的一个问题。

收尘量不大的除尘器，可在下部设固定灰斗，定期排除。收尘量较大，要求连续排灰时，可设双翻板式和回转式锁气器，如图 4-19 所示。

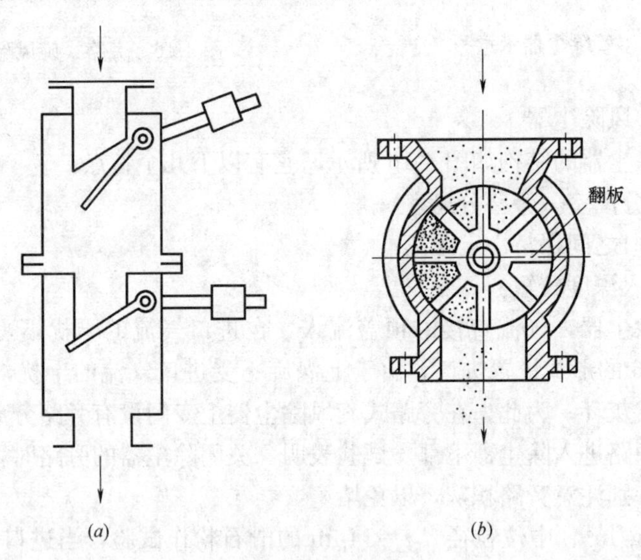

图 4-19　锁气器

（*a*）双翻板式；（*b*）回转式

翻板式锁气器是利用翻板上的平衡锤和积灰质量的平衡发生变化时，进行自动卸灰的。它设有两块翻板轮流启闭，可以避免漏风。回转式锁气器采用外来动力使刮板缓慢旋转，转速一般在 15～20r/min 之间，它适用于排灰量较大的除尘器。回转式锁气器能否保其严密，关键在于刮板和外壳之间紧密贴合的程度。

4.5 袋式除尘器

袋式除尘器是利用含尘气流通过滤料时将颗粒物分离捕集的装置。通风除尘系统中应用最多的是以纤维织物为滤料的袋式除尘器，也有以砂、砾、焦炭等颗粒物为滤料的颗粒层除尘器，主要用于高温烟气除尘。

袋式除尘器是一种干法高效除尘器，它利用纤维织物的过滤作用进行除尘。滤袋通常做成圆筒形（直径为110～500mm），有时也做成扁方形，滤袋长度可以做到8.0m。近年来，由于高温滤料和清灰技术的发展，袋式除尘器在冶金、建材、电力、机械等不同工业部门得到广泛应用。

4.5.1 袋式除尘器的除尘机理

袋式除尘器是主要利用纤维加工的滤料进行过滤除尘。图4-20是简易袋式除尘器的结构示意图。含尘气体进入滤袋之内，在滤袋内表面将尘粉分离捕集，净化后的空气透过滤袋从排气筒排出。滤料本身的网孔较大，一般为20～50μm，表面起绒滤料约为5～10μm。因此，新滤袋的除尘效率是不高的，对1μm的尘粒只有40%左右。待含尘气体经过滤料时，随着颗粒物被阻留在滤料表面形成颗粒物层（称为初层），如图4-21（*a*）所示，滤层的过滤效率得到提高。图4-21（*b*）给出了传统滤料在除尘器中使用的测试数据。袋式除尘器的过滤作用主要是依靠这个初层及以后逐渐堆积起来的颗粒物层进行的。这时的滤料只是起着形成初层和支持它的骨架作用。因此，即使网孔较大的滤布，只要设计合理，对1.0μm左右的尘粒也能得到较高的除尘效率。随着颗粒物在滤袋上的积聚，滤袋两侧的压差增大，颗粒物内部的空隙变小，空气通过滤料孔眼时的流速增高。这样会把粘附在缝隙间的尘粒带走，使除尘效率下降。另外阻力过大，会使滤袋透气性下降，造成通风系统风量下降。因此，袋式除尘器运行一段时间后，要及时进行清灰，清灰时不能破坏初层，以免效率下降。

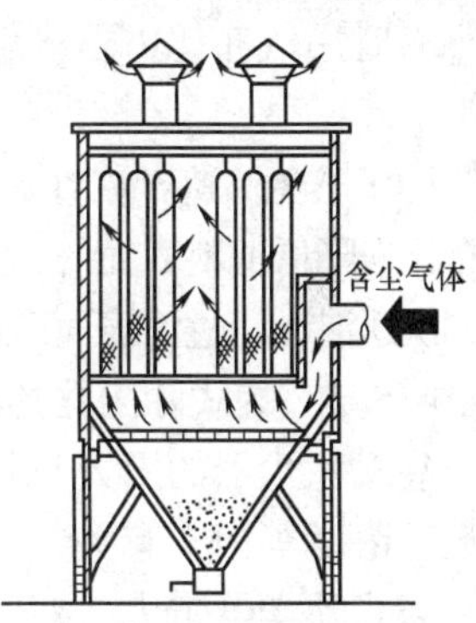

图4-20 简易袋式除尘器结构示意图

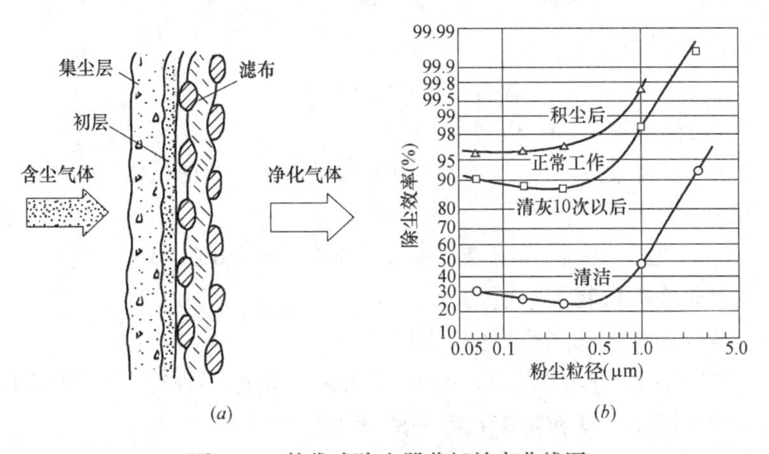

图4-21 某袋式除尘器分级效率曲线图

由于颗粒物渗透到滤料层内易造成滤料阻力上升，有的滤料改进为覆膜滤料采用表层覆膜形成人造颗粒物初层，实现滤料的表面过滤，保证滤料长期使用性能稳定。

过滤风速是影响袋式除尘器性能的另一个重要因素。过滤风速 v_F 是指过滤气体通过滤料表面的速度，单位是 m/min（注意时间取分钟，简记 min），即：

$$v_F = L/60F \quad (m/min) \tag{4-45a}$$

式中 L——除尘器处理风量，m^3/h；

F——过滤面积，m^2。

选用较高的过滤风速可以减小过滤面积，但会使阻力上升快、清灰频繁，影响到滤袋的使用寿命。每一个过滤系统根据它的清灰方式、滤料、颗粒物性质、处理气体温度等因素都有一个最佳的过滤风速，一般处理高浓度颗粒物的过滤风速要比处理低浓度颗粒物的值低，大除尘器的过滤风速要比小除尘器的低（因大除尘器气流分布不均匀）。目前设计中通常采用的过滤风速为 0.60～1.20m/min。

有时用气布比 K_{LF} 表示，即单位时间通过的气体量与滤料面积之比，即：

$$K_{LF} = L/60F \quad m^3/(min \cdot m^2) \tag{4-45b}$$

为了避免高速气流对滤料表面的直接冲击，可把滤料设置成折叠形（如滤筒），用较大的气布比来降低滤料表面的气流速度。采用该种设计时，除尘空间的含尘气流速度大，易造成收尘二次返混。当过滤表面接近平板形时，过滤风速与含尘空间的气流速度是比较接近的。

4.5.2 袋式除尘器的阻力

袋式除尘器的阻力与除尘器结构、滤袋布置、颗粒物层特性、清灰方法、过滤风速、颗粒物浓度等因素有关，以下做定性分析。

袋式除尘器阻力

$$\Delta P = \Delta P_g + \Delta P_0 + \Delta P_c \tag{4-46}$$

式中 ΔP——袋式除尘器阻力，Pa；

ΔP_g——袋式除尘器结构阻力，Pa；

ΔP_0——袋式除尘器滤料阻力，Pa；

ΔP_c——袋式除尘器滤料颗粒物层阻力，Pa。

除尘器结构阻力是指设备进、出口及内部流道内挡板等造成的流动阻力，通常为 200～500Pa。

袋式除尘器滤料阻力

$$\Delta P_0 = \xi_0 \mu v_F / 60 \quad (Pa) \tag{4-47}$$

式中 μ——气体黏性系数，Pa·s。

ξ——滤料的阻力系数，m^{-1}，可以根据滤料性能实验测试给出。

滤料上颗粒物层阻力

$$\Delta P_c = \alpha_m \delta_c \rho_c \mu v_F / 60 = \alpha_m (G_C/F) \mu v_F / 60 \quad (Pa) \tag{4-48}$$

式中 δ_c——滤料表面颗粒物层厚度，m；

G_C——滤料表面堆积的颗粒物量，kg；

α_m——颗粒物层的平均比阻力，m/kg，可以根据滤料性能实验测试给出，随颗粒物粒径减小、颗粒物层孔隙率的减小而增加。

滤料表面堆积的颗粒物量

$$G_C = v_F F \cdot \tau y_F / 60 \quad (kg) \tag{4-49}$$

式中　τ——滤料连续工作时间，s；

y_F——除尘器进口处空气含尘浓度，kg/m^3。

注意，袋式除尘器局部除尘空间的含尘浓度会高于除尘器的进口浓度，有的甚至达到数十倍，原因在于除尘空间存在收尘二次返混的循环作用。只有设计合理的除尘器除尘空间的含尘浓度与进口浓度比较接近。

把式（4-49）代入式（4-48），则得：

$$\Delta P_c = \mu \alpha_m y_F \tau (v_F / 60) \quad (Pa) \tag{4-50}$$

从式（4-50）可以看出，μ 与 α_m 决定了处理的气体和颗粒物的工况参数。因此，影响颗粒物层的阻力主要取决于过滤风速、气体的含尘浓度和连续运行的时间。除尘器允许的 ΔP_c 确定以后，α_m、y_F、τ 这三个参数是相互制约的。当处理含尘浓度低的气体时，清灰间隔（即滤袋连续的过滤时间）可以适当加长；进口含尘浓度低、清灰间隔长、清灰效果好的除尘器，可以选用较高的过滤风速；相反，则应选用较低的过滤风速。不同的清灰方法可以选用不同的过滤风速（见表 4-2）。

袋式除尘器推荐的过滤风速（m/min）　　表 4-2

等级	颗粒物种类	清灰方法		
		振打与逆气流联合	脉冲喷吹	反吸风
1	炭黑、氧化硅（白炭黑）；铅锌的升华物以及其他气体中由于冷凝和化学反应形成的气溶胶；化妆粉；去污粉；奶粉；活性炭；由水泥窑排出的水泥	0.45～0.6	0.6～1.0	0.33～0.45
2	铁及铁合金的升华物；铸造尘；氧化铝；由水泥磨排出的水泥碳化炉升华物；石灰；刚玉；安福粉及其他肥料；塑料；淀粉	0.6～0.75	0.6～1.0	0.45～0.55
3	滑石粉；煤；喷砂清理尘，飞灰陶瓷产生的颗粒物；炭黑（二次加工）颜料；高岭土；石灰石；矿尘；铝土矿；水泥（来自冷却器）；搪瓷	0.7～0.8	0.8～1.2	0.6～0.9
4	石棉；纤维尘；石膏；珠光石；橡胶生产中的颗粒物；盐；面粉；研磨工艺中的颗粒物	0.8～1.5	0.8～1.2	—
5	烟草；皮革粉；混合饲料；木材加工的颗粒物；粗植物纤维（大麻、黄麻等）	0.9～2.0	0.8～1.2	—

袋式除尘器中滤袋阻力（压力损失）呈周期性变化，如图 4-22 所示。袋式除尘器运行时，可以在滤料表面保留一定的颗粒物初层，这时的阻力称为残留阻力。清灰后滤料随过滤时间的增加颗粒物积聚，阻力也相应增大，当阻力达到允许值时又再次清灰。因此，在除尘器中滤袋工作，即积尘、清灰是不断循环进行的。

袋式除尘器的阻力，包含其结构阻力、滤料及颗粒物层阻力，一般为 1000～2000Pa。超过 2000Pa，通常就需要换袋。除尘器的运行如图 4-23 所示。按控制阻力值过滤，超过控制（压差自动控制）阻力即清灰。正常运行时，由于表面形成颗粒物初层，所形成的初阻力比较稳定。随着使用时间的增加，由于颗粒物进入滤料深层，清灰不能达到效果，残留阻力会逐步加大，造成初阻力显著上升，使袋式除尘器工作周期缩短，甚至因阻力增大影响到系统工作风量时，就需要更换滤袋。

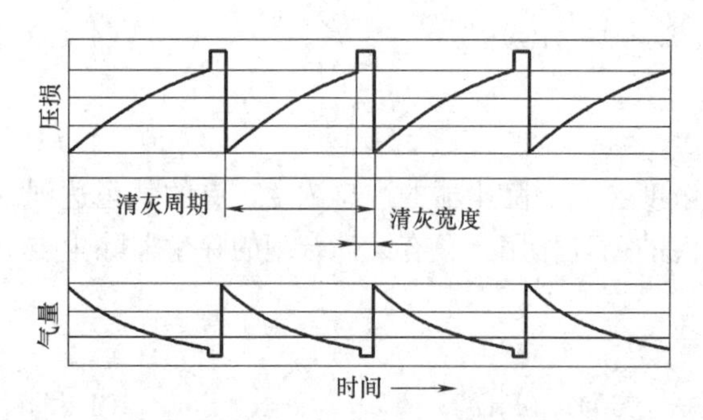

图 4-22　袋式除尘器内滤袋的阻力变化

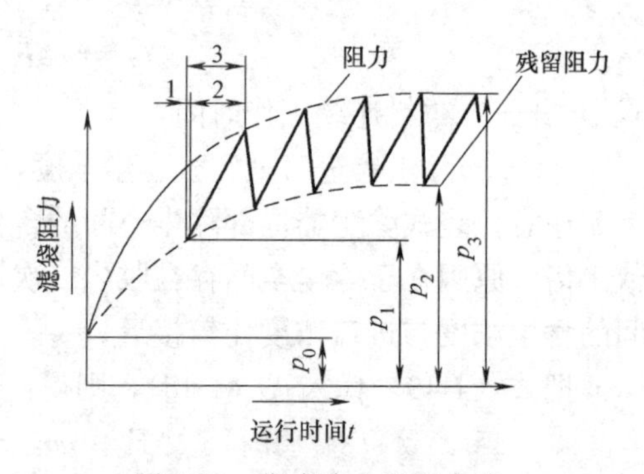

图 4-23　袋式除尘器阻力分布与运行时间的关系

1—清灰时间；2—过滤时间；3—清灰周期；
p_0—清洁滤袋阻力；p_1—一次粉尘层阻力（初始）；
p_2—一次粉尘层阻力（基本稳定）；p_3—滤袋阻力

袋式除尘器，处理气体量大时，使用的滤袋要达到数千条。采用集中清灰会造成袋式除尘器处理气体量波动过大。可采用对滤袋进行分室、分区、分时段清灰模式，解决风量波动问题。

4.5.3　滤料

（1）纤维性能

纤维是构成织物的最小单元。织物是纤维制品，或者说是纤维集合体的一种形式。按照材质，将纤维分成有机纤维和无机纤维两大类，如表 4-3 所示。

纤维的分类　　表 4-3

有机纤维					无机纤维			
天然纤维		化学纤维						
植物纤维（棉、亚麻等韧皮植物）	动物纤维（羊毛、蚕丝）	再生纤维（再生纤维素聚合纤维、如轮胎帘子线）	半合成纤维（醋酸纤维素）	合成纤维（聚酯、聚丙烯、聚酰胺、聚烯烃等）	玻璃纤维	碳纤维	金属纤维	陶瓷纤维

采用棉、毛等天然纤维织成的滤料具有透气率高、阻力小、容尘量大、易于清灰等优点，但是其使用温度在 100℃以下（一般为 75～85℃）。在冶金、能源、化工等行业，为满足温度的要求，多采用无机纤维滤料和合成纤维滤料。目前使用的无机纤维滤料多为玻璃纤维滤料，它耐高温，使用温度可以达到 200～250℃，还具有延伸率小、抗拉强度大、价格低廉的特点，也存在纤维较脆、耐折性较差、不能处理 HF 含尘烟气的问题。

各种合成纤维滤料在强度、耐腐蚀性、耐温性及耐磨性等方面有其各自的特点。用于制作中低温纤维滤料的主要合成纤维有：

聚酯（Polyester），或称涤纶，缩写为 PET；

脂肪族聚酰胺（Polyamide），或称 Nylon、尼龙、锦纶；

聚乙烯醇（Polyvinyl Alcohol），或称 Vinilon，维尼纶，缩写为 PVA；

聚氯乙烯（Polyvinyl Chloride），缩写为PVC；

聚丙烯腈（Polyacrylonitrile），缩写为PAN；

聚乙烯（Polyethylene），缩写为PE；

聚丙烯（Polypropylene），或称丙纶，缩写PP；

聚氨酯弹性纤维（Polyurethane），或称氨纶；

用于制作高温纤维滤料的主要合成纤维有：

聚苯硫醚（Polyphenylene sulfide），缩写为PPS；

芳香族聚酰胺（Aramid），或称芳纶，缩写为PA；

芳砜纶（Polysulfonamide），缩写为PSA。

聚酰亚胺（Polyimide），简称PI，又称P84；

聚四氟乙烯（Polytetrafluoroethylene），或称特氟隆，缩写为PTFE。

目前常用的纤维种类及特性如表4-4所示。

常用纤维的耐温性能及其主要的理化特性 表4-4

名称		使用温度			力学性能			化学稳定性					水介稳定性	阻燃性
学名	商品名	连续		瞬间限值	抗拉	抗磨	抗折	无机酸	有机酸	碱	氧化剂	有机溶剂		
		干球	湿球											
聚丙烯纤维	丙纶,PP	85	—	100	1	2	2	1～2	1	1～2	2	2	1	4
聚酯纤维	涤纶,PET	130	90	150	2	2	2	2	1～2	2～3①	2	2	4	3
芳香族聚酰胺纤维	芳纶,PA Conex,Nomex	204	190	240	1	1	1	3	1～2	2～3	2～3	2	3	2
聚酰胺-亚酰胺纤维	可迈尔,Kermel	200	180	240	1	1	1	3	2	2～3	3	2	3	2
聚苯硫醚纤维	PPS	190	—	220	2	2	2	1	1	1～2	4	1	1	1
聚亚酰胺纤维	P-84	260	—	280	2	2	2	2	1	1～2	2	1	2	1
聚四氟乙烯纤维	PTFE	260	—	280	3	3	3	1	1	1	1	1	1	1
无碱玻璃纤维	玻纤	200～260②		290	1	2	4	3	3	4	1③	2	1	1
中碱玻璃纤维	玻纤	200～260		270	1	2	4	1①	2⑤	2	1	2	1	1
不锈钢纤维	Bekinox	450	400	510	1	1	1	1	1	1	2	2	1	1

注：表中1、2、3、4表示纤维理化特性的优劣排序，依次表示优、良、一般、劣。

①除 CrO_3；②经硅油、石墨、聚四氟乙烯等后处理；③除水杨梅；④除HF；⑤除苯酚、草酸。

应当指出的是，表中所指的纤维性能仅代表该纤维本身的性能，不能完全表示由该纤维织成的滤料的性能。因为纤维形成滤料时，需经过非织造加工热定型、浸渍等处理过程，使制作的滤料较原用纤维发生了变化。如目前常采用PTFE乳液浸渍处理玻纤滤料、涤纶滤料、PPS滤料，可以改进原有纤维所形成滤料的技术性能。

（2）滤料分类及功能

袋式除尘器目前常用的滤料种类较多，按滤料材质分有无机纤维滤料、合成纤维滤料、复合纤维滤料、覆膜滤料四大类。

1）无机纤维滤料主要有玻璃纤维滤料（一般使用范围在200℃以下，经硅化处理后温度可以达到250℃）。目前正在开发玄武岩纤维用于制作滤料，以便提高使用温度，使其达到 250℃以上。无机材料纤维的特点是耐温、强度好、价格便宜，主要缺点是不耐折，频繁清灰易造成滤料折损，表现为滤袋在纬向上出现断裂、在袋长方向出现裂缝。

2）合成纤维滤料主要有：聚酯纤维滤料，主要用于常温和低于 130℃的场合；聚苯硫醚纤维滤料（PPS 滤料），主要用于燃用低硫煤场合的 120～160℃工业炉窑除尘；聚四氟乙烯纤维滤料（PTFE 滤料），主要用于高湿、高腐蚀、高温场合的工业炉窑、垃圾焚烧炉，使用温度可以达到 250℃；芳纶、芳砜纶纤维与玻璃纤维混合制作复合滤料，主要用于冶金系统高温炉窑的 200℃左右的烟气除尘。

3）复合纤维滤料主要是利用无机纤维的价格优势、合成纤维的性能优势，进行纤维混合制成的滤料。主要用于水泥、冶金行业等工业炉窑除尘。

4）覆膜滤料由滤料基层和基层表面所敷贴的滤膜组成。滤料基层有两种：织造布和非织造布。滤膜主要采用 PTFE 材料制成的具有致密微孔的滤膜。它适用于对微细颗粒物的净化，如对烟的净化。参见图 4-24（*a*）。

传统针刺滤料，指传统技术生产的针刺滤料是采用一种尺度纤维加工形成的非织造滤料，过滤通道容易造成颗粒物沉积，需要采用强度较大的气流喷吹才可以保证沉积颗粒物被清灰出来。参见图 4-24（*b*）。

近年来，根据覆膜滤料表面过滤机理研发给出了具有表层过滤功能的梯度纤维滤料。这种滤料所采用的滤料结构为，前面表层采用超细纤维，逐层采用更粗的纤维，形成前小后大的过滤通道，避免颗粒物在滤层中沉积影响滤料的透气性。参见图 4-24（*c*）。

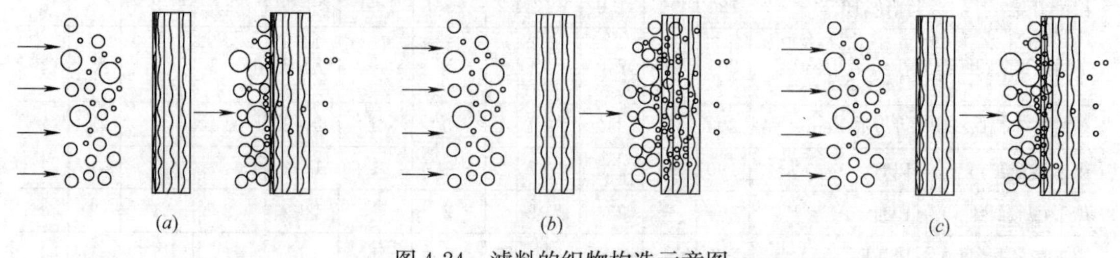

图 4-24　滤料的织物构造示意图

（*a*）PTFE 薄膜表面过滤；（*b*）传统滤料深层过滤；（*c*）超细纤维表层过滤

滤料是袋式除尘器的关键配件，也是易损更换件，它的质量好坏对袋式除尘器性能影响比较大。选择滤料时，需要明确以下几点：

1）纤维特性与制作纤维的材料特性不完全一致，这也是同类纤维但质量不同的主要原因，原因在于材料在制作纤维时所用的工艺处理方式存在不同，如所采用的浸润剂不同。但在介绍纤维或纤维滤料时多用制作纤维的原材料特性来表示其性能。

2）针刺滤料生产采用的是非织造布生产工艺，但不是纤维制成的非织造布（或称无纺布）都可以称为滤料。非织造布要成为滤料需满足两个条件：一是要满足过滤应用对象的要求，如不同行业含尘气体特性、颗粒物特性；二是要满足过滤技术指标的要求，如过滤效率、透气性、使用寿命、使用的可靠性等。例如，聚酯纤维耐温不能超过 130℃，因此聚酯纤维生产的非织造布不能作为高温烟气除尘的滤料。

3）滤料特性不完全是滤袋特性。滤料要成为滤袋，必须与净化设备的结构设计、工作特性、运行模式匹配。如袋式除尘器的滤袋的使用，必须考虑含尘气体的进风气流组织、滤袋布置方式、内衬袋笼、清灰系统与清灰机制等。

（3）滤袋及滤筒

当纤维制成滤料后，不能直接应用于空气过滤，需要将其制成一定形状，固定在除尘器内部。目前，常用的形状有滤袋和滤筒两大类。

1）滤袋

滤袋用滤料缝制成袋状，它通过金属骨架固定在除尘器内部，由滤料迎风面将烟气中的颗粒物捕集，干净空气经滤袋中腔体排出，其结构如图 4-25 所示。一般常用的滤袋形式为圆筒形，用于脉冲袋式除尘器的滤袋直径一般为 110～160mm，长度一般为 2000～6000mm，例如冶金系统常用尺寸为 Φ130×6000mm。

2）滤筒

滤筒的构造分为顶部、金属框架、非织造布褶形滤料和底座等。褶形滤料是滤筒的核心。滤筒的性能直接关系到除尘器的除尘效果。非织造布滤筒技术发展很快，品种繁多，性能各异。滤筒用的滤料分为纸质、聚酯纤维、覆膜滤料等。图 4-26 为滤筒的构造示意图。

图 4-25　滤袋的结构示意图

图 4-26　滤筒的构造示意图

4.5.4　袋式除尘器的结构

在袋式除尘器的部件中，除滤袋外，最重要的是清灰机构，它对除尘器的性能有着重要的影响。除尘器的结构形状与清灰方法直接相关。下面根据清灰方法的不同，简要介绍各类除尘器的结构。

（1）机械振动（打）清灰的除尘器

振动清灰袋式除尘器的结构如图 4-27 所示。它是利用机械装置振打或摇动悬吊滤袋的框架，使滤袋产生振动而清除积灰。这种除尘器的过滤风速低，一般为 0.50～0.80m/min，阻力约为 600～800Pa，除尘器进口浓度不宜超过 3.0～5.0g/m^3。这种除尘器清灰方式简单、投资少，可以用于处理风量不大的场合。

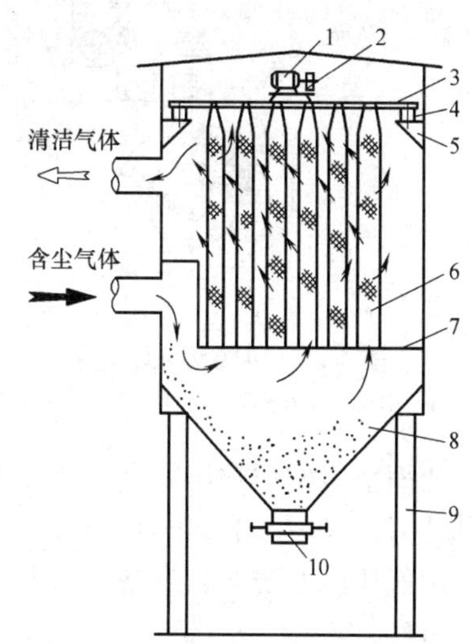

图 4-27　振动清灰袋式除尘器

1—电机；2—偏心块；3—振动架；4—橡胶垫；5—支座；6—滤袋；7—花板；8—灰斗；9—支柱；10—密封插板

（2）回转式逆气流反吹除尘器

图 4-28 是回转反吹袋式除尘器的示意图，反吹空气由风机供给。反吹空气经中心管送到设在滤袋上部的旋臂内，电动机带动旋臂旋转，使所有滤袋都得到均匀反吹。每只滤袋的反吹时间约为 0.5s，

反吹的时间间隔约为15min，反吹风机的风压约为5kPa。在高温工况下（80～120℃），推荐的过滤风速为0.80～1.2m/(min)；在低温工况下（<80℃）推荐的过滤风速可以略高些，选用1.0～1.5m/(min)，阻力约为1000～1400Pa。

（3）脉冲喷吹清灰除尘器

图4-29是脉冲喷吹袋式除尘器的工作示意图，含尘空气通过滤袋时，颗粒物阻留在滤袋外表面，净化后的气体经文丘里管从上部排出。每排滤袋上方设一根喷吹管，喷吹管上设有与每个滤袋相对应的喷嘴，喷吹管前端装设脉冲阀，通过程序控制机构控制脉冲阀的启闭。脉冲阀开启时，压缩空气从喷嘴高速喷出。带着比自身体积大5～7倍的诱导空气一起经文丘里管进入滤袋。滤袋急剧膨胀引起冲击振功，使附在滤袋外的颗粒物脱落。

采用脉冲袋式除尘器必须配有压缩空气源，压缩空气的喷吹压力为0.20～0.60MPa。脉冲清灰控制可以采用脉冲控制仪进行定压差控制或定时控制。脉冲宽度（喷吹一次的时间）一般设置为80～150ms，采用定压差清灰的清灰间距不得低于5.0s，主要用于气包补气。

脉冲清灰方式清灰强度高，清灰效果好。由于其清灰时间短，与大多数离线清灰除尘器相比，它可以采用在线清灰，清灰时除尘器还可以连续工作。

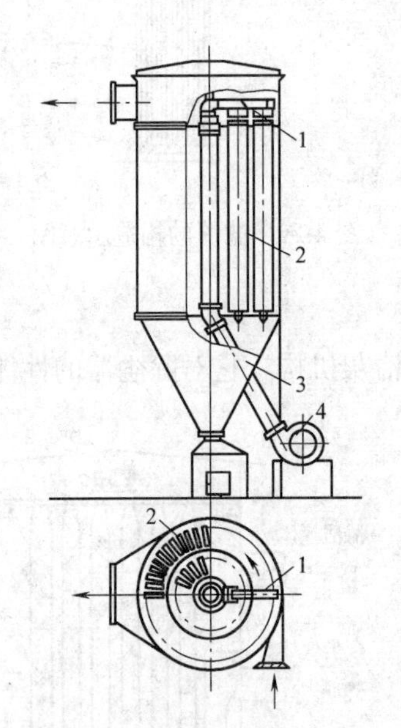

图4-28　回转反吹袋式除尘器

1—旋臂；2—滤袋；3—灰斗；4—反吹风机

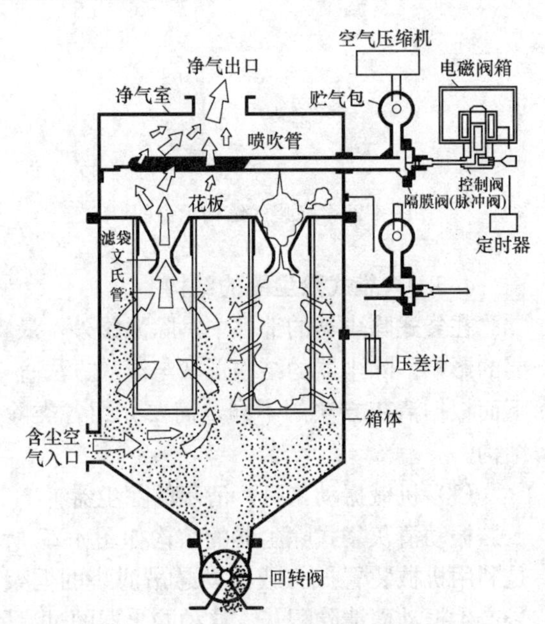

图4-29　脉冲喷吹袋式除尘器

压缩空气的喷吹压力是一个重要的运行参数，分为高压脉冲（0.50～0.60MPa）、低压脉冲（0.20～0.30MPa），根据尘源颗粒物特性选用，对于一般粘结性不强的颗粒物可以采用低压脉冲清灰。清灰方式控制采用定压差控制或定时控制，滤料前后压差一般为800～1200Pa。

4.5.5　滤料的预附层过滤技术

在传统的袋式除尘器上使其预先附一层颗粒物层（称为预附层），通过预附层材料的吸附、吸收、催化等效应将工业废气中的污染物预先净化。然后再把烟气中的固相污染物同时去除，这种技术称为预附层过滤技术。

例如，燃煤电厂锅炉袋式除尘器进行预附飞灰，防止燃油点炉时油烟糊袋。

在铝电解过程所产生的烟气中，除含有颗粒物外，还有一定量的氟化氢和沥青烟等。可以采用氧化铝粉末作为预附层材料，利用氧化铝粉末对氟化氢烟气的吸附效应和粉状物对沥青烟的隔离作用，达到高效、稳定地处理铝电解烟气。

在某钢铁厂采用白云石粉末作预附层材料进行沥青烟气干式过滤净化，也取得了良好效果。目前国内外都在积极研究开发此项技术，使其得到更广泛的应用，如处理含 SO_2 的烟气等。

对于高黏性颗粒物，如氧化锌颗粒物，采用预附层技术处理，可使除尘器阻力下降，效率提高。

4.5.6 袋式除尘器的应用

袋式除尘器作为一种干式高效除尘器，广泛应用于各工业部门，与静电除尘器相比可回收高比电阻颗粒物，不存在泥浆处理问题。

使用袋式除尘器时应注意以下问题：

（1）滤料必须在适宜温度范围内使用。注意在高温烟气除尘系统中，烟气温度是烟尘的最低温度。原因在于通常监测的是烟气温度，而烟尘温度又往往高于烟气温度，尤其是采用局部排风罩进行尘源控制的除尘系统或具有热回收装置的除尘系统。当使用温度超过滤料耐温范围时，通常采用的含尘烟气冷却方式有：①表面换热器（用水或空气间接冷却）；②掺入系统外部的冷空气。

（2）处理高温含尘气体时，为防止气体中腐蚀性气体成分或水蒸气结露，应对管道及除尘器加装保温。必要时对袋式除尘器采取局部区域加热，如除尘器灰斗处。

（3）对于带有火花的烟气或对于烟尘温度远大于气体温度的含尘烟气，必须加装火花捕集器或烟尘预分离器。

（4）对于处理含有油雾、黏性颗粒物运行工况的含尘气体，须加装袋式除尘器预附尘装置，如燃煤锅炉配用袋式除尘器在点炉前需对滤袋预附尘。

（5）处理含尘浓度高的气体时，为避免袋式除尘器频繁清灰造成滤袋损坏，宜采用预除尘器进行前级净化。

4.5.7 滤筒式除尘器

滤筒式除尘器结构和袋式除尘器类似，内部装配滤筒，有横装和竖装两种方式，结构如图 4-30 所示。

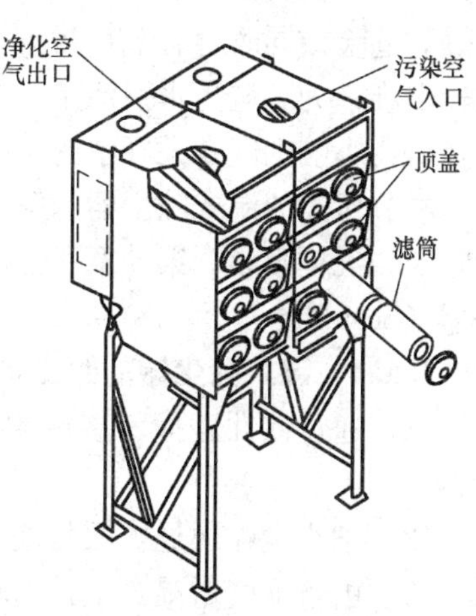

图 4-30 滤筒式除尘器结构示意图

滤筒式除尘器运行方式如图 4-31 所示。清灰过程采用压缩空气脉冲清灰，该除尘器设有压差控制开关，当除尘器阻力达到设定值时，单板微机控制器控制相应的电磁阀，打开脉冲阀，压缩空气直接喷入滤筒中心，对滤筒进行顺序脉冲清灰。因颗粒物积聚在滤筒表面，清灰易于进行。滤筒式除尘器的过滤风速为 0.50～2.0m/min，标准过滤风速为 1.1m/min，用户可根据工况特点选定。除尘器的初阻力为 300～500Pa，运行阻力为 1000～1500Pa，用户可根据除尘系统特点自行设定。压缩空气的喷吹压力为 0.60MPa，每次脉冲喷吹消耗的压缩空气量在 0.03m^3/单筒。

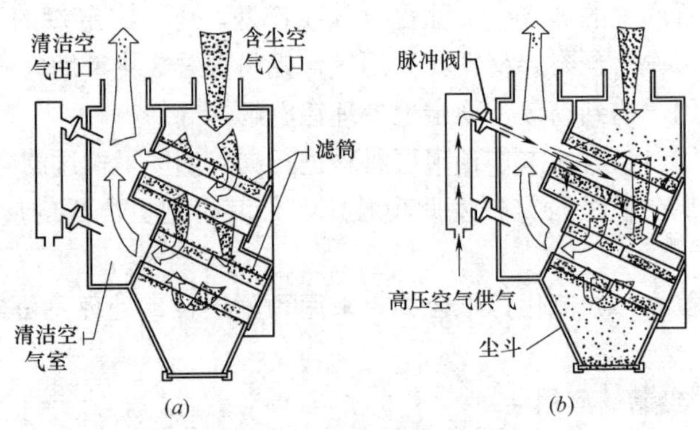

图 4-31 滤筒式除尘器的运行

(*a*) 正常运行；(*b*) 喷吹清灰

滤筒式除尘器特点：(1) 滤筒过滤面积较大，每个滤筒的折叠面积为 22m^2 左右，除尘器体积小；(2) 除尘效率高，一般均在 99%以上；(3) 滤筒易于更换，减轻工人劳动；(4) 适合处理粒径小、低浓度的含尘气体；(5) 在某些回风浓度较高的工业空调系统（如卷烟厂），采用滤筒作为新回风的过滤器。

对于滤筒式除尘器过滤面积与滤筒的折叠面积不宜等同看待，要注意与设备气流组织匹配。由于滤筒式除尘器内部滤料折叠层较多，当含尘气体中颗粒物浓度较高时，容易造成滤料折叠区堵塞，使有效过滤面积减少。在净化粘结性颗粒物时，滤筒式除尘器要谨慎使用。

4.6 湿式除尘器

湿式除尘器是通过含尘气体与液滴或液膜的接触使尘粒从气流中分离的。它的优点是结构简单、投资低、占地面积小、除尘效率高，能同时进行污染气体的净化。它适宜处理有爆炸危险或同时含有多种污染物的气体。它的缺点是有用物料不能干法回收，泥浆处理比较困难，为了避免水系污染，有时要设置专门的废水处理设备；高温烟气洗涤后，温度下降，会影响烟气在大气中的扩散。

本节所述的湿式除尘器与第 5 章所述的吸收塔的工作原理是相同的，它们都能同时进行除尘和气体吸收，第 5 章所述的某些吸收塔也常用作除尘器，有的文献把它们统称为洗涤器（Scrubber）。

4.6.1 湿式除尘器的除尘机理

(1) 通过惯性碰撞、接触阻留，尘粒与液滴、液膜发生接触，使尘粒加湿、增重、凝聚；

(2) 细小尘粒通过扩散与液滴、液膜接触；

(3) 由于烟气增湿，尘粒的凝聚性增加；

(4) 高温烟气中的水蒸气冷却凝结时，要以尘粒为凝结核，形成一层液膜包围在尘粒表面，增强了颗粒物的凝聚性。对疏水性颗粒物能改善其可湿性。

粒径为1.0～5.0μm的颗粒物主要利用第一个机理，粒径在1.0μm以下的颗粒物主要利用后三个机理。目前常用的各种湿式除尘器主要利用尘粒与液滴、液膜的惯性碰撞进行除尘。下面对惯性碰撞及扩散的机理作简要分析。

(1) 惯性碰撞

尘粒与液滴间的惯性碰撞如4.2节所述。当含尘气流在运动过程中与液滴相遇，在液滴前 x_d 处，气流开始改变方向，绕过液滴流动。而惯性较大的尘粒则要继续保持其原来直线运动的趋势。尘粒在作惯性运动时，主要受两个力的影响，即本身的惯性力及周围气体的阻力。我们把尘粒从脱离流线到惯性运动结束所移动的直线距离称为尘粒的停止距离，以 x_s 表示。若 $x_s > x_d$，尘粒和滴液就会发生碰撞。在除尘技术中，把 x_s 与液滴直径 d_y 的比值称为惯性碰撞数 N_i。根据推导，惯性碰撞数 N_i 可用下式表示：

$$N_i = \frac{x_s}{d_s} = \frac{v_y d_c^2 \rho_c}{18 \mu d_y} \tag{4-51}$$

式中 v_y——尘粒与液滴的相对运动速度，m/s；

d_y——液滴的直径，m；

d_c——尘粒直径，m。

惯性碰撞数是和 Re 数一样的一个准则数，反映惯性碰撞的特征。N_i 数愈大，说明尘粒和物体（如液滴、挡板、纤维）的碰撞机会越多，碰撞愈强烈，因而惯性碰撞所造成的除尘效率也愈高。

从式(4-51)可以看出，尘粒直径和密度确定以后，N_i 数的大小取决于尘粒与液滴间的相对速度和液滴直径。因此，对于一个已定的湿式除尘系统，要提高 N_i 值，必须提高气液相对运动速度和减小液滴直径，目前工程上常用的各种湿式除尘器基本是围绕这两个因素发展起来的。

必须指出，并不是液滴直径 d_y 愈小愈好，d_y 越小，液滴容易随气流一起运动，减小了气液的相对运动速度。试验表明，液滴直径约为捕集粒径的150倍时，效果最好，过大或过小都会使除尘效率下降。气流的速度也不宜过高，以免阻力增加。

(2) 扩散

从式(4-51)可以看出，当粒径小于1μm时，$N_i \approx 0$。但是实际的除尘效率并不一定为零，这是因为尘粒向液体表面的扩散在起作用。粒径在0.1μm左右时，扩散是尘粒运动的主要因素。扩散引起的尘粒转移与气体分子的扩散是相同的。扩散转移量与尘液接触面积、扩散系数、颗粒物浓度成正比，与液体表而的液膜厚度成反比。扩散系数可按下式计算：

扩散系数
$$D = \frac{kTk_c}{3\pi \mu d_c} \tag{4-52}$$

式中 k——波尔兹曼常数，$k = 1.38054 \times 10^{-23}$ J/K；

k_c——库宁汉滑动修正系数。

从式(4-52)可以看出，粒径愈大，扩散系数 D 愈小。例如在25℃的空气中，0.1μm的尘粒扩散系数为 6.5×10^{-6} cm²/s，0.010μm的尘粒扩散系数为 4.4×10^{-2} cm²/s。由此可见，粒径对除尘效率的影响。扩散和惯性碰撞是相反的。另外，扩散除尘效率是随液滴直径、气体黏度、气液相对运动速度的减小而增加的。在工业上单纯利用扩散机理的除尘装置是没有的，但是某些难以捕集的细小尘粒能在湿式除尘器或袋式除尘器中捕集是与扩散、凝聚等机理有关的。当处理颗粒物的粒径比较细小，在设计和选用湿式除尘器或过滤式除尘器时，应有意识地利用扩散机理。

4.6.2 湿式除尘器的结构形式

湿式除尘器的种类很多，但是按照气液接触方式，可分为两大类：

(1) 尘粒随气流一起冲入液体内部，尘粒加湿后被液体捕集，它的作用是液体洗涤含尘气体。属于这类的湿式除尘器有自激式除尘器、卧式旋风水膜除尘器、泡沫塔（见第5章）等。

(2) 用各种方式向气流中喷入水雾，使尘粒与液滴、液膜发生碰撞。属于这类的湿式除尘器有文丘里除尘器、喷淋塔（见第5章）等。

(1) 自激式除尘器

自激式除尘器内先要贮存一定量的水，它利用气流与液面的高速接触，激起大量水滴，使尘粒从气流中分离，水浴除尘器、冲激式除尘器等都是属于这一类。

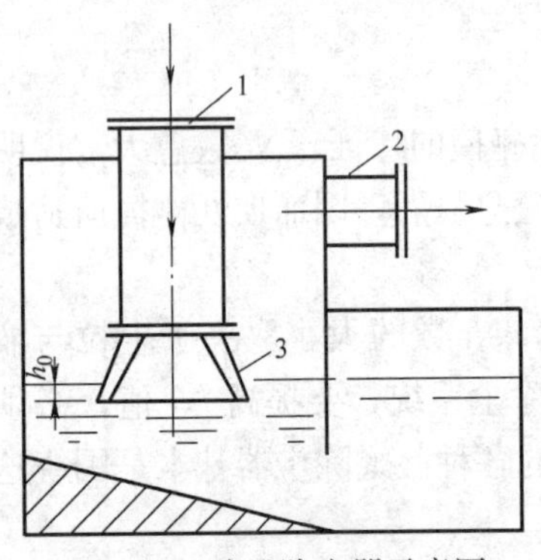

图4-32 水浴除尘器示意图
1—含尘气体进口；2—净化气体出口；3—喷头

1) 水浴除尘器

图4-32是水浴除尘器的示意图，含尘空气以8.0～12m/s的速度从喷头高速喷出，冲入液体中，激起大量泡沫和水滴。粗大的尘粒直接在水池内沉降，细小的尘粒在上部空间和水滴碰撞后，由于凝聚、增重而捕集。水浴除尘器的效率一般为80%～95%。

喷头的埋水深度 $h_0=20\sim30$mm。除尘器的阻力约为400～700Pa。

水浴除尘器可在现场用砖或钢筋混凝土构筑，适合中小型工厂采用。它的缺点是泥浆治理比较困难。

2) 冲激式除尘器

图4-33是冲激式除尘器的示意图，含尘气体进入除尘器后转弯向下，冲激在液面上，部分粗大的尘粒直接沉降在泥浆斗内。随后含尘气体高速通过S形通道，激起大量水滴，使颗粒物与水滴充分接触。图4-33所示的冲激式除尘器下部装有刮板运输机自动刮泥，也可以人工定期排放。

除尘器处理风量在20%范围内变化时，对除尘效率几乎没有影响。冲激式除尘机组把除尘器和风机组合在一起，具有结构紧凑、占地面积小、维护管理简单等优点。

湿式除尘器的洗涤废水中，除固体微粒外，还有各种可溶性物质，洗涤废水直接排放会造成水系污染，目前湿式除尘器采用循环水，自激式除尘器用的水是在除尘器内部自动循环的，称为水内循环的湿式除尘器。它与水外循环的湿式除尘器相比，节省了循环水泵的投资和运行费用，减少了废水处理量。

(2) 卧式旋风水膜除尘器

图4-34是卧式旋风水膜除尘器的示意图，它由横卧的外筒和内筒构成，内外筒之间设有导流叶片。含尘气体由一端沿切线方向进入，沿导流片作旋转运动。在气流带动下液体在外壁形成一层水膜，同时还产生大量水滴。尘粒在惯性离心力作用下向外壁移动，到

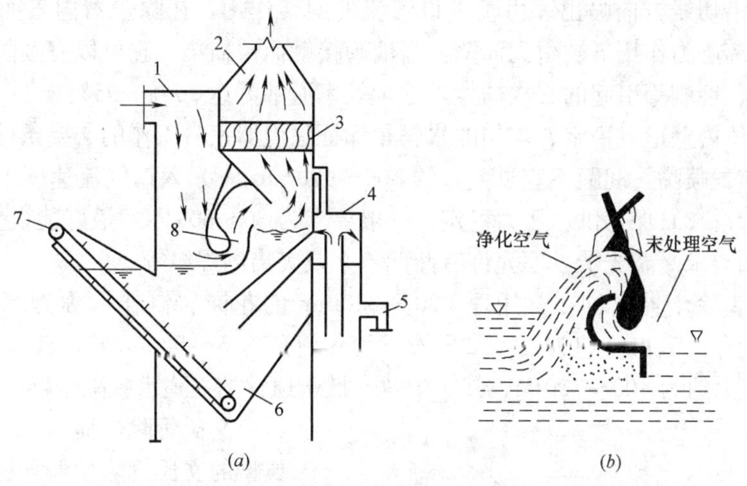

图 4-33　冲激式除尘器示意图

1—含尘气体进口；2—净化气体出口；3—挡水板；4—油滤箱；5—溢流口；6—泥浆斗；7—刮板运输机；8—S 型通道

达壁面后被水膜捕集。部分尘粒与液滴发生碰撞而被捕集。气体连续流经几个螺旋形通道，便得到多次净化，使绝大部分尘粒分离下来。

当除尘器供水比较稳定，风量在一定范围内变化时，卧式旋风水膜除尘器有一定的自动调节作用，水位能自动保持平衡。

用 $\rho_c=2610kg/m^3$、中位径 $d_{50}=6.0\mu m$ 的耐火黏土粉进行试验，除尘效率在 98%左右。除尘器阻力约为 800～1200Pa，耗水量约为 0.06～0.15L/m³。为了在出口处进行气液分离，小型除尘器采用重力脱水，大型除尘器用挡板或旋风脱水。

(3) 立式旋风水膜除尘器

图 4-35 是立式旋风水膜除尘器示意图。进口气流沿切线方向在下部进入除尘器，水

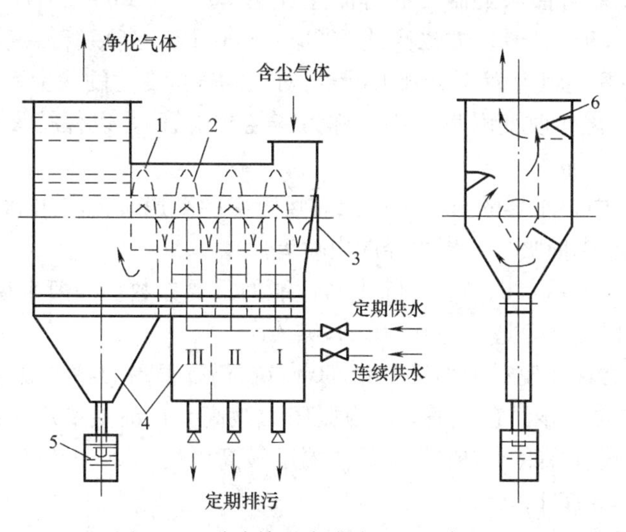

图 4-34　卧式旋风水膜除尘器示意图

1—外筒；2—螺旋导流片；3—内筒；4—灰斗；5—溢流筒；6—檐式挡水板

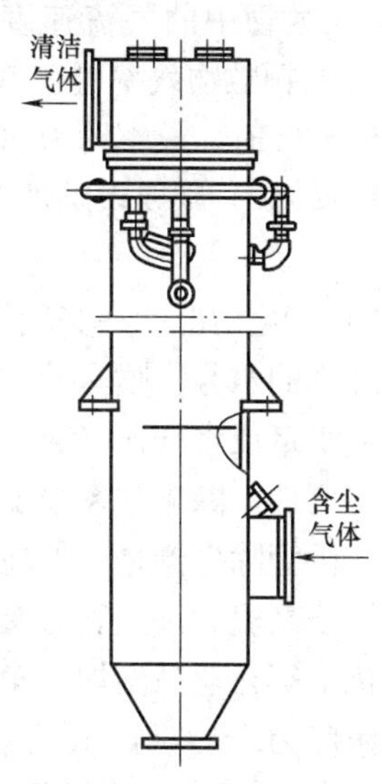

图 4-35　立式旋风水膜除尘器示意图

在上部由喷嘴沿切线方向喷出。由于进口气流的旋转作用，在除尘器内表面形成一层液膜。颗粒物在离心力作用下被甩到筒壁，与液膜接触而被捕集。它可以有效防止颗粒物在器壁上的反弹、冲刷等引起的二次扬尘，除尘效率通常可达 90%～95%。

除尘器筒体内壁形成稳定、均匀的水膜是保证除尘器正常工作的必要条件。为此必须要：1）均匀布置喷嘴，间距不宜过大，约 300～400mm；2）入口气流速度不能太高，通常为 15～22m/s；3）保持供水压力稳定，一般要求为 30～50kPa，最好能设置恒压水箱；4）筒体内表面要求平整光滑，不允许有凸凹不平及突出的焊缝等。

为防止水膜除尘器腐蚀，常用厚 200～250mm 的花岗岩制作（称为麻石水膜除尘器）。这种除尘器的入口流速为 15～22m/s（筒体流速 3.5～5.0m/s），耗水量为 0.10～0.30L/m³，阻力约为 400～700Pa，其除尘效率低于通常的立式水膜除尘器。

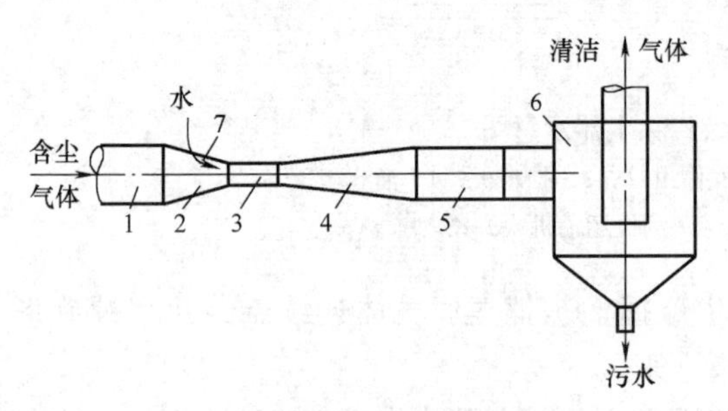

图 4-36　文氏管除尘器

1—入口风管；2—渐缩管；3—喉管；4—渐扩管；5—风管；6—脱水器；7—喷嘴

（4）文氏管除尘器

典型的文氏管除尘器如图 4-36 所示，主要由三部分组成：引水装置（喷雾器）、文氏管体及脱水器，分别在其中实现雾化，凝并和除尘三个过程。

含尘气流由风管 1 进入渐缩管 2，气流速度逐渐增加，静压降低。在喉管 3 中，气流速度达到最高。由于高速气流的冲击，使喷嘴 7 喷出的水滴进一步雾化。在喉管中气液两相充分混合，尘粒与水滴不断碰撞凝并，成为更大的颗粒。在渐扩管 4 中气流速度逐渐降低，静压增高。最后含尘气流经风管 5 进入脱水器 6。由于细颗粒凝并增大，在一般脱水器中就可以将尘粒和水滴一起除下。

文氏管除尘器的除尘效率主要取决于以下因素：

1）喉管中的气流速度　高效文氏管除尘器的喉管流速高达 60～120m/s，对小于 1.0μm 的颗粒物效率可达 99%～99.9%，但阻力也高达 5000～10000Pa。当喉管流速为 40～60m/s 时，效率约为 90%～95%，阻力为 600～5000Pa。对于烟气量变化的除尘系统（如炼钢转炉）则要求随烟气量的变化而改变喉口大小（称为变径文氏管），以保持设计流速。

2）雾化情况　在文氏管除尘器中，水雾的形成主要依靠喉管中的高速气流将水滴粉碎成细小的水雾。喷雾的方式有中心轴向喷水、周边径向内喷等。

喷水量或水气比（通常用 L/m³ 表示）也是决定除尘器性能的重要参数。一般来说，水气比增加，除尘效率增加，阻力也增加，通常为 0.30～1.5L/m³。

文氏管除尘器是一种高效除尘器，即使对于小于 1μm 的颗粒物仍有很高的除尘效率。它适用于高温、高湿和有爆炸危险的气体。它的最大缺点是阻力很高。目前主要用于冶金、化工等行业高温烟气净化，如吹氧炼钢转炉烟气。烟气温度最高可达 1600～1700℃，含尘浓度为 25～60g/m³，粒径大部分在 1.0μm 以下。

4.6.3　湿式除尘器的脱水装置

防止气流把液滴带出湿式除尘器，对保证除尘系统运行具有重要意义。常用的脱水装置有重力脱水器、惯性脱水器、旋风脱水器、弯头脱水器、丝网脱水器等。在选择脱水器时，除了考虑脱水效率外，还应考虑阻力的大小。各种脱水器所能脱除的液滴大小、脱水效率和阻力在表 4-5 列出。

各种脱水器的性能 **表 4-5**

型　式	液滴大小(μm)	脱水效率(%)	阻力(Pa)
惯性	150	96	9～17
重力	100	99	150
丝网	10	99	200
旋风	5 20	50 99	000～1500

脱水器可以设于除尘器内部（在气流出口处），也可与除尘器分开成为单独的设备。

图 4-37 是设在除尘器内的旋流式脱水器。它设于气流的出口处，气流经过脱水器的固定螺旋叶片形成旋转流动，在离心力作用下水滴被甩至器壁，从气流中分离。

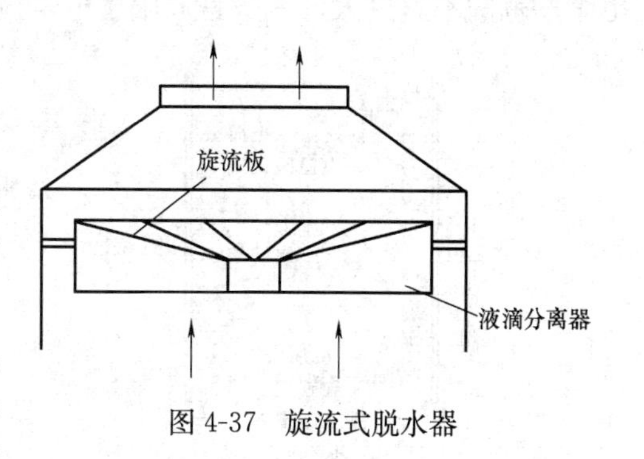

图 4-37　旋流式脱水器

目前国内定型设计的湿式除尘器都设有气液分离装置。试验表明，只要除尘器的实际处理风量在规定的设计范围以内，一般是不会发生“带水”现象的，发生“带水”现象大都是由于风机风量过大引起的。

4.7　电 除 尘 器

电除尘器是利用静电场产生的电力使尘粒从气流中分离的设备。电除尘器是一种干法高效除尘器，它的优点是：

（1）适用于微粒控制，单电场除尘效率可达到 80%～85%，一般采用 3～4 电的场电除尘器，除尘效率可以达到 99.5%以上。

（2）在除尘器内，尘粒从气流中分离的能量，不是供给气流，而是直接供给尘粒。因此，和其他高效除尘器相比，电除尘器的阻力比较低，仅为 100～200Pa。

（3）可以处理高温（在 350℃以下）的气体。

电除尘器的主要缺点是对颗粒物的比电阻有一定要求。

目前电除尘器主要应用于火力发电、冶金、建材等工业部门的烟气除尘和物料回收。

4.7.1　电除尘器的工作原理

（1）气体电离和电晕放电

由于辐射摩擦等原因，空气中含有少量的自由离子，单靠这些自由离子是不可能使含尘空气中的尘粒充分荷电的。因此，电除尘器内必须设置如图 4-38 所示的高压电场，放电极接高压直流电源的负极，集尘极接地为正极，集尘极可以采用平板，也可以采用圆管。在电场作用下，空气中自由离子要向两极移动，电压愈高，离子的运动速度愈快。由于离子的运动，极间形成了电流。开始时，空气中的自由离子少，电流较小。电压升高到一定数值后，放电极附近的离子获得了较高的能量和速度，当它们撞击空气中的中性原子时，中性原子会分解成正、负离子，这种现象称为空气电离。空气电离后，由于连锁反应，在极间运动的离子数大大增加，表现为极间电流（这个电流称为电晕电流）急剧增加，空气成了导体。放电极周围的空气全部电离后，放电极周围可以看见一圈淡蓝色的光环，这个光环称为电晕。因此，这个放电导线被称为电晕极。

在离电晕极较远的地方，电场强度小，离子的运动速度也较小，那里的空气还没有被电离。如果进一步提高电压，空气电离（电晕）的范围逐渐扩大，最后极间空气全部电离，这种现象称为电场击穿。电场击穿时，发生火花放电，电路短路，电除尘器停止工作。电除尘器的电晕电流与电压的关系如图 4-39 所示。为了保证电除尘器的正常运行，电晕的范围不宜过大，一般是局限于电晕极附近。

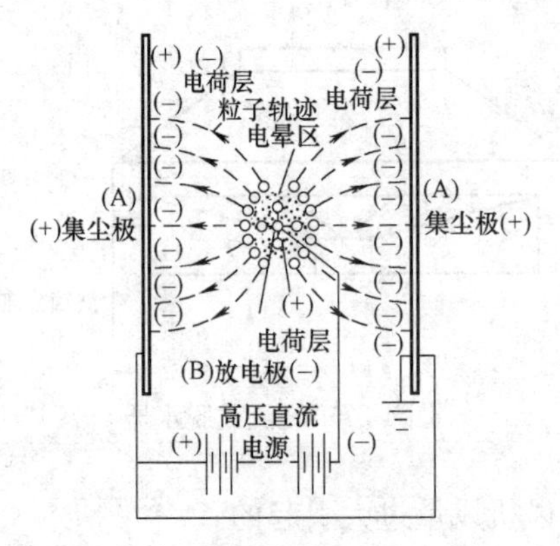

图 4-38　电除尘器的工作原理

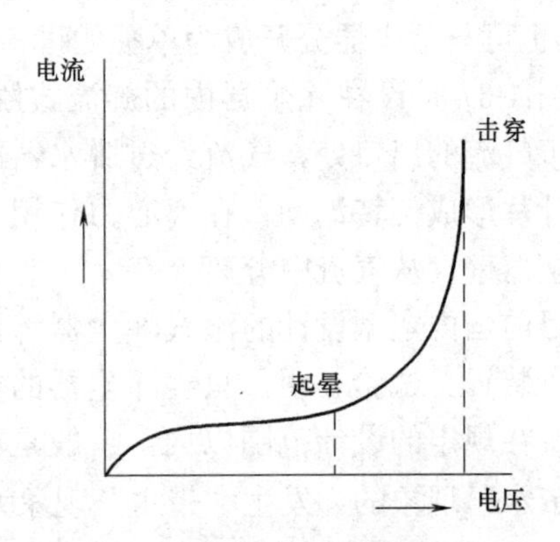

图 4-39　电除尘器的电晕电流变化曲线

如果电场内各点的电场强度是不相等的，这个电场称为不均匀电场。电场内各点的电场强度都是相等的电场称为均匀电场。例如，用两块平板组成的电场就是均匀电场，在均匀电场内，只要某一点的空气被电离，极间空气便全部电离，电除尘器发生击穿。因此，电除尘器内必须设置非均匀电场。

开始产生电晕放电的电压称为起晕电压。对于集尘极为圆管的管式电除尘器在放电极表面的起晕电压按下式计算：

$$V_c = 3\times10^8 mR_1(\delta + 0.03\sqrt{\delta/R_1})\text{In}R_2/R_1 \quad (\text{V}) \tag{4-53}$$

式中　m——放电线表面粗糙度系数，对于光滑表面 $m=1$，对于实际的放电线，表面较粗糙，$m=0.5\sim0.9$；

R_1——放电导线半径，m；

R_2——集尘圆管的半径，m；

δ——相对空气密度。

$$\delta = \frac{T_0}{T}\cdot\frac{P}{P_0} \tag{4-54}$$

式中　T_0、P_0——标准状态下气体的绝对温度和压力；

T、P——实际状态下气体的绝对温度和压力。

从式（4-53）可以看出，起晕电压可以通过调整放电极的几何尺寸来实现。电晕线越细，起晕电压越低。

电除尘器达到火花击穿的电压称为击穿电压。击穿电压除与放电极的形式有关外，还取决于正负极的距离和放电极的极性。

图 4-40 是在电晕极上分别施加正电压和负电压时的电晕电流-电压曲线。从图 4-41 可以看出，由于负离子的运动速度要比正离子大，在同样的电压下，负电晕能产生较高的电晕电流，而且它的击穿电压也高得多。因此，在工业气体净化用的电除尘器中，通常采用稳定性强、可以得到较高操作电压和电流的负电晕极。用于通风空调进气净化的电除尘器，一般采用正电晕极。其优点是产生的臭氧和氮氧化物量较少。

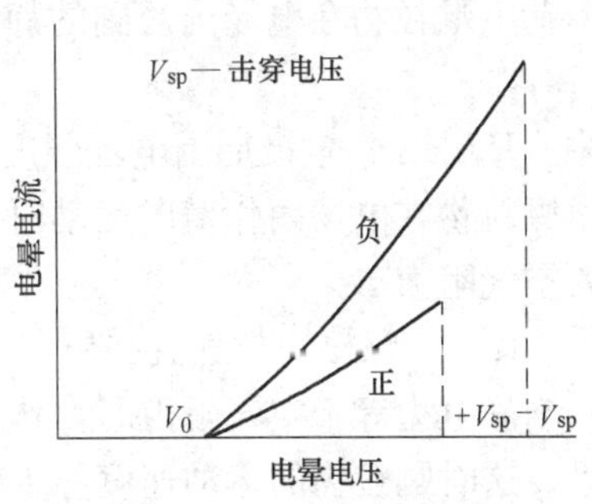

图 4-40　正、负电晕极下的电晕电流-电压曲线

(2) 颗粒物的荷电

电除尘器的电晕范围（也称电晕区）通常局限于电晕线周围几毫米处，电晕区以外的空间称为电晕外区。电晕区内的空气电离后，正离子很快向负（电晕）极移动，只有负离子才会进入电晕外区，向阳极移动。含尘空气通过电除尘器时，由于电晕区的范围很小，只有少量的颗粒物在电晕区通过，获得正电荷，沉积在电晕极上。大多数颗粒物在电晕外区通过，获得负电荷，最后沉积在阳极板上，这就是阳极板称为集尘极的原因。

颗粒物荷电是电除尘过程的第一步。在电除尘器内存在两种不同的荷电机理。一种是离子在静电力作用下做定向运动，与尘粒碰撞，使其荷电，称为电场荷电。另一种是离子的扩散现象导致尘粒荷电，称为扩散荷电。对 $d_c>0.50\mu m$ 的尘粒，以电场荷电为主；对 $d_c<0.20\mu m$ 的颗粒物，则以扩散荷电为主；d_c 介于 $0.20\sim0.50\mu m$ 的颗粒物则两者兼而有之。在工业电除尘器中，通常以电场荷电为主。

在电场荷电时，通过离子与颗粒物的碰撞使其荷电，随颗粒物上电荷的增加，在颗粒物周围形成一个与外加电场相反的电场，其场强越来越强，最后导致离子无法到达颗粒物表面。此时，颗粒物上的电荷已达到饱和。

在饱和状态下颗粒物的荷电量按下式计算：

$$q=4\pi\varepsilon_0\left(\frac{3\varepsilon_p}{\varepsilon_p+2}\right)\frac{d_c^2}{4}E_f \quad (C) \tag{4-55}$$

式中　ε_0——真空介电常数，$\varepsilon_0=8.85\times10^{-12}C/(N\cdot m^2)$；

d_c——颗粒物粒径，m；

E_f——放电极周围的电场强度，V/m；

ε_p——颗粒物的相对介电常数。

ε_p 与颗粒物的导电性能有关。对导电材料 $\varepsilon_p=\infty$；绝缘材料 $\varepsilon_p=1$；金属氧化物 $\varepsilon_p=12\sim18$；石英 $\varepsilon_p=4.0$。

从上式可以看出，影响颗粒物荷电的主要因素是尘粒直径 d_c、相对介电常数 ε_p 和电场强度。

(3) 收尘

对电除尘器内尘粒的运动和捕集进行理论分析，依赖于气体流动的模型。最简单的情况是假设含尘气体在电除尘器内作层流运动。在这种情况下，颗粒物的移动速度可以根据经典力学和电学定律求得。

1）驱进速度

荷电颗粒物在电场内受到的静电力为：

$$F=qE_y \quad (\mathrm{N}) \tag{4-56}$$

式中 E_y——集尘极周围电场强度，V/m。

颗粒物在电场内作横向运动时，要受到空气的阻力，当 $Re_c \leqslant 1$ 时，

空气阻力

$$P=3\pi\mu d_c w \quad (\mathrm{N}) \tag{4-57}$$

式中 w——颗粒物与气流在横向的相对运动速度，m/s。

当静电力等于空气阻力时，作用在颗粒物上的外力之和等于零，颗粒物在横向作等速运动。这时颗粒物的运动速度称为驱进速度。

驱进速度

$$w=\frac{qE_1}{3\pi\mu d_c} \quad (\mathrm{m/s}) \tag{4-58}$$

把式（4-55）代入上式，得：

$$w=\frac{\varepsilon_0 \varepsilon_p d_c E_t E_f}{(\varepsilon_p+2)\mu} \quad (\mathrm{m/s}) \tag{4-59}$$

对 $d_c \leqslant 5\mu m$ 的颗粒物，上式应进行修正。

$$w=k_c \frac{\varepsilon_0 \varepsilon_p d_c E_y E_f}{(\varepsilon_p+2)\mu} \quad (\mathrm{m/s}) \tag{4-60}$$

式中 k_c——库宁汉滑动修正系数。

为简化计算，可近似认为，

$$E_f=E_y=U/B=E_p \quad (\mathrm{V/m})$$

式中 U——电除尘器工作电压，V；

B——电晕极至集尘极的间距，m；

E_p——电除尘器的平均电场强度，V/m。

因此，有

$$w=k_c \frac{\varepsilon_0 \varepsilon_p d_c E_p^2}{(\varepsilon_p+2)\mu} \quad (\mathrm{m/s}) \tag{4-61}$$

从式（4-61）可以看出，除尘器的工作电压 U 愈高，电晕极至集尘极的距离 B 愈小，电场强度 E 愈大，颗粒物的驱进速度 w 也愈大。因此，在不发生击穿的前提下，应尽量采用较高的工作电压。影响电除尘器工作的另一个因素是气体的动力黏度 μ，μ 值是随温度的增加而增加的，因此烟气温度增加时，颗粒物的驱进速度和除尘效率都会下降。

式（4-58）是在 $Re_c \leqslant 1$、颗粒物的运动只受静电力的影响这两个假设下得出的。实际的电除尘器内都有不同程度的紊流存在，它们的影响有时要比静电力大得多。另外还有许多其他的因素没有包括在式（4-61）中，因此，式（4-61）仅用作定性分析。

2）除尘效率方程式（多依奇方程式）

电除尘器的除尘效率与颗粒物性质、电场强度、气流速度、气体性质及除尘器结构等因素有关。严格地从理论上推导除尘效率方程式是困难的，因此在推导过程中作以下假设：

① 电除尘器断面上有两个区域，集尘极附近的层流边界层和几乎占有整个断面的紊流区。

② 颗粒物运动受紊流的控制，整个断面上的浓度分布是均匀的。

③ 在边界层颗粒物具有垂直于壁面的分速度 w。

④ 忽略电风、气流分布不均匀、二次返混等因素的影响。

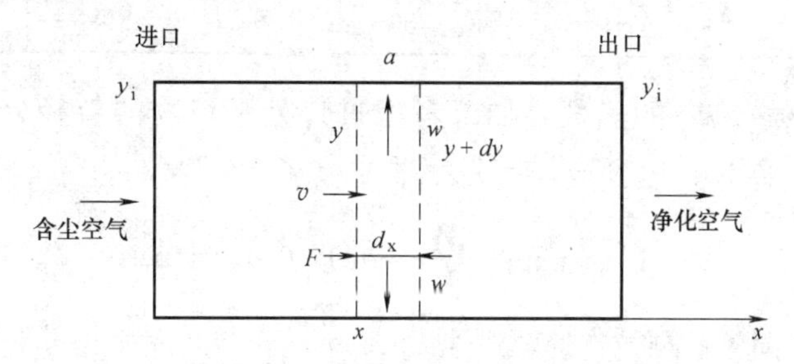

图 4-41 除尘效率方程式推导示意图

如图 4-41 所示，设气体和颗粒物在水平方向的流速为 v（m/s）；除尘器内某一断面上气体含尘浓度为 y（g/m^3）；气流运动方向上每单位长度集尘极的集尘面积为 a（m^2/m）；气流运动方向上除尘器的横断面积为 F（m^2）；电场长度为 l（m）；某粒径尘粒的驱进速度为 w（m/s）。

在 $\mathrm{d}\tau$ 时间内，在 $\mathrm{d}x$ 空间捕集的粉尘量为

$$\mathrm{d}m=a(\mathrm{d}x)w\mathrm{d}\tau y=-F(\mathrm{d}x)\mathrm{d}y \tag{4-62}$$

把 $\mathrm{d}x=v\mathrm{d}\tau$ 代入上式，则：

$$a(\mathrm{d}x)w\mathrm{d}\tau y=-Fv\mathrm{d}\tau\mathrm{d}y$$

$$\frac{aw}{Fv}(\mathrm{d}x)=-\frac{\mathrm{d}y}{y}$$

对上式两边进行积分，得：

$$\frac{aw}{Fv}\int_0^l\mathrm{d}x=-\int_{y_1}^{y_2}\frac{\mathrm{d}y}{y}$$

$$\frac{aw}{Fv}l=-\ln\frac{y_2}{y_1}$$

$$e^{-\frac{awl}{Fv}}=y_2/y_1 \tag{4-63}$$

式中 y_1——除尘器进口处某粒径含尘浓度，g/m^3；

y_2——除尘器出口处某粒径含尘浓度，g/m^3。

将 $Fv=L$、$al=A$ 代入上式，则：

$$e^{-\frac{A}{L}w}=y_2/y_1$$

式中 L——除尘器处理风量，m^3/s；

A——集尘极总的集尘面积，m^2。

对某粒径的除尘效率，即分级效率为（见表 4-6）：

$$\eta_i=1-y_2/y_1=1-\exp\left[-\frac{A}{L}w\right] \tag{4-64}$$

不同$\left(\frac{A}{L}w\right)$值下的除尘效率　　表 4-6

$\frac{A}{L}w$	0	1.0	2.0	2.3	3.0	3.91	4.61	6.91
η(%)	0	63.2	86.5	90	95	98	99	99.9

驱进速度 w 是粒径 d_c 的函数，如果考虑进口处颗粒物的粒径分布，则上式可改写为：

$$\eta = 1 - \int_0^\infty \exp\left[-\frac{A}{L}w(d_c)\right]f(d_c)\mathrm{d}(d_c) \tag{4-65}$$

式中　$w(d_c)$——不同粒径颗粒物的驱进速度；

$f(d_c)$——除尘器进口处颗粒物的粒径分布函数。

式（4-64）是在一系列假设的前提下得出的，和实际情况并不完全相符。但是它给我们提供了分析、估计和比较电除尘器效率的基础。从该式可以看出，在除尘效率一定的情况下，除尘器尺寸和颗粒物驱进速度成反比，和处理风量成正比；在除尘器尺寸一定的情况下，除尘效率和气流速度成反比。

3）有效驱进速度

式（4-64）在推导过程中忽略了气流分布不均匀、颗粒物性质、振打清灰时的二次扬尘等因素的影响，因此理论效率值要比实际值高。为了解决这一矛盾，提出有效驱进速度的概念。

所谓有效驱进速度就是根据某一除尘器实际测定的除尘效率和它的集尘极总面积 A、气体流量 L，利用式（4-64）倒算出驱进速度，把这个速度称为有效驱进速度 w_e。在有效驱进速度中包含了颗粒物粒径、气流速度、气体温度、颗粒物比电阻、颗粒物层厚度、电极形式、振打清灰时的二次扬尘等因素。因此，有效驱进速度要通过大量的经验积累，它的数值与理论驱进速度相差较大。表 4-7 是某部门实测的有效驱进速度值。

某些颗粒物的有效驱进速度 w_e　　表 4-7

颗粒物种类	w_e(cm/s)	颗粒物种类	w_e(cm/s)
锅炉飞灰	8.0～12	镁砂	4.7
水泥	9.5	氧化锌、氧化铅	4.0
铁矿烧结颗粒物	6.0～20	石膏	20
氧化亚铁	7.0～22	氧化铝熟料	13
焦油	8.0～23	氧化铝	6.4
平炉	5.7		

4.7.2　电除尘器的结构

在工业除尘器中，最广泛采用的是板式电除尘器，如图 4-42 所示。它是由本体和供电源两部分组成。本体包括除尘器壳体、灰斗、放电极、集尘极、气流分布装置、振打清灰装置、绝缘子及保温箱等等。

（1）集尘极

对集尘极板的基本要求是：

1）板面场强分布和板面电流分布要尽可能均匀；

2）防止二次扬尘的性能好。在气流速度较高或振打清灰时产生的二次扬尘少；

3）振打性能好。在较小的振打力作用下，在板面各点能获得足够的振打加速度，且分布较均匀；

4）机械强度好（主要是刚度）、耐高温和耐腐蚀。具有足够的刚度才能保证极板间距及极板与极线的间距的准确性；

5）消耗钢材少，加工及安装精度高。极板用厚度为 1.2～2.0mm 的钢板在专用轧机上轧制而成，它可以有各种断面形状（见图 4-43）。

极板高度一般为 2.0～15m。每个电场的有效电场长度一般为 3.0～4.5m，由多块极板拼装而成。

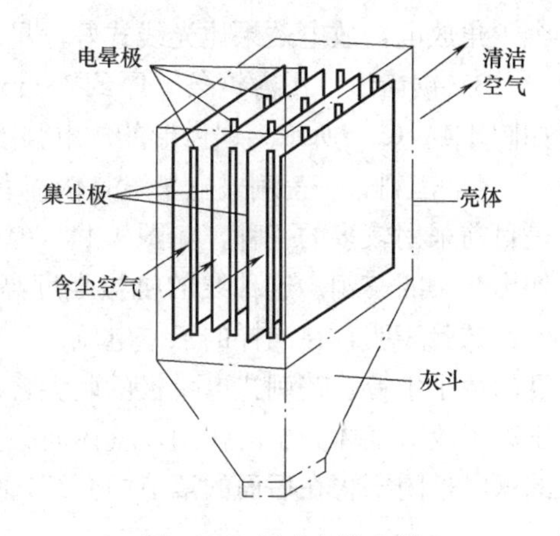

图 4-42 板式电除尘器

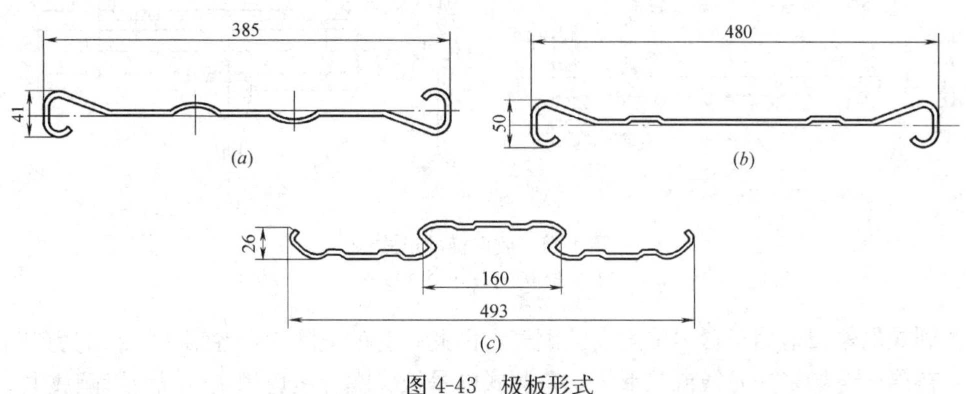

图 4-43 极板形式

(a) Z 形电极；(b) C 形电极；(c) CS 形电极

在常规电除尘器中，集尘极板的间距通常采用 300mm。宽间距电除尘器的极板间距一般为 400～600mm。对宽间距电除尘器研究结果表明，加大极板间间距，增大了绝缘距离，可以抑止电场火花放电；同时可以提高电除尘器的工作电压，增大颗粒物的驱进速度；另外还可使电极的安装维修较为方便。在处理相同烟气量，达到同样除尘效率的条件下，它所需的集尘极板面积也会相应减小。根据目前的试验研究，采用 400mm 为好，其工作电压为 120～80kV。这种除尘器目前已在电站、水泥等行业应用。

（2）放电极（电晕极）

对放电极的基本要求为：

1）放电性能好（起晕电压低、击穿电压高、电晕电流强）；

2）机械强度高、耐腐蚀、耐高温、不易断线；

3）清灰性能好。振打时，颗粒物易于脱落，不产生结瘤和肥大现象。

放电极的形式很多，主要有以下几种：

1）圆形　采用直径为 1.5～2.5mm 的高强镍铬合金制作，上部悬挂在框架上，下部用重锤保持其垂直位置。圆形线也可做成螺旋弹簧形，上、下部都固定在框架上，由于导线保持一定的张力，放电线处于绷紧状态。

2）星形　它是用 4.0～6.0mm 的圆钢冷拉成星形断面的导线。它利用极线全长的四个尖角放电，放电效果比光线式好。星形线容易粘灰，适用于含尘浓度低的烟气。

3）锯齿形　用薄钢条（厚约 1.5mm）制作，在其两侧冲出锯齿，形成锯齿形电极，如图 4-44（*a*）所示。锯齿形的放电强度高，是应用较多的一种放电极。

4）芒刺式　芒刺式电晕线是依靠芒刺的尖端进行放电。形成芒刺的方式很多，R-S 是目前采用较多的一种，如图 4-44（*b*）所示，它是以直径为 20mm 的圆管作支撑，两侧伸出交叉的芒刺。这种线的机械强度高，放电强。芒刺式采用点放电代替极线全长的放电。试验表明，在同样的工作电压下，芒刺式的电晕电流要比星形线大，有利于捕集高浓度的微小尘粒。芒刺式电晕极的刺尖会产生强烈的离子流，增大了电除尘器内的电风（由于离子流对气体分子的作用，气体向集尘极的运动称为电风），这对减小电晕闭塞是有利的（电晕闭塞将在后面的章节中介绍）。

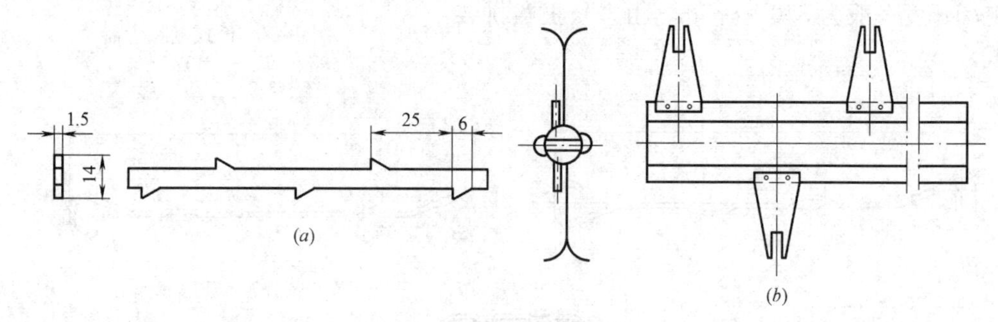

图 4-44　放电极的形式

（*a*）锯齿形；（*b*）R-S 线

芒刺式电晕极适用于含尘浓度高的烟气，因此，有的电除尘器在第一、二电场采用芒刺式，在第三电场采用光线或星形线。芒刺式电晕极尖端应避免积尘，以免影响放电。

极线间距通常取通道宽度的 0.50～0.65 倍，对常规电除尘器可取 160～200mm。芒刺式的间距一般为 50～100mm。

集尘极和电晕极的制作、安装质量对电防尘器的性能有很大影响，安装前极板、极线必须调直，安装时要严格控制极距，偏差不得大于 5.0mm。如果个别地点极距偏小，会首先发生击穿。

（3）振打清灰装置

沉积在电晕极和集尘极上的颗粒物必须通过振打及时清除，电晕极上积灰过多，会影响放电。集尘极上积灰过多，会影响尘粒的驱进速度，对于高比电阻颗粒物还会引起反电晕。及时清灰是防止反电晕的措施之一。振打的方式有锤击振打、电磁振打等多种形式，目前常用的是锤击振打。

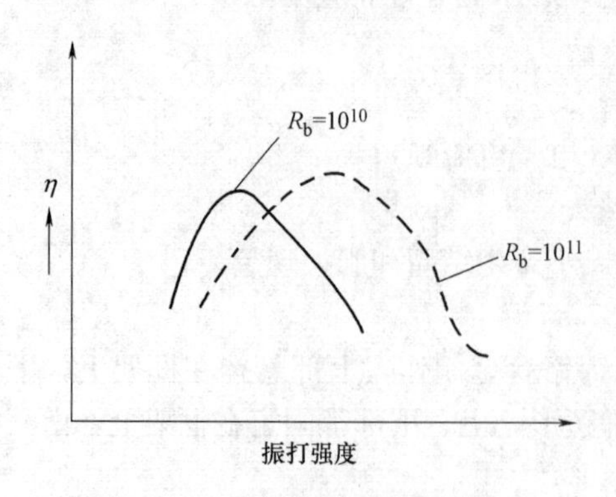

图 4-45　振打强度与效率的关系

振打频率和振打强度必须在运行过程中调整。振打频率高、强度大，积聚在极板上的颗粒物层薄，振打后颗粒物会以粉末状下落，容易产生二次飞扬。振打频率低、强度弱，极板上积聚的颗粒物层较厚，大块颗粒物会因自重高速下落，也会造成二次飞扬。振打强度还与颗粒物的比电阻有关，高比电阻颗粒物应采用较高的振打强度。图 4-45 是振打强度与效率的关系曲线。

(4) 气流分布装置

电除尘器中气流分布的均匀性对除尘效率有较大影响。除尘效率与气流速度成反比，当气流速度分布不均匀时，流速低处增加的除尘效率远不足以弥补流速高处效率的下降，因而总的效率是下降的。

评定气流分布均匀程度的方法很多，常采用均方根差法。

除尘器内各测点的算术平均速度为：

$$v_p = \frac{1}{m \cdot n}\sum_{i}^{n}\sum_{y}^{m} v_{ij} \quad (\text{m/s}) \tag{4-66}$$

式中 v_{ij}——各测点的气流速度，m/s；

m、n——在水平和垂直方向上气流速度的测点数。

气流速度的均方根差

$$\sigma = \left[\frac{1}{m \cdot n}\sum_{i}^{n}\sum_{y}^{m}\left(\frac{v_{ij} - v_p}{v_p}\right)^2\right]^{\frac{1}{2}} \tag{4-67}$$

实际的 σ 值大约在 10%～50%之间，$\sigma<10\%$的最佳，$\sigma<15\%$是好的，$\sigma=25\%$是边界值，$\sigma>25\%$是不允许的。

气流分布的均匀程度与除尘器进出口的管道形式及气流分布装置的结构有密切关系。在电除尘器的安装位置不受限制时，气流经渐扩管进入除尘器，然后再经 1～2 块平行的气流分布板进入除尘器电场。在这种情况下，气流分布的均匀程度取决于扩散角和分布板结构。除尘器安装位置受到限制，需要采用直角入口时，可在气流转弯处加设导流叶片，然后再经分布板进入除尘器，如图 4-46 所示。

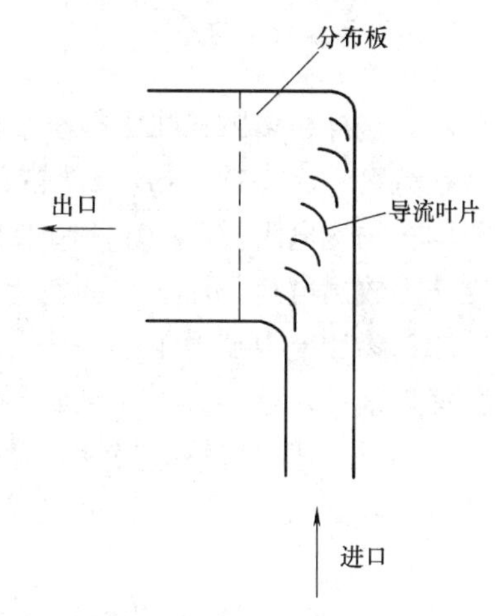

图 4-46 设导流叶片的分布板

气流分布板有多种形式，常用的是圆孔形气流分布板，采用 3.0～5.0mm 钢板制作，孔径约为 40～60mm，开孔率为 50%～65%。

4.7.3 电除尘器的供电装置

电除尘器的供电装置包括三部分：

(1) 升压变压器。它将工频为 380V 或 220V 交流电压升到除尘器所需的高电压，通常工作电压为 50～60kV。增大极板间距，要求的电压也相应增高。

(2) 整流器。它将高压交流电变为直流电，目前都采用半导体硅整流器。

(3) 控制装置。电除尘器中烟气的温度、湿度、烟气量、烟气成分及含尘浓度等工况是经常变化的，这些变化直接影响到电压、电流的稳定性。因而要求供电装置随着烟气工况的改变而自动调整电压的高、低（称之为自动调压），使工作电压始终在接近于击穿电压下工作，从而保证除尘器的高效稳定运行。

目前采用的自动调压的方式有：火花频率控制、火花积分值控制、平均电压控制、定电流控制等。

4.7.4 颗粒物的比电阻

颗粒物的比电阻是评定颗粒物导电性能的一个指标。某一物质在某一温度下的电阻为：

$$R=R_{b}\frac{l}{A}\quad(\Omega)\tag{4-68}$$

式中 R_b——比电阻（或称电阻率），$\Omega\cdot cm$；

l——长度，cm；

A——横断面积，cm^2。

从上式可以看出，某一物质的比电阻就是长度和横断面积各为1时的电阻。

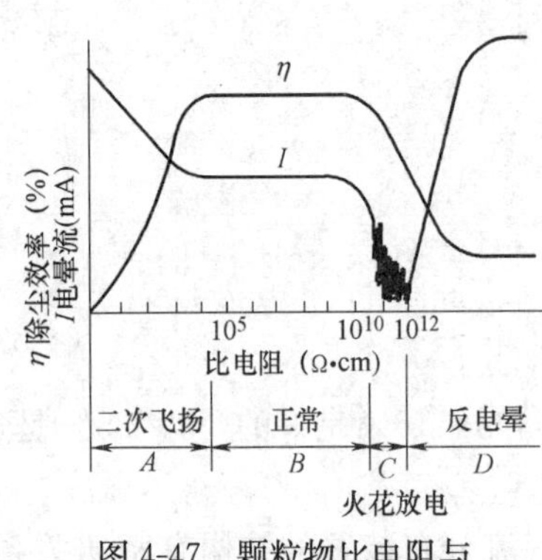

图4-47 颗粒物比电阻与除尘效率的关系

沉积在集尘极上的颗粒物层的比电阻对电除尘器的有效运行具有显著影响，比电阻过大（$R_b>10^{11}\sim10^{12}\Omega\cdot cm$）或过小（$R_b<10^4\Omega\cdot cm$）都会降低除尘效率。颗粒物比电阻与除尘效率的关系如图4-47所示。

比电阻低于$10^4\Omega\cdot cm$称为低阻型。这类颗粒物有较好的导电能力，荷电尘粒到达集尘极后，会很快放出所带的负电荷，同时由于静电感应获得与集尘极同性的正电荷。如果正电荷形成的斥力大于颗粒物的粘附力，沉积的尘粒将离开集尘极重返气流。尘粒在空间受到负离子碰撞后又重新获得负电荷，再向集尘极移动。这样很多颗粒物沿极板表面跳动前进，最后被气流带出除尘器。用电除尘器处理金属颗粒物、炭黑颗粒物，石墨颗粒物都可以看到这一现象。

颗粒物比电阻位于$10^4\sim10^{11}\Omega\cdot cm$的称为正常型。这类颗粒物到达集尘极后，会以正常速度放出电荷。对这类颗粒物，电除尘器一般都能获得较好的效果。

颗粒物比电阻超过$10^{11}\sim10^{12}\Omega\cdot cm$的称为高阻型。高比电阻颗粒物到达集尘极后，电荷释放很慢，这样集尘极表面逐渐积聚了一层荷负电的颗粒物层。由于同性相斥，使随后尘粒的驱进速度减慢。另外，随颗粒物层厚度的增加，在颗粒物层和极板之间形成了较大的电压降ΔU。

$$\Delta U=jR_{b}\delta\quad(V)\tag{4-69}$$

式中 j——通过颗粒物层的电晕电流密度，A/cm^2；

δ——颗粒物层厚度，cm。

在颗粒物层内部包含着许多松散的空隙，形成了许多微电场。随着ΔU的增大，局部地点微电场击穿，空隙中的空气被电离，产生正、负离子。ΔU继续增高，这种现象会从颗粒物层内部空隙发展到颗粒物层表面，大量正离子被排斥，穿透颗粒物层流向电晕极。在电场内它们与负离子或荷负电的尘粒接触，产生电性中和。大量中性尘粒由气流带出除尘器，使除尘效果急剧恶化，这种现象称为反电晕。

克服高比电阻影响的方法有：加强振打，使极板表面尽可能保持清洁；改进供电系统，包括采用脉冲供电和有效的自控系统；增加烟气湿度，或向烟气中加入SO_3、NH_3及Na_2CO_3等化合物，使尘粒导电性增加，这种方法称为烟气调质。图4-48中给出了烟

气中 SO_3 浓度与电除尘器效率关系。表 4-8 给出了国外电站 SO_3 含量与电除尘器实际使用的结果。

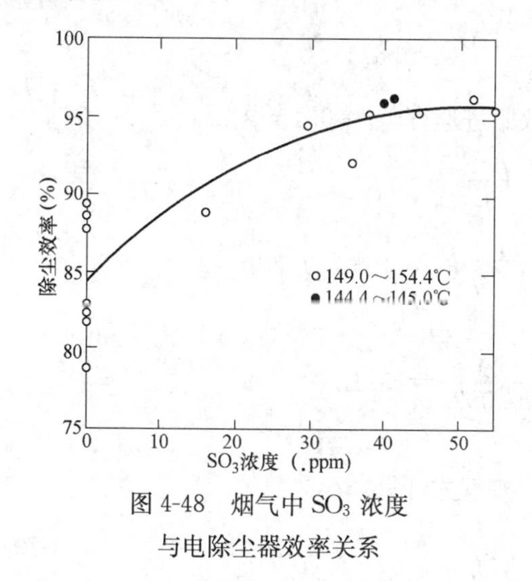

图 4-48　烟气中 SO_3 浓度与电除尘器效率关系

喷入 SO_3 对燃煤电站电除尘器效率的影响　　**表 4-8**

煤中含硫量（%）	喷入 SO_3 量（ppm）	除尘效率（%）	
		原有	喷 SO_3
0.47	10	85	99.63
0.5	10	65	98.00
0.5	20	79.3	99.37
1.0	10	94.1	98.25
1.0	15	94.1	99.20
1.0	20	94.1	99.55

烟气的温度和湿度是影响颗粒物比电阻的两个重要因素。图 4-49 是不同温度和含湿量下，铅鼓风炉烟尘的比电阻。从该图可以看出，温度较低时，颗粒物的比电阻是随温度升高而增加的，比电阻达到某一最大值后，又随温度的增加而下降。这是因为在低温的范围内，颗粒物的导电是在表面进行的，电子沿颗粒物表面的吸附层（如水蒸气或其他吸附层）传送。温度低、颗粒物表面吸附的水蒸气多，因此，表面导电性好、比电阻低。随温度升高，颗粒物表面吸附的水蒸气因受热蒸发，比电阻逐渐增加。在低温的范围内，如果在烟气中加入 SO_3、NH_3 等，它们也会吸附在颗粒物表面，使比电阻下降，这些物质称为比电阻调节剂。温度较高时，颗粒物的导电是在内部进行的，随着温度的升高，颗粒物内部会发生电子的热激发作用，使比电阻下降。

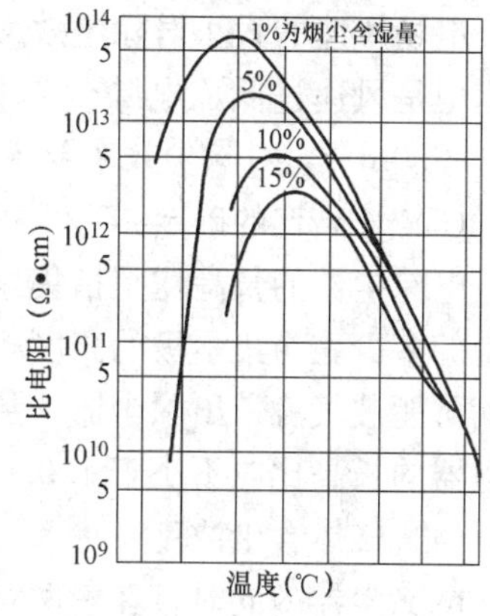

图 4-49　铅鼓风炉烟尘比电阻与温度的关系

从图 4-49 中还可以看出，在低温的范围内，颗粒物的比电阻是随烟气含湿量的增加而下降的，温度较高时，烟气的含湿量对比电阻基本上没有影响。

从以上的分析可以看出，可以通过以下途径降低颗粒物比电阻：

（1）选择适当的操作温度；

（2）增加烟气的含湿量；

（3）在烟气中加入调节剂（SO_3、NH_3 等）。

4.7.5　电除尘器设计中的有关问题

（1）集尘极面积的确定

电除尘器所需的集尘面积可按式（4-64）计算确定。

【例 4-2】　某电除尘器的处理风量 $L=80m^3/s$，烟气的起始含尘浓度 $y_1=15g/m^3$，

要求排放浓度 y_2 应小于 50mg/m³。计算必需的集尘面积。

【解】

要求的除尘效率 $$\eta=\frac{y_1-y_2}{y_1}=\frac{15\times10^3-150}{15\times10^3}=99.67\%$$

参考同类型除尘器的测定结果，尘粒的有效驱进速度 $w_e=0.1$m/s。

$$\eta=1-\exp\left[-\frac{Aw_e}{L}\right]$$

$$\frac{Aw_e}{L}=\ln\frac{1}{1-\eta}$$

集尘极的集尘面积

$$A=\frac{L}{w_e}\ln\frac{1}{1-\eta}=\frac{80}{0.1}\ln\frac{1}{0.0033}=4571\text{m}^2$$

（2）电场风速

电除尘器内气体的运动速度称为电场风速，按下式计算：

$$v=\frac{L}{F}\quad(\text{m/s})\tag{4-70}$$

式中 F——电除尘器横断面积，m²。

电场风速的大小对除尘效率有较大影响，风速过大，容易产生二次扬尘，除尘效率下降。但是风速过低，电除尘器体积大，投资增加。根据经验，电场风速最高不宜超过1.5～2.0m/s，对除尘效率要求高的除尘器不宜超过1.0～1.5m/s。

（3）长高比的确定

电除尘器的长高比是指集尘极板的有效长度与高度之比。它直接影响振打清灰时二次扬尘的多少。与集尘极的高度相比，如果集尘极板的长度不够，部分下落颗粒物在到达灰斗前可能被气流带出除尘器，从而降低了除尘效率。因此，当要求除尘效率大于99%时，除尘器的长高比应不小于1.0～1.5。

（4）气体含尘浓度

电除尘器内同时存在着两种电荷，一种是离子的电荷，一种是带电颗粒物的电荷。离子的运动速度较高，约为60～100m/s，而带电颗粒物的运动速度却是较低的，一般在60cm/s以下。因此含尘气体通过电除尘器时，单位时间转移的电荷量要比通过清洁空气时少，即这时的电晕电流小。如果气体的含尘浓度很高，电场内悬浮大量的微小尘粒，会使电除尘器的电晕电流急剧下降，严重时可能会趋近于零，这种情况称为电晕闭塞。为了防止电晕闭塞的产生，处理含尘浓度较高的气体时，必须采取措施，如提高工作电压，采用放电强烈的电晕极，增设预净化设备等。

4.7.6 静电强化的除尘器

近年来还研制出多种新型的复合机理除尘器，如静电袋式除尘器、静电湿式除尘器、静电旋风除尘器、静电颗粒层除尘器等，其中有的已经在生产中应用。

（1）静电强化袋式除尘器

利用静电强化袋式除尘器，可降低除尘器阻力、增大处理风量、提高除尘效率。

目前采用的形式有以下几种：

1）预荷电袋式除尘器。在颗粒物进入袋式除尘器之前用预荷电器使颗粒物荷电。预荷电器可以采用不同的形式，例如在入口管道中心设高压放电极。

2）预荷电脉冲除尘器（Apitron 除尘器）。在脉冲袋式除尘器每条滤袋的下部串接一短管荷电器，其中心为放电极，气流通过短管时尘粒荷电，再进入到滤袋内。滤袋清灰时，压缩空气喷入袋内，以清除滤袋上的积灰，并吹扫短管荷电器的放电极和收尘表面。

3）表面电场的袋式除尘器。它是利用每条滤袋中的骨架竖条间隔作正、负极，这样沿滤袋表面形成电场。气流通过滤袋时，在电场力和过滤双重机理作用下，使细小颗粒物捕集。

（2）静电强化的湿式除尘器

用静电强化湿式除尘器，主要有三种方式：

1）尘粒与水滴均荷电，但极性不同。在两者之间产生静电力，加强水滴与尘粒的接触，使颗粒物加湿，凝聚成更大的颗粒，便于捕集。

2）尘粒荷电，水滴为中性。当荷电尘粒接近水滴时，使后者产生镜像感应电荷。在两者间产生吸引力（镜象力），使尘粒与水滴接触。

3）水滴荷电，尘粒为中性。当两者接近时同样会产生镜像感应电荷，在镜像力作用下，使尘粒加湿、凝聚。

静电强化的湿式除尘器的结构形式很多，主要是在传统的除尘器中加以应用，例如在通常的喷淋塔中，可以在入口加电晕荷电器，使尘粒荷电，有的则在喷嘴上通过感应效应，使水滴荷电。

（3）静电强化的旋风除尘器

利用静电强化的旋风除尘器通常在旋风除尘器中心设置放电极，利用筒体的外壁和排出管的管壁作为集尘极。在静电力的作用下，可以使尘粒获得较大的向外的径向速度，有利于尘粒的捕集。试验研究表明，静电旋风除尘器的除尘效率较不设静电的有较大提高。在静电旋风除尘器中，有一个最佳的进口速度，使静电力和离心力的作用得到最佳组合。

4.7.7 电袋复合式除尘器

电袋复合式除尘器是一种将电除尘机理与袋式除尘过滤机理结合的除尘设备。当烟气通过电场时，烟气中 80%～90%的颗粒物被电场收集，剩下 10%～20%的颗粒物随烟气进入滤袋。这样，袋式除尘器的清灰周期显著加长，可以降低滤袋机械损伤。颗粒物在电场中荷电后除去粗尘，剩下的细尘可在电场中被极化后进入滤袋。电袋复合除尘器充分利用了电除尘器电场捕集颗粒物绝对量大和荷电颗粒物的过滤除尘机制优势，使得袋式除尘器的滤袋颗粒物负荷大大降低、阻力减少、清灰频次显著下降，从而使袋式除尘效率高、颗粒物特性适应性强的特点得到进一步发挥，最终使系统性能达到优化。

目前常采用的形式有以下几种：

（1）电袋分离串联式

该类电袋除尘器，采用静电除尘除去烟气中的粗颗粒烟尘，起到预除尘作用，减少袋式除尘清灰频率。袋式除尘除去剩余颗粒物，起到除尘达标作用。它主要用于现有未达标排放的静电除尘器改造。

图 4-50 表示的是电袋分离串联一体式示意图，它的前区设置电场，后区设置滤袋。由于静电除尘器采用负电高压电晕空气，要产生 O_3，后区设置的袋式除尘滤料要注意 O_3 及其衍生物的作用。

如果 O_3 对后置滤料具有氧化腐蚀作用，不宜采用多电场预除尘。或者根据 O_3 易快速还原为 O_2 的特点，在采用电袋除尘器组合的方式时避免 O_3 直接作用。图 4-51 表示的是电袋分离串联组合式除尘器示意图，它采用前设单电场静电除尘器，后面串联袋式除尘器，二者用管道连接。

(2) 电袋一体式

图 4-50　电袋分离串联一体式除尘器示意图

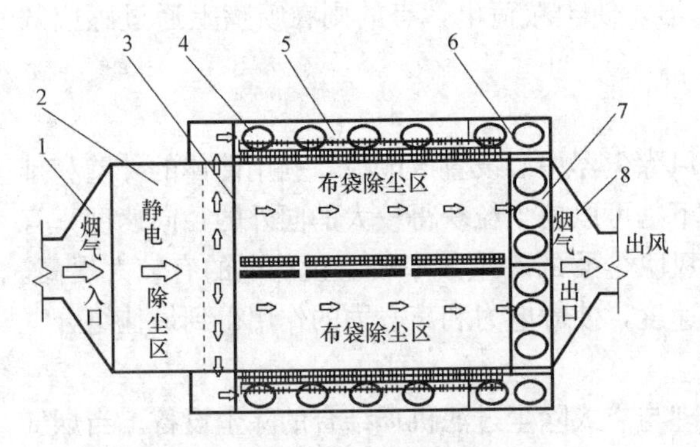

图 4-51　电袋分离串联除尘器示意图

1—喇叭进气口；2—第一静电场；3—电—袋隔板；4—提升阀；5—进气通道；6—旁通阀；7—排气烟道；8—喇叭出气口

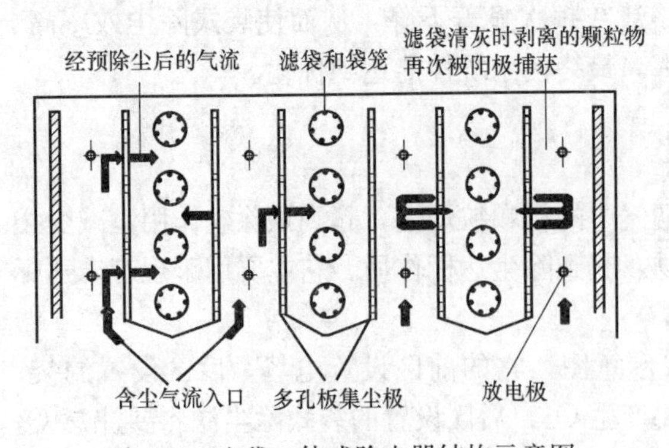

图 4-52　电袋一体式除尘器结构示意图

这种形式又称嵌入式电袋复合除尘器，即对每个除尘单元，在电除尘中嵌入滤袋结构，电除尘电极与滤袋交错排列，结构形式如图 4-52 所示。

4.8　进气净化用空气过滤器

4.8.1　空气过滤器的用途及分类

空气过滤器主要用于进气净化，除去其中的颗粒物。此外，某些生产过程的排气中含有细小的污染物质(如放射性物质、油雾等)，这类净化虽然属于排气净化，由于它净化要求高，也需采用空气过滤器。

进气净化的特点是处理空气中含尘浓度低、微细颗粒物多，要求的净化效率高。根据净化效率的不同，空气过滤器的分类及性能如表 4-9 所示。

4.8.2　典型空气过滤器的结构

(1) 泡沫塑料过滤器

泡沫塑料过滤器采用聚乙烯或聚酯泡沫塑料作过滤层。泡沫塑料要预先进行化学处理，把内部气孔薄膜穿透，使其具有一系列连通的孔隙。含尘气流通过时，由于惯性、扩散等作用，颗粒物粘附于孔壁上，使空气得到净化。泡沫塑料的内部结构类似于丝瓜筋，孔径约为 200～300μm。

泡沫塑料不能和丙酮、丁酮、醋酸乙酯、四氯化碳、乙醚等有机溶剂接触，否则容易膨胀损坏。可以耐弱酸弱碱，汽油、机器油、润滑油等对其没有影响。

空气过滤器的分类及性能 **表 4-9**

<table>
<tr><th colspan="2" rowspan="2">过滤器型式</th><th colspan="2">过滤效率①</th><th rowspan="2">阻力
(Pa)</th><th rowspan="2">容尘量
(g/m²)</th><th rowspan="2">备　注</th></tr>
<tr><th>粒径(μm)</th><th>(%)</th></tr>
<tr><td rowspan="4">一般通风用过滤器</td><td>粗效过滤器</td><td>≥5.0</td><td>20～80</td><td>≤50</td><td>500～2000</td><td>过滤速度以 m/s 计，通常小于 2m/s</td></tr>
<tr><td>中效过滤器</td><td>≥1.0</td><td>20～70</td><td>≤80</td><td rowspan="2">300～800</td><td rowspan="2">滤料实际面积与迎风面积之比在 10～20 以上，滤速以 dm/s 计</td></tr>
<tr><td>高中效过滤器</td><td>≥1.0</td><td>70～98</td><td>≤100</td></tr>
<tr><td>亚高效过滤器</td><td>≥0.5</td><td>95～99.9</td><td>≤120</td><td>70～250</td><td>滤料实际面积与迎风面积之比在 20～40 以上滤速以 cm/s 计</td></tr>
<tr><td colspan="2">高效过滤器</td><td>0.3</td><td>>99.97</td><td>200～250</td><td>50～70</td><td>滤料实际面积与迎风面积之比在 50～60 以上，滤速以 cm/s 计，通常<2cm/s</td></tr>
</table>

注：① 一般过滤器采用大气尘计数法，高效过滤器采用 DOP 法。

根据结构可以分为箱式泡沫塑料过滤器和卷挠式泡沫塑料过滤器。图 4-53 为箱式泡沫塑料过滤器，它由金属框架和泡沫塑料滤料组成。泡沫塑料滤料在箱体内作成折叠式(用铅丝作支架)，以扩大过滤面积，增大每一单体的过滤风量。每一单体的过滤风量为 200～400m³/h。泡沫塑料层的厚度为 10～15mm。含尘空气通过滤料后，颗粒物积聚于滤料层内，虽然净化效率有所提高，但阻力也升高。当阻力达到额定值时（一般为 200Pa），将泡沫塑料滤料取下，用水清洗，凉干后再用。清洗后滤料性能有所降低。

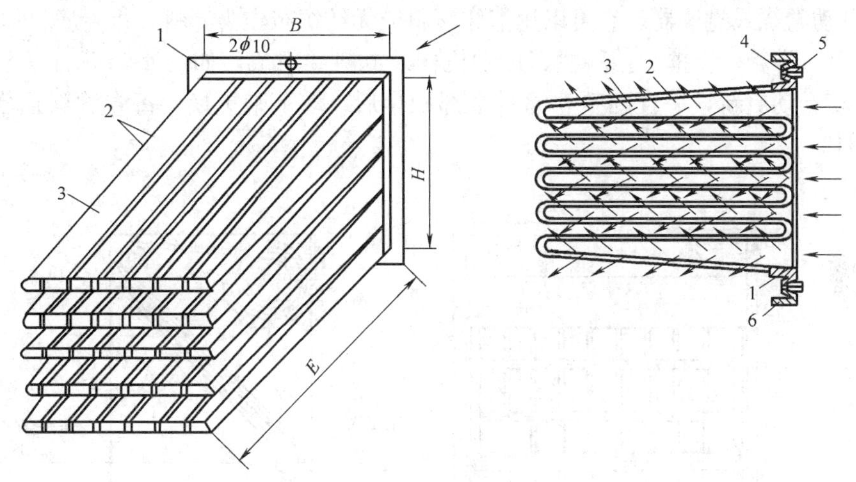

图 4-53　箱式泡沫塑料过滤器

1—边框；2—铁丝支撑；3—泡沫塑料过滤层；4—螺栓；5—螺母；6—现场安装框架

(2) 纤维填充式过滤器

纤维填充式过滤器由框架和滤料组成。根据对净化效率和阻力的要求不同，可采用不同粗细的各种纤维作为填料，如玻璃纤维（直径约 10μm）、合成纤维（聚苯乙烯）等。填充密度对效率和阻力有很大影响。过滤厚度及填充密度需根据具体要求确定。

图 4-54 是玻璃纤维过滤器。纤维填料层两侧用铁丝网夹持，每个单元由两块过滤块组成，含尘气流由中间进入到单元内，穿过两侧的过滤层使气流得到净化。

(3) 纤维毡过滤器

这种过滤器是用各种纤维（如涤纶、维纶等）做成的无纺布（毡）作滤料，通常做成

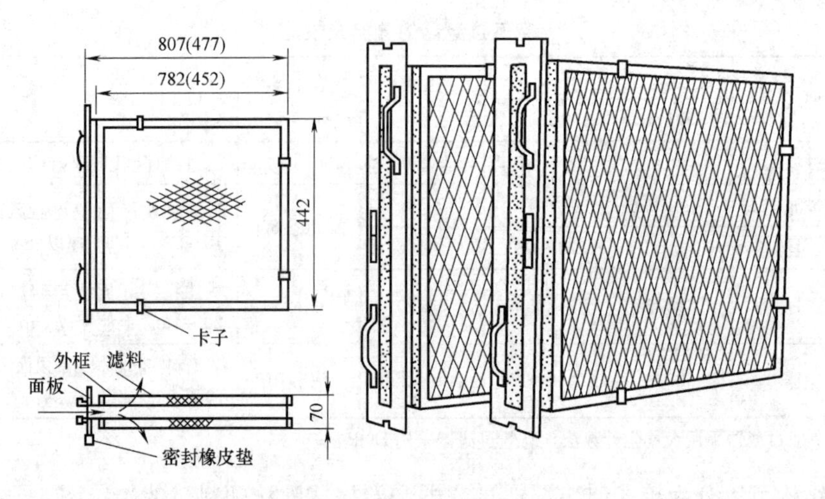

图 4-54　玻璃纤维过滤器

袋式或卷绕式两种。

1）袋式纤维毡过滤器。它用无纺布滤料做成折叠式或 V 形滤袋，以扩大过滤面积，降低过滤风速。它的净化效率较高，常用作中效过滤器。这种过滤器的形式很多，每个单体的过滤风量为 $200m^3/h$ 左右，过滤风速约 20cm/s，人工尘的计重效率为 80%。

2）自动卷绕式过滤器。它可以用泡沫塑料或无纺织布作为滤料，每卷滤料长约 20m。过滤器由上、下箱、立框、挡料栏、传动机构及滤料卷组成，如图 4-55 所示。滤料积尘后，可自动卷动更新，一直到整卷滤料全部积尘后，取下来更换。每卷滤料通常可使用 8～12 个月。

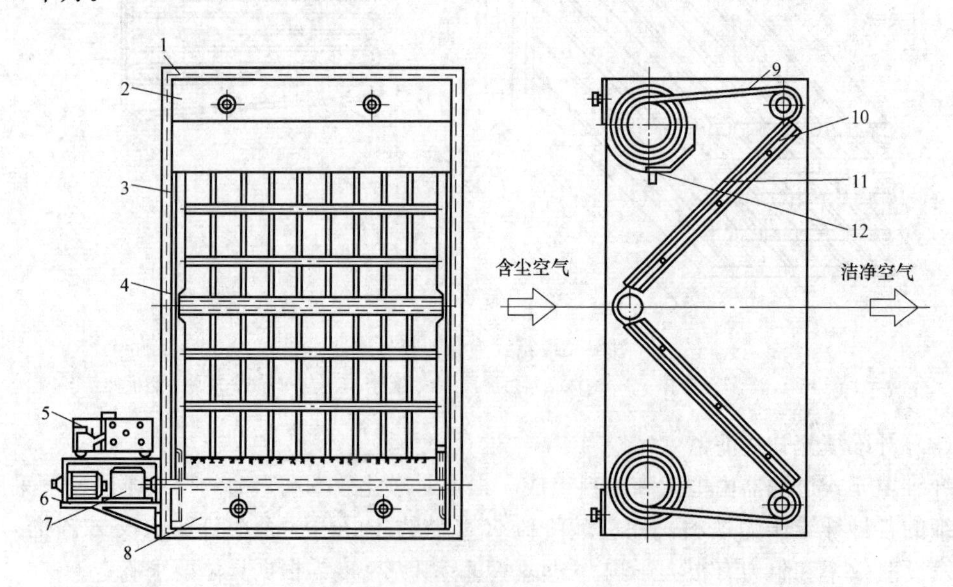

图 4-55　自动卷绕式空气过滤器

1—连接法兰；2—上箱；3—滤料滑槽；4—改向棍；5—自动控制箱；6—支架；7—双级蜗轮减速器；8—下箱；9—滤料；10—挡料栏；11—压料栏；12—限位器

过滤风速通常取 0.8～2.5m/s，终阻力为 90～100Pa，常用作粗效过滤器。

卷绕滤料的控制方法有定压控制和定时控制两种。

(4) 纸过滤器

纸过滤器是一种亚高效和高效过滤器，用作滤料的滤纸有：1）植物纤维素滤纸（用于亚高效过滤器）；2）蓝石棉纤维滤纸（用于高效过滤器）；3）超细玻璃纤维滤纸（可用于亚高效和高效过滤器）。

由于滤纸的阻力较高，其过滤风速较低，为增大过滤面积，可将滤纸做成折叠式（见图 4-56），在其中间用波纹状的分隔板隔开。分隔板可用优质牛皮纸经热滚压做成，也可采用塑料或铝板。外框可用木板、塑料板、铝板、钢板等材料制作。

在过滤器端部，外框与滤料间要用密封胶密封，这对于保证过滤器的高效率是非常重要的。

国产纸过滤器每一单元的过滤面积为 $12m^2$，额定风量为 $1000m^3/h$，初阻力为 200～250Pa。由于在前面有粗、中过滤器的保护，高效过滤器的寿命可达两年左右。

(5) 静电过滤器

进气净化用的静电过滤器和工业除尘用的电除尘器的主要不同点为：1）采取双区结构，颗粒物的荷电和收尘在不同区段进行。考虑到荷电过程需要不均匀电场，而收尘则在均匀电场中最为有效，所以把荷电和收尘分两段进行；2）为避免过多的臭氧进入室内，采用正电晕。由于正电晕容易从电晕放电向火花放电转移，所以电压较低，电极间距较小。

图 4-57 是静电过滤器的结构示意图。荷电区是一系列等距离平行安装的流线形管柱状接地电极（也有平板状的），管柱之间安装电晕线，电晕线接正极。放电极上施加的电压为 10～20kV。尘粒在荷电区获得正离子，随后进入收尘区。收尘区的集尘极板用铝板制作，极板间距约 10mm，极间电压为 5.0～7.0kV，在极板之间形成均匀电场。荷正电荷或负电荷的颗粒物分别沉降在与其极性相反的极板上。定期用水或油清洗。

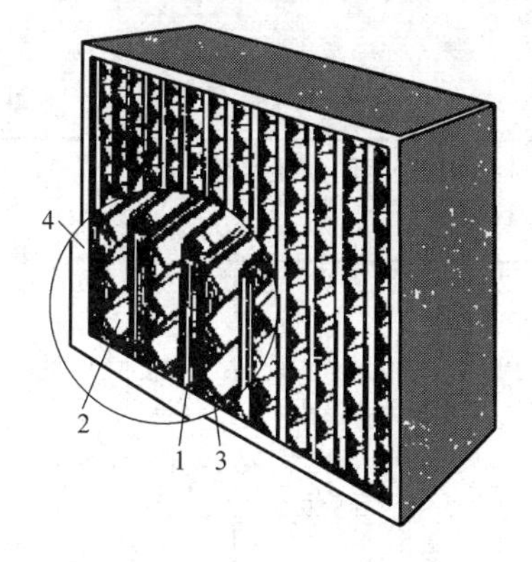

图 4-56 高效过滤器外形

1—滤纸；2—分隔片；3—密封胶；4—木外框

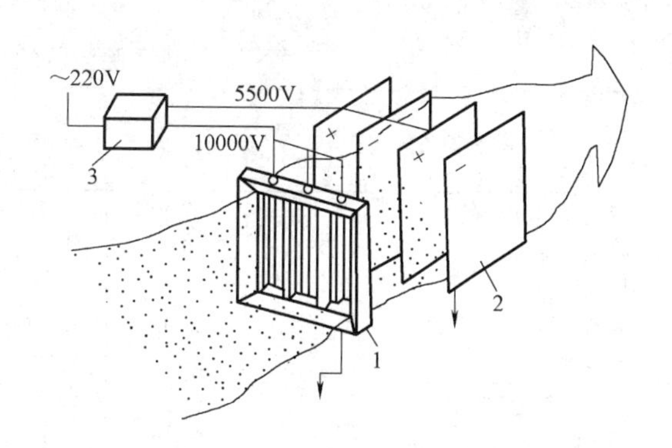

图 4-57 静电过滤器结构示意图

1—荷电压；2—收尘区；3—高压整流器

4.9 除尘器的选择

选择除尘器时必须全面考虑各种因素的影响，如处理风量、除尘效率、阻力、一次投资、维护管理等。各种常用除尘器的综合性能在表 4-10 中列出，可作为选择时参考。

除尘器的性能 **表 4-10**

除尘器名称	适用的粒径范围（μm）	效率（%）	阻力（Pa）	设备费	运行费
重力沉降室	＞50	＜50	50～130	少	少
惯性除尘器	20～50	50～70	300～800	少	少
旋风除尘器	5～15	60～90	800～1500	少	中
水浴除尘器	1～10	80～95	600～1200	少	中下
卧式旋风水膜除尘器	≥5	95～98	800～1200	中	中
冲激式除尘器	≥5	95	1000～1600	中	中上
电除尘器	0.5～1	90～98	50～130	大	中上
袋式除尘器	0.5～1	95～99	1000～1500	中上	大
文丘里除尘器	0.5～1	90～98	4000～10000	少	大

选择除尘器时，应特别考虑以下因素：

（1）选用的除尘器必须满足排放标准规定的排放浓度。对于运行工况不太稳定的系统，要注意风量变化对除尘器效率和阻力的影响。例如，旋风除尘器的效率和阻力是随风量的增加而增加的，电除尘器的效率却是随风量的增加而下降的。

（2）颗粒物的性质和粒径分布

颗粒物的性质对除尘器的性能具有较大的影响，例如粘性大的颗粒物容易粘结在除尘器表面，不宜采用干法除尘；比电阻过大或过小的颗粒物，不宜采用静电除尘，水硬性或疏水性颗粒物不宜采用湿法除尘。处理磨琢性颗粒物时，旋风除尘器内壁应衬垫耐磨材料，袋式除尘器应选用耐磨的滤料。

不同的除尘器对不同粒径的颗粒物除尘效率是完全不同的，选择除尘器时必须首先了解处理颗粒物的粒径分布和各种除尘器的分级效率。表 4-11 列出了用标准颗粒物对不同除尘器进行试验后得出的分级效率。标准颗粒物为二氧化硅尘，密度$\rho_c=2700kg/m^3$，颗粒物的粒径分布如下：0～5.0μm 20%；5.0～10μm 10%；10～20μm 15%；20～44μm 20%；＞44μm 35%。

除尘器的分级效率 **表 4-11**

除尘器名称	全效率（%）	不同粒径下的分级效率（%）				
		0～5	5～10	10～20	20～44	＞44
带挡板的沉降室	58.6	7.5	22	43	80	90
简单的旋风	65.3	12	33	57	82	91
长锥体旋风	84.2	40	79	92	99.5	100
电除尘器	97.0	90	94.5	97	99.5	100
喷淋塔	94.5	72	96	98	100	100
文丘里除尘器（$\Delta P=7.5kPa$）	99.5	99	99.5	100	100	100
袋式除尘器	99.7	99.5	100	100	100	100

（3）气体的含尘浓度

气体的含尘浓度较高时，在电除尘器或袋式除尘器前可以设置低阻力的预除尘设备，以去除粗大尘粒，有利于它们更好地发挥作用。例如，降低除尘器入口的含尘浓度，可以适当提高袋式除尘器的过滤风速，防止电除尘器产生电晕闭塞。对湿式除尘器则可以减少泥浆处理量。

（4）气体的温度和性质

对于高温、高湿的气体不宜采用袋式除尘器，如果颗粒物的粒径小、比电阻大，又要求干法除尘时，可以考虑采用颗粒层除尘器。如果气体中同时含有污染气体，可以考虑采用湿式除尘，但是必须注意腐蚀问题。

（5）选择除尘器时，必须同时考虑除尘器除下颗粒物的处理问题。对于可以回收利用的粉粒状物料，如耐火黏土、面粉等，一般采用干法除尘，回收的颗粒物可以纳入工艺系统。

有的工厂工艺本身设有泥浆废水处理系统，如选矿厂等，在这种情况下可以考虑采用湿法除尘，把除尘系统的泥浆和废水纳入工艺系统。

不能纳入工艺系统的颗粒物和泥浆也必须有一定的处理措施，如果不作任何处理，在厂内任意倾倒或堆放，会造成颗粒物二次飞扬或泥浆废水到处泛滥，影响整个厂区的环境卫生。

除了上述因素外，选择除尘器时还必须考虑能量消耗、一次投资和维护管理等因素。

习　题

1. 为什么两个型号相同的除尘器串联运行时，它们的除尘效率是不同的？哪一级的除尘效率高？

2. 颗粒物的平均几何标准偏差σ_j的物理意义是什么？为什么σ_j能反映粒径的分布状况？

3. 式（4-19）和式（4-23）的物理意义有何不同？如何把式（4-19）变换成式（4-23）？

4. 尘粒的沉降速度为什么有的文献上称为末端沉降速度？沉降速度和悬浮速度的物理意义有何不同？各有什么用处？

5. 在湿式除尘器或过滤式除尘器中，影响惯性碰撞除尘效率和扩散除尘效率的主要因素是什么？

6. 袋式除尘器的阻力和过滤风速主要受哪些因素的影响？

7. 分析影响电除尘器除尘效率的主要因素。

8. 说明理论驱进速度和有效驱进速度的物理意义。

9. 根据除尘机理分析重力沉降室、旋风除尘器及电除尘器的工作原理有何共同点和不同点。为什么对同一粒径的尘粒，它们的分级效率各不相同？

10. 某除尘系统在除尘器前气流中取样，测得气流中颗粒物的累计粒径分布如下：

粒径 d_c(μm)	2.0	3.0	5.0	7.0	10	25
$\phi(d_c)$(%)	2	10	40	70	92	99.9

在对数概率纸上作图检查它是否符合对数正态分布，求出它的中位径d_{cj}及几何标准偏差σ_j。

11. 有一两级除尘系统，系统风量为 2.22m^3/s，工艺设备产尘量为 22.2g/s，除尘器的的除尘效率分别为 80%和 95%，计算该系统的总效率和排放浓度。

12. 有一两级除尘系统，第一级为旋风除尘器，第二级为电除尘器，处理一般的工业颗粒物。已知起始的含尘浓度为 15g/m^3，旋风除尘器效率为 85%，为了达到排放标准 50mg/m^3 的要求，电除尘器的效率最少应是多少？

13. 某旋风除尘器在试验过程中测得下列数据：

粒径(μm)	0～5	5～10	10～20	20～40	>40
分级效率(%)	70	92.5	96	99	100
实验粉尘的分组质量百分数(%)	14	17	25	23	21

求该除尘器的全效率。

14. 在现场对某除尘器进行测定，测得数据如下：

除尘器进口含尘浓度　　$y_1=3200mg/m^3$；

除尘器出口含尘浓度　　$y_2=480mg/m^3$。

除尘器进口和出口管道内颗粒物的粒径分布如下表所示。

粒径(μm)	0～5	5～10	10～20	20～40	>40
除尘器前(%)	20	10	15	20	35
除尘器后(%)	78	14	7.4	0.6	0

计算该除尘器的全效率和分级效率。

15. 金刚砂尘的真密度 $\rho_c=3100kg/m^3$，在大气压力 $P=1atm$、温度 $t=20℃$ 的静止空气中自由沉降，计算粒径 $d_c=2$、5、10、40μm 时的尘粒的沉降速度。

16. 有一重力沉降室长 6m、高 3m，在常温常压下工作。已知含尘气流的流速为 0.5m/s，尘粒的真密度 $\rho_c=2000kg/m^3$，计算除尘效率为 100%时最小捕集粒径。如果除尘器处理风量不变，高度改为 2m，除尘器的最小捕集粒径是否会发生变化？为什么？

17. 对某电除尘器进行现场实测时发现，处理风量 $L=55m^3/s$，集尘极总集尘面积 $A=2500m^2$，断面风速 $v=1.2m/s$，除尘器效率为 99%，计算颗粒物的有效驱进速度。

18. 某除尘系统采用两个型号相同的高效长锥体旋风除尘器串联运行。已知除尘器进口处含尘浓度 $y_1=5g/m^3$，粒径布如下表。根据表 4-11 给出的分级效率，计算该除尘器的排放浓度。

粒径范围(μm)	0～5	5～10	10～20	20～44	>44
$d\phi_1$(%)	20	10	15	20	35

19. 对某除尘器测定后，取得以下数据：除尘器进口含尘浓度 $4g/m^3$，除尘器处理风量 $L=5600m^3/h$，除尘器进口处及灰斗中颗粒物的粒径分布如下表所示。

粒径范围(μm)	0～5	5～10	10～20	20～40	40～60	>44
进口处 $d\phi_1$(%)	10.4	14	19.6	22.4	14	19.6
灰斗中 $d\phi_3$(%)	7.8	12.6	20	23.2	14.8	21.6

除尘器全效率 $\eta=90.8\%$。

计算：(1) 除尘器分级效率；

(2) 除尘器出口处颗粒物的粒径分布；

(3) 除尘器的颗粒物排放量，kg/h。

20. 已知试验颗粒物的中位径 $d_{cj}=10.5\mu m$，平均的几何标准偏差 $\sigma_j=2.0$，利用对数概率纸求出该颗粒物的粒径分布。

21. 已知某旋风除尘器特性系数 $m=0.8$，在进口风速 $u=15m/s$，颗粒物真密度 $\rho_c=2000kg/m^3$ 时，测得该除尘器分割粒径 $d_{c50}=3\mu m$。现在该除尘器处理 $\rho_c=2700kg/m^3$ 的滑石粉，滑石粉的粒径分布如下表所示。

粒径范围(μm)	0～5	5～10	10～20	20～30	30～40	>40
粒径分布 $d\phi$(%)	7	18	36	17	9	10

进口风速保持不变，计算该除尘器的全效率。

22. 含尘气流与液滴在湿式除尘器内发生惯性碰撞。已知液滴直径 $d_y=120\mu m$，气液相对运动速度 $v_y=5m/s$，气体温度 $t=20℃$。计算颗粒物真密度 $\rho_c=2000kg/m^3$，粒径为 5、10、20μm 时的惯性碰撞除尘效率。

23. 已知某电除尘器处理风量 $L=12.2\times10^4m^3/h$，集尘极总集尘面积 $A=648m^2$，除尘器进口处粒径分布如下表所示。

粒径范围(μm)	0～5	5～10	10～20	20～30	30～40	>40
粒径分布 dϕ(%)	3	10	30	35	15	7

根据计算和测定，理论驱进速度 $w=3.95\times10^{4}d_{c}$ cm/s（d_{c}为粒径，m）；有效驱进速度 $w_{e}=\frac{1}{2}w$。计算该电除尘器的除尘效率。

第 5 章　通风排气中有害气体的净化

5.1　概　　述

排入大气的废气必须进行净化处理，达到国家大气污染物排放标准要求后才允许排放。在可能的条件下，还应考虑回收利用，变害为宝。由于排放的有害气体有可能不达标或排放物总量较大，需要采用高烟囱排放，使污染物在高空中利用大气扩散，在更大范围内稀释。对排入大气中污染物进行大气扩散稀释的方法适合扩散条件好的区域，对扩散条件不好的区域会造成环境空气中污染物浓度上升，以至于超过环境空气质量要求。达到大气排放标准并不意味着满足环境空气质量标准的要求，它受到国家环保规定的区域环境污染物控制总量的限制。

有害气体的净化方法主要有四种：燃烧法、冷凝法、吸收法和吸附法。

5.1.1　燃烧法

燃烧过程是一种热氧化过程，通过氧化反应把废气中的烃类成分有效地转化为二氧化碳和水，其他成分如卤素或含硫的有机物也可转化为允许向大气排放或容易回收的物质。

燃烧法广泛应用于有机溶剂蒸气和碳氢化合物的净化处理，也可用于除臭。用于通风排气的有两种：热力燃烧和催化燃烧。前者是在明火下的火焰燃烧；后者是在催化作用下，使碳氢化合物在稍低的温度下氧化分解。两者的特点如表 5-1 所示。

热力燃烧和催化燃烧　　　　**表 5-1**

燃烧种类	热力燃烧	催化燃烧
燃烧原理	预热至 600～800℃进行氧化反应	预热至 200～400℃进行催化氧化反应
燃烧状态	在高温下滞留一定时间生成火焰	与催化剂接触无明火
特点	预热能耗较多 燃烧不完全时能产生恶臭 可用于净化各种可燃气体	预热能耗较少 催化剂较贵 不适用于能使催化剂中毒的气体

(1) 热力燃烧

通风排气中的可燃气体浓度一般较低，燃烧氧化后放出的热量不足以维持燃烧，需要依靠辅助燃料。热力燃烧的反应温度为 600～800℃，工程设计时通常取 760℃，滞留时间为 0.50s。目前在国内主要利用锅炉燃烧室或生产用的加热炉实现。例如某烘漆厂将含苯气体直接送入锅炉作一次风。

利用锅炉进行热力燃烧应注意以下问题：

1）处理的废气量应小于燃烧炉所需的鼓风量；

2）废气中的含氧量应与空气相近，如低于 18%应另外补给空气；

3）废气中不宜含有腐蚀性气体或颗粒物。

(2) 催化燃烧

利用催化剂加快或减慢反应速度的化学反应称为催化反应；凡能加速化学反应速度，而本身的化学性质在化学反应前后保持不变的物质称为催化剂；利用催化剂加快燃烧速度的燃烧过程称为催化燃烧。催化燃烧法在通风工程中的应用主要是利用催化剂在低温下实现对有机物的完全氧化；臭味物质多属有机物，因而它还可以用于除臭。

图 5-1 (*a*) 是催化燃烧法的典型流程。含有有机物的废气经预处理除去粉尘或其他催化剂毒物（能使催化剂活性迅速下降的物质称为催化剂毒物）后，由风机送入热交换器，回收排出废气中的余热。随后送入预热器预热到起燃温度（250～300℃），再进入催化床反应器进行氧化反应，即所谓完全燃烧。净化后的废气（400～550℃）再经热回收器放出部分余热后排放。催化燃烧装置如图 5-1 (*b*) 所示。

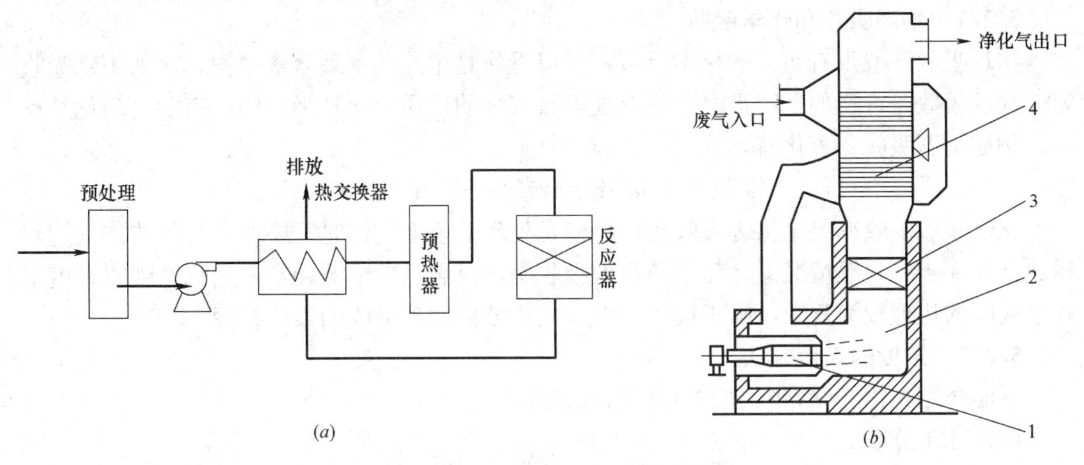

图 5-1 催化燃烧示意图

(*a*) 催化燃烧流程示意图；(*b*) 催化燃烧装置

1—烧嘴；2—燃烧室；3—催化剂层；4—热交换器

固体催化剂一般只在表面 20～30μm 的薄层上起催化作用。为节约催化剂，提高催化剂活性、稳定性和机械强度，常把催化剂附载在有一定比表面积的惰性物质上。这种惰性物质称为载体。催化燃烧所用的催化剂可分为以贵金属和过渡金属为主要成分的两种。贵金属催化剂主要有铂、钯，其载体以氧化铝和陶瓷为多。催化剂催化作用的机理是，铂和钯都有吸附气体的特性，它们都能把大量的反应气体分子吸附在自己的表面上，并能使反应的活化能降低，这就在一定范围内增加了有机溶剂蒸气分子和氧分子的有效碰撞机会，加快了氧化反应速度。目前我国已在绝缘材料生产、油漆、印刷等行业应用催化燃烧法去除有机气体和恶臭。国内已有多家工厂定型生产催化燃烧装置。

采用燃烧法处理有机废气，特别是热力燃烧，必需采取各种安全措施，如控制废气中可燃物浓度；防止火焰蔓延；在可能爆炸处设泄压薄膜等。同时严格操作规程、设计各种自动报警、检测和控制调节装置也是十分必要的。

5.1.2 冷凝法

液体受热蒸发产生的有害蒸气（如电镀车间的铬酸蒸气）可以通过冷凝使其从废气中分离。这种方法净化效率低，仅适用于浓度高、冷凝温度高的有害蒸气。

低浓度气体的净化通常采用吸收法和吸附法，它们是通风排气中有害气体的主要净化方法。

本章主要介绍吸收、吸附的机理及有关设备。

5.2 吸收过程的理论基础

用适当的液体与混合气体接触，利用气体在液体中溶解能力的不同，除去其中一种或几种组分的过程称为吸收。吸收操作广泛应用于有害气体的净化，特别是无机气体，如硫氧化物、氮氢化物、硫化氢、氯化氢等。它能同时进行除尘，适用于处理气体量大的场合。与其他净化方法相比，其费用较低。吸收法的缺点在于要对排水进行处理，而且净化效率难以达到100%。

5.2.1 物理吸收和化学吸收

物理吸收一般没有明显的化学反应，可以看作是单纯的物理溶解过程，例如用水吸收氨。物理吸收是可逆的，解吸时不改变被吸收气体的性质。化学吸收则伴有明显的化学反应，例如用碱吸收二氧化硫。

$$SO_2+2NaOH = Na_2SO_3+H_2O$$

化学吸收的效率要比物理吸收高，特别是处理低浓度气体时。要使有害气体浓度达到排放标准要求，一般情况下，简单的物理吸收是难以满足要求的，常采用化学吸收。由于化学吸收的机理较为复杂，限于篇幅，本章主要分析物理吸收的某些机理。

5.2.2 浓度的表示方法

下面介绍在化工计算中常用的浓度表示方法。

(1) 摩尔分数

摩尔分数是指气相或液相中某一组分的摩尔数与该混合气体或溶液的总摩尔数之比。

液相
$$x_A=\frac{n_A}{n_A+n_B}=\frac{\text{组分的摩尔数}}{\text{总摩尔数}} \tag{5-1}$$

$$x_B=\frac{n_B}{n_A+n_B}$$

气相
$$y_A=\frac{n_A}{n_A+n_B} \tag{5-2}$$

$$y_B=\frac{n_B}{n_A+n_B}$$

$$n_A=\frac{G_A}{M_A} \tag{5-3}$$

$$n_B=\frac{G_B}{M_B}$$

式中 x_A、x_B——液相中组分 A、B 的摩尔分数；

y_A、y_B——气相中组分 A、B 的摩尔分数；

G_A、G_B——组分 A、B 的质量，kg；

M_A、M_B——组分 A、B 的分子量，kg/kmol；

n_A、n_B——组分 A、B 摩尔数，kmol。

(2) 比摩尔分数

在吸收操作中，被吸收气体称为吸收质，气相中不参与吸收的气体称为惰气，吸收用的液体称为吸收剂。由于惰气量和吸收剂量在吸收过程中基本上是不变的，以它们为基准表示浓度，对今后的计算比较方便。

液相
$$X_A=\frac{n_A}{n_B}=\frac{\text{液相中某一组分的摩尔数}}{\text{吸收剂的摩尔数}} \tag{5-4}$$

$$X_A=\frac{x_A}{1-x_A} \tag{5-5}$$

气相
$$Y_A=\frac{n_A}{n_D}=\frac{\text{气相中某一组分的摩尔数}}{\text{惰气的摩尔数}} \tag{5-6}$$

$$Y_A=\frac{y_A}{1-y_A} \tag{5-7}$$

式中 X_A——液相中组分 A 的比摩尔数；

Y_A——气相中组分 A 的比摩尔数。

【例 5-1】 已知氨水中氨的质量百分数为 25%，求氨的摩尔分数和比摩尔分数。

【解】 氨的分子量为 17，水的分子量为 18

摩尔分数
$$x_{NH_3}=\frac{n_A}{n_A+n_B}=\frac{\frac{0.25}{17}}{\frac{0.25}{17}+\frac{0.75}{18}}=0.26$$

比摩尔分数
$$X_{NH_3}=\frac{n_A}{n_B}=\frac{\frac{0.25}{17}}{\frac{0.75}{18}}=0.352$$

5.2.3 吸收的气液平衡关系

在一定的温度、压力下，吸收剂和混合气体接触时，由于分子扩散，气相中的吸收质要向液体吸收剂转移，被吸收剂所吸收。同时溶液中已被吸收的吸收质也会通过分子扩散向气相转移，进行解吸。开始时吸收是主要的，随着吸收剂中吸收质浓度的增高，吸收质从气相向液相的吸收速度逐渐减慢，而液相向气相的解吸速度却逐渐加快。经过足够长时间的接触，吸收速度与解吸速度达到相等，气相和液相中的组分就不再变化，此时气液两相达到相际动平衡，简称相平衡或平衡。在平衡状态下，吸收剂中的吸收质浓度达到最大，称为平衡浓度，或吸收质在溶液中的溶解度。某一种气体的溶解度除了与吸收质和吸收剂的性质有关外，还与吸收剂温度、气相中吸收质分压力有关。

溶液中吸收了某种气体后，由于分子扩散会在溶液表面形成一定的分压力，该分压力的大小与溶液中吸收质浓度（简称液相浓度）有关。该分压力的大小表示吸收质返回气相的能力，也可以说是反抗吸收的能力。当气相中吸收质分压力等于液面上的吸收质分压力时，气液达到平衡，我们把这时气相中吸收质的分压力称为该液相浓度（即溶解度）下的平衡分压力。试验结果表明，在一定的温度、压力下，气液两相处于平衡状态时，液相吸收质浓度与气相的平衡分压力之间存在着一定的函数关系，即每一个液相浓度都有一个气相平衡分压力与之对应。

图 5-2 是用水吸收氨时的气液平衡关系。从该图可以看出，$t=20$℃、气相中氨的分压力为 10kPa 时，每 100g 水中最大可以吸收 10.4g 氨。或者说，$t=20$℃，水中氨的溶解

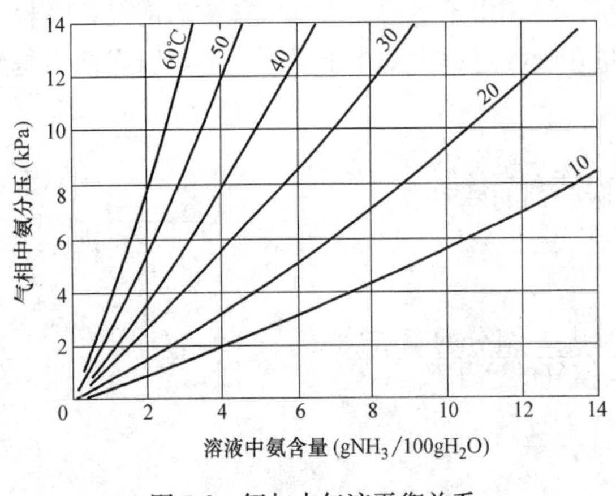

图 5-2 氨与水气液平衡关系

度为 10.4$gNH_3/100gH_2O$ 时，其对应的气相平衡分压力为 10kPa。从该图还可以看出，在气相吸收质分压力相同的情况下，吸收剂温度愈高，液相平衡浓度（溶解度）愈低。

综上所述，气体能否被液体所吸收，关键在于气相中吸收质分压力和与液体中吸收质浓度相对应的平衡分压力之间的相对大小。如果气相中吸收质分压力高于该液体对应的平衡分压力，吸收就能进行。例如 $t=20$℃时用水吸收氨，水中氨的含量为 10.4$gNH_3/100gH_2O$ 时，其对应的平衡分压力为 10kPa。因此，只有当气体中氨的分压力大于 10kPa 时，吸收才能继续进行。

对于稀溶液，气体总压力不高的情况（低于 5 个大气压），气液之间平衡关系可用下式表示：

$$P^*=Ex \tag{5-8}$$

式中 P^*——气相吸收质平衡分压力，atm 或 kPa；

x——液相中吸收质浓度（用摩尔分数表示）；

E——亨利常数，atm 或 kPa。

上式称为亨利定律。因通风排气中有害气体浓度较低，亨利定律完全适用。

某些常见气体被水吸收时的亨利常数列于表 5-2 中。E 值的大小反映了该气体吸收的难易程度。E 值大，对应的气相平衡分压力 P^* 高（如 CO、O_2 等），难以吸收；反之，如 SO_2、H_2S 等则易于吸收。

某些气体在不同温度下被水吸收时的亨利常数 E（atm） **表 5-2**

温度(℃)	10	20	30	40	50
CO	44000	53600	62000	69000	75000
O_2	33000	40000	47500	52000	58000
NO	22000	26400	31000	35000	39000
CO_2	1000	1450	1900	2300	2900
Cl_2	394	530	660	790	890
H_2S	370	480	610	730	890
SO_2	27	38	50	65	80

在实际应用时，亨利定律还有其他的表达形式。

(1) 液相中吸收质浓度用 C（$kmol/m^3$）表示

$$P^*=C/H \quad 或 \quad C=HP^* \tag{5-9}$$

式中 C——平衡状态下液相中吸收质浓度（即气体溶解度），$kmol/m^3$；

H——溶解度系数，$kmol/(m^3 \cdot atm)$ 或 $kmol/(m^3 \cdot kPa)$。

H 值是随温度的上升而下降的。

(2) 气液两相吸收质浓度用摩尔分数和比摩尔分数表示

平衡分压力 P^* 就是平衡状态下气相中吸收质分压力，根据道尔顿气体分压定律：

$$P=P_z y \tag{5-10}$$

式中 P——混合气体中吸收质分压力，atm 或 kPa；

P_z——混合气体总压力，atm 或 kPa；

y——混合气体中吸收质摩尔分数。

把式（5-10）代入式（5-8），得

$$P_z y^*=Ex$$

$$y^*=E/P_z x$$

令

$$m=E/P_z \tag{5-11}$$

所以

$$y^*=mx \tag{5-12}$$

式中 y^*——平衡状态下气相中吸收质的摩尔分数；

m——相平衡系数。

在通风工程中 P_z 近似等于当地大气压力。对于稀溶液，m 近似为常数。

根据式（5-5），式（5-7），得：

$$x=\frac{X}{1+X}$$

$$y=\frac{Y}{1+Y}$$

将上列公式代入式（5-12），得

$$\frac{Y^*}{1+Y^*}=m\left[\frac{X}{1+X}\right]$$

$$Y^*=\frac{mX}{1+(1-m)X} \tag{5-13}$$

式中 Y^*——与液相浓度相对应的气相中吸收质平衡浓度，kmol 吸收质/kmol 惰气；

X——液相中吸收质浓度，kmol 吸收质/kmol 吸收剂。

对于稀溶液，液相中吸收质浓度很低（即 X 值相当小），式（5-13）可以简化为：

$$Y^*=mX \tag{5-14}$$

如果式（5-14）用图表示，这条直（曲）线称为平衡线，如图 5-3 所示。已如气相中吸收质浓度 Y_A，可以利用该图查得对应的液相中吸收质平衡浓度 X^*_A；已知液相中吸收质浓度 X_A，可以由该图查得对应的气相吸收质平衡浓度 Y^*_A。m 值愈小，说明该组分的溶解度愈大，愈易于吸收，吸收平衡线较为平坦。

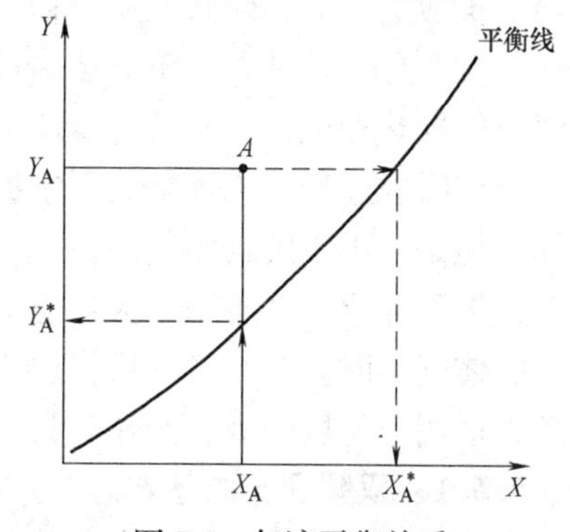

图 5-3　气液平衡关系

m 值是随温度的升高而增大的。掌握了气液平衡关系，可以帮助我们解决以下两方面的问题：

（1）在设计过程中判断吸收的难易程度。吸收剂选定以后，液相中吸收质起始浓度 X 是已知的，从平衡线可以查得与 X 相对应的气相平衡浓度 Y^*，如果气相中吸收质浓度（即被吸收气体的起始浓度）

$Y>Y^*$，说明吸收可以进行，$\Delta Y=(Y-Y^*)$ 愈大，吸收愈容易进行。我们把 ΔY 称为吸收推动力，吸收推动力小，吸收难以进行，必须重新选定吸收剂。

（2）在运行过程中判断吸收已进行到什么程度。在吸收过程中，随液相中吸收质浓度的增加，气相平衡浓度 Y^* 也会不断增加，如果发现 Y^* 已接近气相中吸收质浓度 Y，说明吸收推动力 ΔY 已很小，吸收难以继续进行，必须更换吸收剂，降低 Y^*，吸收才会继续进行。

【例 5-2】 求 $P_z=1\text{atm}$、$t=20$℃时二氧化硫和水的气液平衡关系。

【解】 由表 5-2 查得 $t=20$℃时，$E=38\text{atm}$

相平衡系数　$m=E/P_z=38$

气液平衡关系为 $P^*=38x$

或 $Y=38X$

【例 5-3】 某排气系统中 SO_2 的浓度 $y_{SO_2}=50\text{g/m}^3$，用水吸收 SO_2，吸收塔在 $t=20$℃、$P_z=1\text{atm}$ 的工况下工作，求水中可能达到的 SO_2 最大浓度。

【解】 SO_2 的分子量　　　　$M_{SO_2}=64$

每 m^3 混合气体中 SO_2 所占体积

$$V_{SO_2}=50\times10^{-3}\times\frac{22.4}{64}=0.0175\text{m}^3$$

SO_2 的比摩尔分数

$$Y_{SO_2}=\frac{0.0175}{1-0.0175}=0.0178\text{kmol } SO_2/\text{kmol 空气}$$

平衡状态下的液相浓度即为最大浓度。

$$m=38$$

液相中 SO_2 最大浓度

$$X^*_{SO_2}=\frac{Y_{SO_2}}{m}=\frac{0.0178}{38}$$
$$=4.7\times10^{-4}\text{kmol } SO_2/\text{kmol } H_2O$$

5.3　吸收过程的机理

吸收过程是吸收质从气相转移到液相的质量传递过程。由于吸收质从气相转移到液相是通过扩散进行的，因此传质过程也称为扩散过程。传质的基本方式有两种：分子扩散和对流传质。分子扩散是由于分子热运动，使物质由浓度高处向浓度低处转移。分子扩散与传热中的导热相似。物质通过紊流流体的转移称为对流传质，对流传质和对流传热相似。

研究吸收过程的机理是为了掌握吸收过程的规律，并运用这些规律去强化和改进吸收操作。但是，由于问题的复杂性，目前尚缺乏统一的理论足以完善地反映相间传质的内在规律。下面介绍一种应用较为广泛的传质机理模型——双膜理论。如流体力学所述，流体流过固体壁面时，存在着一层作层流运动的边界层。双膜理论就是以此为基础提出的。双膜理论适用于一般的吸收操作和具有固定界面的吸收设备（如填料塔等）。

5.3.1　双膜理论的基本点

（1）气液两相接触时，它们的分界面叫作相界面。在相界面两侧分别存在一层很薄的气膜和液膜（见图 5-4），膜层中的流体均处于滞流（层流）状态，膜层的厚度是随气液两相流速的增加而减小的。吸收质以分子扩散的方式通过这两个膜层，从气相扩散到液相。

（2）两膜以外的气液两相叫作气相主体和液相主体。主体中的流体都处于紊流状态，由于对流传质，吸收质浓度是均匀分布的，因此传质阻力很小，可以略而不计。吸收过程的阻力主要是吸收质通过气膜和液膜时的分子扩散阻力。对不同的吸收过程，气膜和液膜的阻力是不同的。

（3）不论气液两相主体中吸收质浓度是否达到平衡，在相界面上气液两相总是处于平衡状态，吸收质通过相界面时的传质阻力可以略而不计，这种情况叫作界面平衡。界面平衡并不意味着气液两相主体已达到平衡。

图 5-5 是双膜理论的吸收过程示意图，Y_A、X_A 分别表示气相和液相主体的浓度，Y_i^*、X_i^*分别表示相界面上气相和液相的浓度。因为在相界面上气液两相处于平衡状态，Y_i^*、X_i^*都是平衡浓度，即 $Y_i^*=mX_i^*$。当气相主体浓度 $Y_A>Y_i^*$时，以 $Y_A-Y_i^*$为吸收推动力克服气膜阻力，从 a 到 b，在相界面上气液两相达到平衡，然后以 $X_i^*-X_A$ 为吸收推动力克服液膜阻力，从 b'到 c，最后扩散到液相主体，完成了整个吸收过程。

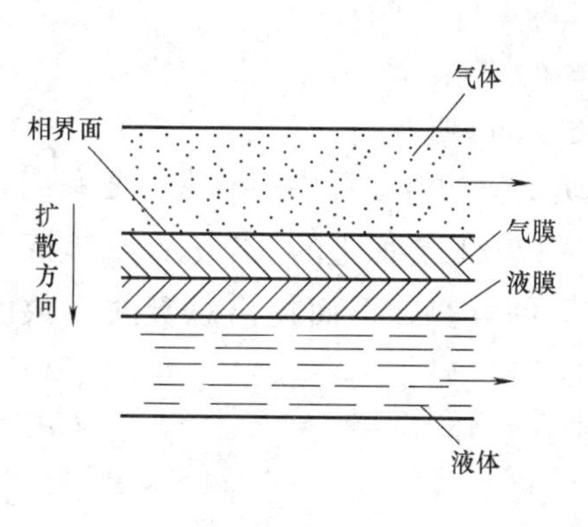

图 5-4　双膜理论示意图

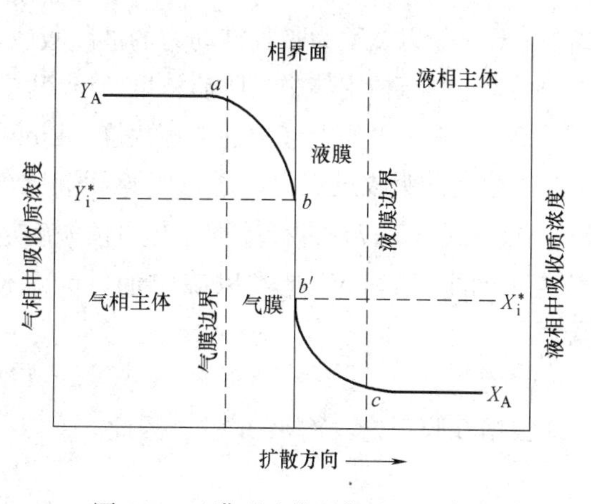

图 5-5　双膜理论的吸收过程示意图

根据以上假设，复杂的吸收过程被简化为吸收质以分子扩散方式通过气液两膜层的过程。通过两膜层时的分子扩散阻力就是吸收过程的基本阻力，吸收质必须要有一定的浓度差，才能克服这个阻力进行传质。

根据流体力学原理，流速越大，膜层厚度越薄。因此增大流速可减小扩散阻力、增大吸收速率。实践证明，在流速不太高时，上述论点是符合实际的。当流体的流速较高时，气、液两相的相界面处在不断更新的过程中，即已形成的界面不断破灭，新的界面不断产生。界面更新对改善吸收过程有着重要意义，但双膜理论却未予考虑。因此，双膜理论在实际应用时，有一定的局限性。

5.3.2　吸收速率方程式

前面所述的气液平衡关系，是指气液两相长时间接触后，吸收剂所能吸收的最大气体量。在实际的吸收设备中，气液的接触时间是有限的。因此，必须确定单位时间内吸收剂所吸收的气体量，我们把这个量称为吸收速率。吸收速率方程式是计算吸收设备的基本方程式。

与对流传热相类似，单位时间从气相主体转移到界面的吸收质量用下式表示：

$$G_A = k_g' F(P_A - P_i^*) \tag{5-15}$$

式中 G_A——单位时间通过气膜转移到界面的吸收质量，kmol/s；

F——气液两相的接触面积，m^2；

P_A——气相主体中吸收质分压力，kPa；

P_i^*——相界面上吸收质的分压力，kPa；

k_g'——以（$P_A - P_i^*$）为吸收推动力的气膜吸收系数，kmol/(m^2·kPa·s)。

为便于计算，式（5-15）中的吸收推动力以比摩尔分数表示时，该式可写为：

$$G_A = k_g F(Y_A - Y_i^*) \tag{5-16}$$

式中 Y_A——气相主体中吸收质浓度，kmol 吸收质/kmol 惰气；

Y_i^*——相界面上的气相平衡浓度，kmol 吸收质/kmol 惰气；

k_g——以 ΔY 为吸收推动力的气膜吸收系数，kmol/(m^2·s)。

同理，单位时间通过液膜的吸收质量为：

$$G_A' = k_i F(X_i^* - X_A) \tag{5-17}$$

式中 k_i——以 ΔX 为吸收推动力的液膜吸收系数，kmol/(m^2·s)；

X_A——液相主体中吸收质浓度，kmol 吸收质/kmol 吸收剂；

X_i^*——相界面上液相的平衡浓度，kmol 吸收质/kmol 吸收剂。

在稳定的吸收过程中，通过气膜和液膜的吸收质量应相等，即 $G_A = G_A'$。要利用式（5-16）或式（5-17）进行计算，必须预先确定 k_g 或 k_l 以及相界面上的 X_i^* 或 Y_i^*。实际上相界面上的 X_i^* 和 Y_i^* 是难以确定的，为了便于今后的计算，下面提出总吸收系数的概念。

$$G_A = k_g F(Y_A - Y_i^*) = k_i F(X_i^* - X_A) \tag{5-18}$$

根据双膜理论，$Y_i^* = mX_i^*$，因此

$$X_i^* = \frac{Y_i^*}{m} \tag{5-19}$$

由于 $Y_A^* = mX_A$，所以

$$X_A = \frac{Y_A^*}{m} \tag{5-20}$$

式中 Y_A^*——与液相主体浓度 X_A 相对应的气相平衡浓度，kmol 吸收质/kmol 惰气。

将式（5-19）和式（5-20）代入式（5-18），得：

$$G_A = k_g F(Y_A - Y_i^*) = k_i F\left(\frac{Y_i^*}{m} - \frac{Y_A^*}{m}\right)$$

所以

$$Y_A - Y_i^* = \frac{G_A}{F k_g} \tag{5-21}$$

$$Y_i^* - Y_A^* = \frac{G_A}{F \frac{k_i}{m}} \tag{5-22}$$

将上面两式相加，得：

$$Y_A - Y_A^* = \frac{G_A}{F}\left(\frac{1}{k_g} + \frac{m}{k_i}\right)$$

$$\frac{G_A}{F} = \frac{1}{\frac{1}{k_g} + \frac{m}{k_i}}(Y_A - Y_A^*)$$

令

$$\frac{1}{\frac{1}{k_g} + \frac{m}{k_i}} = K_g \tag{5-23}$$

$$G_A = K_g(Y_A - Y_A^*)F \tag{5-24}$$

式中　K_g——以（$Y_A - Y^*_A$）为吸收推动力的气相总吸收系数，kmol/(m^2 · s)。

同理，可以推导出以下公式：

$$K_l = \frac{1}{\frac{1}{mk_g} + \frac{1}{k_i}} \tag{5-25}$$

$$G_A = K_i(X_A^* - X_A)F \tag{5-26}$$

式中　X^*_A——与气相主体浓度 Y_A 相对应的液相平衡浓度，kmol 吸收质/kmol 吸收剂；

K_l——以（$X^*_A - X_A$）为吸收推动力的液相总吸收系数，kmol/(m^2 · s)。

式（5-24）和式（5-26）就是吸收速率方程式，这两个公式算出的结果是一样的。类似于传热过程的热阻，我们把吸收系数的倒数称为吸收阻力。

$$\frac{1}{K_g} = \frac{1}{k_g} + \frac{m}{k_i} \tag{5-27}$$

$$\frac{1}{K_i} = \frac{1}{mk_g} + \frac{1}{k_i} \tag{5-28}$$

式中的$\frac{1}{K_g}$ $\left(或\frac{1}{K_i}\right)$称为总吸收阻力，$\frac{1}{k_g}$称为气膜吸收阻力，$\frac{1}{k_i}$称为液膜吸收阻力。由上式可以看出，气体的相平衡系数 m 较小时，$\frac{m}{k_i}$很小可以略而不计，此时 $K_g \approx k_g$，这说明吸收过程的阻力主要是气膜阻力，计算时用式（5-24）较为方便。m 较大时，$\frac{1}{mk_g}$很小，可以略而不计，此时 $K_i \approx k_i$ 说明吸收过程的阻力主要是液膜阻力，计算时用式（5-26）较为方便。

在设计和运行过程中，如能判别吸收过程的阻力主要在哪一方面，会给设备的选型、设计和改进带来很多方便。例如对于气膜控制的过程，气膜阻力是传质的主要矛盾，应采取减少气膜阻力的措施，如增大气流速度或气液比，以增加气流扰动，减小气膜厚度。k_g 是按气流速度的 0.8 次方成比例增加的。对液膜控制过程则应增大液体流量和增大液相的湍动程度，k_l 是按喷淋密度的 0.7 次方成比例增加的。

对吸收过程的某些经验判别，可参考表 5-3。

从上面的分析可以看出，要强化吸收过程可以通过以下途径实现：

（1）增加气液的接触面积；

（2）增加气液的运动速度，减小气膜和液膜的厚度，降低吸收阻力；

（3）采用相平衡系数小的吸收剂；

部分吸收过程中膜控制情况 表 5-3

气膜控制	液膜控制	气、液膜控制
1. 水或氨水吸收氨 2. 浓硫酸吸收三氧化硫 3. 水或稀盐酸吸收氯化氢 4. 酸吸收 5%氨 5. 碱或氨水吸收二氧化硫 6. 氢氧化钠溶液吸收硫化氢 7. 液体的蒸发或冷凝	1. 水或弱碱吸收二氧化碳 2. 水吸收氧气 3. 水吸收氯气	1. 水吸收二氧化硫 2. 水吸收丙酮 3. 浓硫酸吸收二氧化氮 4. 水吸收氨① 5. 碱吸收硫化氢

注：① 用水吸收氨，过去认为是气膜控制，经实验测知液膜阻力占总阻力的 20%。

(4) 增大供液量，降低液相主体浓度 X_A，增大吸收推动力。

5.4 吸收设备

为了强化吸收过程，降低设备的投资和运行费用，吸收设备必须满足以下基本要求：

(1) 气液之间有较大的接触面积和一定的接触时间；

(2) 气液之间扰动强烈，吸收阻力低，吸收速率高；

(3) 采用气液逆流操作，增大吸收推动力；

(4) 气体通过时阻力小；

(5) 耐磨、耐腐蚀，运行安全可靠；

(6) 构造简单，便于制作和检修。

从吸收机理的分析可以看出，气液两相的界面状态对吸收过程有着决定性的影响，吸收设备的主要功能就在于建立最大的相接触面积，并使其迅速更新。由于用吸收法净化处理的通风排气大都是低浓度、大风量，因而大都选用气相为连续相、紊流程度高、相界面大的吸收设备。

用于气体净化的吸收设备种类很多，下面介绍几种常用的设备。

5.4.1 喷淋塔

喷淋塔的结构如图 5-6 所示，气体从下部进入，吸收剂从上向下分几层喷淋。喷淋塔上部设有液滴分离器。喷淋的液滴应大小适中，液滴直径过小，容易被气流带走，液滴直径过大，气液的接触面积小、接触时间短，影响吸收速率。

气体在吸收塔横断面上的平均流速称为空塔速度，喷淋塔的空塔速度一般为 0.60～1.2m/s，阻力为 20～200Pa，液气比为 0.70～2.7L/m^3。喷淋塔的优点是阻力小，结构简单，塔内无运动部件。但是它的吸收效率不高，仅适用于有害气体浓度低，处理气体量不大和同时需要除尘的情况。近年来发展大流量高速喷淋塔，以提高其吸收效率。

5.4.2 填料塔

填料塔的结构如图 5-7 所示，在喷淋塔内填充适当的填料就成了填料塔，放置填料后，可以增大气液接触面积。吸收剂自塔顶向下喷淋，沿填料表面下降，润湿填料，气体沿填料的间隙上升，在填料表面气液接触，进行吸收。

填料有很多种形式，一般分为两大类：一类是个体填料，如拉西环、鲍尔环、鞍形环等；另一类是规整填料，如栅板、θ 网环、波纹填料等。规整填料与个体填料相比，目前工业中规整填料应用较多，其中又以波纹填料应用最为广泛。它由许多与水平方向成 45°

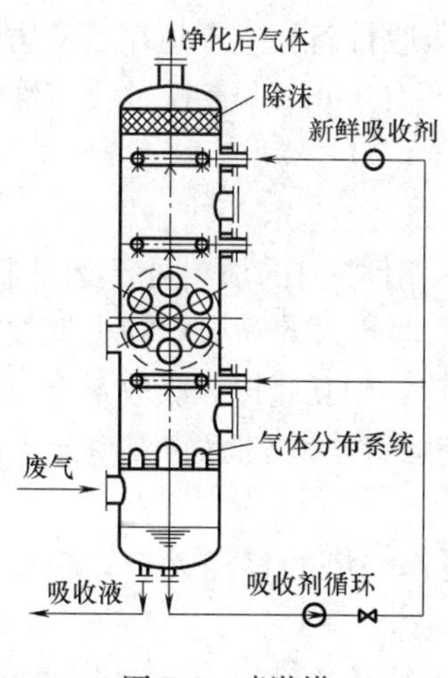

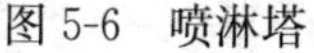

图 5-6　喷淋塔

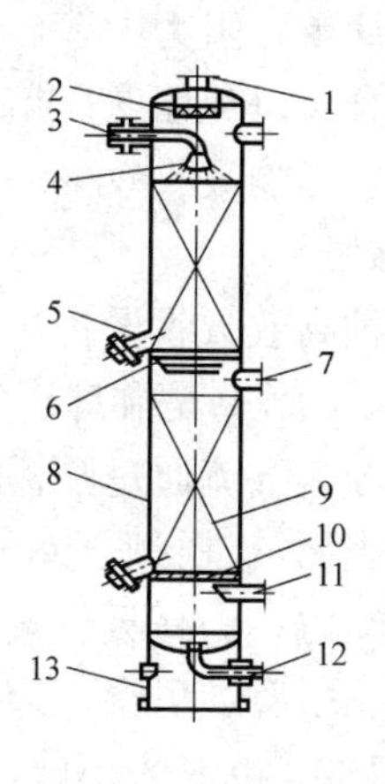

图 5-7　填料塔

1—气体出口；2—除沫装置；3—液体进口；4—液体分布装置；5—卸料口；6—液体再分布装置；7—人孔；8—筒体；9—填料；10—栅板；11—气体进口；12—液体出口；13—裙座

（或 60°）倾角的波纹薄板组成，上下两层波纹板相互垂直放置，相邻两板波纹倾斜方向相反，由此组成蜂窝状通道。波纹板表面又有不同花纹、细缝或小孔，以利于表面润湿和液体均匀分布。波纹填料可用金属丝网、金属薄板、塑料或玻璃钢等制造。由于气流通道规则、气液分布均匀，故容许气速高、压降低、效率高。

图 5-8 给出了几种常见填料的示意图。近年来还研制出了阶梯斜壁形、套筒式、脉冲式及直通式等许多新型填料，它们不仅价格低廉，而且性能良好。填料的一般要求是比表面积大（单位填料层提供的填料的表面积，以 a 表示）、空隙率大、对气体流动阻力小、耐腐蚀及机械强度高。

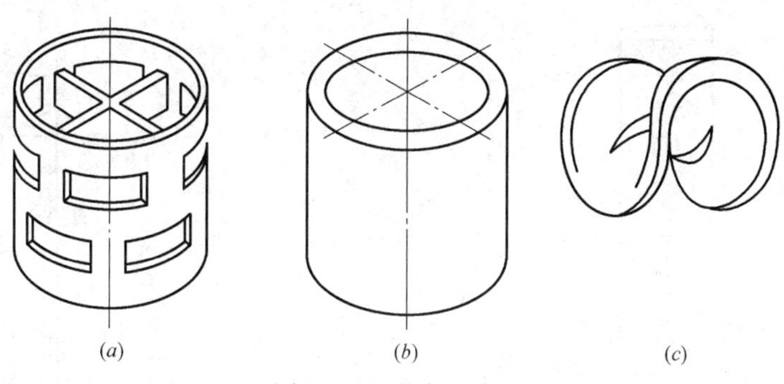

图 5-8　几种常用填料

（a）鲍尔环；（b）拉西环；（c）弧鞍形

填料层高度较大时，液体在流过 3～4 倍塔直径的填料层后，有逐渐向塔壁流动的趋势，这种现象称为弥散现象。弥散使塔中部不能湿润，恶化传质。因此填料层较高时，每隔塔径 2～3 倍的高度要另外安装液体再分布装置，将液体引入塔中心或作再分布。为避免操作时出现干填料状况，一般要求液体的喷淋密度在 $10m^3/(m^2 \cdot h)$ 以上，并力求喷淋均匀。填料塔的空塔速度一般为 0.50～1.5m/s，流速过高会使气体大量带液，影响整个塔的正常操作。每米填料层的阻力约为 150～600Pa。

填料塔结构简单，阻力中等，是目前应用较广的一种吸收设备。它不适用于有害气体与粉尘共存的场合，以免堵塞。填料塔直径不宜超过800～1000mm，直径过大，液体在径向分布不均匀，影响吸收效率。

5.4.3 湍球塔

湍球塔是一种高效吸收设备，它是填料塔的特殊情况，让塔内的填料处于运动状态，以强化吸收过程。图5-9是湍球塔的示意图，塔内设有开孔率较大的筛板，筛板上放置一定数量的轻质小球。气流通过筛板时，小球在其中湍动旋转、相互碰撞，吸收剂自上向下喷淋，加湿小球表面，进行吸收。由于气、液、固三相接触，小球表面的液膜能不断更新，增大吸收推动力，提高吸收效率。

小球应耐磨、耐腐、耐温，通常用聚乙烯和聚丙烯制作，塔的直径大于200mm时，可以采用Φ25、Φ30、Φ38的小球，填料层高度为0.20～0.30m。

湍球塔的空塔速度一般为2.0～6.0m/s，对于可能发生结晶的过程，由于小球之间不断碰撞，球面上的结晶不断被清除，不会造成堵塞。一般情况下，每段塔的阻力约为400～1200Pa，在同样的气流速度下，湍球塔的阻力要比填料塔小。

湍球塔的特点是风速高、处理能力大、体积小、吸收效率高。它的缺点是，随小球的运动，有一定程度的返混，段数多时阻力较高，另外塑料小球不能承受高温，使用寿命短，需经常更换。

5.4.4 板式塔

板式塔的结构如图5-10所示，塔内设有几层筛板，气体从下而上经筛孔进入筛板上的液层，通过气体的鼓泡进行吸收。气液在筛板上交叉流动，为了使筛板上的液层厚度保持均匀，提高吸收效率，筛板上设有溢流堰，筛板上液层厚度一般为30mm左右。

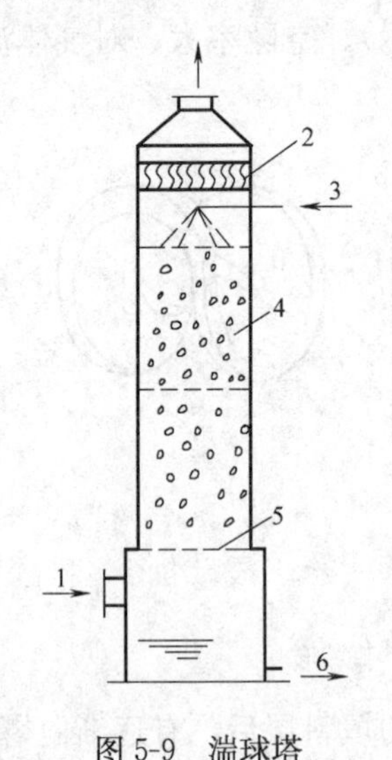

图5-9 湍球塔

1—有害气体入口；2—液滴分离器；3—吸收剂入口；
4—轻质小球；5—筛板；6—吸收剂出口

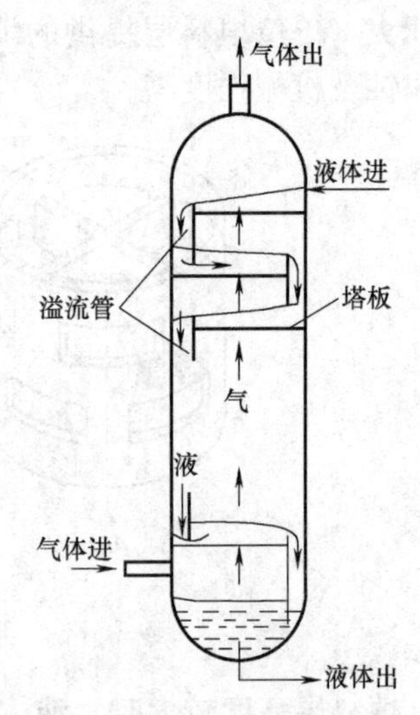

图5-10 板式塔

从图5-10中可以看出，在泡沫层中气流和气泡激烈地搅动着液体，使气液充分接触，此层是传质的主要区域。操作时随气流速度的提高，泡沫层和雾沫层逐渐变厚，鼓泡层逐渐消失，而且由气流带到上层筛板的雾滴增多。把雾滴带到上层筛板的现象称为“雾沫夹带”。气流速度增大到一定程度后，雾沫夹带相当严重，使液体从下层筛板倒流到上层筛板，这种现象称为“液泛”。因此板式塔的气流速度不能过高，但是流速也不能过小，以免大量液体从筛孔泄漏，影响吸收效率。板式塔的空塔速度一般为 1.0～3.5m/s，筛板开孔率为 10%～18%，每层筛板阻力约为 200～1000Pa。筛孔直径一般为 3.0～8.0mm（若筛孔直径过小不便加工）。近年来发展大孔径筛板，筛孔直径为 10～25mm。

板式塔的优点是构造简单，吸收效率高，处理风量大，可使设备小型化。在板式塔中液相是连续相、气相是分散相，适用于以液膜阻力为主的吸收过程。板式塔不适用于负荷变动大的场合，操作时难以掌握。

气流通过板式塔的筛孔垂直向上时，会把液滴喷得很高，容易产生雾沫夹带。而且筛板上有液面落差，引起气体分布不均匀，对提高效率不利。为进行改进，可以在筛孔上方设置舌形板，如图 5-11 所示，舌叶与板面成一定角度，向塔板的溢流口侧张开。这种改进的板式塔称为舌形板塔。舌形板塔开孔率较大，可采用较大的空塔速度，处理能力比板式塔大。气体由舌板斜向喷出时，与板上液流方向一致，使液流受到推动，避免了液体的逆向混合及液面落差问题。板上滞留液量也较小，故操作灵敏，阻力小。

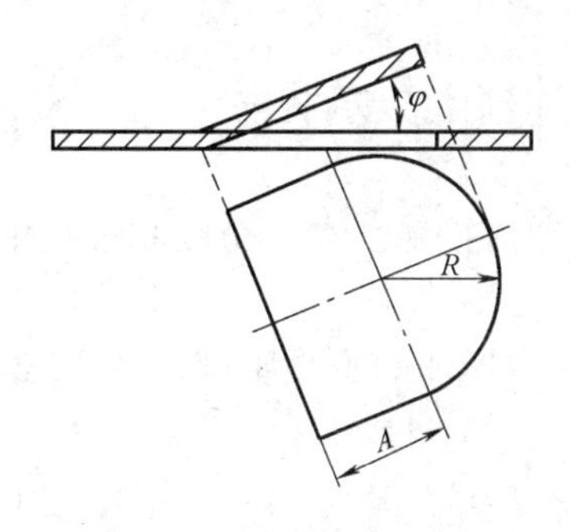

图 5-11　舌形板塔示意图

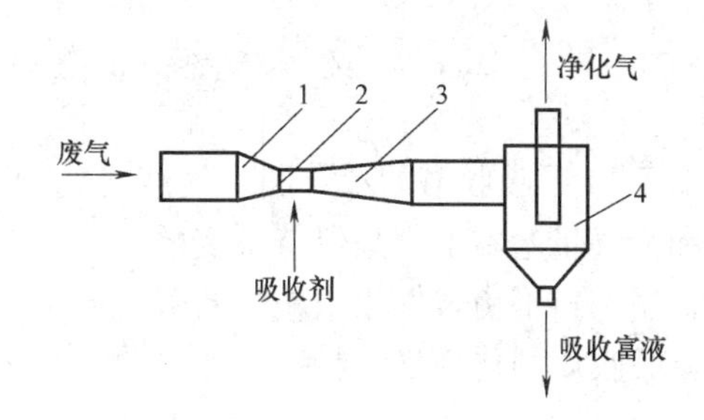

图 5-12　文丘里吸收器

1—渐缩管；2—喉管；3—渐扩管；4—旋风分离器

目前在某些工厂应用的斜孔板塔就是舌形板塔的变型。

5.4.5　文丘里吸收器

第 4 章所述的文丘里管也可应用于气体吸收，其结构如图 5-12 所示。它能使气液两相在高速紊流中充分接触，使吸收过程大大强化。文丘里吸收器具有体积小、处理风量大、阻力大等特点。

5.4.6　喷射吸收器

喷射吸收器的结构如图 5-13 所示。吸收剂从顶部压力喷嘴高速喷出，形成射流，产生的吸力将气体吸入后流经吸收管。液体被喷成细小雾滴和气体充分混合，完成吸收过程，然后气液进行分离，净化气体经除沫后排出。喷射吸收器的优点是气体不需要风机输送，气体压降小，适于有腐蚀性气体的处理。缺点是动力消耗大，

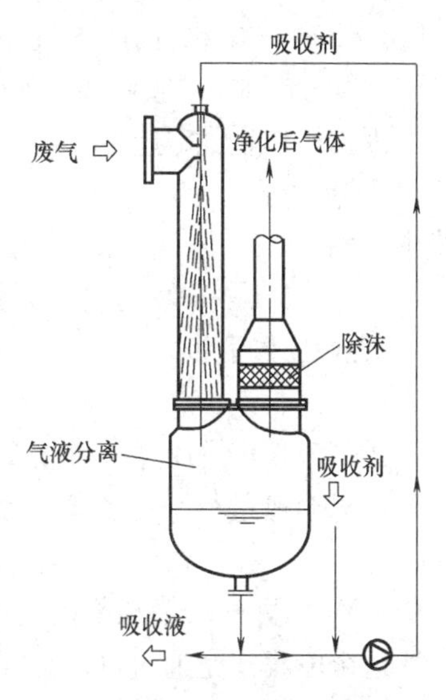

图 5-13　喷射吸收器示意图

需要大量液体吸收剂，液气比 10～100L/m^3。不适于大气量处理。

几种常用吸收设备的特性比较如表 5-4 所示。

吸收设备的特性比较 **表 5-4**

吸收设备	特　性	优　点	缺　点
填料塔	空塔气速 0.5～1.5m/s，液气比 0.5～2.0L/m^3，阻力 500Pa/m 填料	结构简单，气液接触效果好，阻力较小，便于用耐腐蚀材料制造	气体流速过大时，呈液泛，不能再运转；当烟气中含有颗粒物和吸收液中有沉淀物时，易堵塞
喷雾塔	空塔气速 0.6～1.2m/s，液气比 0.7～2.7L/m^3，阻力小于 250Pa	结构简单、造价低，阻力小，适宜于含尘气体的吸收净化，操作稳定方便	喷嘴易堵塞，气流分布不易均匀设备庞大，效率低，耗水量及占地面积均较大
文丘里吸收器	候补气速 40～80m/s，液气比 0.3～1.5L/m^3，阻力 2000～9000Pa	设备小，可以处理大体积量气体，吸收效率高	阻力大
板式塔	空塔气速 1.0～2.5m/s，液气比 0.5～1.2L/m^3，阻力 980～1960Pa/板	处理能力大，压降小，板效率高，制作安装简单，金属耗量少，造价低	负荷范围比较窄，必须维持恒定的操作条件，小孔径的筛孔容易堵塞

5.5 吸收过程的物料平衡及操作线方程式

图 5-14 是吸收塔的示意图，气液之间稳定连续地逆流接触。在整个吸收过程中吸收剂量和惰气量基本上都是保持不变的。

根据物料平衡，气相中减少的吸收质量应等于液相中增加的吸收质量。在 dZ 这段高度内，吸收质的传递量为：

$$dG=V_d dy=L_x dX \quad (kmol/s) \tag{5-29}$$

式中 V_d——单位时间通过吸收塔的惰气量，kmol/s；

L_x——单位时间通过吸收塔的吸收剂量，kmol/s；

dY、dX——在 dZ 高度内气相、液相中吸收质浓度的变化量，kmol 吸收质/kmol 惰气、kmol 吸收质/kmol 吸收剂。

因为操作是稳定连续的，L_x、V_d 都是定值。塔内任意断面与塔底的物料平衡方程式为：

$$V_d(Y_1-Y)=L_x(X_1-X) \tag{5-30}$$

式中 Y_1、X_1——塔底的气相和液相浓度；

Y、X——塔内任一断面上的气相和液相浓度。

上式可改写为：

$$Y=Y_1+(L_x/V_d)(X-X_1) \tag{5-31}$$

式（5-31）是通过（X_1、Y_1）点的直线方程，其斜率为 L_x/V_d。

若对全塔进行平衡计算，则得：

$$V_d(Y_1-Y_2)=L_x(X_1-X_2) \tag{5-32}$$

式中 Y_2、X_2——塔顶部的气相和液相浓度。

这个方程式是通过（X_1、Y_1）和（X_2、Y_2）点的一条直线，如图 5-15 所示。这条直线称为操作线，式（5-32）称为操作线方程式。操作线上任意一点反映了吸收塔内任一断

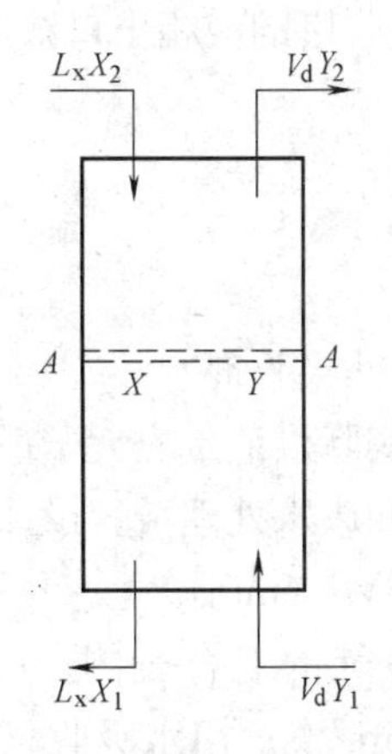

图 5-14　逆流操作的吸收塔

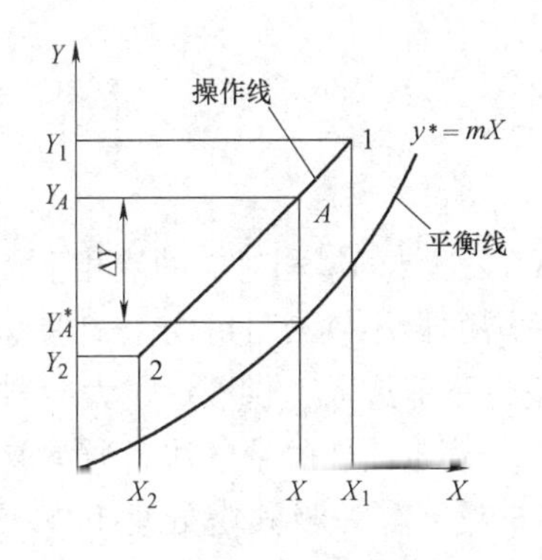

图 5-15　操作线和平衡线

面上气、液两相吸收质浓度的变化关系。操作线的斜率 L_x/V_d 称为液气比，它表示每处理 1kmol 惰气所用的吸收剂量（kmol）。

$$\frac{L_x}{V_d}=\frac{Y_1-Y_2}{X_1-X_2} \tag{5-33}$$

为便于分析问题，我们总是把平衡线和操作线在同一图上画出。通过平衡线，可以找出与 A-A 断面上液相浓度相对应的气相平衡浓度 Y_A^*。A-A 断面上的气相浓度 Y_A 与气相平衡浓度 Y_A^*之差（$\Delta Y=Y_A-Y_A^*$）就是 A—A 断面的吸收推动力。从图 5-15 可以看出，操作线和平衡线之间的垂直距离就是塔内各断面的吸收推动力。不同断面上的吸收推动力 ΔY 是不同的，不是一个常数。

5.6　吸收设备的计算

5.6.1　吸收剂用量计算

进行吸收设备计算时，式（5-33）中的惰气量 V_d、气相进口浓度 Y_1 是由工艺过程确定的。处理低浓度有害气体时，可近似认为惰气量等于吸收塔的处理风量。气相出口浓度 Y_2 是由排放标准规定的。液相进口浓度 X_2 取决于吸收剂，吸收剂选定后，X_2 也是已知的。只有吸收剂用量 L_x 及液相出口浓度 X_1 是未知的。增大 L_x、减小 X_1，吸收推动力 $\Delta Y_1=Y_1-Y_1^*$也相应增大，可以提高吸收效率。

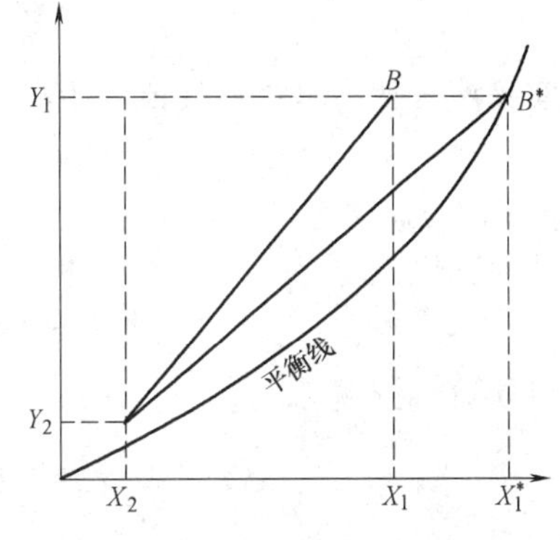

图 5-16　吸收塔的最小液气比

从图 5-16 可以看出，随吸收剂用量 L_x 的减少，操作线斜率也相应减小，逐渐向平衡线靠近。当 L_x 减小到某一值时，在塔的底部操作线与平衡线在 B^* 点相交。这说明在该处气液两相已达到平衡，这时的液相出口浓度等于气相进口浓度 Y_1 所对应的液相平衡浓度 X_1^*(即 $Y_1=mX_1^*$或 $Y_1^*=mX_1$)，该处的吸收推动力 $\Delta Y_1=Y_1-Y_1^*=0$。这是一种极限状态，在这种情况下塔的底部已不再进行传质。我们把操作线与平衡线相交时的供液量称为最小供液量，这时的液气比称为最小液气比，以（L_x/V_d）$_{min}$表示。根据图 5-16，此时吸收塔的液相出口浓度 $X_1=X_1^*=Y_1/m$。

所以
$$\left(\frac{L_x}{V_d}\right)_{min}=\frac{Y_1-Y_2}{X_1^*-X_2}=\frac{Y_1-Y_2}{\frac{Y_1}{m}-X_2} \tag{5-34}$$

式中 X_1^*——与 Y_1 相对应的液相平衡浓度，kmol 吸收质/kmol 吸收剂。

吸收塔的最小供液量可由上式求得。为了提高吸收效率，实际供液量应大于最小供液量。但是也不能过大，供液量过大会增加循环水泵的动力消耗和废水处理量。设计时必须全面分析，确定最佳的液气比。通常取 $L_x/V_d=(1.2\sim2.0)L_x/V_d$（min）。

【例 5-4】 有一吸收塔处理 92%空气（指体积）和 8%氨气的混合气体。已知 $t=20$℃，混合气体总压力 $P_z=1$atm，混合气体的总流量 $L_z=0.5\text{m}^3/\text{s}$。用水吸收氨气，氨与水的气液平衡关系式为 $Y^*=0.76X$。要求的净化效率为 95%，求实际的供液量和液相出口浓度。氨的分子量 $M=17$。

因 $t=20$℃与标准状态差别较小，以后均按标准状态计算，不作修正。

【解】 混合气体中惰气的流量

$$V_d=\frac{0.5\times0.92}{22.4}=2.04\times10^{-2}\text{kmol/s}$$

混合气体中 NH_3 的流量

$$V_{NH_3}=\frac{0.5\times0.08}{22.4}=0.00179\text{kmol/s}$$

进口处气相中 NH_3 的浓度

$$Y_1=\frac{V_{NH_3}}{V_d}=\frac{0.00179}{0.0204}=0.087\text{kmolNH}_3/\text{kmol 空气}$$

出口处气相中 NH_3 的浓度

$$Y_2=0.087(1-0.95)=0.00435\text{kmol NH}_3/\text{kmol 空气}$$
$$Y_2=0.00435\times17\times10^3/22.4=3.3\text{mg/m}^3$$

进口处液相中 NH_3 的浓度 $X_2=0$

最小液气比

$$\left(\frac{L_x}{V_d}\right)_{min}=\frac{Y_1-Y_2}{\frac{Y_1}{m}-X_2}=\frac{0.087-0.00435}{\frac{0.087}{0.76}-0}=0.725$$

取实际液气比为最小液气比的 1.3 倍，

$$\left(\frac{L_x}{V_d}\right)=1.3\left(\frac{L_x}{V_d}\right)_{min}=1.3\times0.725=0.94$$

实际供液量
$$L=0.94V=0.94\times2.04\times10^{-2}$$
$$=1.92\times10^{-2}\text{kmol/s}=1244\text{kg/h}$$

出口处液相浓度

$$X_1=\frac{Y_1-Y_2}{(L_x/V_d)}=\frac{0.087-0.00435}{0.94}$$
$$=0.083\text{kmol NH}_3/\text{kmol H}_2\text{O}$$

5.6.2 吸收塔平均吸收推动力计算

根据式（5-24）确定吸收塔的传质量时，必须确定吸收推动力 $\Delta Y=Y_A-Y_A^*$。

由图 5-15 可以看出，在吸收塔的不同断面上 ΔY 不是一个常数。因此，计算时必须按传热学中求换热设备平均温差的方法，求出吸收塔的平均吸收推动力 ΔY_p。

$$\frac{\Delta Y_1}{\Delta Y_2}<2\text{时}\quad \Delta Y=\frac{\Delta Y_1+\Delta Y_2}{2} \tag{5-35}$$

$$\frac{\Delta Y_1}{\Delta Y_2}>2\text{时}\quad \Delta Y=\frac{\Delta Y_1-\Delta Y_2}{\ln\dfrac{\Delta Y_1}{\Delta Y_2}} \tag{5-36}$$

式中 ΔY_1——塔底部的吸收推动力，kmol 吸收质/kmol 惰气；

ΔY_2——塔顶部的吸收推动力，kmol 吸收质/kmol 惰气。

单位时间内吸收塔的传质量为：

$$G_A=FK_g\Delta Y_p\quad (\text{kmol/s}) \tag{5-37}$$

5.6.3 吸收系数的确定

进行吸收设备计算，必须确定吸收系数 K_g 或 K_i。和传热学中的传热系数 K 一样，影响吸收系数的因素十分复杂，如吸收质和吸收剂的性质、设备的结构、气液两相的运动状况等。因此 K_g（或 K_i）很难用理论方法求得。目前一般通过中间试验或生产设备实例求得，或者根据由实验数据整理出的准则方程式进行计算。进行工程设计时，可参阅文献[34]、[35]。

5.6.4 填料塔阻力计算

填料塔阻力可根据图 5-17 及表 5-5 计算，其计算步骤见例 5-5。

填料系数 F_T（乱堆） **表 5-5**

填料种类	材料	尺寸(mm)			
		25	38	51	76 或 89
矩鞍形	陶瓷	92	52	40	22
弧鞍形	陶瓷	110	65	45	
拉西环	陶瓷	155	95	65	37
鲍尔环	金属	48	33	20	16
鲍尔环	塑料	52	40	24	10

【例 5-5】 某工艺设备的通风排气中含有氯气，已知局部排风量 $L_z=1\text{m}^3/\text{s}$，排气中的浓度为 450mg/m³。在常温、常压下在填料塔内用 8%的 NaOH 溶液进行吸收，要求净化效率不小于 95%。计算填料塔直径、填料层高度、填料层阻力及供液量。

【解】 Cl_2 的分子量 $M=70.9$

惰气的流量 $V_d=1/22.4=0.045\text{kmol/s}$

进口处气相中 Cl_2 的浓度

$$Y_1=\frac{450\times10^{-6}/70.9}{0.045}=1.41\times10^{-4}\quad \text{kmol } Cl_2/\text{kmol 空气}$$

出口处气相中 Cl_2 的浓度

$$Y_2=(1-\eta)Y_1=(1-0.95)\times1.41\times10^{-4}=7\times10^{-6}\quad \text{kmol } Cl_2/\text{kmol 空气}$$

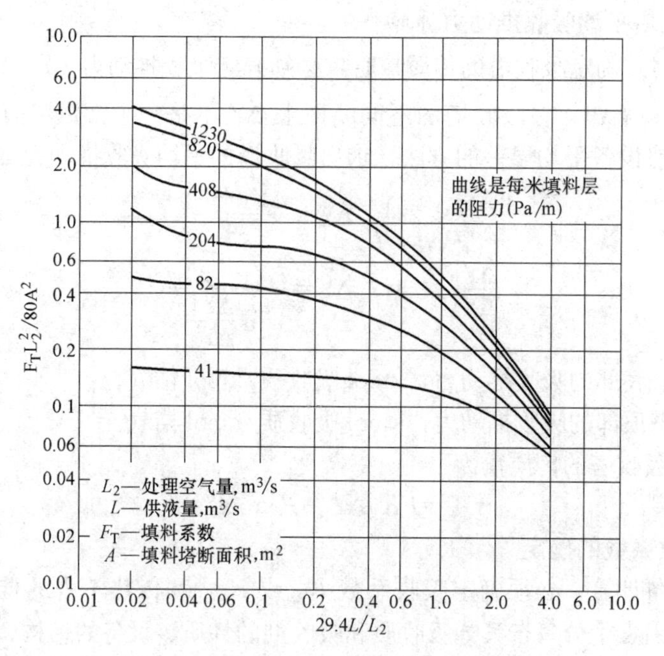

图 5-17 填料层阻力通用关联图

填料塔吸收的 Cl_2 量

$$G_A=V_d(Y_1-Y_2)=0.045(1.41-0.07)\times10^{-4}=6\times10^{-6}\quad \text{kmol/s}$$

设填料塔空塔速度 $v=1.0\text{m/s}$

填料塔横断面积 $A=L_Z/v=1/1=1\text{m}^2$

填料塔直径 $D=\sqrt{\dfrac{4A}{\pi}}=\sqrt{\dfrac{4\times1}{3.14}}=1.13\text{m}$

取 $D=1.1\text{m}$

设填料塔喷淋密度为 $20\text{m}^3/(\text{m}^2\cdot\text{h})$

供液量 $L_x=20\times1.0=20\text{m}^3/\text{h}=0.309\text{kmol/s}$

根据式 (5-32)，出口处液相浓度

$$X_1=\frac{V_d}{L_x}(Y_1-Y_2)+X_2=\frac{0.045}{0.309}(1.41-0.07)\times10^{-4}+0$$
$$=1.59\times10^{-5}\text{kmol } Cl_2/\text{kmol } H_2O$$

根据式 (5-36)，填料塔平衡吸收推动力

$$\Delta Y_p=\frac{(Y_1-Y_1^*)-(Y_2-Y_2^*)}{\ln\dfrac{Y_1-Y_1^*}{Y_2-Y_2^*}}$$

对于通风排气的净化装置，因 X_1 及 X_2 均较小，其对应的气相平衡浓度 Y_1^* 及 Y_2^* 也较小。计算时可近似认为 $Y_1-Y_1^*\approx Y_1$，$Y_2-Y_2^*\approx Y_2$。因此上式可简化为：

$$\Delta Y_p=\frac{Y_1-Y_2}{\ln\dfrac{Y_1}{Y_2}}=\frac{(1.41-0.07)\times10^{-4}}{\ln\dfrac{1.41\times10^{-4}}{0.07\times10^{-4}}}$$
$$=4.47\times10^{-5}\text{kmol } Cl_2/\text{kmol 空气}$$

本设计采用 50mm 瓷质拉西环。

根据文献［35］，用 NaOH 溶液吸收氯气，其气相总吸收系数 $K_g=5.77\times10^{-3}$ kmol/($m^2\cdot s$)。50mm 瓷质拉西环乱堆时的比表面积 $a=93m^2/m^3$。

根据式（5-37），所需的气液接触面积为：

$$F=\frac{\pi}{4}D^2\cdot H\cdot a=\frac{G_A}{K_g\cdot \Delta Y_p}\quad (m^2)$$

式中 H——填料层高度，m。

$$H=\frac{G_A}{\frac{\pi}{4}D^2\cdot(K_g a)\cdot\Delta Y_p}=\frac{6\times10^{-8}}{\frac{\pi}{4}-(1.1)^2\times5.77\times10^{-8}\times93\times4.47\times10^{-5}}$$

$$=2.63m$$

取 $H=2.7m$

由表 5-5 查得填料系数 $F_T=65$

$$\frac{F_T L_z^3}{80A^2}=\frac{65\times1}{80\times1}=0.81$$

$$29.4L_x/L_z=29.4\times20/1\times3600=0.163$$

由图 5-17 查得每米填料层阻力约为 250Pa/m

填料层总阻力 $\Delta P_z=2.7\times250=675Pa$

5.7 吸收装置设计

与生产工艺的排气相比，通风排气中所含有害气体的浓度一般都比较低，回收利用价值小。因此，用于通风排气系统的吸收设备与工艺流程应尽量简单，维护管理方便。在可能的条件下，应尽量采用工厂的废液（如废酸、废碱液）作为吸收剂。

5.7.1 吸收剂的选择

吸收剂的选择对吸收操作的效果和成本具有很大影响，要选用对吸收质溶解度大，非挥发性、价廉、来源广的液体作吸收剂。一般情况下碱性气体用酸性吸收剂，酸性气体用碱性吸收剂。

（1）水吸收法

对于水溶性气体用水作吸收剂是最经济的，如 HCl、NH_3 等。但是气相中吸收质浓度较低时，吸收效率较低。当废液中含酸浓度超过排放标准时，应对废液进行中和处理后再排放。

吸收效率无法满足要求时，可采用化学吸收法。有害气体在液相中发生化学反应时，降低了液相中吸收质浓度，使其对应的平衡分压力也大大下降，增大了吸收推动力，提高了吸收效率。

（2）碱液吸收法

对于酸性气体，为提高吸收效率，常用低浓度碱液进行吸收（中和）。

1）用石灰或石灰石吸收二氧化硫

$$SO_2 + CaCO_3 + \frac{1}{2}H_2O = CaSO_3 \cdot \frac{1}{2}H_2O + CO_2$$

$$SO_2 + Ca(OH)_2 = CaSO_3 \cdot \frac{1}{2}H_2O + \frac{1}{2}H_2O$$

以石灰石为脱硫剂时，净化效率为85%左右，石灰的反应性比石灰石好，可达90%。用石灰作吸收剂时液相传质阻力很小，而采用$CaCO_3$时，气、液相传质阻力较大。因此采用气、液接触时间较短的吸收塔时，用石灰较石灰石好。结垢和堵塞是影响吸收塔操作的最大问题。吸收塔应具有较大的供液量和较高的气液相对速度。

2）用碳酸钠溶液吸收硫酸雾

$$Na_2CO_3 + H_2O = 2NaOH + CO_2\uparrow$$

$$2NaOH + H_2SO_4 = Na_2SO_4 + H_2O$$

碳酸钠溶液的浓度一般为10%，可循环使用。pH值达到8～9，需更新碱液。

3）用氢氧化钠溶液吸收氯

$$2NaOH + Cl_2 = NaCl + NaOCl + H_2O$$

当碱液浓度为80～100g/L时，吸收效率可达99%。

(3) 采用其他吸收剂的吸收方法

1）用高锰酸钾溶液吸收汞蒸气

$$2KMnO_4 + 3Hg + H_2O = 2KOH + 2MnO_2 + 3HgO\downarrow$$

$$MnO_2 + 3Hg = Hg_2MnO_2$$

用填料塔进行吸收，高锰酸钾溶液浓度为0.25%～0.5%，液气比为3.1～4.1L/m^3时，净化效率可达97%。

2）用柴油吸收有机溶剂蒸气

涂装行业的有机废气是涂料中的有机溶剂挥发造成的，对人体危害较大的有甲苯、二甲苯等。苯和二甲苯能溶解于柴油和煤油。目前我国涂装行业常用0#柴油作为吸收剂，净化效率可达95%以上。柴油是快速吸收型吸收剂，必需考虑从柴油中分离有机溶剂，使柴油再生后循环使用。

5.7.2 吸收法净化有害气体实例

(1) 氯化氢的净化

氯化氢易溶于水，在t=20℃时，共溶解度为442m^3 HCl/m^3 H_2O，是氨的8倍、二氧化硫的10倍。处理低浓度HCl的系统如图5-18所示。该系统以水为吸收剂，净化效率可达90%以上。如工艺条件允许，可以废碱液为吸收剂。

(2) NO_x的净化

在电镀生产中，铝制品的化学抛光，铜、镍的退镀等都要在硝酸溶液内进行。在此操作中会产生大量的氮氧化物（NO_2、NO），排出的废气带有深黄色。下面介绍氨—碱溶液两相吸收法。

第一级　氨在气相中和NO_x、水蒸气反应

$$2NH_3 + NO + NO_2 + H_2O = 2NH_4NO_2$$

$$2NH_3 + 2NO_2 + H_2O = NH_4NO_3 + NH_4NO_2$$

$$NH_4NO_2 = N_2 + 2H_2O$$

第二级　用碱液吸收

$$2NaOH+2NO_2 = NaNO_3+NaNO_2+H_2O$$

$$2NaOH+NO+NO_2 = 2NaNO_2+H_2O$$

图 5-19 是 NO_x 净化系统示意图。含 NO_x 的废气在管道中与氨气混合，进入第一级反应。然后经缓冲器和风机进入吸收塔，用碱液吸收。经测定，净化效率可达 95%以上。若单独采用碱液吸收，净化效率只有 70%左右。

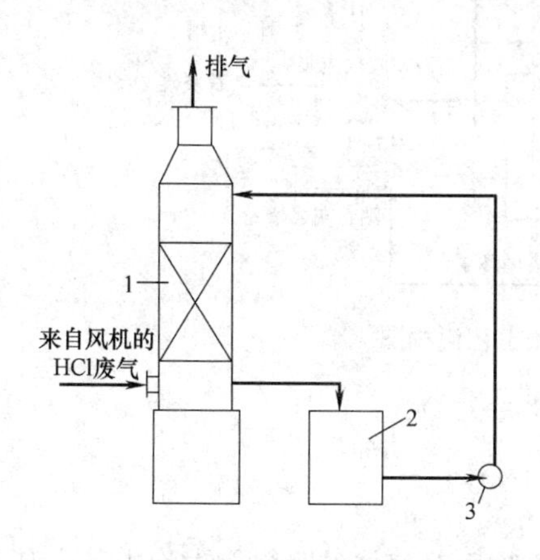

图 5-18　低浓度 HCl 废气处理工艺流程

1—波纹填料塔；2—循环槽；3—塑料泵

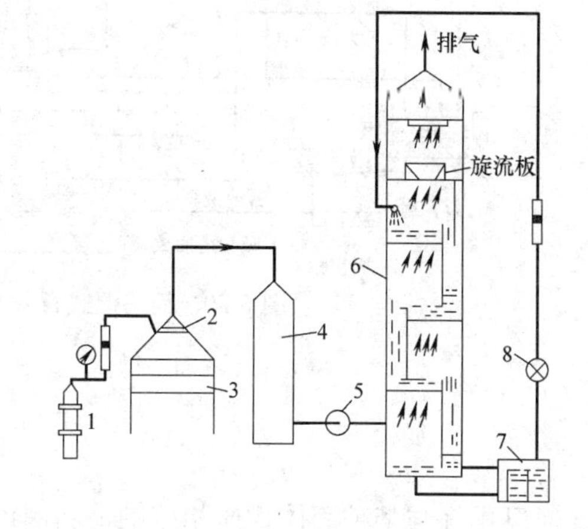

图 5-19　NO_x 净化系统示意图

1—液氨钢瓶；2—氨分布器；3—通风柜；4—缓冲器；5—风机；6—吸收塔；7—碱液循环槽；8—碱泵

该装置的吸收效率与下列因素有关：

1）进口处 NO_x 浓度高，吸收效率高；

2）增大喷淋密度有利于吸收，通常取 8.0～$10m^3/(m^2 \cdot h)$；

3）氧化度为 50%时吸收效率最高；

4）氨气加入量以 50～200L/h 为宜。

从上面的分析可以看出，一种有害气体常有多种吸收剂可供选择，设计时必须全面进行分析。需要考虑的主要因素有净化设备价格、运行费用、净化效果、吸收剂价格及来源、副产品出路等。另外还要考虑废水处理问题，必须避免污染转移，不能把大气污染变成水质污染。

（3）SO_2 的净化

某热电厂采用的袋式除尘器后设置石灰湿法脱硫装置，工艺流程参见图 5-20。烟气由原有设备烟道进入吸收塔。在吸收塔内，用循环泵将脱硫剂熟石灰浆通过喷嘴连续往上喷出。这时，喷出的熟石灰浆和烟气中的 SO_2 发生气液接触反应，去除 SO_2，然后，被吸入吸收塔槽内的空气氧化，成为石膏浆。主要反应为：

$$CaCO_3+SO_2 \longrightarrow CaSO_3+CO_2\uparrow$$

$$CaSO_3+\frac{1}{2}O_2+2H_2O \longrightarrow CaSO_4\downarrow \cdot 2H_2O$$

石膏浆在吸收塔槽内被高度浓缩，作为副产品被送入存储槽，进行固液分离。脱尘脱硫的排气通过除雾器除去雾滴后排入大气。

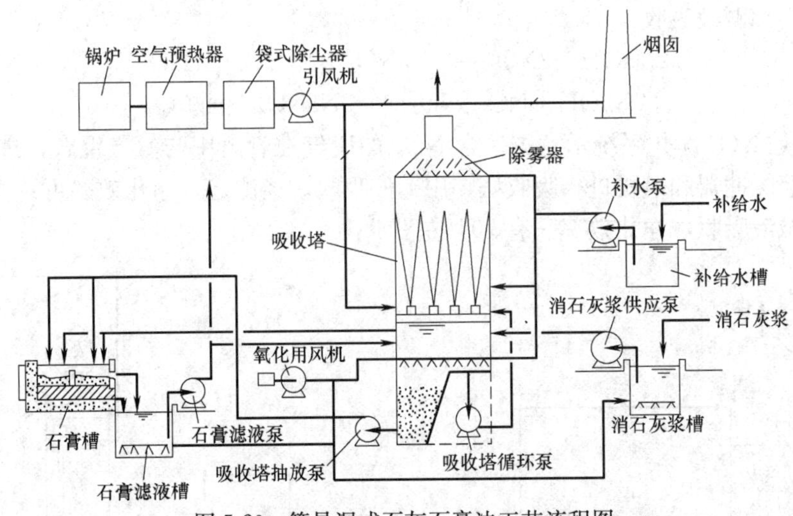

图 5-20 简易湿式石灰石膏法工艺流程图

5.8 吸 附 法

让通风排气与某种固体物质相接触，利用该固体物质对气体的吸附能力除去其中某些有害成分的过程称为吸附。用于吸附的固体物质称为吸附剂，被吸附的气体称为吸附质。吸附法广泛应用于低浓度有害气体的净化，特别是各种有机溶剂蒸气。吸附法的净化效率能达到100%。一定量的吸附剂所吸附的气体量是有一定限度的，经过一定时间吸附达到饱和时，要更换吸附剂。饱和的吸附剂经再生（解吸）后可重复使用。

5.8.1 吸附的原理

吸附过程是由于气相分子和吸附剂表面分子之间的吸引力使气相分子吸附在吸附剂表面的。吸附和吸收的区别是，吸收时吸收质均匀分散在液相中，吸附时吸附质只吸附在吸附剂表面。因此，用作吸附剂的物质都是松散的多孔状结构，具有巨大的表面积。单位质量吸附剂所具有的表面积称为比表面积（m^2/kg 或 m^2/g），比表面积愈大，吸附的气体量愈多。例如工业上应用较多的活性炭，其比表面积为 700～1500m^2/g。

吸附过程分为物理吸附和化学吸附两种。物理吸附单纯依靠分子间的吸引力（称为范德华力）把吸附质吸附在吸附剂表面。物理吸附是可逆的，降低气相中吸附质分压力，提高被吸附气体温度，吸附质会迅速解吸，而不改变其化学成分。吸附过程是一个放热过程，吸附热约是同类气体凝结热的 2～3 倍。吸附热是反映吸附过程的一个特性值，吸附热愈大，吸附剂和吸附质之间的亲合力愈强。处理低浓度气体时可不考虑吸附热的影响，处理高浓度气体时要注意吸附热造成吸附剂温度上升，使吸附的气体量减少。

化学吸附的作用力是吸附剂与吸附质之间的化学反应力，它大大超过物理吸附的范德华力。化学吸附具有很高的选择性，一种吸附剂只对特定的物质有吸附作用。化学吸附比较稳定，必需在高温下才能解吸。化学吸附是不可逆的。如果现有的吸附剂不能满足要求，可用适当的物质对吸附剂进行浸渍处理（即吸附剂预先吸附某种物质），使浸渍物与吸附质在吸附剂表面发生化学反应。例如，用氯浸渍过的活性炭净化汞蒸气。对活性炭常用的吸附浸渍如表 5-6 所示。

活性炭的吸附浸渍 **表 5-6**

预吸附物质	吸 附 质	预吸附物质	吸 附 质
碱	二氧化硫、盐酸、硫化氢	铜盐或锌盐	氰化物 光气
酸	氨	硅酸钠	氟化氢
溴	乙烯	醋酸铅	硫化氢
氯碘	汞		

5.8.2 静活性与动活性

吸附剂吸附一定量气体后会达到饱和（即吸附量与解吸量处于平衡状态），在一定温度、压力下处于饱和状态的单位质量吸附剂所吸附的气体量称为吸附剂的静活性（或平衡吸附量）。平衡吸附量的大小取决于吸附质分压力（或浓度）和温度。图 5-21 是活性碳吸附苯蒸气时的平衡吸附曲线。从该图可以看出，平衡吸附量是随温度下降、浓度增高而增大的。气流通过一定厚度的吸附层时，出口处的吸附质浓度随时间的变化曲线如图 5-22 所示，开始时出口浓度基本为零，经过一定时间后，在出口处出现吸附质，这种现象称为穿透，经历的这段时间称为穿透时间。出现穿透后出口浓度急剧增加，一直到与进口浓度相等为止。从开始工作到吸附层被穿透，该吸附层内单位质量吸附剂所吸附的气体量称为吸附剂的动活性。在处理通风排气时，吸附层穿透后一般立即更换吸附剂。

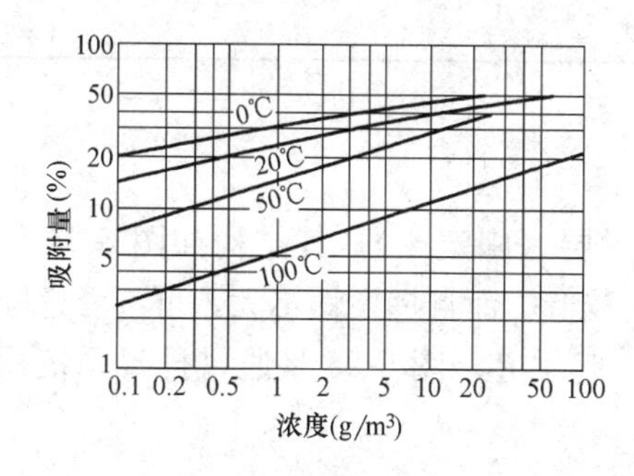

图 5-21 活性炭吸附苯蒸气的吸附量

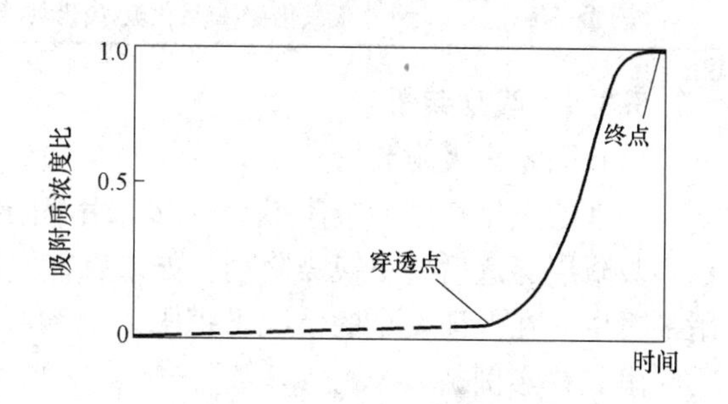

图 5-22 吸附层的穿透曲线

图 5-23 是吸附层内部的浓度变化曲线，称为吸附波。开始时浓度按曲线 A 变化，在 b 点吸附质浓度已降到零。经过一段时间 oa 内的吸附剂已全部饱和，这时浓度按曲线 B 变化，当浓度曲线由 B 移到 C 时，出口处出现吸附质，吸附层被穿透。这时 OC 内的吸附剂已全部饱和，而 cf 内的吸附剂尚未饱和，因此吸附层的动活性总要比静活性小。

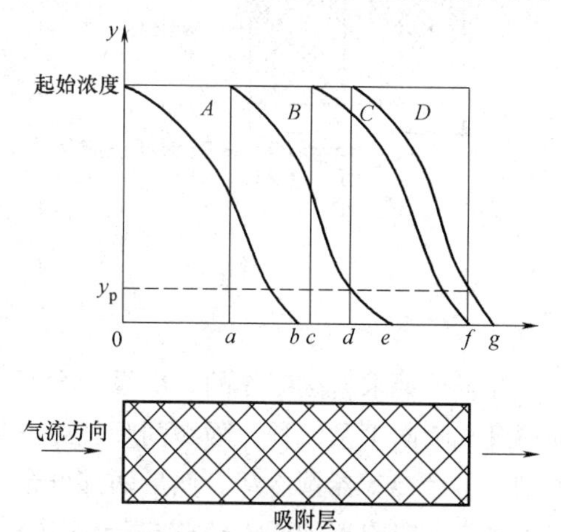

图 5-23 吸附器内吸附质浓度变化曲线

吸附层内的气流速度以及吸附层断面上的速度分布对浓度曲线的变化有很大影响。流速低，气流在吸附层内停留的时间长，吸附剂可以充分进行吸附。因此，曲线比较陡直。流速高，气流在吸附层内停留的时间短，吸附剂没有充分发挥作用，因此浓度曲线比较平缓。如果吸附层断面上的流速分布不均匀，流速高的局部地点会很快出现穿透，影响整个吸附层的继续使用。浓度曲线平缓，说明吸附层穿透时还有较多的吸附剂没有达到饱和。设计时希望浓度曲线尽量陡直，其动活性应不小于静活性的75%～80%。

5.8.3 吸附剂的选择

工业上常用的吸附剂有活性炭、硅胶、活性氧化铝、分子筛等。

硅胶等吸附剂称为亲水性吸附剂，用于吸附水蒸气和气体干燥。活性炭是应用较广泛的一种吸附剂，特别是经浸渍处理后，应用更加广泛。各种吸附剂可去除的有害气体如表5-7所示。

各种吸附剂可去除的有害气体　　表5-7

吸　附　剂	可去除的有害气体
活性炭	苯、甲苯、二甲苯、丙酮、乙醇、乙醚、甲醛、苯乙烯、氯乙烯、恶臭物质、硫化氢、氯气、硫氧化物、氮氧化物、氯仿、一氧化碳
浸渍活性炭	烯烃、胺、酸雾、碱雾、硫醇、二氧化硫、氟化氢、氯化氢、氨气、汞、甲醛
活性氧化铝	硫化氢、二氧化硫、氟化氢、烃类
浸渍活性氧化铝	甲醛、氯化氢、酸雾、汞
硅胶	氮氧化物、二氧化硫、乙炔
分子筛	氮氧化物、二氧化硫、硫化氢、氯仿、烃类

5.8.4 吸附装置

(1) 固定床吸附装置

处理通风排气用的吸附装置大多采用固定的吸附层（固定床），其结构如图5-24所示，吸附层穿透后要更换吸附剂。如果有害气体浓度较低，而且挥发性不大，可不考虑吸附剂再生，在保证安全的情况下把吸附剂和吸附质一起丢弃。图5-25是通风排气系统用的吸附装置实例。

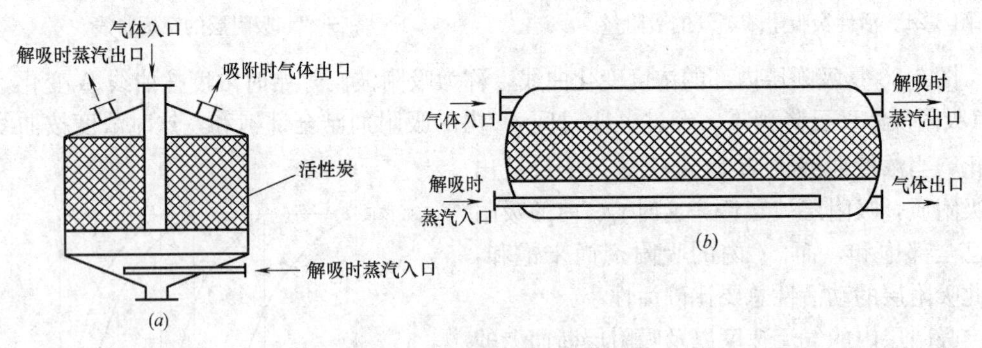

图5-24　固定床吸附装置

(a) 立式；(b) 卧式

对工艺要求连续工作的，应设两台吸附器，一台工作，一台再生。图5-26是某厂的喷漆废气吸附工艺流程。喷漆间废气经洗涤和过滤去除漆雾，烘干间废气则经过滤器去除油烟，再经冷却器预冷却。然后两部分合并送入吸附器。第一台吸附剂饱和后，另一台继续工作。该吸附器则通入蒸汽进行解吸。解吸的有机溶剂蒸气和水蒸气进入冷凝器6冷凝，再在油水分离器7中回收有机溶剂。设计的工艺参数为：

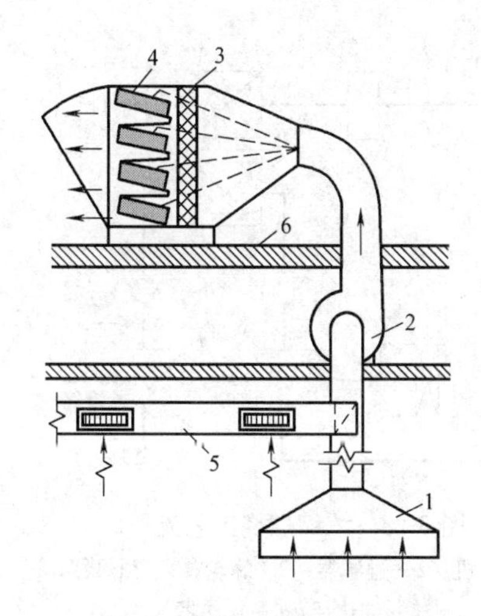

图 5-25　用于通风排气的吸附系统

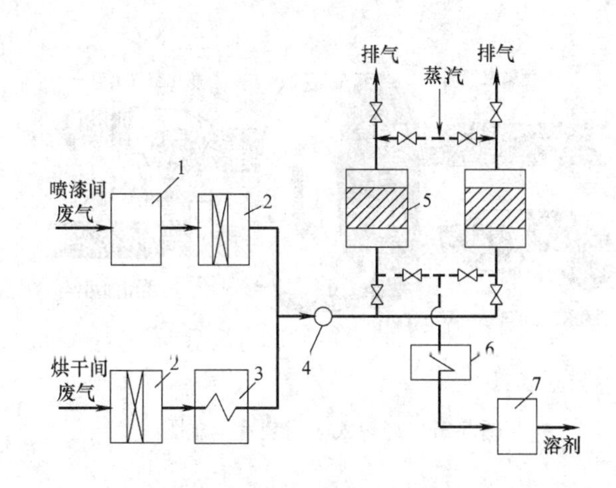

图 5-26　喷漆废气吸附工艺流程

1—洗涤器；2—过滤器；3—冷却器；4—风机；
5—吸附器；6—冷凝器；7—油水分离器

废气中漆雾含量不大于 0.5mg/m³；

废气温度不大于 50℃；

吸附层空塔速度为 0.20～0.50m/s；

在吸附层内滞留时间为 0.20～2.0s；

吸附周期不小于 2～3h；

解吸温度在 110℃左右；

解吸时间为 0.50～1.5h；

蒸汽用量 3.0～5.0kg/kg 的溶剂。

(2) 蜂轮式吸附装置

蜂轮式吸附装置是一种新型的有害气体净化装置，适用于低浓度、大风量的情况，具有体积小、质量轻、操作简便等优点。图 5-27 是蜂轮式吸附装置示意图。蜂轮用活性炭素纤维加工成 0.20mm 厚的纸，再压制成蜂窝状卷绕而成。蜂窝状吸附纸的性能列于表 5-8。蜂轮的端面分隔为吸附区和解吸区，使用时，废气通过吸附区，有害气体被吸附。把 100～130℃的热空气通过解吸区，使有害气体解吸，活性炭素纤维再生。随蜂轮缓慢转动，吸附区和解吸区不断更新，可连续工作。排出的废气量仅为处理气体量的 1/10 左右。浓缩的有害气体再用燃烧、吸收等方法进一步处理。图 5-28 是实际应用的工艺流程图。该装置的工艺参数为：

废气中 HC 浓度不大于 1000mg/m³；

废气中油烟、粉尘含量不大于 0.50mg/m³；

吸附温度不大于 50℃；

蜂轮空塔风速为 2.0m/s 左右；

蜂轮转速为 1～6r/h；

再生热风温度为 100～140℃；

浓缩倍数为 10～30 倍。

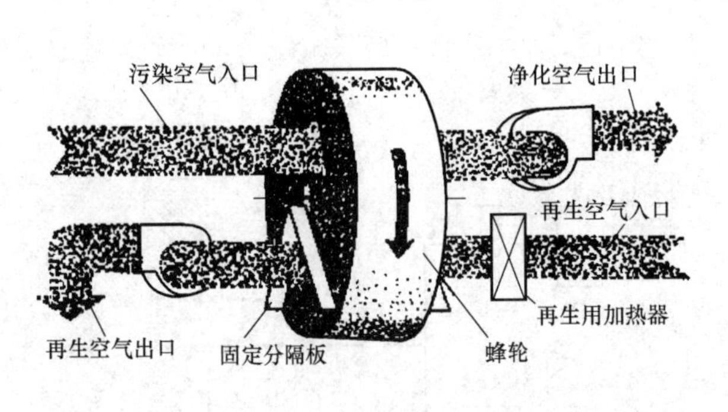

图 5-27　蜂轮式吸附装置示意图

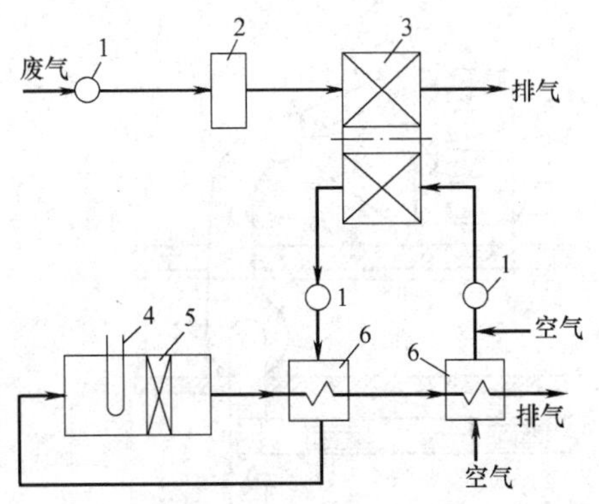

图 5-28　浓缩燃烧工艺流程

1—风机；2—过滤器；3—蜂轮；4—预热器；5—催化层；6—换热器

蜂窝状吸附纸的成分及性能　　**表 5-8**

吸附纸成分	50%～65%的纤维状或粉状活性炭，其余为纸浆或无机纤维
吸附纸规格	厚度 0.2～0.35mm，定量 45～150g/m^3
蜂窝纸规格	蜂宽 3～5mm，蜂高 1.5～3mm，开孔率 60～75%，堆密度 63～180kg/m^3，几何表面积 2500m^2/m^3 左右
吸附量	20℃下甲醛浓度为 500mg/m^2 时，平衡吸附量为 15%～25%
吸附速度	20℃下甲醛浓度为 500mg/m^2 时，10min 内吸附量为 3%～5%
脱附速度	在 2min 内用 120℃热风可使甲苯完全脱附

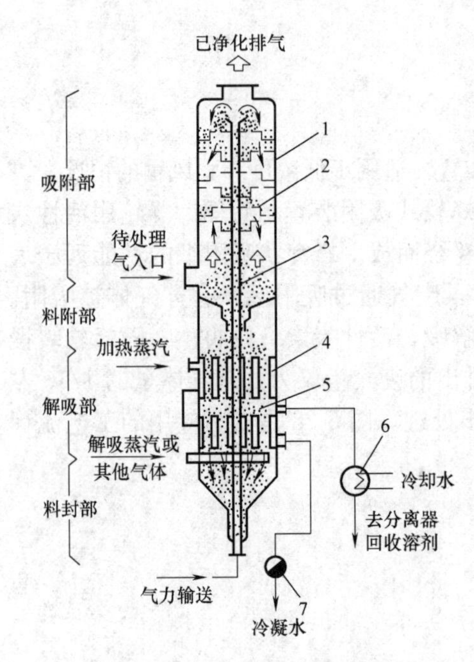

图 5-29　流化床基本流程图

1—壳体；2—网板；3—气力输送管；4—预热器；5—解析部；6—冷凝器；7—疏水器

(3) 流化床吸附器

流化床吸附器基本流程如图 5-29 所示。吸附剂在多层流化床吸附器中，借助于被净化气体的较大的气流速度，使其悬浮呈流态化状态。流化床吸附器的优点是吸附剂与气体接触好，适合于治理连续排放且气量较大的污染源。但由于流速高，会使吸附剂和容器磨损严重，并且排出的气体中常含有吸附剂粉末，须在其后加除尘设备将其分离。

(4) 设计吸附装置应注意的问题

1) 吸附剂的吸附能力通常用平衡吸附量和平衡保持量表示。平衡吸附量是指在一定的温度、压力（25℃、101.3kPa）下污染空气通过一定量的吸附剂时，吸附剂所能吸附的最大气体量，通常以吸附剂的质量百分数表示。平衡保持量是指已吸附饱和的吸附剂让同温度的清洁干空气连续 6h，通过该吸附层后，在吸附层内仍保留的污染气体量。

计算吸附层的穿透时间时，对进口浓度高、活性炭再生利用的场合，如有机溶剂回收装置，吸附能力以平衡吸附量和平衡保持量的差计算。对进口浓度低、活性炭不再生利用的场合，如大多数通风排气或进气系统，要求即使是清洁空气时，其吸附的有害气体也不会析出，因此要按平衡保持量计算。

对吸附剂不进行再生的吸附器，吸附剂的连续工作时间按下式计算。

$$t=\frac{10^6\times S\times W\times E}{\eta\times L\times y_1}\text{h} \tag{5-38}$$

式中 W——吸附层内吸附剂的质量，kg；

S——平衡保持量，见表 5-9；

η——吸附效率，通常取 $\eta=1.0$；

L——通风量，m^3/h；

y_1——吸附器进口处有害气体浓度，mg/m^3；

E——动活性与静活性之比，近似取 $E=0.8\sim0.9$。

活性炭对某些气体的平衡保持量 S **表 5-9**

污染气体	分子式	分子量	20℃、101.3kPa时的 S 值(%)	污染气体	分子式	分子量	20℃、101.3kPa时的 S 值(%)
乙醛	C_2H_4O	44.1	7	三氯乙烯	$C_2H_3Cl_3$	60.5	5
丙烯醛	C_3H_4O	56	15	己烷	C_6H_{13}	86	16
醋酸戊酯	$C_7H_{14}O_2$	130.2	34	甲苯	C_7H_4	92	29
丁酸(香蕉水)	$C_4H_3O_2$	88.1	35	二氧化硫	SO_2	64	10
四氯化碳	CCl_4	153.8	45	氨	NH_3	17	1.3
乙基醋酸	$C_4H_6O_2$	88.1	19	氯	Cl_2	71	2.2
乙硫醇	C_1H_6S	35	28	硫化氢	H_2S	34	1.4
桉树脑	$C_{10}H_{10}O$	154.2	20	苯	C_6H_4	78.11	23

2）为避免频繁更换吸附剂，吸附剂不再生的吸附器连续工作时间应不少于 3 个月。

3）排气温度过高，会影响吸附剂的吸附能力，需作预处理。

4）吸附器断面上应保持气流分布均匀，为保证吸附层有较高的动活性和减小流动阻力，通过吸附层的空塔速度不宜过高，通常采用 0.30～0.50m/s。但是吸附层厚度与断面积之比不宜过小，以免气流分布不均匀。

5）通风排气中同时含有粉尘或雾滴时，应预先经空气过滤器去除。

6）活性炭吸附装置也常用于进气净化，以除去其中的有害气体或有臭味的气体。

5.9 有害气体的高空排放

有害气体净化难以做到 100%，在某些情况下可将含有污染物的废气高空排放，通过在大气中的扩散进行稀释，使降落到地面的有害气体浓度（包括累积量）不超过环境空气质量标准。同时，还应指出的是，当有害气体浓度降落到地面后，会在地表附近累积，使其浓度上升。

影响有害气体在大气中扩散的因素很多，主要有排气立管高度、烟气抬升高度、大气温度分布、大气风速、烟气温度、周围建筑物高度及布置等。产生烟气抬升有两方面的原因：一是烟囱出口烟气具有一定的初始动量；二是由于烟温高于周围气温而产生一定的浮力，详细的计算方法可参见《制定地方大气污染物排放标准的技术方法》GB/T 3840。通风排气立管设计时应注意的问题还将在第 6 章阐述，下面介绍一种在工业通风中常用的计算方法。

我们把污染物在大气中的扩散过程假设为两个阶段，在第一阶段只作纵向扩散，在第二阶段再作横向扩散，如图 5-30 所示。烟气离开排气立管后，在浮力和惯性力的作用下，先上升一定的高度 Δh，然后再从 A 点向下风侧扩散。

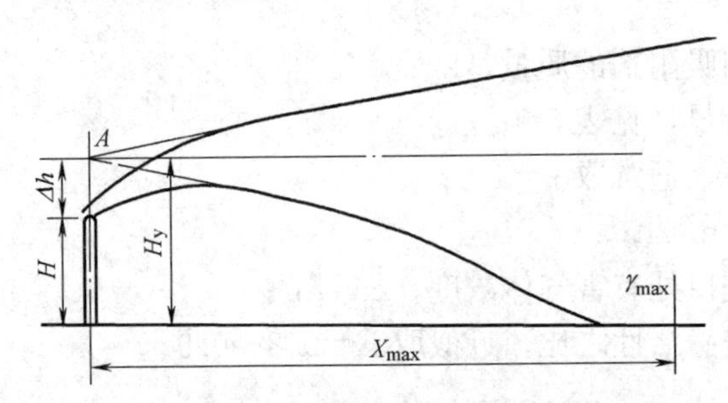

图 5-30 烟气在大气中的扩散示意图

对于地形平坦，大气处于中性状态，散热量 $Q<2020$kJ/s 或 $\Delta T<35$K 的排放源，烟气抬升高度可按下式计算：

$$\Delta h = 1.5\frac{v_{ch}D}{\bar{u}} + 9.56\times10^{-3}\frac{Q_H}{\bar{u}}$$

$$= \frac{v_{ch}D}{\bar{u}}\left(1.5 + 2.7\frac{T_p - T_a}{T_9}D\right) \quad (\mathrm{m}) \tag{5-39}$$

式中 v_{ch}——排气立管的出口流速，m/s；

D——排气立管出口直径，m；

$\bar{u}$——排气立管出口处大气平均风速，m/s；

Q_H——烟气的排热量，kJ/s；

T_p——出口处的排气温度，K；

T_a——出口处大气平均温度，K。

由于通风排气立管高度较低，可近似认为 T_a 等于地面附近大气温度。

不同高度处大气平均风速按下式计算：

$$\bar{u} = u_{10}\left(\frac{H}{10}\right)^{n/(2-n)} \quad (\mathrm{m/s}) \tag{5-40}$$

式中 u_{10}——距地面 10m 高度处的平均风速（由各地气象台取得），m/s；

H——排气立管出口距地面距离，m；

n——大气状态参数，见表 5-10。

式（5-39）的第一项是考虑气体惯性造成的上升高度，第二项是考虑气体浮力造成的上升高度。该式按中性状态求得，对于逆温，Δh 应减小 10%～20%，对不稳定大气，Δh 可增大 10%～20%。国内外学者都认为，上述计算式（霍兰德公式）比较保守，特别对高烟囱强热源偏差较大，对低矮的烟囱弱热源稍偏保守。由于公式简单实用，广泛应用于中小型工厂。

大气状态参数 **表 5-10**

污染源距地面高度(m)	强烈不稳定 n=0.2 C_y C_z	弱不稳定或中性状态 n=0.25 C_y C_z	中等逆温 n=0.33 C_y C_z	强烈逆温 n=0.5 C_y C_z
0	0.37 0.21	0.21 0.12	0.21 0.074	0.080 0.047
10	0.37 0.21	0.21 0.12	0.21 0.074	0.080 0.047
25	0.21	0.12	0.074	0.074
30	0.20	0.11	0.070	0.044
45	0.18	0.10	0.062	0.040
60	0.17	0.095	0.057	0.037
75	0.16	0.086	0.053	0.034
90	0.14	0.077	0.045	0.030
105	0.12	0.060	0.037	0.024

在排气立管出口处不应设伞形风帽，它会妨碍气体上升扩散。当 ΔT 较小时，为提高 Δh，应适当提高出口流速，一般以 20m/s 左右为宜。

对于平原地区、中性状态和连续排放的单一点源，有害气体排放量与地面最大浓度的关系，可用简化的萨顿扩散式表示。

$$y_{max}=\frac{235M}{\overline{u}_d H_y^2}\cdot\frac{C_z}{C_y}\quad(mg/m^3)\tag{5-41}$$

式中 y_{max}——有害气体降落到地面时的最大浓度，mg/m^3；

M——有害气体排放量，g/s；

H_y——烟气上升的有效高度（见图 5-30），m；

C_y、C_z——大气状态参数，详见表 5-10。

地面最大浓度点距排气立管距离为：

$$x_{max}=(H_y/C_z)^{2/(2-n)}\quad(m)\tag{5-42}$$

使用上述扩散式时应注意以下问题：

（1）在排气立管附近有高大建筑物时，为避免有害气体卷入周围建筑物造成的涡流区内，排气立管至少应高出周围最高建筑物 0.50～2.0m。

（2）有多个同类污染排放源时，因烟气扩散方程式叠加也是成立的，所以只要把各个污染排放源产生的浓度分布简单叠加即可。当设计的几个排气立管相距较近时，可采用集合（多管）排气立管，以便增大抬升高度。

（3）为了利于排气抬升，排气立管出口流速不得低于该高度处平均风速的 1.5 倍，或者取排气立管出口流速设计值的上限，可取 20～30m/s。

应当指出，上述的排气立管高度计算方法具有一定的适用范围，在一般情况下，应优先采用国家标准中推荐的公式计算或按有关国家标准规范要求确定高度，对于特殊的气象条件及特殊的地形应根据实际情况确定。

【例 5-6】 某通风排气系统的排风量 L=1.39m^3/s，排气中 NO_2 浓度为 2000mg/m^3，要求地面附近 NO_2 最大浓度不超过环境空气中污染物标准要求（一级），计算必需的排气立管高度。

已知：地面附近大气温度 t_w=20℃；排气温度 t_p=40℃；10m 处大气风速 u_{10}=4m/s，大气为中性状态。

【解】 根据附录 2，环境空气中 NO_2 最高允许浓度（一次）y_{max}=0.08mg/m^3，由表

5-10 查得 $n=0.25$。

假设排气立管 $H'=40$m

在 28m 高度处的大气风速为：

$$\bar{u}=u_{10}\left(\frac{H}{10}\right)^{n/(2-n)}=4\left(\frac{40}{10}\right)^{0.25/(2-0.25)}=4.88\text{m/s}$$

排气立管出口处大气温度 $t_a \approx t_w=20$℃

NO_2 排放量 $M=1.39\times2000=2.78\times10^3mg/s=2.78$g/s

由表 5-10 查得，$C_y=C_z\approx0.105$

根据式（5-41)，需要的排气立管有效高度为：

$$H_y=\left(\frac{235M}{\bar{u}_d y_{max}}\cdot\frac{C_z}{C_y}\right)^{\frac{1}{2}}=\left(\frac{235\times2.78}{4.88\times0.08}\right)^{\frac{1}{2}}=42.0\text{m}$$

假设排气立管出口处流速，$v_{ch}=15$m/s。

出口直径

$$D=\left(\frac{4L}{\pi v_{ch}}\right)^{\frac{1}{2}}=\left(\frac{4\times1.39}{3.14\times15}\right)^{\frac{1}{2}}=0.343\text{m}\approx0.35\text{m}$$

烟气排热量

$$\begin{aligned}Q_H&=G\cdot C\cdot(t_p-t_a)\\&=1.39\times1.09\times1.01\times(40-20)\\&=30.6\text{kJ/s}\end{aligned}$$

烟气的抬升高度

$$\begin{aligned}\Delta h&=1.5\frac{v_{ch}D}{\bar{u}}+9.56\times10^{-3}\frac{Q_H}{\bar{u}}\\&=1.5\times\frac{15\times0.35}{4.88}+9.56\times10^{-3}\times\frac{30.6}{4.88}=1.67\text{m}\end{aligned}$$

必须的排气立管高度

$$H=H_y-\Delta h=42.0-1.67=40.33\text{m}$$

计算值与假定值基本一致，取排气立管高度量 $H=40$m。

地面最大浓度点距排气立管距离

$$x_{max}=\left(\frac{H_y}{C_z}\right)^{2/(2-n)}=\left(\frac{40+1.67}{0.105}\right)^{2/(2-0.25)}=933.77\text{m}$$

习　　题

1. 摩尔分数和比摩尔分数的物理意义有何差别？为什么在吸收操作计算中常用比摩尔浓度？
2. 为什么下列公式都是享利定律表达式？它们之间有何联系？

$$\begin{cases}C=HP^*\\P^*=Ex\\Y^*=mX\end{cases}$$

3. 什么是吸收推动力？吸收推动力有几种表示方法？如何计算吸收塔的吸收推动力？
4. 画出吸收过程的操作线和平衡线，并利用它们分析该吸收过程的特点。
5. 膜理论的基本点是什么？根据双膜理论分析提高吸收效率及吸收速率的方法。
6. 吸收法和吸附法各有什么特点？它们各适用于什么场合？

7. 什么是吸附层的静活性和动活性？如何提高其动活性？

8. 已知 HCl—空气的混合气体中，HCl 的质量占 30%，求 HCl 的摩尔分数和比摩尔分数。

9. 某通风排气系统中，NO_2 浓度为 2000mg/m^3，排气温度为 50℃，试把该浓度用比摩尔分数表示。

10. 在 P=101.3kPa、t=20℃时，氨在水中的溶解度如下表所示。

NH_3 的分压力(kPa)	0	0.4	0.8	1.2	1.6	2.0
溶液浓度(kg NH_3/100kgH_2O)	0	0.5	1	1.5	2.0	2.5

把上述关系换算成 Y^* 和 X 的关系，并在 Y-X 图上绘出平衡图，求出相平衡系数 m。

11. NH_3—空气混合气体的体积为 100m^3，其中含 NH_3 20%，用水吸收，使 NH_3 的含量减小到 5%（体积）。吸收过程有中间冷却，前后温度不变。求被吸收的 NH_3 的体积数，并用比摩尔分数计算作对比。

12. SO_2—空气混合气体在 P=1atm、t=20℃时与水接触，当水溶液中 SO_2 浓度达到 2.5%（质量分数）时，气液两相达到平衡，求这时气相中 SO_2 分压力（kPa）。

13. 已知 Cl_2—空气的混合气体在 P=1atm、t=20℃的工况下，Cl_2 占 2.5%（体积分数），在填料塔用水吸收，要求净化效率为 98%。填料塔实际液气比为最小液气比的 1.2 倍。计算出口处 Cl_2 的液相浓度。

14. 某厂排出空气中 SO_2 占 1%（体积），已知排风量为 1000m^3/h，在 t=20℃，P=1atm 的工况下用水吸收 SO_2，实际用水量为 44600kg/h（实际液气比为最小液气比的 2 倍），求吸收塔出口处 SO_2 气相浓度（mg/m^3）。

15. 有一通风系统在 t=20℃、P=1atm 的工况下运行，排出空气中 H_2S 占 5.4%（体积），排风量 L=0.5m^3/s。在吸收塔内用水吸收 H_2S，实际的供液量为最小供液量的 1.3 倍，气相总吸收系数 K_g=0.0021kmol/m^2·s。要求吸收塔出口处气相中 H_2S 浓度不超过 1000ppm。计算：

（1）实际的供液量 kg/h；

（2）出口处液相中 H_2S 浓度；

（3）必需的气液接触面积。

16. 某油漆车间利用固定床活性炭吸附器净化通风排气中的甲苯蒸气。已知排风量 L=2000m^3/h、t=20℃、空气中甲苯蒸气浓度为 100ppm。要求的净化效率为 100%。活性炭不进行再生，每 90 天更换一次吸附剂。通风排气系统每天工作 4h。活性炭的容积密度为 600kg/m^3，气流通过吸附层的流速 v=0.4m/s，吸附层动活性与静活性之比为 0.8。计算该吸附器的活性炭装载量（kg）及吸附层总厚度。

17. 有一采暖锅炉的排烟量 L=3.44m^3/s，排烟温度 t_p=150℃，在标准状态下烟气密度 ρ=1.3kg/m^3，烟气定压比热 c=0.98kJ/(kg·℃)。烟气中 SO_2 浓度 y_{SO2}=2000mg/m^3，地面附近大气温度 t_w=20℃，在 10m 处大气平均风速 v_{10}=4m/s，烟气出口流速 v_{ch}=18m/s。要求烟囱下风侧地面附近的最大浓度不超过环境空气质量标准的规定，计算必须的最小烟囱高度。大气状态中性。

第 6 章　通风管道的设计计算

通风管道是通风和空调系统的重要组成部分。设计计算的目的在于保证要求的风量分配的前提下，合理确定风管布置和尺寸，使系统的初投资和运行费用综合最优。通风管道系统的设计直接影响到通风空调系统的使用效果和技术经济性能。本章主要阐述通风管道的设计原理和计算方法。

6.1　风管内空气流动的阻力

风管内空气流动的阻力有两种，一种是由于空气本身的黏滞性及其与管壁间的摩擦而产生的沿程能量损失，称为摩擦阻力或沿程阻力；另一种是空气流经风管中的管件及设备时，由于流速的大小和方向变化以及产生涡流造成比较集中的能量损失，称为局部阻力。

6.1.1　摩擦阻力

根据流体力学原理，空气在横断面形状不变的管道内流动时的摩擦阻力按下式计算：

$$\Delta P_{\mathrm{m}}=\lambda\frac{1}{4R_{\mathrm{s}}}\cdot\frac{v^2\rho}{2}l\quad(\mathrm{Pa})\tag{6-1}$$

对于圆形风管，摩擦阻力计算公式可改写为：

$$\Delta P_{\mathrm{m}}=\frac{\lambda}{D}\cdot\frac{v^2\rho}{2}l\quad(\mathrm{Pa})\tag{6-2}$$

圆形风管单位长度的摩擦阻力（又称比摩阻）为：

$$R_{\mathrm{m}}=\frac{\lambda}{D}\cdot\frac{v^2\rho}{2}l\quad(\mathrm{Pa})\tag{6-3}$$

式中　λ——摩擦阻力系数；

v——风管内空气的平均流速，m/s；

ρ——空气的密度，kg/m³；

l——风管长度，m；

R_{s}——风管的水力半径，m；

D——圆形风管直径，m。

$$R_{\mathrm{s}}=\frac{f}{P}$$

式中　f——管道中充满流体部分的横断面积，m²；

P——湿周，在通风、空调系统中即为风管的周长，m；

摩擦阻力系数 λ 与空气在风管内的流动状态和风管管壁的粗糙度有关。在通风和空调系统中，薄钢板风管的空气流动状态大多数属于紊流光滑区到粗糙区之间的过渡区。通常，高速风管的流动状态也处于过渡区。只有流速很高、表面粗糙的砖、混凝土风管流动状态才属于粗糙区。计算过渡区摩擦阻力系数的公式很多，下面列出的公式适用范围较大，在目前得到较广泛的采用：

$$\frac{1}{\sqrt{\lambda}}=-2\lg\left(\frac{K}{3.7D}+\frac{2.51}{\mathrm{Re}\sqrt{\lambda}}\right) \tag{6-4}$$

式中 K——风管内壁粗糙度，mm；

D——风管直径，mm。

进行通风管道计算时，可以采用根据式（6-3）和式（6-4）制成各种形式的计算表或线算图。附录 9 所示的线算图，可供计算管道阻力时使用。只要已知流量、管径、流速、阻力四个参数中的任意两个，即可利用该图求得其余的两个参数。附录 9 的线算图是按过渡区的 λ 值，在压力 $B_0=101.3$kPa、温度 $t_0=20$℃、空气密度 $\rho_0=1.204\mathrm{kg/m^3}$、运动黏度 $\nu_0=15.06\times10^{-6}\mathrm{m^2/s}$、管壁粗糙度 $K=0.15$mm、圆形风管等条件下得出的。当实际使用条件与上述条件不相符时，应进行修正。

（1）密度和黏度的修正

$$R_m=R_{m0}(\rho/\rho_0)^{0.01}(\nu/\nu_0)^{0.1}\quad(\mathrm{Pa/m}) \tag{6-5}$$

式中 R_m——实际的单位长度摩擦阻力，Pa/m；

R_{m0}——图上查出的单位长度摩擦阻力，Pa/m；

ρ——实际的空气密度，$\mathrm{kg/m^3}$；

ν——实际的空气运动黏度，$\mathrm{m^2/s}$。

（2）空气温度和大气压力的修正

$$R_m=K_tK_BR_{m0}\quad(\mathrm{Pa/m}) \tag{6-6}$$

式中 K_t——温度修正系数；

K_B——环境空气压力修正系数。

$$K_t=\left(\frac{273+20}{273+t}\right)^{0.825} \tag{6-7}$$

式中 t——实际的空气温度，℃。

$$K_B=(B/101.3)^{0.9} \tag{6-8}$$

式中 B——实际的环境空气压力，kPa。

K_t 和 K_B 可直接由图 6-1 查得。从图 6-1 可以看出，温度上升，温度修正 K_t 减小；管道内气体静压减小，压力修正 K_B 减小。

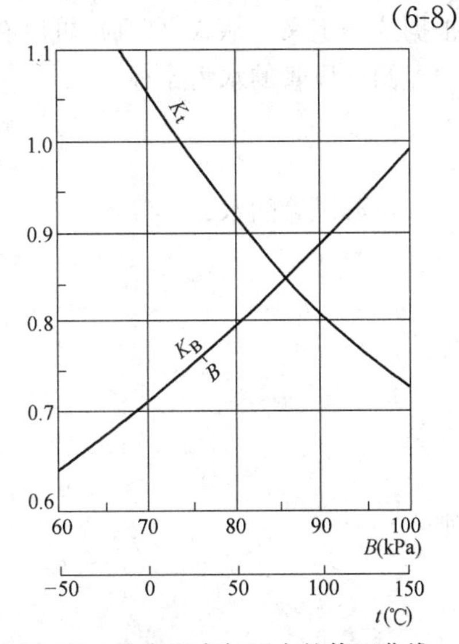

图 6-1 温度和大气压力的修正曲线

【例 6-1】 兰州市某厂有一通风系统，风管用钢板制作。已知风量 $L=1500\mathrm{m^3/h}$（$0.417\mathrm{m^3/s}$），管内空气流速 $v=12$m/s，空气温度 $t=100$℃。求风管的管径和单位长度摩擦阻力。

【解】 兰州市大气压力 $B=82.5$kPa

由附录 6 查出

$D=200$mm　$R_{m0}=11$Pa/m

由图 6-1 查出

$K_t=0.82$　$K_B=0.83$

$$R_m = K_t \cdot K_B \cdot R_{m0} = 0.82 \times 0.83 \times 11 = 7.6 \text{Pa/m}$$

(3) 管壁粗糙度的修正

在通风空调工程中，常采用不同材料制作风管，各种材料的粗糙度 K 见表 6-1。

各种材料的粗糙度 *K* **表 6-1**

风管材料	粗糙度(mm)	风管材料	粗糙度(mm)
薄钢板或镀锌薄钢板	0.15～0.18	胶合板	1.0
塑料板	0.01～0.05	砖砌体	3～6
矿渣石膏板	1.0	混凝土	1～3
矿渣混凝土板	1.5	木板	0.2～1.0

当风管管壁的粗糙度 $K \neq 0.15$mm 时，可先由附录 9 查出 R_{m0}，再近似按下式修正。

$$R_m = K_t R_{m0} \text{ (Pa/m)} \tag{6-9}$$

$$K_t = (Kv)^{0.25} \tag{6-10}$$

式中 K_t——管壁粗糙度修正系数；

K——管壁粗糙度，mm；

v——管内空气流速，m/s。

如需进行较精确计算，K_t 值可从文献［5］中查得。

6.1.2 矩形风管摩擦阻力计算

附录 9 中的通风管道单位长度摩擦阻力线算图是按圆形风管得出的，为利用该图进行矩形风管计算，需先把矩形风管断面尺寸折算成相当的圆形风管直径，即折算成当量直径。再由此求得矩形风管的单位长度摩擦阻力。

当量直径就是矩形风管采用与之具有相同单位长度摩擦阻力的圆形风管直径，有流速当量直径和流量当量直径两种。

(1) 流速当量直径

假设某一圆形风管中的空气流速与矩形风管中的空气流速相等，并且两者的单位长度摩擦阻力也相等，则该圆形风管的直径就称为此矩形风管的流速当量直径，以 D_v 表示。根据这一定义，从式 (6-1) 可以看出，圆形风管和矩形风管的水力半径必须相等。

圆形风管的水力半径

$$R_s' = \frac{D}{4}$$

矩形风管的水力半径

$$R_s' = \frac{ab}{2(a+b)}$$

令

$$R_s' = R_s''$$

$$\frac{D}{4} = \frac{ab}{2(a+b)}$$

则

$$D = \frac{2ab}{a+b} = D_v \tag{6-11}$$

D_v 称为边长为 $a \times b$ 的矩形风管的流速当量直径。如果矩形风管内的流速与管径为

D_v 的圆形风管内的流速相同，两者的单位长度摩擦阻力也相等。因此，根据矩形风管的流速当量直径 D_v 和实际流速 v，由附录 9 查得的 R_m 即为矩形风管的单位长度摩擦阻力。

【例 6-2】 有一表面光滑的砖砌风管（K=3mm），断面尺寸为 500mm×400mm，风量$L=1m^3/s(3600m^3/h)$，求单位长度摩擦阻力。

【解】 矩形风管内空气流速

$$v=\frac{1}{0.5\times0.4}=5m/s$$

矩形风管的流速当量直径

$$D_v=\frac{2ab}{a+b}=\frac{2\times500\times400}{500+400}=444mm$$

根据 $v=5m/s$、$D_v=444mm$，由附录 9 查得 $R_{m0}=0.62Pa/m$

粗糙度修正系数　　$K_r=(Kv)^{0.25}=(3\times5)^{0.25}=1.96$

$$R_m=1.96\times0.62=1.22Pa/m$$

（2）流量当量直径

设某一圆形风管中的空气流量与矩形风管的空气流量相等，并且单位长度摩擦阻力也相等，则该圆形风管的直径就称为此矩形风管的流量当量直径，以 D_L 表示。根据推导，流量当量直径可近似按下式计算。

$$D_L=1.3\frac{(ab)^{0.625}}{(a+b)^{0.25}} \tag{6-12}$$

以流量当量直径 D_L 和矩形风管的流量 L，查附录 9 所得的单位长度摩擦阻力 R_m，即为矩形风管的单位长度摩擦阻力。

利用当量直径法求矩形风管阻力时，要注意其对应关系：采用流速当量直径时，必须用矩形风管中的空气流速去查算阻力；采用流量当量直径时，必须用矩形风管中的空气流量去查算阻力。两种算法中采用流速当量直径法比较简单。

6.1.3 局部阻力

当空气流过断面变化的管件（如各种变径管、风管进出口、阀门）、流向变化的管件（弯头）和流量变化的管件（如三通、四通、风管的侧面送、排风口）都会产生局部阻力。

局部阻力按下式计算

$$Z=\zeta\frac{v^2\rho}{2}\quad(Pa) \tag{6-13}$$

式中　ζ——局部阻力系数。

局部阻力系数一般用实验方法确定。实验时先测出管件前后的全压差（即局部阻力 Z），再除以与速度 v 相应的动压 $v^2\rho/2$，求得局部阻力系数 ζ 值。有的还整理成经验公式，在附录 10 中列出了部分常见管件的局部阻力系数。计算局部阻力时，必须注意 ζ 值所对应的气流速度。

由于通风、空调系统中空气的流动都处于自模区，局部阻力系数 ζ 只取决于管件的形状，一般不考虑相对粗糙度和雷诺数的影响。

局部阻力在通风、空调系统中占有较大的比例，在设计时应加以注意，为了减小局部阻力，通常从以下几方面采取措施：

（1）弯头

布置管道时，应尽量取直线，减少弯头。圆形风管弯头的曲率半径一般应大于1～2倍管径，如图6-2所示；矩形风管弯头断面的长宽比（B/A）愈大，阻力愈小，如图6-3所示。在民用建筑中，常采用矩形直角弯头，应在其中设导流片，如图6-4所示。

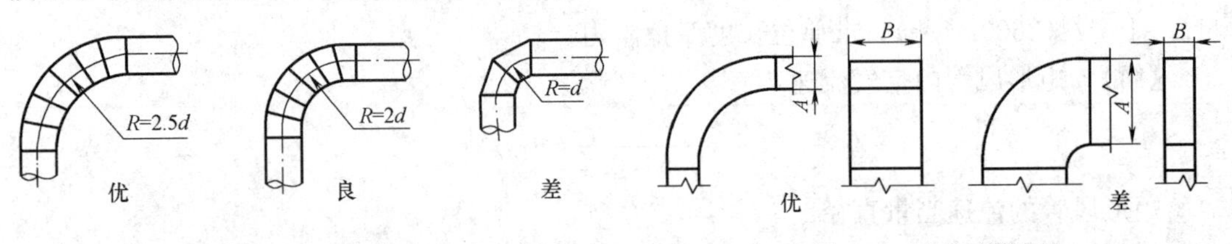

图6-2　圆形风管弯头　　图6-3　矩形风管弯头

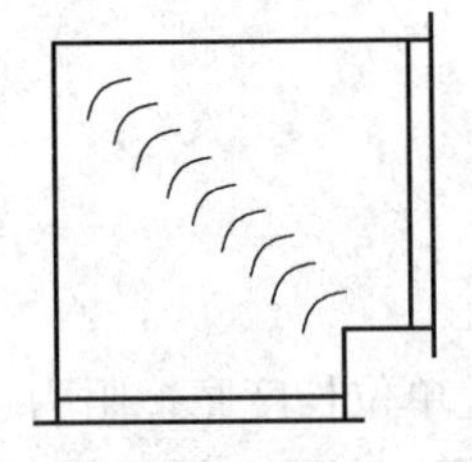

图6-4　设有导流片的直角弯头

（2）三通

三通内流速不同的两股气流汇合时的碰撞，以及气流速度改变时形成的涡流是造成局部阻力的原因。两股气流在汇合过程中的能量损失一般是不相同的，它们的局部阻力应分别计算。

合流三通内直管的气流速度大于支管的气流速度时，会发生直管气流引射支管气流的作用，即流速大的直管气流失去能量，流速小的支管气流得到能量，因而支管的局部阻力有时出现负值。同理，直管的局部阻力有时也会出现负值。但是，不可能同时为负值。必须指出，引射过程会有能量损失，为了减小三通的局部阻力，应避免出现引射现象。

为减小三通的局部阻力，还应注意支管和干管的连接，减小其夹角，如图6-5所示。同时还应尽量使支管和干管内的流速保持相等。

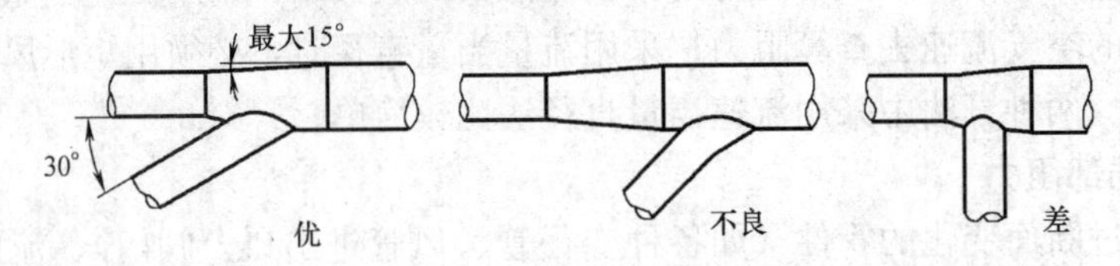

图6-5　三通支管和干管的连接

（3）排风立管出口

通风排气如不需要通过大气扩散进行稀释，应降低排风立管的出口流速，以减小出口动压损失。从附录10可以看出，采用带渐扩管的伞形风帽$\zeta=0.60$；而直管式的伞形风帽$\zeta=1.15$。

（4）管道和风机的连接

尽量避免在接管处产生局部涡流，具体做法如图6-6所示。

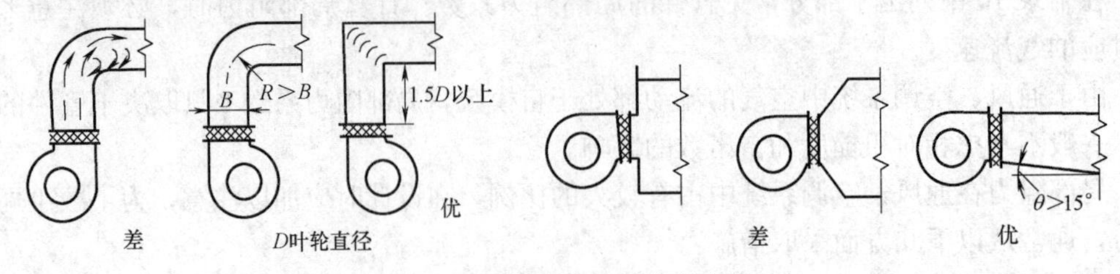

图6-6　风机进出口的管道连接

【例 6-3】 有一合流三通，如图 6-7 所示，已知

$L_1=1.17m^3/s(4200m^3/h)$，$D_1=500mm$，$v_1=5.96m/s$；

$L_2=0.78m^3/s(2800m^3/h)$，$D_2=250mm$，$v_2=15.9m/s$；

$L_3=1.94m^3/s(7000m^3/h)$，$D_3=560mm$，$v_3=7.9m/s$。

分支管中心夹角 $\alpha=30°$，求此三通的局部阻力。

【解】 按附录 7 列出的条件，计算以下各值：

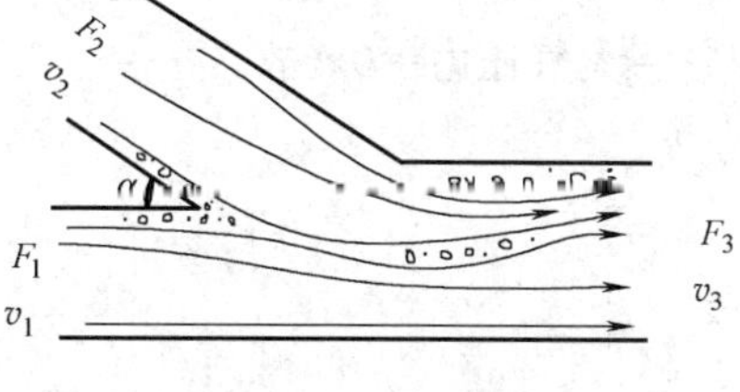

图 6-7 合流三通

$$\frac{L_2}{L_3}=\frac{0.78}{1.94}=\frac{2800}{7000}=0.4$$

$$\frac{F_2}{F_3}=\left(\frac{D_2}{D_3}\right)^2=\left(\frac{250}{560}\right)^2=0.2$$

经计算，$F_1+F_2=F_3$

根据 $F_1+F_2=F_3$ 及 $L_2/L_3=0.4$、$F_2/F_3=0.2$ 查得：

支管局部阻力系数 $\zeta_2=2.7$

直管局部阻力系数 $\zeta_1=-0.73$

支管的局部阻力

$$Z_2=\zeta_2\frac{v_2^2\rho}{2}=2.7\times\frac{15.9^2\times1.2}{2}=409.6\text{Pa}$$

直管的局部阻力

$$Z_1=\zeta_1\frac{v_1^2\rho}{2}=-0.73\times\frac{5.96^2\times1.2}{2}=-15.6\text{Pa}$$

6.2 风管内的压力分布

空气在风管中流动时，由于风管阻力和流速变化，空气的压力是不断变化的。研究风管内空气压力的分布规律，有助于我们更好地解决通风和空调系统的设计和运行管理问题。

如图 6-8 所示某通风系统，空气进出口都有局部阻力。分析该系统风管内的压力分布。

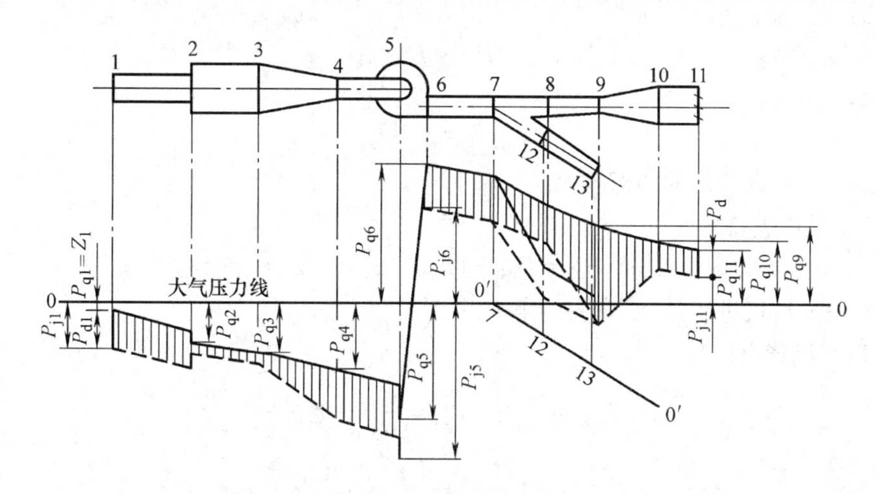

图 6-8 有摩擦阻力和局部阻力的风管压力分布

算出各点（断面）的全压值、静压值和动压值，把它们标出，再逐点连接，就可求得风管内压力分布图。

下面确定各点的压力：

点 1：

列出空气入口外和入口（点 1）断面的能量方程式：

$$P_{q0}=P_{q1}+Z_1$$

因 P_{q0} = 大气压力 = 0，故

$$P_{q1}=-Z_1$$

$$P_{d1-2}=\frac{v_{1-2}^2\rho}{2}$$

$$P_{Y1}=P_{q1}-P_{d1-2}=-\left(\frac{v_{1-2}^2\rho}{2}+Z_1\right) \tag{6-14}$$

式中 Z_1——空气入口处的局部阻力；

P_{d1-2}——管段 1—2 的动压。

上式表明，点 1 处的全压和静压均比大气压低。静压降 P_{Y1} 的一部分转化为动压 P_{d1-2}，另一部分消耗在克服入口的局部阻力 Z_1。

点 2：

$$P_{q2}=P_{q1}=(R_{m1-2}l_{1-2}+Z_2)$$

$$P_{Y2}=P_{q2}-P_{d1-2}=P_{Y1}+P_{d1-2}-(R_{m1-2}l_{1-2}+Z_2)-P_{Y1-2}$$
$$=P_{Y1}-(R_{m1-2}l_{1-2}+Z_2)$$

则

$$P_{Y1}-P_{Y2}=R_{m1-2}l_{1-2}+Z_2 \tag{6-15}$$

式中 R_{m1-2}——管段 1—2 的比摩阻；

Z_2——突然扩大的局部阻力。

由式（6-15）看出，当管段 1—2 内空气流速不变时，风管的阻力是由降低空气的静压来克服的。从图 6-8 还可以看出，由于管段 2—3 的流速小于管段 1—2 的流速，空气流过点 2 后发生静压复得现象。

点 3：

$$P_{q3}=P_{q2}-R_{m2-3}l_{2-3}$$

点 4：

$$P_{q4}=P_{q3}-Z_{3-4}$$

式中 Z_{3-4}——渐缩管的局部阻力。

点 5（风机进口）：

$$P_{q5}=P_{q4}-(R_{m4-5}l_{4-5}+Z_5)$$

式中 Z_5——风机进口处 90°弯头的阻力。

点 11（风管出口）：

$$P_{q11}=\frac{v_{11}^2\rho}{2}+Z'_{11}=\frac{v_{11}^2\rho}{2}+\zeta'_{11}\frac{v_{11}^2\rho}{2}$$
$$=(1+\zeta'_{11})\frac{v_{11}^2\rho}{2}=\zeta_{11}\frac{v_{11}^2\rho}{2}=Z_{11}$$

式中　v_{11}——风管出口处空气流速；

Z'_{11}——风管出口处局部阻力；

ζ'_{11}——风管出口处局部阻力系数；

ζ_{11}——包括动压损失在内的出口局部阻力系数，$\zeta_{11}=(1+\zeta'_{11})$。

在实际工作中，为便于计算，设计手册中一般直接给出 ζ 值而不是 ζ' 值。

点 10：

$$P_{q10}=P_{q11}+R_{m10-11}l_{10-11}$$

点 9：

$$P_{q9}=P_{q10}+Z_{q-10}$$

式中　Z_{9-10}——渐扩管的局部阻力。

点 8：

$$P_{q8}=P_{q9}+Z_{8-9}$$

式中　Z_{8-9}——渐缩管的局部阻力。

点 7：

$$P_{q7}=P_{q8}+Z_{7-8}$$

式中　Z_{7-8}——三通直管的阻力。

点 6（风机出口）：

$$P_{q6}=P_{q7}+R_{m6-7}l_{6-7}$$

自点 7 开始，有 7—8 及 7—12 两个支管。为了表示支管 7—12 的压力分布。过 0′点引平行于支管 7—12 轴线的 0′—0′线作为基准线，用上述同样方法求出此支管的全压值。因为点 7 是两支管的共同点，它们的压力线必定要在此汇合，即压力的大小相等。

把以上各点的全压标在图上，并根据摩擦阻力与风管长度成直线关系，连接各个全压点可得到全压分布曲线。以各点的全压减去该点的动压，即为各点的静压，可绘出静压分布曲线。从图 6-8 可看出，空气在管内的流动规律为：

（1）风机的风压 P_1 等于风机进、出口的全压差，或者说等于风管的阻力及出口动压损失之和，即等于风管总阻力。可用下式表示：

$$P_f=P_{q6}-P_{q5}=\sum_1^{10}(R_m l+Z)+R_{m10-11}l_{10-11}+Z'_{11}+\frac{v_{11}^2\rho}{2}$$

$$=\sum_1^{10}(R_m l+Z)$$

（2）风机吸入段的全压和静压均为负值，在风机入口处负压最大；风机压出段的全压和静压一般情况下均是正值，在风机出口正压最大。因此，风管连接处不严密，会有空气漏入或逸出，以致影响风量分配或造成粉尘和有害气体向外泄漏。

（3）各并联支管的阻力总是相等。如果设计时各支管阻力不相等，在实际运行时，各支管会按其阻力特性自动平衡，同时改变预定的风量分配。

（4）压出段上点 9 的静压出现负值是由于断面 9 收缩得很小，使流速大大增加，当动压大于全压时，该处的静压出现负值。若在断面 9 开孔，将会吸入空气而不是压出空气。有些压送式气力输送系统的受料器进料和诱导式通风就是这一原理的运用。

6.3 通风管道的水力计算

通风管道的水力计算是在系统和设备布置、风管材料、各送排风点的位置和风量均已确定的基础上进行的。其主要目的是确定各管段的管径（或断面尺寸）和阻力，保证系统内达到要求的风量分配。最后确定风机的型号和动力消耗。在有的情况下，风机的风量、风压已经确定，要由此去确定风管的管径。

风管水力计算方法有假定流速法、压损平均法和静压复得法等几种，目前常用的是假定流速法。

压损平均法的特点在于将已知总作用压头按干管长度平均分配给每一管段，再根据每一管段的风量确定风管断面尺寸。如果风管系统所用的风机压头已定，或对分支管路进行阻力平衡计算，此法较为方便。

静压复得法的特点在于利用风管分支处复得的静压来克服该管段的阻力，根据这一原则确定风管的断面尺寸。此法适用于高速空调系统的水力计算。

假定流速法的特点在于先按技术经济要求选定风管的流速，再根据风管的风量确定风管的断面尺寸和阻力。

假定流速法的计算步骤和方法如下：

(1) 绘制通风或空调系统轴测图，对各管段进行编号，标注长度和风量。

管段长度一般按两管件间中心线长度计算，不扣除管件（如三通、弯头）本身的长度。

(2) 确定合理的空气流速

风管内的空气流速对通风、空调系统的经济性有较大的影响。流速高，风管断面小，材料耗用少，建造费用小；但是系统的阻力大，动力消耗增大，运行费用增加。对除尘系统会增加设备和管道的磨损，对空调系统会增加噪声。流速低，阻力小，动力消耗少；但是风管断面大，材料和建造费用大，风管占用的空间也增大。对除尘系统流速过低会使粉尘沉积堵塞管道。因此，必须通过全面的技术经济比较选定合理的流速。根据经验总结，风管内的空气流速可按表 6-2、表 6-3 及表 6-4 确定。

一般通风系统中常用空气流速（m/s） **表 6-2**

类　别	风管材料	干管	支管	室内进风口	室内回风口	新鲜空气入口
工业建筑机械通风	薄钢板、混凝土、砖等	6～14 4～12	2～8 2～6	1.5～3.5 1.5～3.0	2.5～3.5 2.0～3.0	5.5～6.5 5～6
工业辅助及民用建筑						
自然通风		0.5～1.0	0.5～0.7			0.2～1.0
机械通风		5～8	2～5			2～4

除尘器后风管内的流速可比表 6-4 中的数值适当减小。

(3) 根据各风管的风量和选择的流速确定各管段的断面尺寸，计算摩擦阻力和局部阻力。

空调系统低速风管内的空气流速　　表 6-3

部　　位	频率为 1000Hz 时室内允许声压级(dB)		
	<40	40～60	>60
新风入口	3.5～4.0	4.0～4.5	5.0～6.0
总管和总干管	6.0～8.0	6.0～8.0	7.0～12.0
无送、回风口的支管	3.0～4.0	5.0～7.0	6.0～8.0
有送、回风口的支管	2.0～3.0	3.0～5.0	3.0～6.0

除尘风管的最小风速（m/s）　　表 6-4

粉尘类别	粉 尘 名 称	垂直风管	水平风管
纤维粉尘	干锯末、小刨屑、纺织尘	10	12
	木屑、刨花	12	14
	干燥粗刨花、大块干木屑	14	16
	潮湿粗刨花、大块湿木屑	18	20
	棉絮	8	10
	麻	11	13
	石棉粉尘	12	18
矿物粉尘	耐火材料粉尘	14	17
	粘土	13	16
	石灰石	14	16
	水泥	12	18
	湿土(含水 2%以下)	15	18
	重矿物粉尘	14	16
	轻矿物粉尘	12	14
	灰土、砂尘	16	18
	干细型砂	17	20
	金刚砂、刚玉粉	15	19
金属粉尘	钢铁粉尘	13	15
	钢铁屑	19	23
	铅尘	20	25
其他粉尘	轻质干粉尘(木工磨床粉尘、烟草灰)	8	10
	煤尘	11	13
	焦炭粉尘	14	18
	谷物粉尘	10	12

确定风管断面尺寸时，应采用附录 11 所列的通风管道统一规格，以利于工业化加工制作。风管断面尺寸确定后，应按管内实际流速计算阻力。阻力计算应从最不利环路（即阻力最大的环路）开始。

袋式除尘器和静电除尘器后风管内的风量应把漏风量和反吹风量计入。在正常运行条件下，除尘器的漏风率应不大于 3%～5%。

（4）并联管路的阻力平衡。

为了保证各送、排风点达到预期的风量，两并联支管的阻力必须保持平衡。对一般的通风系统，两支管的阻力差应不超过 15%；除尘系统的应不超过 10%。若超过上述规定，可采用下述方法使其阻力平衡：

1）调整支管管径

这种方法是通过改变支管管径改变支管的阻力，达到阻力平衡。调整后的管径按下式计算：

$$D'=D\left(\frac{\Delta P}{\Delta P'}\right)^{0.225} \quad (\text{mm}) \tag{6-16}$$

式中　D'——调整后的管径，mm；

D——原设计的管径，mm；

ΔP——原设计的支管阻力，Pa；

$\Delta P'$——要求达到的支管阻力，Pa。

应当指出，采用本方法时，不宜改变三通的支管直径，可在三通支管上先增设一节渐扩（缩）管，以免引起三通局部阻力的变化。

2）增大风量

当两支管的阻力相差不大时，例如在20%以内，可不改变支管管径，将阻力小的那段支管的流量适当加大，达到阻力平衡。增大后的风量按下式计算：

$$L'=L\left(\frac{\Delta P'}{\Delta P}\right)^{\frac{1}{2}} \quad (\text{m}^3/\text{h}) \tag{6-17}$$

式中　L'——调整后的支管风量，m^3/h；

L——原设计的支管风量，m^3/h。

采用本方法会引起后面干管内的流量相应增大，阻力也随之增大；同时风机的风量和风压也会相应增大。

3）阀门调节

通过改变阀门开度，调节管道阻力，从理论上讲是一种最简单易行的方法。必须指出，对一个多支管的通风空调系统进行实际调试，是一项复杂的技术工作。必须进行反复的调整、测试才能完成，达到预期的流量分配。

（5）计算系统的总阻力。

（6）选择风机

1）根据输送气体的性质、系统的风量和阻力确定风机的类型。例如输送清洁空气，选用一般的风机；输送有爆炸危险的气体或粉尘，选用防爆风机。

2）考虑到风管、设备的漏风及阻力计算的不精确，应按下式的风量、风压选择风机：

$$P_f=K_P\cdot\Delta P \quad (\text{Pa}) \tag{6-18}$$

$$L_f=K_L\cdot L \quad (\text{m}^3/\text{h}) \tag{6-19}$$

式中　P_f——风机的风压，Pa；

L_f——风机的风量，m^3/h；

K_P——风压附加系数，一般的送排风系统 $K_P=1.1\sim1.15$；除尘系统 $K_P=1.15\sim1.20$；

K_L——风量附加系数，一般的送排风系统 $K_L=1.1$；除尘系统 $K_L=1.1\sim1.15$；

ΔP——系统的总阻力，Pa；

L——系统的总风量，m^3/h。

3）当风机在非标准状态下工作时，应按式（6-20）、式（6-21）对风机性能进行换算，再以此参数从风机样本上选择风机。

$$L'_f=L_f \tag{6-20}$$

$$P_f = P'_f\left(\frac{\rho'}{1.2}\right) \tag{6-21}$$

式中 L_f——标准状态下风机风量，m^3/h；

L'_f——非标准状态下风机风量，m^3/h；

P_f——标准状态下风机的风压，Pa；

P'_f——非标准状态下风机风压，Pa；

ρ'——非标准状态下空气的密度，kg/m^3。

4）当选好风机后，根据风机非标准状况下的风压和风量计算电机功率，再以此为参照从样本上选取电动机。

$$N = \frac{L'_f \cdot P'_f}{\eta \cdot 3600 \cdot \eta_m} \cdot K \quad (W) \tag{6-22}$$

$$N_y = \frac{L'_f \cdot P'_f}{3600} \quad (W) \tag{6-23}$$

$$\eta = \frac{N_y}{N}$$

式中 N——电机的功率，W；

N_y——风机的有效功率，W；

η——全压效率，由于风机在运行过程中有能量损失，故消耗在风机轴上的轴功率（风机的输入功率）N 要大于有效功率 N_y；

η_m——风机机械效率；

K——电机容量安全系数。

风机性能参数表（或特性曲线）通常是按特定的测试环境条件（温度、大气压力）给出的，如：常温风机测试的环境气体条件为20℃，1atm（或$10^4 mmH_2O$）；锅炉风机测试的环境气体条件为200℃，1atm（或$10^4 mmH_2O$）。风机使用时，由于使用工况下的环境温度、环境气体压力与测试条件不同，输送气体的密度与测试条件下的气体密度有差别，风机的电机功率要进行修正：

$$N_2 = N_1 \frac{\rho_2}{\rho_1}$$

式中 N_1——标准工况下的电机功率，W；

N_2——运行工况下的电机功率，W；

ρ_1——标准工况下的空气密度，kg/m^3；

ρ_2——运行工况下的空气密度，kg/m^3。

当运行工况的输送气体温度小于测试工况温度时，$\rho_1 < \rho_2$，风机标配电机功率偏小，不能满足风机正常运行的需求；反之，风机标配电机功率偏大运行时会增加能耗。

【例 6-4】 有一图 6-9 所示的通风除尘系统。风管用钢板制作，输送含有轻矿物粉尘的空气，气体温度为常温。该系统采用脉冲喷吹清灰袋式除尘器，除尘器阻力 $\Delta P_c = 1200Pa$。对该系统进行水力计算，并选择风机。

【解】

（1）对各管段进行编号，标出管段长度和各排风点的排风量。

（2）选定最不利环路，本系统选择1—3—5—除尘器—6—风机—7为最不利环路。

（3）根据各管段的风量及选定的流速，确定最不利环路上各管段的断面尺寸和单位长度摩擦阻力。

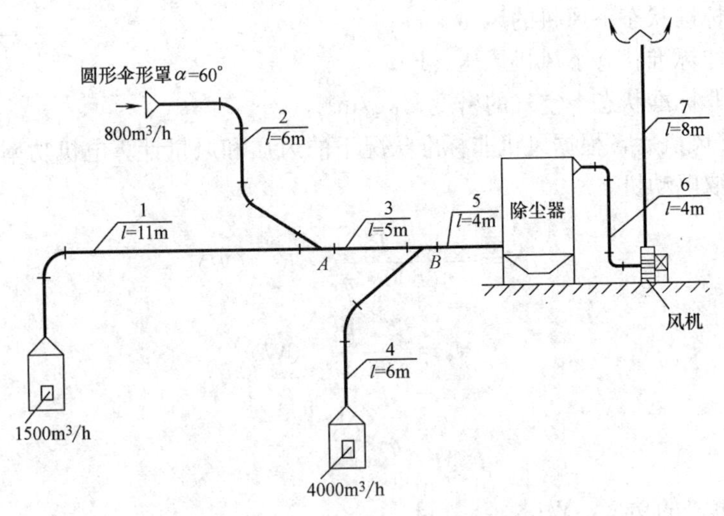

图6-9　通风除尘系统的系统图

根据表6-4，输送含有轻矿物粉尘的空气时，风管内最小风速为，垂直风管为12m/s、水平风管为14m/s。

考虑到除尘器及风管漏风，管段6及7的计算风量为6300×1.05=6615m³/h。

管段1

根据L_1=1500m³/h(0.42m³/s)、v_1=14m/s，由附录9查出管径和单位长度摩擦阻力。所选管径应尽量符合附录11的通风管道统一规格。

$$D_1=200\text{mm}\quad R_{m1}=12.5\text{Pa/m}$$

同理可查得管段3、5、6、7的管径及比摩阻，具体结果见表6-5。

（4）确定管段2、4的管径及单位长度摩擦阻力，见表6-5。

（5）查附录7，确定各管段的局部阻力系数。

1）管段1

设备密闭罩（查文献［10］）ζ=1.0（对应接管动压）

90°弯头(R/D=1.5）一个，ζ=0.17

直流三通（1→3）（见图6-10）

根据$F_1+F_2\approx F_3$　$\alpha=30°$

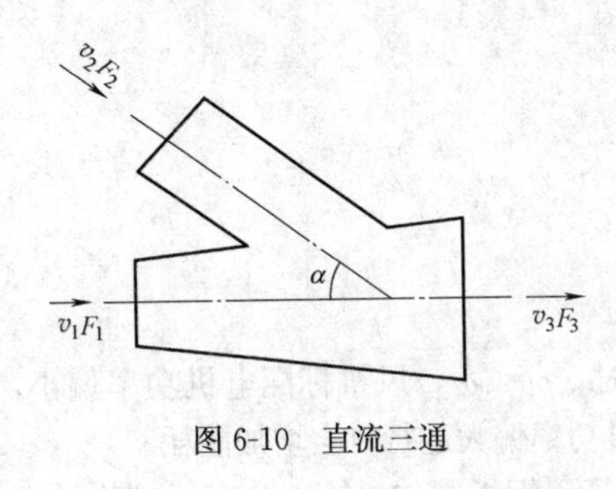

图6-10　直流三通

$$\frac{F_2}{F_3}=\left(\frac{140}{240}\right)^2=0.92$$

$$\frac{L_2}{L_3}=\frac{800}{2300}=0.347\quad \text{查得}\ \zeta_{13}=0.20$$

$$\Sigma\zeta=1.0+0.17+0.20=1.37$$

2）管段 2

圆形伞形罩：$\alpha=60°$，$\zeta=0.09$

90°弯头（$R/D=1.5$）：1 个，$\zeta=0.17$

60°弯头（$R/D=1.5$）：1 个，$\zeta=0.15$

直流三通（2→3）（见图 6-10）：$\zeta_{23}=0.20$

$$\Sigma\zeta=0.09+0.17+0.15+0.20=0.61$$

管道水力计算表 **表 6-5**

管段编号	流量 [m³/h(m³/s)]	长度 l(m)	管径 D(mm)	流速 v(m/s)	动压 P_4 (Pa)	局部阻力系数 $\Sigma\zeta$	局部阻力 Z(Pa)	单位长度摩擦阻力 R_m(Pa/m)	摩擦阻力 $R_m l$(Pa)	管段阻力 $R_m l+Z$ (Pa)	备注
1	1500(0.42)	11	200	14	117.6	1.37	161	12.5	137.5	298.5	
3	2300(0.64)	5	240	14	117.6	−0.05	−6	12	60	54	
5	6300(1.75)	5	380	14	117.6	0.61	71.7	5.5	27.5	99.2	
6	6615(1.84)	4	420	12	86.4	0.47	40.6	4.5	18	58.6	
7	6615(1.84)	8	420	12	86.4	0.60	51.8	4.5	36	87.8	
2	800(0.22)	6	140	14	117.6	0.61	71.7	18	108	179.7	阻力不平衡
4	4000(1.11)	6	280	16	153.6	1.81	278	14	84	362	
2	800(0.22)		130	15.9						249.7	
	除尘器									1200	

3）管段 3

直流三通（3→5）（见图 6-11）

$$F_3+F_4=F_5 \quad \alpha=30°$$

$$\frac{F_4}{F_5}=\left(\frac{280}{380}\right)=0.54$$

$$\frac{L_4}{L_5}=\frac{4000}{6300}=0.634$$

$$\zeta_{35}=-0.05$$

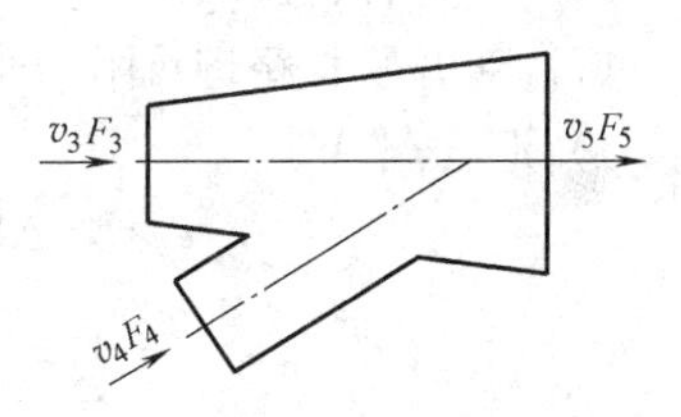

图 6-11　直流三通

4）管段 4

设备密闭罩：$\zeta=10$

90°弯头（$R/D=1.5$）：1 个，$\zeta=0.17$

直流三通（4→5）（见图 6-11）：$\zeta_{45}=0.64$

$$\Sigma\zeta=1.0+0.17+0.64=1.81$$

5）管段 5

除尘器进口变径管（渐扩管）

除尘器进口尺寸为 300mm×800mm，变径管长度为 500mm，$\mathrm{tg}\alpha=\frac{1}{2}\times\frac{(800-380)}{500}=0.42$

$$\alpha=22.7° \quad \zeta=0.60$$

6）管段 6

除尘器出口变径管（渐缩管）

除尘器出口尺寸为 300mm×800mm，变径管长度 $l=400\text{mm}$

$$\text{tg}\alpha=\frac{1}{2}\times\frac{(800-420)}{400}=0.475$$

$$\alpha=25.4^\circ\quad\zeta=0.10$$

90°弯头 $\left(\frac{R}{D}=1.5\right)$2个 $\zeta=2\times0.17=0.31$

风机进口渐扩管

先近似选出一台风机，风机进口直径 $D_1=500\text{mm}$ 变径管长度

$$l=300\text{mm}\quad\frac{F_0}{F_6}\left(\frac{500}{420}\right)^2=1.41$$

$$\text{tg}\alpha=\frac{1}{2}\times\frac{500-420}{300}=0.13\quad\alpha=7.6^\circ$$

$$\zeta=0.03$$

$$\Sigma\zeta=0.1+0.34+0.03=0.47$$

7）管段 7

风机出口渐扩管

风机出口尺寸：410mm×315mm　$D_7=420\text{mm}$

$$\frac{F_7}{F_{出}}=\frac{0.138}{0.129}=1.07\quad\zeta\approx0$$

带扩散管的伞形风帽（$h/D_0=0.5$）：

$$\zeta=0.60$$

$$\Sigma\zeta=0.60$$

（6）计算各管段的沿程摩擦阻力和局部阻力。计算结果见表 6-5。

（7）对并联管路进行阻力平衡

1）汇合点 A

$$\Delta P_1=298.5\text{Pa}\quad\Delta P_2=179.7\text{Pa}$$

$$\frac{\Delta P_1-\Delta P_2}{\Delta P_1}=\frac{298.5-179.7}{298.5}=39.7\%>10\%$$

为使管段 1、2 达到阻力平衡，改变管段 2 的管径，增大其阻力。

根据式（6-16），得：

$$D_2'=D_2\left(\frac{\Delta P_2}{\Delta P_2'}\right)^{0.225}=140\times\left(\frac{179.7}{298.5}\right)^{0.225}=124.8\text{mm}$$

根据通风管道统一规格，取 $D_2''=130\text{mm}$，其对应的阻力为：

$$\Delta P_2''=179.7\times\left(\frac{140}{130}\right)^{0.225}=249.7\text{Pa}$$

$$\frac{\Delta P_1-\Delta P_2''}{\Delta P_1}=\frac{298.5-249.7}{298.5}=16.3\%>10\%$$

此时仍处于不平衡状态。如继续减小管径，取 $D_2=120\text{mm}$，其对应的阻力为 355.8Pa，同样处于不平衡状态。因此取 $D_2=130\text{mm}$，在运行时再辅以阀门调节，消除不平衡。

2）汇合点 B

$$\Delta P_1+\Delta P_3=298.5+54=352.5\text{Pa}$$

$$\Delta P_4=362\text{Pa}$$

$$\frac{\Delta P_4-(\Delta P_1+\Delta P_3)}{\Delta P_4}=\frac{362-352.5}{362}=2.6\%<10\%$$

符合要求

（8）计算系统的总阻力

$$\Delta P=\Sigma(R_m l+Z)=298.5+54+99.2+58.6+87.8+1200=1798\text{Pa}$$

（9）选择风机

风机风量　　$L_f=1.15L=1.15\times6615=7607\text{m}^3/\text{h}$

风机风压　　$P_f=1.15\Delta P=1.15\times1798=2067\text{Pa}$

选用 C4-68NO. 6. 3 风机

$$L_f=8251\text{m}^3/\text{h}\quad P_f=2018\text{Pa}$$

风机转速 $n=1600\text{r/min}$ 皮带传动

配用 Y132S$_2$-Z 型电动机，电动机功率 $N=7.5\text{kW}$。

6.4 均匀送风管道设计计算

根据工业与民用建筑的使用要求，通风和空调系统的风管有时需要把等量的空气，沿风管侧壁的成排孔口或短管均匀送出。这种均匀送风方式可使送风房间得到均匀的空气分布，而且风管的制作简单、材料节约。因此，均匀送风管道在车间、会堂、冷库和气幕装置中广泛应用。

均匀送风管道的计算方法很多，下面介绍一种近似的计算方法。

6.4.1 均匀送风管道的设计原理

空气在风管内流动时，其静压垂直作用于管壁。如果在风管的侧壁开孔，由于孔口内外存在静压差，空气会按垂直于管壁的方向从孔口流出。静压差产生的流速为：

$$v_i=\sqrt{\frac{2P_j}{\rho}}\quad(\text{m/s})$$

空气在风管内的流速为：

$$V_d=\sqrt{\frac{2P_d}{\rho}}$$

式中　P_j——风管内空气的静压，Pa；

P_d——风管内空气的动压，Pa。

因此，空气从孔口流出时，它的实际流速和出流方向不只取决于静压产生的流速和方向，还受管内流速的影响，如图 6-12 所示。在管内流速的影响下，孔口出流方向要发生偏斜，实际流速为合成速度，可用下列各式计算有关数值：

孔口出流方向：

孔口出流与风管轴线间的夹角 α（出流角）为：

$$\text{tg}\alpha=\frac{v_j}{v_d}=\sqrt{P_j/P_d}$$

孔口实际流速：

$$v=\frac{v_j}{\sin\alpha} \tag{6-24}$$

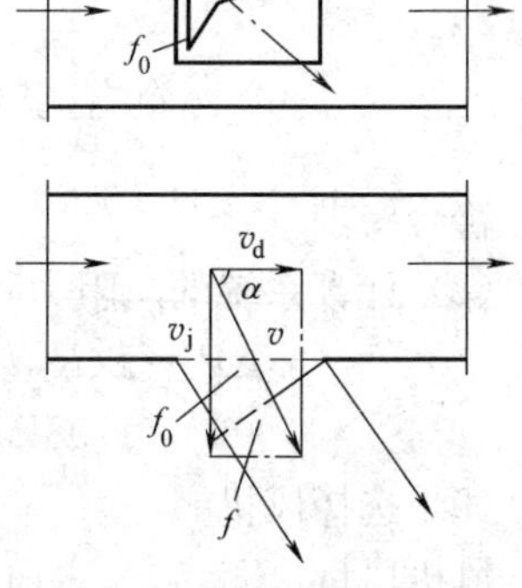

图 6-12　侧孔出流状态图

孔口流出风量：

$$L_0=3600\mu\cdot f\cdot v \tag{6-25}$$

式中　μ——孔口的流量系数；

f——孔口在气流垂直方向上的投影面积，m^2，由图 6-12 可知：

$$f=f_0\sin\alpha=f_0\frac{v_j}{v}$$

f_0——孔口面积，m^2。

式（6-24）可改写为：

$$\begin{aligned}L_0&=3600\mu\cdot f_0\cdot\sin\alpha\cdot v\\&=3600\cdot\mu\cdot f_0\cdot v_j=3600\mu\cdot f_0\cdot\sqrt{2P_j/\rho}\end{aligned} \tag{6-26}$$

空气在孔口面积 f_0 上的平均流速 v_0，按定义和式（6-25）得：

$$v_0=\frac{L_0}{3600\times f_0}=\mu\cdot v_j\quad(\mathrm{m/s}) \tag{6-27}$$

对于断面不变的矩形送（排）风管，采用条缝形风口送（排）风时，风口上的速度分布如图 6-13 所示。在送风管上，从始端到末端管内流量不断减小，动压相应下降，静压增大，使条缝口出口流速不断增大；在排风管上，则是相反，因管内静压不断下降，管内外压差增大，条缝口入口流速不断增大。

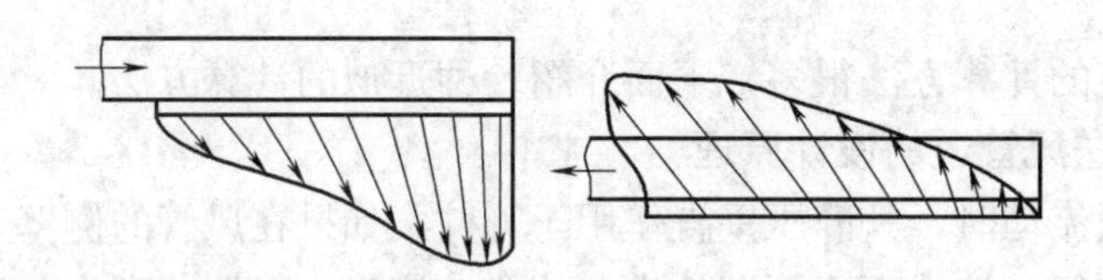
图 6-13　从条缝口吹出和吸入的速度分布

分析式（6-25）可以看出，要实现均匀送风，可采取以下措施：

（1）送风管断面积 F 和孔口面积 f_0 不变时，管内静压会不断增大，可根据静压变化，在孔口上设置不同的阻体，使不同的孔口具有不同的阻力（即改变流量系数），见图6-14（*a*）、（*b*）。

（2）孔口面积 f_0 和 μ 值不变时，可采用锥形风管改变送风管断面积，使管内静压基本保持不变，见图 6-14（*c*）。

（3）送风管断面积 F 及孔口 μ 值不变时，可根据管内静压变化，改变孔口面积 f_0，见图 6-14（*d*）、（*e*）。

（4）增大送风管断面积 F，减小孔口面积 f_0。对于图 6-14（*f*）所示的条缝形风口，试验表明，当 $f_0/F<0.4$ 时，始端和末端出口流速的相对误差在 10%以内，可近似认为是均匀分布的。

6.4.2　实现均匀送风的基本条件

从式（6-26）可以看出，对侧孔面积 f_0 保持不变的均匀送风管，要使各侧孔的送风

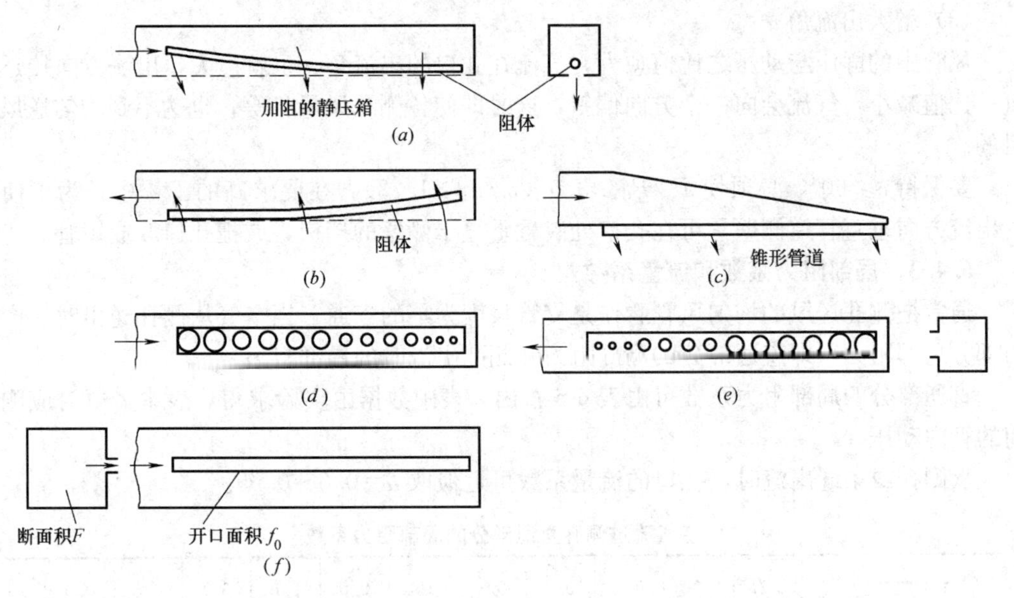

图 6-14　实现均匀送（排）风的方式

量保持相等，必需保证各侧孔的静压 P_j 和流量系数 μ 相等；要使出口气流尽量保持垂直，要求出流角 α 接近 90°。下面分析如何实现上述要求：

(1) 保持各侧孔静压相等

图 6-15 所示管道上断面 1、2 的能量方程式：

$$P_{j1}+P_{d1}=P_{j2}+P_{d2}+(Rl+Z)_{1-2} \tag{6-28}$$

若

$$P_{d1}-P_{d2}=(Rl+Z)_{1-2}$$

则

$$P_{j1}=P_{j2}$$

这表明，两侧孔间静压保持相等的条件是两侧孔间的动压降等于两侧孔间的阻力。

(2) 保持各侧孔流量系数相等

流量系数 μ 与孔口形状、出流角 α 及孔口流出风量与孔口前风量之比（即 $L_0/L=\overline{L}_0$，$\overline{L}_0$ 称为孔口的相对流量）有关。

如图 6-16 所示，在 $\alpha \geqslant 60°$、$\overline{L}_0=0.10 \sim 0.50$ 范围内，对于锐边的孔口可近似认为 $\mu \approx 0.6 \approx$ 常数。

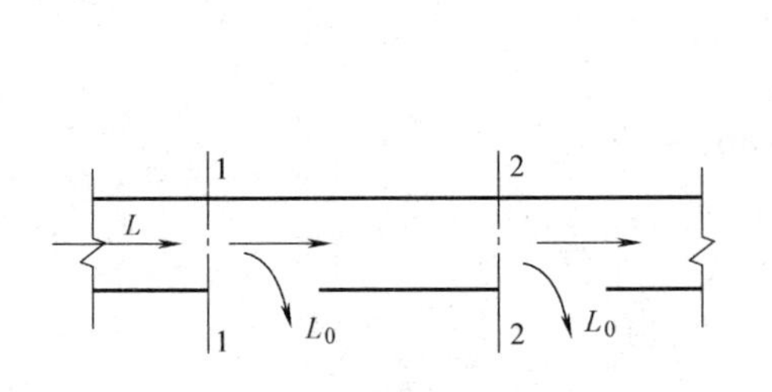

图 6-15　各侧孔静压相等的条件

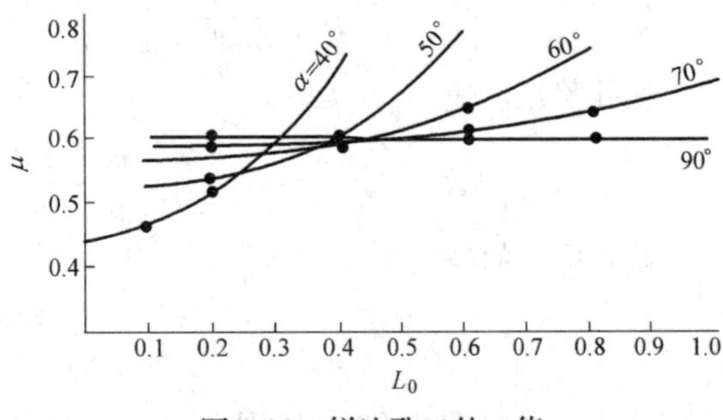

图 6-16　锐边孔口的 μ 值

(3) 增大出流角 α

风管中的静压与动压之比值愈大，气流在孔口的出流角 α 也就愈大，出流方向接近垂直；比值减小，气流会向一个方向偏斜，这时即使各侧孔风量相等，也达不到均匀送风的目的。

要保持 $\alpha \geqslant 60°$，必须使 $P_j/P_d \geqslant 3.0$（$v_j/v_d \geqslant 1.73$）。在要求高的工程中，为了使空气出流方向垂直管道侧壁，可在孔口处装置垂直于侧壁的挡板，或把孔口改成短管。

6.4.3 局部阻力系数和流量系数

通常把侧孔送风的均匀风管看作是支管长度为零的三通，当空气从侧孔送出时，产生两部分局部阻力，即直通部分的局部阻力和侧孔出流时的局部阻力。

直通部分的局部阻力系数可由表 6-6 查出，表中数据由实验求得，表中 ζ 值对应侧孔前的管内动压。

从侧孔或条缝出流时，孔口的流量系数可近似取 $\mu=0.6\sim0.65$。

空气流过侧孔直通部分的局部阻力系数 **表 6-6**

	L_0/L	0	0.1	0.2	0.3	0.4	0.5	0.6	0.7	0.8	0.9	1
	ζ	0.15	0.05	0.02	0.01	0.03	0.07	0.12	0.17	0.23	0.29	0.35

6.4.4 均匀送风管道的计算方法

先确定侧孔个数、侧孔间距及每个侧孔的送风量，然后计算出侧孔面积、送风管道直径（或断面尺寸）及管道的阻力。

下面通过例题说明均匀送风管道的计算步骤和方法。

【例 6-5】 如图 6-17 所示，总风量为 8000m³/h 的圆形均匀送风管道，采用 8 个等面积的侧孔送风，孔间距为 1.5m。试确定其孔口面积、各断面直径及总阻力。

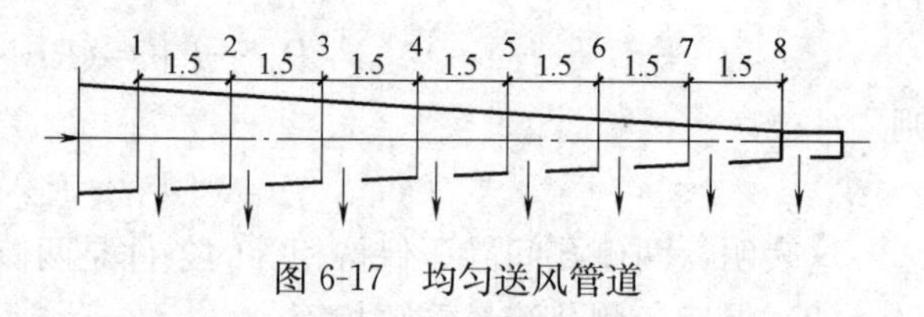

图 6-17 均匀送风管道

【解】 (1) 根据室内对送风速度的要求，拟定孔口平均流速 v_0，从而计算出静压速度 v_j 和侧孔面积。

设侧孔的平均出流速度 $v_0=4.5$m/s，则：

侧孔面积

$$f_0=\frac{L_0}{3600\times v_0}=\frac{8000}{8\times3600\times4.5}=0.062\text{m}^2$$

侧孔静压流速

$$v_j=\frac{v_0}{\mu}=\frac{4.5}{0.6}=7.5\text{m/s}$$

侧孔应有的静压

$$P_j=\frac{v_j^2\rho}{2}=\frac{7.5^2\times1.2}{2}=33.8\text{Pa}$$

(2) 按 $v_j/v_d \geqslant 1.73$ 的原则设定 v_{d1}，求出第一侧孔前管道断面 1 处直径 D_1（或断面

尺寸)。

设断面 1 处管内空气流速 $v_{d1}=4m/s$，则$\frac{v_{j1}}{v_{d1}}=\frac{7.5}{4}=1.88>1.73$，出流角 $\alpha=62°$。

断面 1 动压

$$P_{d1}=\frac{4^2\times1.2}{2}=9.6Pa$$

断面 1 直径

$$D_1=\sqrt{\frac{8000}{3600\times4\times3.14/4}}=0.84m$$

断面 1 全压

$$P_{q1}=33.8+9.6=43.4Pa$$

(3) 计算管段 1—2 的阻力 $(Rl+Z)_{1-2}$，再求出断面 2 处的全压 $P_{q2}=P_{q1}-(Rl+Z)_{1-2}=P_{d1}+P_j-(Rl+Z)_{1-2}$。

管段 1-2 的摩擦阻力：

已知风量 $L=7000m^3/h$，管径应取断面 1、2 的平均直径，但 D_2 未知，近似以 $D_1=840mm$ 作为平均直径。查附录 6 得，$R_{m1}=0.17Pa/m$。

摩擦阻力

$$\Delta P_{m1}=R_{m1}l_1=0.17\times1.5=0.26Pa$$

管段 1—2 的局部阻力：

空气流过侧孔直通部分的局部阻力系数由表 6-6 查得：

当$\frac{L_0}{L}=\frac{1000}{8000}=0.125$时，用插入法得 $\zeta=0.042$。

局部阻力

$$Z_1=0.042\times9.6=0.40Pa$$

管段 1—2 的阻力

$$\Delta P_1=R_{m1}l_1+Z_1=0.26+0.40=0.66Pa$$

断面 2 全压

$$P_{q2}=P_{q1}-(R_{m1}l_1+Z_1)=43.4-0.66=42.74Pa$$

(4) 根据 P_{q2} 得到 P_{d2}，从而算出断面 2 处直径。

管道中各断面的静压相等(均为 P_j)，故断面 2 的动压为：

$$P_{d2}=P_{q2}-P_j=42.74-33.8=8.94Pa$$

断面 2 流速

$$v_{d2}=\sqrt{\frac{2\times8.94}{1.2}}=3.86m/s$$

断面 2 直径

$$D_2=\sqrt{\frac{7000}{3600\times3.86\times3.14/4}}=0.80m$$

(5) 计算管段 2—3 的阻力 $(Rl+Z)_{2-3}$后，可求出断面 3 直径 D_3。

管段 2—3 的摩擦阻力：

以风量 $L=6000m^3/h$、$D_2=800mm$，查附录 9 得 $R_{m2}=0.154\ Pa/m$。

摩擦阻力

$$\Delta P_{m2}=R_{m2}l_2=0.154\times1.5=0.23\text{Pa}$$

管段 2—3 的局部阻力：

当$\frac{L_0}{L}=\frac{1000}{7000}=0.143$，由表 6-7 查得 $\zeta=0.037$。

局部阻力

$$Z_2=0.037\times8.94=0.33\text{Pa}$$

管段 2-3 的阻力

$$\Delta P_2=R_{m2}l_2+Z_2=0.23+0.33=0.56\text{Pa}$$

断面 3 全压

$$P_{q3}=P_{q2}-(R_{m2}l_3+Z_2)=42.74-0.56=42.18\text{Pa}$$

断面 3 动压

$$P_{d3}=P_{q3}-P_j=42.18-33.8=8.38\text{Pa}$$

断面 3 流速

$$v_{d3}=\sqrt{\frac{2\times8.38}{1.2}}=3.74\text{m/s}$$

断面 3 直径

$$D_3=\sqrt{\frac{6000}{3600\times3.74\times3.14/4}}=0.75\text{m}$$

依次类推，继续计算各管段阻力 $(R_m l+Z)_{3-4}\cdots\cdots(R_m l+Z)_{(n-1)-n}$，可求得其余各断面直径 $D_i\cdots\cdots D_{n-1}$，D_n。最后把断面连接起来，成为一条锥形风管。

断面 1 应具有的全压为 43.4Pa（4.4mmH_2O），即为此均匀送风管道的总阻力。

必须指出，在计算均匀送风管道时，为了简化计算，把每一管段起始断面的动压作为该管段的平均动压，并假定侧孔流量系数 μ 和摩擦阻力系数 λ 为常数。

6.5 通风管道设计中的有关问题

6.5.1 系统划分

当车间内不同地点有不同的送、排风要求，或车间面积较大，送、排风点较多时，为便于运行管理，常分设多个送、排风系统。除个别情况外，通常是由一台风机与其联系在一起的管道及设备构成一个系统。系统划分的原则是：

(1) 空气处理要求相同、室内参数要求相同的，可划为同一系统。

(2) 生产流程、运行班次和运行时间相同的，可划为同一系统。

(3) 对下列情况应单独设置排风系统：

1) 两种或两种以上的有害物质混合后能引起燃烧或爆炸；

2) 两种有害物质混合后能形成毒害更大或腐蚀性的混合物或化合物；

3) 两种有害物质混合后易使蒸汽凝结并积聚粉尘；

4) 散发剧毒物质的房间和设备；

5) 建筑物内设有存储易燃易爆物质的单独房间或有防火防爆要求的单独房间。

(4) 除尘系统的划分应符合下列要求：

1) 同一生产流程、同时工作的扬尘点相距不远时，宜合设一个系统；

2) 同时工作但粉尘种类不同的扬尘点，当工艺允许不同粉尘混合回收或粉尘无回收价值时，也可合设一个系统；

3) 温湿度不同的含尘气体，当混合后可能导致风管内结露时，应分设系统。

(5) 如排风量大的排风点位于风机附近，不宜和远处排风量小的排风点合为同一系统。增设该排风点后会增大系统总阻力。

6.5.2 风管布置

风管布置直接关系到通风、空调系统的总体布置，它与工艺、土建、电气、给排水等专业关系密切，应相互配合、协调一致。

(1) 除尘系统的排风点不宜过多，以利各支管间阻力平衡。如果排风点多，可用大断面集合管连接各支管。集合管内流速不宜超过 3.0m/s，集合管下部设卸灰装置，如图6-18所示。

(2) 除尘风管应尽可能垂直或倾斜敷设，倾斜敷设时与水平面夹角最好大于45°，如图 6-19 所示。如必须水平敷设或倾角小于 30° 时，应采取措施，如加大流速、设清扫口等。

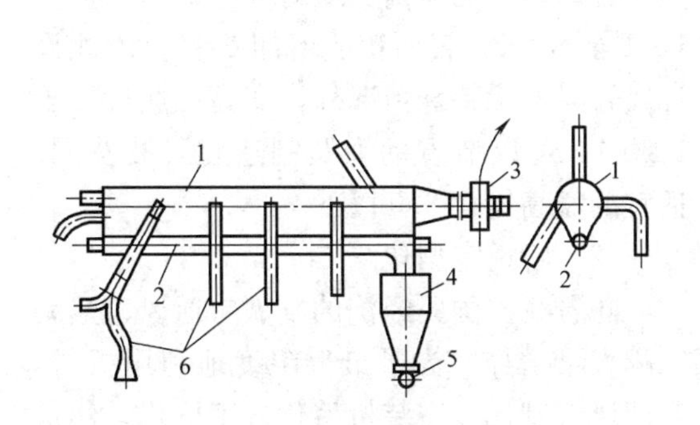

图 6-18 水平安装的集合管

1—集合管；2—螺旋运输机；3—风机；4—集尘箱；5—卸尘阀；6—排风管

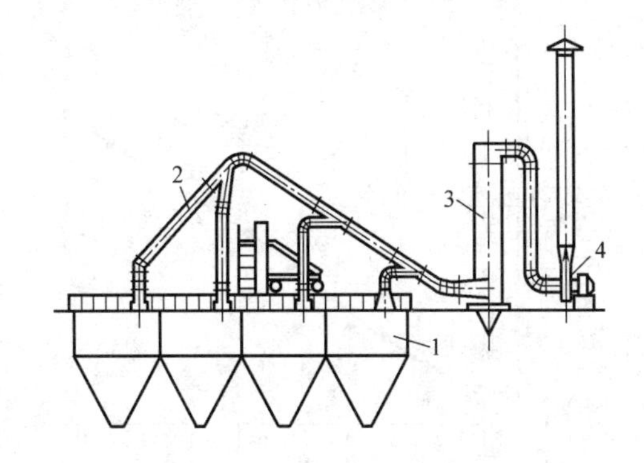

图 6-19 通风除尘管道的敷设

1—料仓；2—风管；3—除尘器；4—风机；

(3) 输送含有蒸汽、雾滴的气体时，如表面处理车间的排风管道，应有不小于 5‰的坡度，以排除积液，并应在风管的最低点和风机底部装设水封泄液管。

(4) 在除尘系统小，为防止风管堵塞，风管直径不宜小于下列数值：

排送细小粉尘　　80mm；

排送较粗粉尘（如木屑）　　100mm；

排送粗粉尘（有小块物体）　　130mm。

(5) 排除含有剧毒物质的正压风管，不应穿过其他房间。

(6) 风管上应设置必要的调节和测量装置（如阀门、压力表、温度计、风量测定孔和采样孔等）或预留安装测量装置的接口。调节和测量装置应设在便于操作和观察的地点。

(7) 风管的布置应力求顺直，避免复杂的局部管件。弯头、三通等管件要安排得当，与风管的连接要合理，以减少阻力和噪声。

6.5.3 风管断面形状的选择和管道定型化

(1) 风管断面形状的选择

风管断面形状有圆形和矩形两种。两者相比，在相同断面积时圆形风管的阻力小、材料省、强度也大；圆形风管直径较小时比较容易制造，保温亦方便。但是圆形风管管件的放样、制作较矩形风管困难，布置时不易与建筑、结构配合，明装时不易布置得美观。

当风管中流速较高，风管直径较小时，例如除尘系统和高速空调系统都用圆形风管。当风管断面尺寸大时，为了充分利用建筑空间，通常采用矩形风管。例如民用建筑空调系统都采用矩形风管。

矩形风管与相同断面积圆形风管的阻力比值为：

$$\frac{R_i}{R_y}=\frac{0.49(a+b)^{1.25}}{(a+b)^{0.625}} \tag{6-29}$$

式中 R_i——矩形风管的比摩阻；

R_y——圆形风管的比摩阻；

a、b——矩形风管的两个边长。在风管断面积一定时，宽高比 a/b 的值增大，R_i/R_y 的比值也增大，如图 6-20 所示。

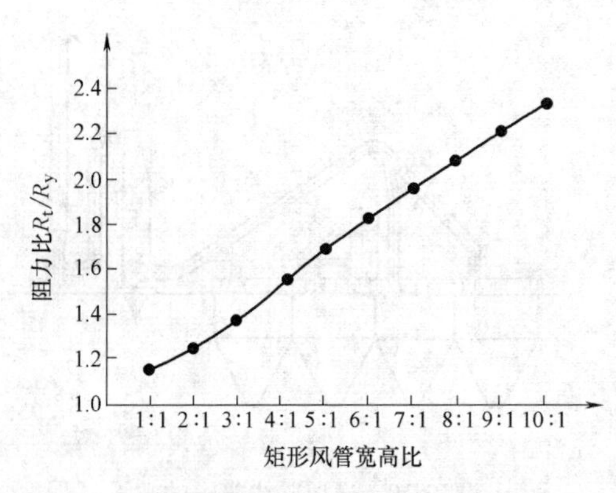

图 6-20 矩形风管与相同断面积圆形风管的阻力比

矩形风管的宽高比最高可达 8∶1，但自 1∶1 至 8∶1，表面积要增加 60%。因此设计风管时，除特殊情况外，宽高比愈近接于 1 愈好，可以节省动力及制造和安装费用。适宜的宽高比在 3.0 以下。

(2) 管道定型化

随着我国国民经济的发展，通风、空调工程大量增加。为了最大限度地利用板材，实现风管制作、安装机械化、工厂化，建筑行业制定了《通风管道统一规格》。

《通风管道统一规格》有圆形和矩形两类（见附录 11）。必须指出：

1)《通风管道统一规格》中，圆管的直径是指外径，矩形断面尺寸是其外边长，即尺寸都包括了相应的材料厚度。

2) 为了满足阻力平衡的需要，除尘风管和气密性风管的管径规格较多。

3) 管道的断面尺寸（直径和边长）采用 R_{20} 系列，即管道断面尺寸是以公比数 $\sqrt[20]{10}\approx1.12$ 的倍数来编制的。

6.5.4 风管材料的选择

用作风管的材料有钢板、硬聚氯乙烯塑料板、胶合板、纤维板、矿渣石膏板、砖及混凝土等。需要经常移动的风管，则大多用柔性材料制成各种软管，如塑料软管、橡胶管及金属软管等。

风管材料应根据使用要求和就地取材的原则选用。

钢板是最常用的材料，有普通钢板和镀锌钢板两种。它们的优点是易于工业化加工制作、安装方便、能承受较高温度。镀锌钢板具有一定的防腐性能，适用于空气湿度较高或室内潮湿的通风、空调系统，有净化要求的空调系统。除尘系统因管壁摩损大，通常用厚度为3.0～5.0mm的钢板。一般通风系统采用厚度为0.50～1.5mm的钢板。

硬聚氯乙烯塑料板适用于有腐蚀作用的通风、空调系统。它表面光滑，制作方便，这种材料不耐高温，也不耐寒，只适用于－10～＋60℃；在辐射热作用下容易脆裂。

以砖、混凝土等材料制作风管，主要用于需要与建筑、结构配合的场合。它节省钢材，结合装饰，经久耐用，但阻力较大。在体育馆、影剧院等公共建筑和纺织厂的空调工程中，常利用建筑空间组合成通风管道。这种管道的断面较大，使之降低流速，减小阻力；还可以在风管内壁衬贴吸声材料，降低噪声。

近年还出现各种复合型轻质保温风管，如酚醛泡沫塑料保温及阻燃性能优良。铝箔面硬质酚醛泡沫夹芯板被广泛应用于通风空调管道。与传统的金属管加保温层的做法相比，其自重轻，便于安装制作和所需安装空间较小。

在空调通风系统中还采用以玻璃纤维、氯氧镁水泥为表面加强层的玻镁风管板材，其表面不发霉，不繁殖细菌、真菌，无粉尘及纤维脱落，不产生空气污染。板材的复合结构具有良好的隔声性能，保温又具有减振和吸声的功能，风管本身具有防火等级高、不生锈、耐腐蚀、强度高、不老化、使用寿命长、风阻低的特点。

6.5.5 风管的保温

当风管在输送空气过程中冷、热量损耗大，又要求空气温度保持恒定，或者要防止风管穿越房间时，对室内空气参数产生影响及低温风管表面结露，都需要对风管进行保温。

保温层厚度要根据保温目的计算出经济厚度，再按其他要求来校核。

保温层结构可参阅有关的国家标准图。通常保温结构有三层：(1) 保温层。该层是保温结构的主要组成部分，所用绝热材料及绝热层厚度应符合设计要求。(2) 防潮层。该层所用的防潮材料主要有沥青及沥青油毡、玻璃丝布、聚乙烯薄膜等，用来防止水蒸气或雨水渗入保温材料，以保证保温材料良好的保温效果和使用寿命。(3) 保护层。一般采用石棉石膏、石棉水泥、金属薄板及玻璃丝布等材料，主要作用是保护保温层或防潮层不要机械损伤。

目前常用的保温材料主要有：岩棉、离心玻璃棉、阻燃聚乙烯泡沫塑料、硬质聚氨酯泡沫塑料、橡塑海绵等。各种材料部分参数的比较见表6-7。

各种材料部分参数的比较 **表6-7**

种类	密度(kg/m^3)	导热系数[W/(m·K)]	吸水率($g/200cm^2$)	透湿系数[$g/(m^2·s·Pa)$]	防火性能
岩棉	100	0.038	83.3	1.3×10^{-5}	不燃烧
离心玻璃棉	48	0.031～0.038	25(%随重量增加)	4.0×10^{-5}	不燃烧
阻燃聚乙烯泡沫塑料	22	0.031	0.050	4.0×10^{-11}	离火自熄
硬质聚氨酯泡沫塑料	33	0.018	0.80	2.2×10^{-7}	可燃，加阻燃剂后离火2s内自熄
橡塑海绵	87	0.038	0.40	—	阻燃性FV-0级

6.5.6　进、排风口

(1) 进风口

进风口是通风、空调系统采集室外新鲜空气的入口，其位置应满足下列要求：

1) 应设在室外空气较清洁的地点。进风口处室外空气中有害物质浓度不应大于室内作业地点最高允许浓度的30％。

2) 应尽量设在排风口的上风侧，并且应低于排风口。

3) 进风口的底部距室外地坪不宜低于2.0m，当布置在绿化地带时不宜低于1.0m。

4) 应避免进风、排风短路。

5) 降温用的进风口宜设在建筑物的背阴处。

(2) 排风口

1) 在一般情况下通风用排气立管出口至少应高出屋面0.50m。

2) 通风排气中的有害物质必需经大气扩散稀释时，排风口应位于建筑物气流负压区(气流负压区概念见第七章)和正压区以上，具体要求见图6-21。

3) 要求在大气中扩散稀释的通风排气，其排风口上不应设风帽，为防止雨水进入风管，可按图6-22的方式制作。

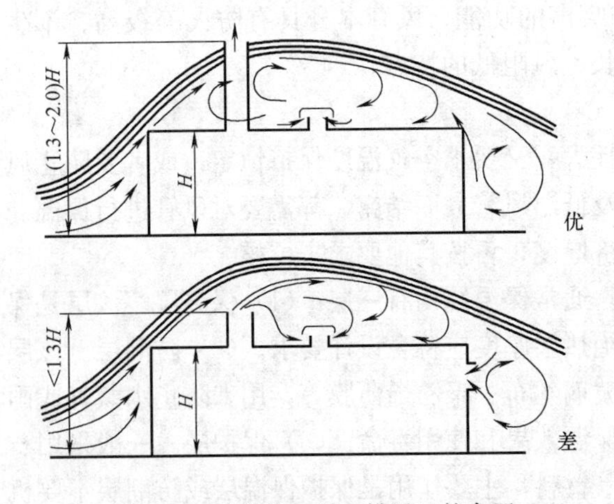

图6-21　建筑物上进、排风口的布置

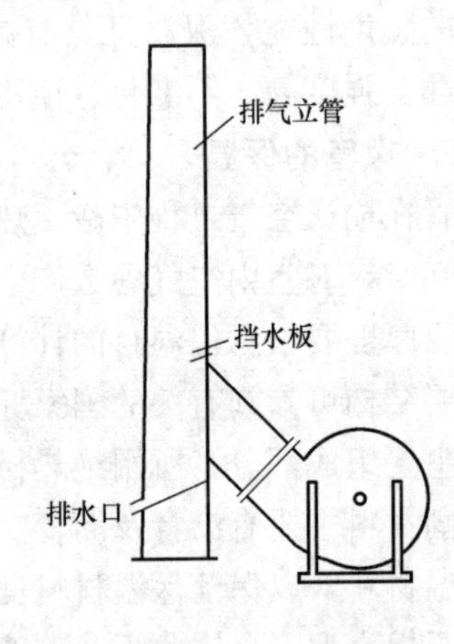

图6-22　排风立管排水立管

4) 排放大气污染物时，排气筒高度除需遵守《大气污染物综合排放标准》GB 16297—1996中排放速率标准值外，还应高出周围200m半径范围内的建筑5.0m以上，不能达到该要求的排气筒，应按其高度对应的表列排放速率标准值严格50％执行。

5) 排放两个相同污染物(不论其是否由同一生产工艺过程产生)的排气筒，若其距离小于其几何高度之和，应合并视为一根等效排气筒。若有三根以上的近距排气筒，且排放同一种污染物时，应以前两根的等效排气筒，依次与第三、四根排气筒取等效值。

等效排气筒污染物排放速率按下式计算：

$$Q=Q_1+Q_2$$

式中　Q——等效排气筒某污染物排放速率；

Q_1、Q_2——排气筒1和排气筒2的某污染物排放速率。

等效排气筒高度按下式计算：

$$h=\sqrt{\frac{1}{2}(h_1^2+h_2^2)}$$

式中　h——等效排气筒高度；

h_1、h_2——排气筒1和排气筒2的高度。

等效排气筒的位置，应于排气筒1和排气筒2的连线上，若以排气筒1为原点，则等效排气筒的位置应距原点为：

$$x=a(Q-Q_1)/Q=aQ_2/Q$$

式中　x——等效排气筒距排气筒1的距离；

a——排气筒1和排气筒2的距离。

6）新污染源的排气筒一般不应低于15m。若某新污染源的排气筒必须低于15m，其排放速率标准值必须小于按外推法计算结果的50％。

6.5.7　防爆及防火

空气中含有可燃物时，如果可燃物与空气中的氧在一定条件下进行剧烈的氧化反应，就可能发生爆炸。尽管某些可燃物如糖、面粉、煤粉等在常态下是不易爆炸的，但是，当它们以粉末状悬浮在空气中时，与空气中的氧得到了充分的接触，这时只要在局部地点形成了可燃物与氧发生氧化反应所必需的温度，局部地点就会立刻发生氧化反应。氧化反应产生的热量向周围空间传播时，若迅速地使周围的可燃物与空气的混合物达到了氧化反应所必需的温度，由于连锁反应，在极短的时间内，能使整个空间的可燃混合物都发生剧烈的氧化反应，产生大量的热量和燃烧产物，形成急剧增高的压力波，这就是爆炸。

空气中可燃物浓度过小或过大时都不会造成爆炸。因为浓度过小，空气中可燃物质点之间的距离大，一个质点氧化反应所产生的热量还没有传递至另一质点，就被周周空气所吸收，致使混合物达不到氧化反应的温度。如果可燃物浓度过大，混合物中氧气的含量相对不足，同样不会形成爆炸。因此，可燃物发生爆炸的浓度有一个范围，这个范围称为爆炸浓度极限。

由此可知，通风系统发生爆炸是空气中的可燃物含量达到了爆炸浓度极限，同时遇到电火花、金属碰撞引起的火花或其他火源而造成的。因此，设计有爆炸危险的通风系统时，应注意以下几点：

（1）系统的风量除了满足一般的要求外，还应校核其中可燃物的浓度。如果可燃物浓度在爆炸浓度的范围内，则应按下式加大风量：

$$L\geqslant\frac{x}{0.5y}\quad(\mathrm{m^3/s})\tag{6-30}$$

式中　x——在局部排风罩内每秒排出的可燃物量或每秒产生的可燃物量，g/s；

y——可燃物爆炸浓度下限，g/m^3（见附录12及附录13）。

（2）防止可燃物在通风系统的局部地点（死角）积聚。

（3）选用防爆风机，并采用直联或联轴器传动方式。如果采用三角皮带传动，为防止静电产生火花，可用接地电刷把静电引入地下。

（4）有爆炸危险的通风系统，应设防爆门。当系统内压力急剧升高时，靠防爆门自动开启泄压。

6.6 通风（除尘）系统的运行调节

6.6.1 风机的特性曲线和风机的工作点

（1）风机的特性曲线

通风系统工作的动力来自风机，对于特定的风机即便转速相同，在不同的系统中，它所输送的风量也可能不同。通风系统压力损失小要求的风机全压小，输送的气体量就大。反之，通风系统压力损失大时要求的风机全压大，输送的气体量就小。因此，风机工作特性与运行工况有关。

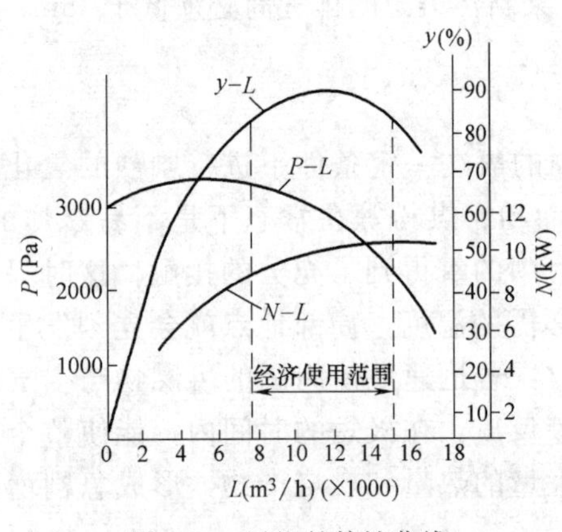

图 6-23　风机的特性曲线

某一特定风机在某一转速下运行时，风机风量与风压、效率、功率的变化关系可用图6-23所示的曲线表示，该曲线称为风机的特性曲线。

各种风机的特性曲线各不相同，必需通过实测得出。

风机特性曲线通常包括（转速一定）：全压随风量的变化（P-L）；功率随风量的变化（N-L）；全效率随风量的变化（y-L）。一定的风量对应于一定的全压、功率和效率。为保持风机的高效运行，对于一定的风机类型，有一个经济使用范围。

由于同类型风机具有几何相似、运动相似和动力相似的特性，可以采用风机各参数的无因次量来表示其特性，用来推算该类风机任意型号的风机性能。

（2）管路特性曲线

通风管路的压力损失可用下式表示：

$$P=\sum(\lambda\frac{l}{d}+\zeta)\frac{v^2}{2}\rho$$

$$v=L/\frac{\pi}{4}d^2$$

式中　λ——管路沿程阻力系数；

l——管长，m；

d——管径，m；

ζ——管路局部阻力系数；

v——管路系统中工质流速，m/s；

ρ——管路系统中工质密度，kg/m³；

L——系统流量，m³/h。

在某一已确定的管路系统中，λ、l、D 等均为定值，上式可以改写为：

$$P=SL^2$$

该式称为管路特性曲线，式中 S 为管网综合阻力系数。改变 S 值，管路特性曲线会发生相应变化。

(3) 风机的工作点

当风机在某一特定的管网中运行时，由于风机的风量等于管网中的风量，风机的风压等于管网的阻力，因此风机的特性曲线和管网特性曲线的交点（A）就是风机运行时的工作点，如图 6-24 所示。工作点 A 的风量 L_A 风压 P_A 即为风机运行的实际风量和风压，P_A 也就是管网的实际阻力。

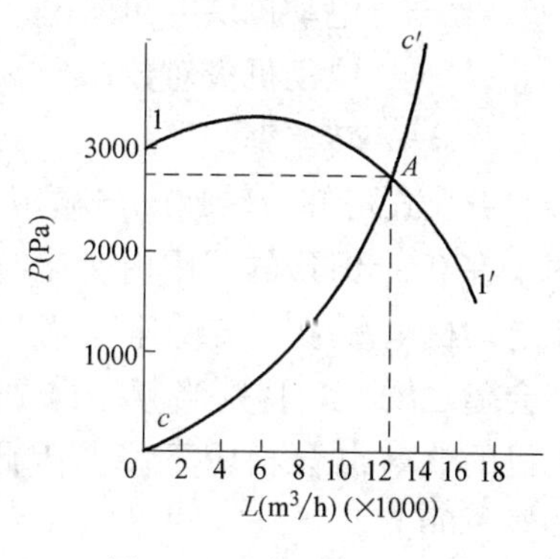

图 6-24　风机运行工况

6.6.2　风机风量的运行调节

由于各种原因，通风系统在运行过程中，需对风量进行运行调节。要改变风机的运行风量，就需要改变风机的工作点。要改变风机的工作点，可以通过改变管路的特性曲线或改变风机的特性曲线来实现。

(1) 阀门调节

它是通过调节阀门开度，改变管网的特性，从而改变风机的工作点。如图 6-25 (a) 所示，管网特性曲线从 C_2 变化为 C_1，风机的工作点，从 A_2 变化为 A_1，风机的风量则由 L_2 变化为 L_1。这种方法简单易行，但部分能量（两条曲线间风压差 ΔP）消耗在阀门上，不节能。它仅适用于风量小的系统。

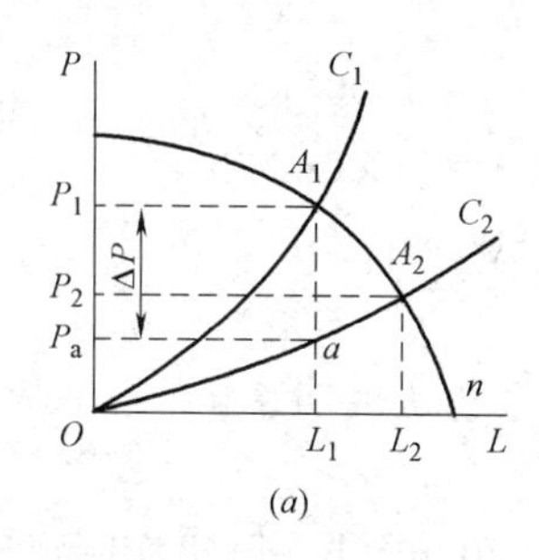

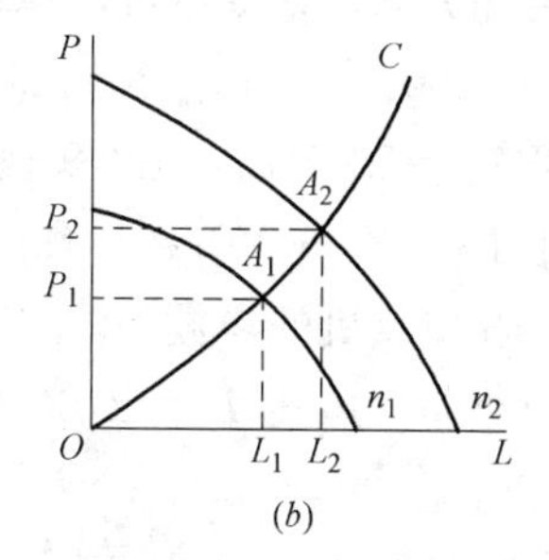

图 6-25　风机工作的调整

(2) 转速调节［见图 6-25 (b)］

该方法是通过调整风机转速改变风机的特性曲线。例如，当风机转速由 n_2 变化为 n_1 时，风机特性曲线 n_2 变化为曲线 n_1，风机的工作点由 A_2 变化为 A_1，风量由 L_2 变化为 L_1。

在相似工况点上（风机效率保持相等）风机的转速与风量、风压，功率的关系如下式所示：

$$\frac{L_1}{L_2}=\frac{n_1}{n_2};\ \frac{P_1}{P_2}=\left(\frac{n_1}{n_2}\right)^2;\ \frac{N_1}{N_2}=\left(\frac{n_1}{n_2}\right)^3$$

当 $L_1=0.8L_2$ 时，$N_1=0.512N_2$，风机的能耗仅为原能耗的一半。目前，常采用的改变转速的方法有改变皮带轮的转速比、采用液力耦合器、变速电机等。

随着科学技术的发展，变频器价格下降，变频调速节能控制方法目前已得到大量应用。交流电动机转速和供电频率间存在以下关系：

$$n=\frac{60f(1-s)}{M}$$

式中 n——电动机的转速；

f——电动机供电频率；

M——电动机极对数；

s——转差率。

由上式可知，转速 n 与频率 f 成正比，只要改变频率即可改变电动机的转速，当频率 f 在 0～50Hz 的范围内变化时，电动机转速调节范围非常宽。变频调速就是通过改变电动机电源频率实现速度调节的。实际应用中，如果仅降低频率，电机绕组的电流将会随之增大，特别当频率降到较低时，电机易被烧坏。当风机转速度变化过大时，风机的效率也会相应下降。因此采用变转速运行时，风机转速不宜低于设计转速的 50%～60%。

6.6.3 通风（除尘）系统的变风量节能控制

在通风（除尘）系统中，常见的风量调节有以下几种情况：

（1）由于计算不周或选型不当，系统实际风量会大大超出设计值。风机可采用变频调速控制实现节能运行。风机采用变频控制，可根据负荷变化调节风机转速，达到系统最优控制。

以某工厂排风系统为例，根据设计计算，有：

系统排风量 $L_1=12000m^3/h$，系统阻力 $\Delta P_1=1500Pa$。

要求风机的风量 $L_2=K_L\cdot L_1=1.1\times12000=13200m^3/h$；

要求风机的风压 $P_2=K_P\cdot\Delta P_1=1.15\times1500=1725Pa$。

查样本选风机，选用风机的参数为：

风量 $L_f=13850m^3/h$，风压 $P_f=2100Pa$，电动机功率 $N=15kW$，电动机转速 $n=1450r/min$。

系统运行后经实测，实际运行风量 $L_f'=15300m^3/h$，风机实际风压 $P_f'=1976Pa$，电动机实际功率 $N'=13.2kW$。

为实现排风系统在设计风量下的节能运行，风机采用变频调速控制。变频调速后电动机实际转速 $n_2=(12000/15300)\times1450=1136r/min$，风机节能控制的运行工况对比见表 6-8。

电费按 0.75 元/kWh 计，该系统全年可节省电费 20517 元，变频器投资在一年内即可全部回收。

风机节能控制运行工况对比　　表 6-8

	原风机运行工况	变频调速后运行工况		原风机运行工况	变频调速后运行工况
风量(m^3/h)	15300	12000	电动机功率(kW)	13.2	6.36
风压(Pa)	1976	1214	全年运行时间(h)	16×250=4000	4000
电动机转速(r/min)	1450	1136	全年节电量(kWh/a)	—	27356

（2）某些环境中有害物质的散发量是不稳定的，如地下停车库在平时排风时，随着汽车出入频率的变化，车库内气流中 CO 气体的浓度会随之变化。在排（烟）风机进口前的

风道内安装CO气体传感器，用于检测气流中的CO气体浓度，当其浓度超过设定的调节值时，调节器可以发送信号给变频器，变频器则根据信号大小改变电流频率和电机的转速，进而调节排（烟）风机和送风机的转速，从而达到调节风量的目的，变频调节系统如图6-26所示。

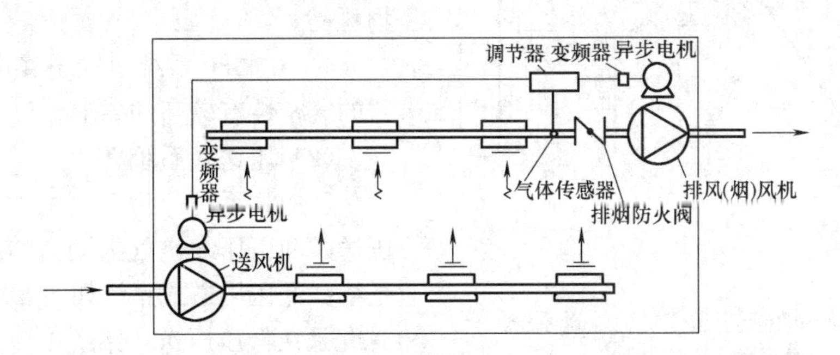

图6-26　采用变频技术的地下汽车库变风量通风排烟系统示意图

（3）同一系统有多个排风点，各排风点并不同时工作，可根据最不利环路上排风罩口静压变化控制排风风量（参阅第8.2节），前提是各排风点上应设电动阀。对关断的排风点特别注意要设置密闭性能好的阀门，便于操控。对于风量具有周期性变化的工艺排风，在不同工作阶段可采用变频调速实现风机变风量节能运行。

6.7　气力输送系统的管道计算

气力输送是利用气流输送物料的一种输送方式，同时它也是一种有效的防尘措施，已受到普遍重视。近年来，车间内部和外部的粉（粒）状物料输送，如水泥、粮食、煤粉、型砂、烟丝等已广泛采用气力输送。

本节对气力输送作简要介绍，侧重于阐述它的管道计算说明。

6.7.1　气力输送系统的特点

一般气力输送系统，按其装置的形式和工作特点可分为吸送式、压送式、混合式和循环式四类。根据系统工作压力的不同，吸送式系统可分为低压（即低真空，真空度小于9.8kPa）吸送式和高真空（真空度40～60kPa）吸送式系统两种；压送式系统也可分为低压和高压压送式系统两种。

（1）吸送式系统

低压吸送式系统如图6-27所示。风机启动后，系统内形成负压，物料和空气一起被吸入受料器，沿输料管送至分离器（设在卸料目的地），分离器分离下来的物料存入料仓，含尘空气则经除尘器净化后再通过风机排入大气。整个系统在负压下工作，所以也称负压气力输送系统。

低压吸送式系统结构简单、使用维修方便，应用广泛。由于输送能量小，它的输送距离和输料量有一定限制。

吸送式气力输送系统有以下特点：

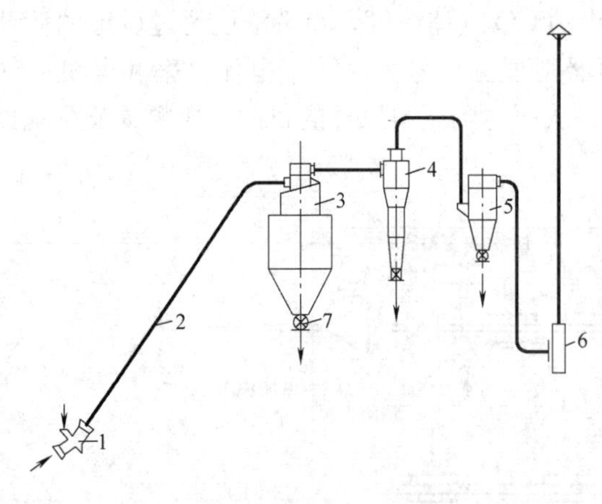

图 6-27 低压吸送式气力输送系统

1—受料器；2—输料管；3—分离器；4、5—除尘器；6—风机；7—卸料器

1）适用于数处进料向一处输送，或输送位于低处的物料；

2）进料方便，受料器构造简单；

3）风机或真空泵的润滑油不会污损物料；

4）对整个系统以及分离器下部卸料器的气密性有较高的要求。

（2）压送式系统

压送式系统分为以风机为动力的低压压送式和以压缩空气为动力的高压压送式系统。低压压送式系统如图 6-28 所示。图 6-29 是在低压压送式系统中应用较广的一种受料器，加料量可由叶轮的转速调节，加料口密封性较好。这种受料器的工作原理和引射器相同，利用空气引射物料。

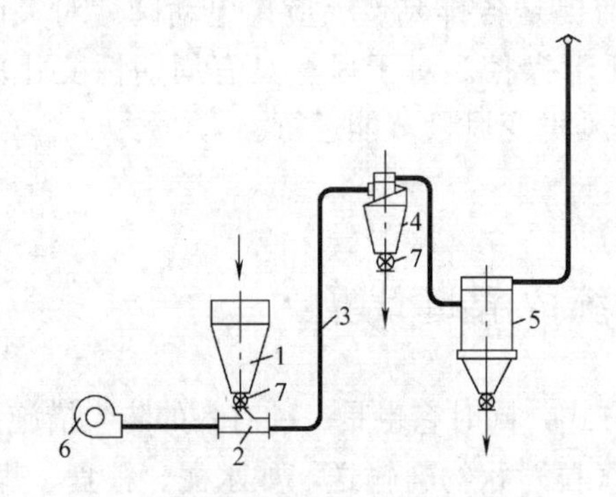

图 6-28 低压压送式系统

1—料斗；2—受料器；3—输料管；4—分离器；5—除尘器；6—风机；7—卸料器

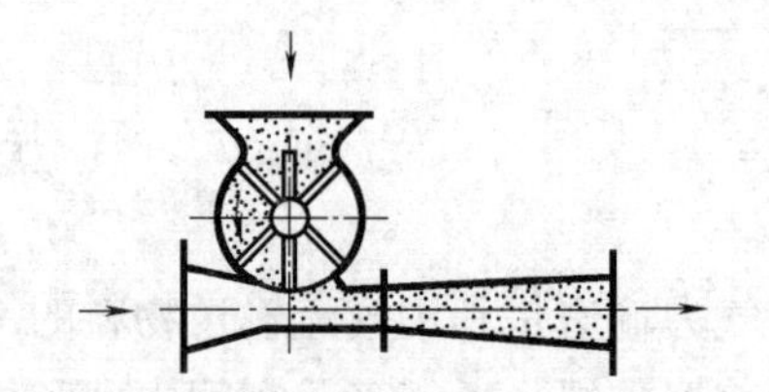
图 6-29 调速供料受料器

压送式系统适宜用作将集中的物料向几处分配的物料分配系统，如卷烟厂卷烟机用的烟丝风送系统等。

6.7.2 气力输送系统的管道阻力计算

在气力输送系统中，由气流带动粉（粒）状物料一起流动，这种气流称为气固两相流。由于存在物料的运动，两相流的流动阻力要比单相气流大。为简化计算，进行气力输送系统的管道阻力计算时，可以近似把两相流的流动阻力看作是单相气流的阻力与物料颗粒运动引起的附加阻力之和。

（1）受料器的阻力

$$\Delta P_1=(C+\mu_1)\frac{v^2\rho}{2}\quad(\text{Pa})\tag{6-31}$$

式中 μ_1——料气比，kg/kg；

v——输送风速，m/s；

ρ——空气的密度，kg/m ^{3}

C——与受料器构造有关的系数，通过试验求得，可采用下列数据：

水平型受料器　　C=1.1～1.2；

各种吸嘴　　C=3.0～5.0。

料气比 μ_1 亦称混合比，是单位时间内通过输料管的物料量与空气量的比值，所以也称料气流浓度，以下式表示：

$$\mu_1=\frac{G_1}{G}=\frac{G_1}{L\cdot\rho}\quad[\text{kg(物料)/kg(空气)}] \tag{6-32}$$

式中　G_1——输料量，kg/s 或 kg/h；

G——空气量，kg/s 或 kg/h；

L——空气量，m^3/s 或 m^3/h。

料气比的大小关系到系统工作的经济性、可靠性和输料量的大小。料气比大，所需输送风量小，因而管道、设备小，动力消耗少，在相同的输送风量下输料量大。设计气力输送系统时，在保证正常运行的前提下，应力求达到较高的料气比。但是，提高料气比要受到管道堵塞和气源压力等条件的限制。

根据经验，一般低压吸送式系统 μ_1=1～4，低压压送式系统 μ_1=1～10。

气力输送系统管路内的空气流速称为输送风速，输送风速的大小对系统的正常运行和能量消耗有很大影响，通常根据经验确定，如表 6-9 所示。输送的物料粒径、密度、含湿量、黏性较大时，或系统的规模大、管路复杂时，应采用较大的输送风速。

物料的悬浮速度及输送速度　　　　**表 6-9**

物料名称	平均粒径(mm)	密度(kg/m)	容积密度(kg/m)	悬浮速度(m/s)	输送风速(m/s)
稻谷	3.58	1020	550	7.5	16～25
小麦	4～4.5	1270～1490	600～810	9.8～11.0	18～30
大麦	3.5～4.2	1230～1300	600～700	9.0～10.5	15～25
大豆		1180～1220	560～760	10	18～30
花生	21×12	1020	620～640	12～14	16
茶叶		800～1200			13～15
煤粉		1400～1600			15～22
煤屑	0.01～0.03				20～30
煤灰		2000～2500			20～25
砂		2600	1410	6.8	25～35
水泥		3200	1100	0.223	10～25
潮模旧砂（含水量 3%～5%）		2500～2800			22～28
干模旧砂、干新砂					17～25
陶土、粘土		2300～2700			16～23
锯末、刨花		750			12～19
钢丸	1～3	7800			30～40

(2) 空气和物料的加速阻力

加速阻力是指空气和物料由受料器进入输料管后，从初速为零分别加速到最大速度 v

和 v_1 所消耗的能量，按下式计算：

$$\Delta P_2=(1+\mu_1\beta)\frac{v^2}{2}\rho \quad (\mathrm{Pa}) \tag{6-33}$$

式中 β——系数。

$$\beta=\left(\frac{v_1}{v}\right)^2 \tag{6-34}$$

式中 v_1——物料速度，m/s；

v——空气流速，m/s。

物料速度 v_1 按下式计算：

$$\frac{v_1}{v}=0.9-\frac{7.5}{v} \tag{6-35}$$

(3) 物料的悬浮阻力

为了使输料管内的物料处于悬浮状态所消耗的能量称为悬浮阻力。悬浮阻力只存在于水平管和倾斜管。

水平管的悬浮阻力为：

$$\Delta P_3'=\mu_1\rho gl\frac{v_f}{v_1} \quad (\mathrm{Pa}) \tag{6-36}$$

与水平面夹角 α 的倾斜管的悬浮阻力为：

$$\Delta P_3''=\mu_1\rho gl\frac{v_f}{v_1}\cos\alpha \quad (\mathrm{Pa}) \tag{6-37}$$

式中 v_f——悬浮速度，m/s。

气流的悬浮速度在数值上等于物料的沉降速度。

(4) 物料的提升阻力

在垂直管和倾斜管内，把物料提升一定高度所消耗的能量称为提升阻力。

$$\Delta P_4=\frac{G_1gh}{L}=\frac{G_1gh}{G/\rho}=\mu_1\rho gh \quad (\mathrm{Pa}) \tag{6-38}$$

式中 h——物料提升的垂直高度，m。

若物料从高处下落，则 ΔP_4 为负值。

(5) 输料管的摩擦阻力

摩擦阻力包括气流的阻力和物料引起的附加阻力两部分。

$$\Delta P_5=\Delta P_m+\Delta P_{ml}=(1+K_1\mu_1)R_m l \quad (\mathrm{Pa}) \tag{6-39}$$

式中 K_1——与物料性质有关的系数，见表 6-10；

R_m——输送空气时单位长度摩擦阻力，Pa/m；

l——输料管长度，m。

(6) 变管阻力

$$\Delta P_6=(1+K_0\mu_1)\zeta\frac{v^2\rho}{2} \quad (\mathrm{Pa}) \tag{6-40}$$

式中 ζ——弯管的局部阻力系数，参见附录 10；

K_0——与弯管布置形式有关的系数，见表 6-11。

摩擦阻力附加系数 K_1 值　　表 6-10

物料种类	输送风速(m/s)	料气比 μ_1	K_1
细粒状物料	25～35	3～5	0.5～1.0
粒状物料			
(低压吸送)	16～25	3～8	0.5～0.7
(高真空吸送)	20～30	15～25	0.3～0.5
粉状物料	16～32	1～4	0.5～1.5
纤维状物料	15～18	0.1～0.6	1.0～2.0

弯管局部阻力附加系数 K_0 值　　表 6-11

弯管布置形式	K_1
垂直(向下)弯向水平(90°)	1.0
垂直(向上)弯向水平(90°)	1.6
水平弯向水平(90°)	1.5
水平弯向垂直(向上,90°)	2.2

(7) 分离器阻力

$$\Delta P_7=(1+K\mu_1)\zeta\frac{v^2\rho}{2}\quad(\text{Pa})\tag{6-41}$$

式中　v——分离器入口风速，m/s；

ζ——分离器的局部阻力系数；

K——与分离器入口风速有关的系数，如图 6-30 所示。

(8) 其他部件的阻力

其他部件（如变径管等）的阻力可按式（6-40）计算。式中 ζ 为各部件的局部阻力系数；K 值由图 6-30 查得。

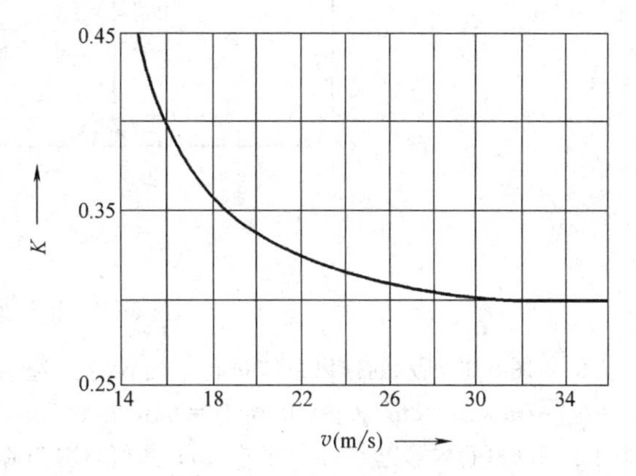

图 6-30　局部阻力附加系数 K 值

图 6-31 中给出了采用吸送式气力输送系统把分开设置的两组除尘器灰斗收尘输送到大贮料仓的工程实例。除尘器捕集的粉尘在灰斗 1 处由回转卸料阀 2 通过螺旋输送机 3 进入气力输送系统，经输料漏斗 4、喉管 5、管道 6 和 7 进入受料罐 12、高效旋风分离器 13 被分离收入大贮料仓 20，排出废气经过袋式除尘器 14 后排空。收集后粉尘经大贮料仓下设置的圆盘给料机 21、带式输送机 22 送至输灰车辆外送。

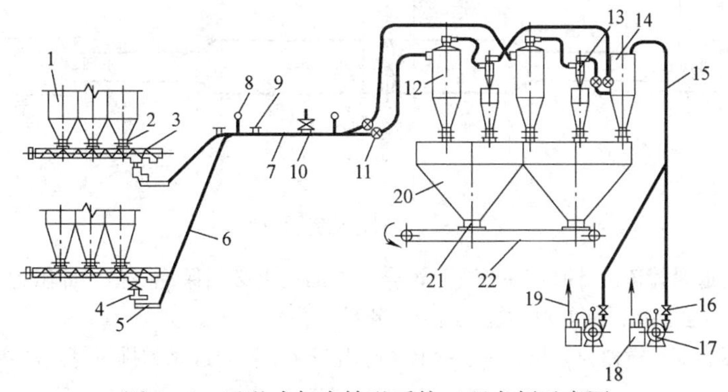

图 6-31　吸送式气力输送系统工程实例示意图

1—除尘器灰斗；2—回转卸料阀；3—螺旋输送机；4—漏斗；5—喉管；6—支管；7—干管；8—真空表；9—清扫孔；10—空吸旋塞阀；11—球阀；12—受料罐；13—高效旋风分离器；14—袋式除尘器；15—风管；16—入口闸门；17—水环式真空泵；18—气水分离器；19—排风管；20—大贮料仓；21—圆盘给料机；22—带式输送机

习　题

1. 有一矿渣混凝土板通风管道，宽 1.2m，高 0.6m，管内风速为 8m/s，空气温度为 20℃，计算其单位长度摩擦阻力 R_m。

2. 一矩形风管的断面尺寸为 400mm×200mm，管长 8m，风量为 0.88m³/s，在 t=20℃的工况下运行，如果采用薄钢板或混凝土（K=3.0mm）制风管，试分别用流速当量直径和流量当量直径计算其摩擦阻力。空气在冬季加热至 50℃，夏季冷却至 10℃，该矩形风管的摩擦阻力有何变化？

3. 有一通风系统如图 6-32 所示。起初只设 a 和 b 两个排风点。已知 $L_a=L_b=0.5m^3/s$，$\Delta P_{ac}=\Delta P_{bc}=250Pa$，$\Delta P_{cd}=100Pa$。因工作需要，又增设排风点 e，要求 $L_e=0.4m^3/s$。如在设计中管段 de 的阻力 ΔP_{de}分别为 300Pa 和 350Pa（忽略 d 点三通直通部分阻力），试问此时实际的 L_a 及 L_b 各为多少？

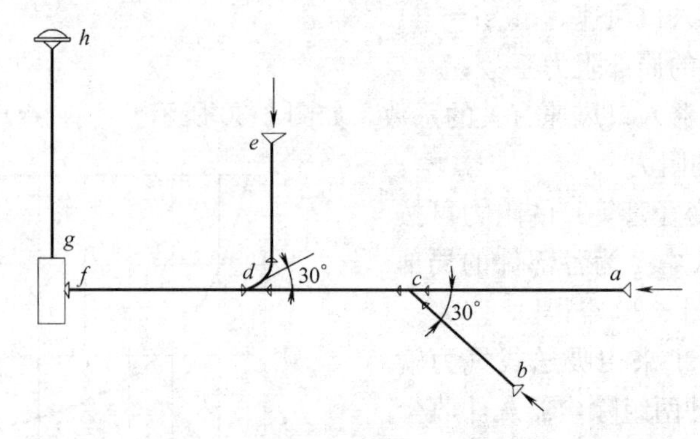

图 6-32　排气通风系统

4. 对图 6-32 所示的排风系统进行水力计算并选择风机。已知 $L_a=L_b=0.5m^3/s$，$L_e=0.4m^3/s$，$l_{ac}=l_{bc}=7m$，$l_{cd}=8m$，$l_{ed}=10m$，$l_{df}=6m$，$l_{gh}=5m$，局部排风罩为圆伞形罩（扩张角 $\alpha=60°$）；锥形风帽 $\zeta=1.6$（管内输送 t=20℃的空气）；风管材料为薄钢板。

5. 为什么不能根据矩形风管的流速当量直径 D_v 及风量 L 查线解图求风管的比摩阻 R_m？

6. 对图 6-33 所示的通风系统，绘出其压力分布图。

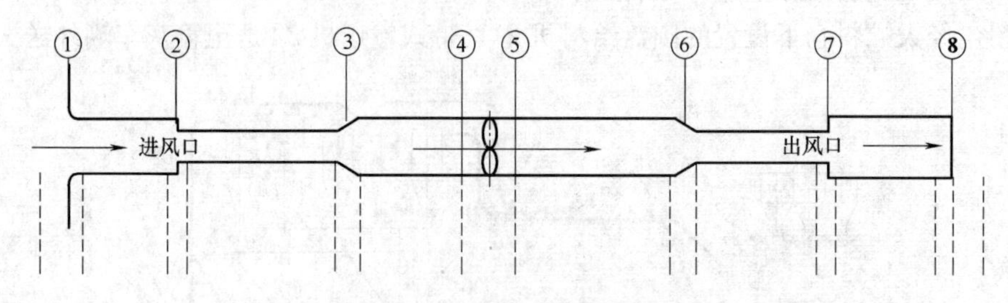

图 6-33　通风系统示意图

7. 为什么进行通风管道设计时，并联支管汇合点上的压力必须保持平衡（即阻力平衡）？如设计时不平衡，运行时是否会保持平衡？对系统运行有何影响？

8. 在纵轴为压力 P，横轴为管长 l 的坐标上，画出等断面均匀送风和排风管道的压力分布图（可不计局部阻力）。

9. 有一矩形断面的均匀送风管，总长 l=12.5m，总送风量 L=9600m³/h。均匀送风管上设有 8 个侧孔，侧孔间的间距为 1.5m。确定该均匀送风管的断面尺寸、阻力及侧孔的尺寸。

10. 某工厂全部设备从上海迁至青海西宁，当地大气压力 B=77.5kPa。如对通风除尘系统进行测试，试问其性能（系统风量、阻力、风机风量、风压、轴功率）有何变化？

11. 输送非标准状态空气的通风系统，采用设计风量和系统压力损失查询选用风机时，风机性能样本中给出的风量、全压、电动机的轴功率应进行核算？从理论上加以说明。

12. 某厂铸造车间采用低压吸送式系统，输送温度为100℃的旧砂，如图6-34所示。要求输料量G_1=11000kg/h(3.05kg/s)，已知物料密度ρ_1=2650kg/m^3，输料管倾角为70°，车间内空气温度为20℃，不计管道散热；μ_1=2.0；第一级分离器进口风速v_1=18m/s、局部阻力系数ζ=3.0；第二级分离器进口风速v_2=16m/s、局部阻力系数ζ_2=5.6；第三级袋式除尘器阻力ΔP=1000Pa，第一、二级分离器效率均为80%。计算该气力输送系统的总阻力（受料器阻力系数c=1.5)。

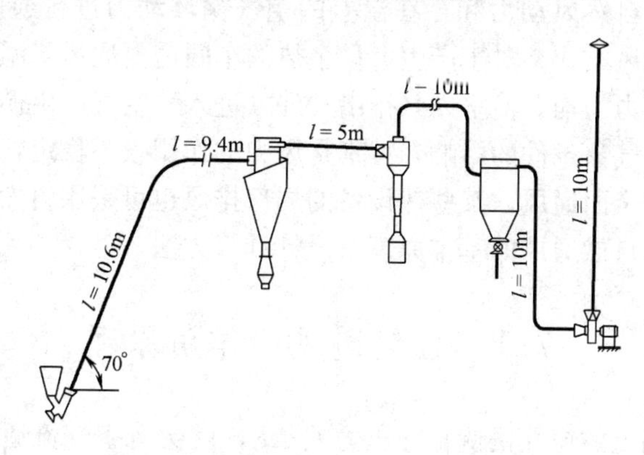

图6-34 低压吸送式气力送砂系统图

第7章　自然通风与局部送风

自然通风是利用自然风动力和存在温差的空气循环动力进行通风，不需消耗机械动力，是一种经济的通风方式。对于产生大量余热的车间需要通风降温，通风动力可以以热压作用为主、室外风力为辅，使室内（排出）外（进入）空气产生循环实现自然通风。由于自然通风易受室外气象条件的影响，特别是风力的作用很不稳定，所以自然通风主要用于热车间排除余热的全面通风。某些热设备的局部排风也可采用自然通风。本章主要阐述热压和风压作用下的自然通风的基本原理及设计计算方法。

7.1　自然通风的作用原理

如果建筑物外墙上的窗孔两侧存在压力差 ΔP，就会有空气流通该窗孔，空气流过窗孔时的阻力就等于 ΔP。

$$\Delta P=\zeta\frac{v^2}{2}\rho \quad \text{(Pa)} \tag{7-1}$$

式中　ΔP——窗孔两侧的压力差，Pa；

v——空气流过窗孔时的流速，m/s；

ρ——空气的密度，kg/m^3；

ζ——窗孔的局部阻力系数。

上式可改写为：

$$v=\sqrt{\frac{2\Delta P}{\zeta\rho}}=\mu\sqrt{\frac{2\Delta P}{\rho}} \tag{7-2}$$

式中　μ——窗孔的流量系数，$\mu=\sqrt{\frac{1}{\zeta}}$，$\mu$ 值的大小与窗孔的构造有关，一般小于1。

通过窗孔的空气量为

$$L=vF=\mu F\sqrt{\frac{2\Delta P}{\rho}} \quad (\text{m}^3/\text{s}) \tag{7-3}$$

$$G=L\cdot\rho=\mu F\sqrt{2\Delta P\rho} \quad (\text{kg/s}) \tag{7-4}$$

式中　F——窗孔的面积，m^2。

从上式可以看出，只要已知窗孔两侧的压力差 ΔP 和窗孔的面积 F 就可以求得通过该窗孔的空气量 G。要实现自然通风，窗孔两侧必须存在压力差，下面分析在自然通风条件下，ΔP 产生的原因和提高的途径。

7.1.1　热压作用下的自然通风

有一建筑物如图7-1所示，在外围结构的不同高度上设有窗孔 a 和 b，两者的高差为 h。假设窗孔外的静压力分别为 P_a、P_b，窗孔内的静压力分别为 P'_a、P'_b，室内外的空气

温度和密度分别为 t_n、ρ_n 和 t_w、ρ_w。由于 $t_n > t_w$，所以 $\rho_n < \rho_w$。

如果我们首先关闭窗孔 b，仅开启窗孔 a，不管最初窗孔 a 两侧的压差如何，由于空气的流动，P_a 和 P'_a 会趋于平衡，窗孔 a 的内外压差 $\Delta P_a = (P'_a - P_a) = 0$，空气停止流动。

根据流体静力学原理，这时窗孔 b 的内外压差为

$$\Delta P_b = (P'_b - P_b) = (P'_a - gh\rho_n) - (P_a - gh\rho_w)$$
$$= (P'_a - P_a) + gh(\rho_w - \rho_n) = \Delta P_a + gh(\rho_w - \rho_n) \quad (7\text{-}5)$$

式中　ΔP_a、ΔP_b——窗孔 a 和 b 的内外压差，Pa；

g——重力加速度，m/s^2。

从式（7-5）可以看出，在 $\Delta P_a = 0$ 的情况下，只要 $\rho_w > \rho_n$（即 $t_n > t_w$），则 $\Delta P_b > 0$。因此，如果又开启窗孔 b，空气将从窗孔 b 流出。随着室内空气的向外流动，室内静压逐渐降低，$(P'_a - P_a)$ 由等于零变为小于零。这时室外空气就由窗孔 a 流入室内，一直到窗孔 a 的进风量等于窗孔 b 的排风量时，室内静压才保持稳定。由于窗孔 a 进风，$\Delta P_a < 0$；窗孔 b 排风，$\Delta P_b > 0$。

根据式（7-5），有：

$$\Delta P_b + (-\Delta P_a) = \Delta P_b + |\Delta P_a| = gh(\rho_w - \rho_n) \quad (7\text{-}6)$$

由上式可以看出，进风窗孔和排风窗孔两侧压差的绝对值之和与两窗孔的高度差 h 和室内外的空气密度差 $\Delta\rho = (\rho_w - \rho_n)$ 有关，我们把 $gh(\rho_w - \rho_n)$ 称为热压。如果室内外没有空气温度差或者窗孔之间没有高差就不会产生热压作用下的自然通风。实际上，如果只有一个窗孔也仍然会形成自然通风，这时窗孔的上部排风、下部进风，相当于两个窗孔连在一起。

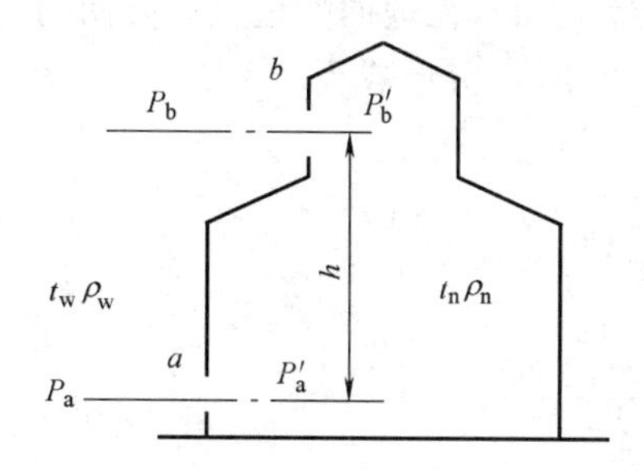

图 7-1　热压作用下自然通风

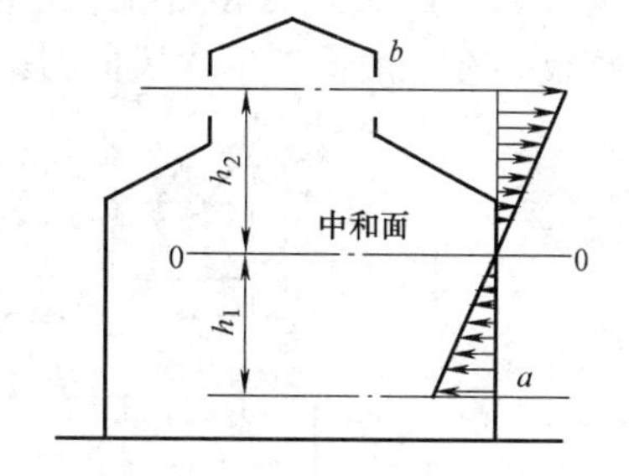

图 7-2　余压沿车间高度的变化

7.1.2　余压的概念

为了便于今后的计算，我们把室内某一点的压力和室外同标高未受建筑或其他物体扰动的空气压力的差值称为该点的余压。仅有热压作用时，由于窗孔外的空气未受室外风扰动的影响，此时窗孔内外的压差称为该窗孔的余压，余压为正，室内压力大于室外压力，该窗孔排风；反之，该窗孔进风。

根据式（7-5），某一窗孔的余压为：

$$P'_x = \Delta P_x = \Delta P_a + gh'(\rho_w - \rho_n) = \Delta P_{xa} + gh'(\rho_w - \rho_n) \quad (7\text{-}7)$$

式中　ΔP_x——某窗孔的内外压差；

ΔP_a——窗孔 a 的内外压差；

h'——某窗孔至窗孔 a 的高度差；

P_{xa}——窗孔 a 的余压。

由上式可以看出，如果我们以窗孔 a 的中心平面作为一个基准面，任何窗孔的余压等于窗孔 a 的余压和该窗孔与窗孔 a 的高差和室内外密度差的乘积之和。该窗孔与窗孔 a 的高差 h' 愈大，则余压值愈大。室内同一水平面上各点的静压都是相等的，因此某一窗孔的余压也就是该窗孔中心平面上室内各点的余压。在热压作用下，余压沿车间高度的变化如图 7-2 所示。余压值从进风窗孔 a 的负值逐渐增大到排风窗孔 b 的正值。在 0-0 平面上，余压等于零，我们把这个平面称为中和面，位于中和面上的窗孔是没有空气流动的。

如果我们把中和面作为基准面，则窗孔 a 的余压为：

$$P_{xa}=P_{x0}-h_1(\rho_w-\rho_n)g=-h_1(\rho_w-\rho_n)g \tag{7-8}$$

窗孔 b 的余压为：

$$P_{xb}=P_{x0}+h_2(\rho_w-\rho_n)g=h_2(\rho_w-\rho_n)g \tag{7-9}$$

式中 P_{x0}——中和面上的余压，$P_{x0}=0$；

h_1、h_2——窗孔 a、b 至中和面的距离。

由上式可以看出，某一窗孔余压的绝对值与中和面至该窗孔的距离有关，中和面以上窗孔余压为正，排风；中和面以下窗孔余压为负，进风。

7.1.3 风压作用下的自然通风

室外气流吹过建筑物时，气流将发生绕流，经过一段距离后才恢复平行流动。在建筑物附近的平均风速是随建筑物高度的增加而增加的。迎风面的风速和风的紊流度会强烈影响气流的流动状况和建筑物表面及周围的压力分布。

从图 7-3 可以看出，由于气流的撞击作用，在迎风面形成一个滞流区，该处的静压力高于大气压力，处于正压状态。在正压区，气流呈循环流动，在地面附近气流方向与主导风向相反。在一般情况下，风向与该平面的夹角大于 30°时，会形成正压区。

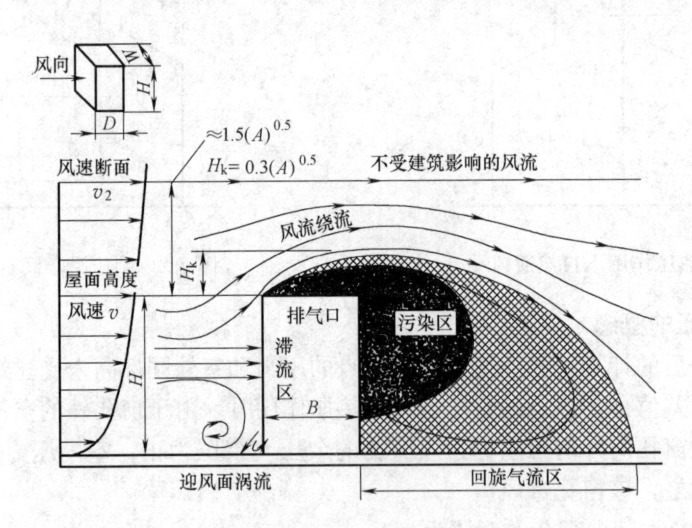

图 7-3　建筑物周围的气流流型

室外气流绕流时，在建筑物的顶部和后侧形成弯曲循环气流。屋顶上部的涡流区称为回流空腔，建筑物背风面的涡流区称为回旋气流区。这两个区域的静压力均低于大气压力，我们把这个区域称为建筑物气流负压区。气流负压区覆盖着建筑物下风向各表面（如屋顶、两侧外墙和背风面外墙)，并延伸一定距离，直至尾流。

气流负压区最大高度为：

$$H_c \approx 0.3(A)^{0.5} \quad (\mathrm{m}) \tag{7-10}$$

式中　A——建筑物横断面积，m^2。

屋顶上方受建筑影响的气流最大高度为：

$$H_K \approx (A)^{0.5} \quad (\mathrm{m}) \tag{7-11}$$

了解建筑物周围气流运动状况，不但对自然通风计算、天窗形式的选择和配置有重要意义，而且对通风、空调系统的进、排风口的配置也有重大影响。如第 6 章所述，局部排风系统排放的有害物质浓度不符合排放标准要求时，如将其排入气流负压区内，有害物质会逐渐积聚；如有机械进风口布置在该区域，有害物质会随进风进入厂房。图 7-4 是铸造车间化铁炉烟气采用不同排放高度时有害物质分布示意图。在图 7-4（a）中，烟气排入建筑物上部气流负压区内，有害物质在车间上部及周围积聚。图 7-4（b）是烟气排入气流负压区以上，这样车间周围有害物质浓度大大下降。

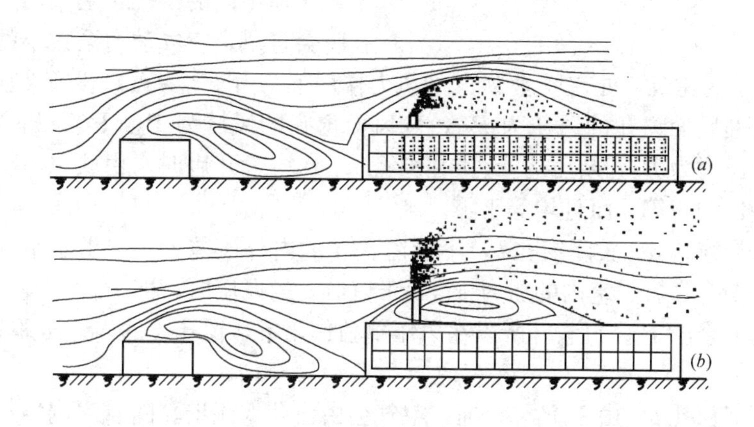

图 7-4　不同排放高度下，车间周围有害物质分布示意图

室外气流吹过建筑物时，其四周的静压分布如图 7-5 所示，迎风面为正压区，顶部及背风面均为负压区。图 7-6 所示的双凹形天窗的窗孔 2 和 4，从局部看处于迎风面，由于它处于整个建筑所造成的空气动力阴影之内，所以窗孔 2、4 处均为负压。

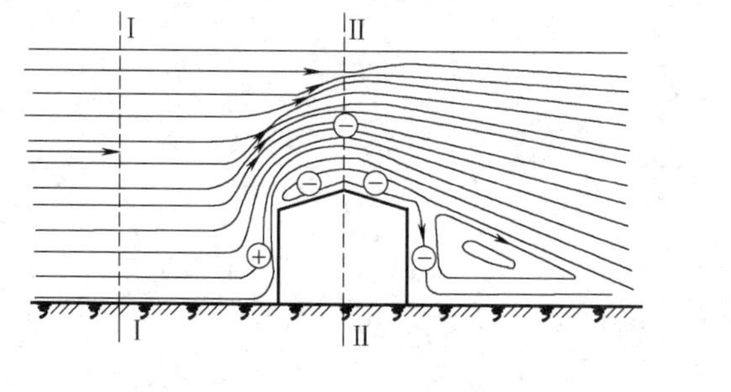

图 7-5　建筑物四周的静压分布

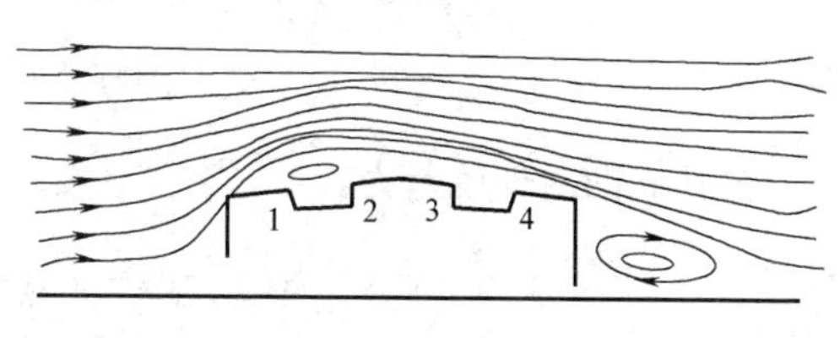

图 7-6　双凹形天窗

和远处未受扰动的气流相比，由于风的作用在建筑物表面所形成的空气静压力变化称为风压。

某一建筑物周围的风压分布与该建筑的几何形状和室外的风向有关。风向一定时，建筑物外围护结构上某一点的风压值可用下式表示：

$$P_{\rm f}=K\frac{v_{\rm w}^{2}}{2}\rho_{\rm w}\quad({\rm Pa})\tag{7-12}$$

式中 K——空气动力系数；

$v_{\rm w}$——室外空气流速，m/s；

$\rho_{\rm w}$——室外空气密度，kg/m³。

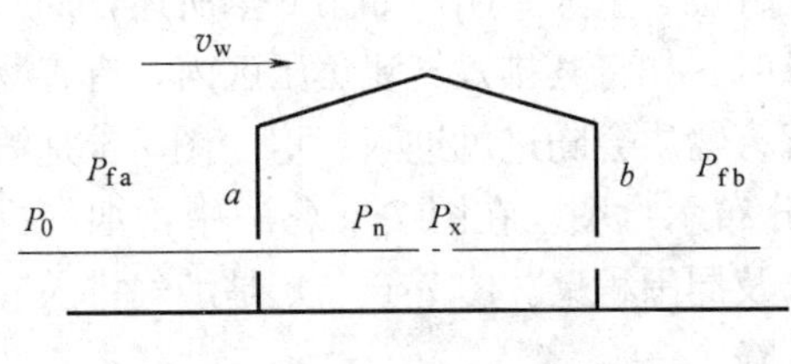

图 7-7 风力作用下的自然通风

K 值为正，说明该点的风压为正值，K 值为负，说明该点的风压为负值。不同形状的建筑物在不同方向的风力作用下，空气动力系数分布是不同的。空气动力系数要在风洞内通过模型试验求得。

同一建筑物的外围护结构上，如果有两个风压值不同的窗孔，空气动力系数大的窗孔将会进风，空气动力系数小的窗孔将会排风。图 7-7 所示的建筑，处在风速为 $v_{\rm w}$ 的风力作用下，由于 $t_{\rm n}=t_{\rm w}$，没有热压的作用。在风的作用下，迎风面窗孔的风压为 $P_{\rm fa}$，背风面窗孔的风压为 $P_{\rm fb}$（$P_{\rm fa}>P_{\rm fb}$），窗孔中心平面上室内的压力为 $P_{\rm n}$，余压为 $P_{\rm x}$。在窗孔 a、b 均未开启时，由式（7-7）可以看出，空内各点的余压均相等，而且均等于零。

如果先开启窗孔 a，关闭窗孔 b，不管窗孔 a 的内外压差大小，由于空气的流动，室内的压力会逐渐升高。当室内的压力 $P_{\rm na}$ 等于窗口 a 的风压时，即 $P_{\rm na}=P_{\rm fa}$，空气停止流动。此时室内的余压 $P_{\rm xa}=P_{\rm na}$。所以在风压单独作用下，窗孔 a 的内外压差为：

$$\Delta P_{\rm a}=P_{\rm na}-P_{\rm fa}=P_{\rm xa}-P_{\rm fa}\tag{7-13}$$

如果再开启窗孔 b，由于 $P_{\rm na}>P_{\rm fb}$，空气会由窗孔 b 流出。随着室内空气的流出，室内的压力下降，这时 $P_{\rm fa}>P_{\rm na}>P_{\rm fb}$，一直到由窗孔 a 流入的空气量和由窗孔 b 流出的空气量相等，室内压力（室内余压）$P_{\rm na}$ 保持稳定。

7.1.4 风压、热压同时作用下的自然通风

某一建筑物受到风压、热压同时作用时，外围护结构各窗孔的内、外压差就等于风压、热压单独作用时窗孔内外压差之和。由式（7-13）可以看出，也就等于各窗孔的余压和室外风压之差。

对于图 7-8 所示的建筑，窗孔 a 的内外压差为：

$$\Delta P_{\rm a}=P_{\rm xa}-K_{\rm a}\frac{v_{\rm w}^{2}}{2}\rho_{\rm w}\quad({\rm Pa})\tag{7-14}$$

窗孔 b 的内外压差为：

$$\Delta P_{\rm b}=P_{\rm xb}-K_{\rm b}\frac{v_{\rm w}^{2}}{2}\rho_{\rm w}=P_{\rm xa}+hg(\rho_{\rm w}-\rho_{\rm n})-K_{\rm b}\frac{u_{\rm w}^{2}}{2}\rho_{\rm w}\quad({\rm Pa})\tag{7-15}$$

式中 $P_{\rm xa}$——窗孔 a 的余压，Pa；

$P_{\rm xb}$——窗孔 b 的余压，Pa；

$K_{\rm a}$、$K_{\rm b}$——窗孔 a 和 b 的空气动力系数；

h——窗孔 a 和 b 之间的高差，m。

由于室外的风速和风向是经常变化的，不是一个稳定的因素。为了保证自然通风的设计效果，根据采暖通风与空气调节设计规范的规定，在实际计算时仅考虑热压的作用，风压一般不予考虑。但必须定性地考虑风压对自然通风的影响。

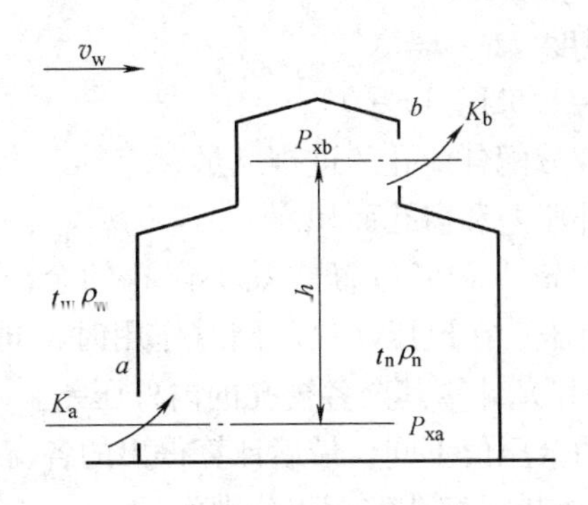

图 7-8　风压、热压同时作用下的自然通风

7.2　自然通风的计算

工业厂房自然通风计算包括两类问题，一类是设计计算，即根据已确定的工艺条件和要求的工作区温度计算必须的全面换气量，确定进排风窗孔位置和窗孔面积。另一类是校核计算，即在工艺、土建、窗孔位置和面积确定的条件下，计算能达到的最大自然通风量，校核工作区温度是否满足卫生标准的要求。

应当指出，车间内部的温度分布和气流分布对自然通风有较大影响。热车间内部的温度和气流分布是比较复杂的，例如热源上部的热射流和各种局部气流都会影响热车间的温度分布，其中以热射流的影响为最大。具体地说，影响热车间自然通风的主要因素有厂房形式、工艺设备布置、设备散热量等等。要对这些因素进行详细的研究，必须进行模型试验，或在类似的厂房进行实地观测。目前采用的自然通风计算方法是在简化条件下进行的，这些简化的条件是：

(1) 通风过程是稳定的，影响自然通风的因素不随时间而变化。

(2) 整个车间的空气温度都等于车间的平均空气温度 t_{np}。

$$t_{np}=\frac{t_n+t_p}{2} \tag{7-16}$$

式中　t_n——室内工作区温度,℃；

t_p——上部窗孔的排风温度,℃。

(3) 同一平面上各点的静压均保持相等，静压沿高度方向的变化符合流体静力学法则。

(4) 车间内空气流动时，不受任何障碍的阻挡。

(5) 不考虑局部气流的影响，热射流、通风气流到达排风窗孔前已经消散。

(6) 用封闭模型得出的空气动力系数适用于有空气流动的孔口。

7.2.1　自然通风的设计计算步骤：

(1) 计算车间自然通风量。

$$G=\frac{Q}{c(t_p-t_j)} \quad (kg/s) \tag{7-17}$$

式中　Q——车间的总余热量，kJ/s；

t_p——车间上部的排风温度，℃；

t_j——车间的进风温度，$t_j=t_w$，℃；

c——空气比热，$c=1.01kJ/kg \cdot ℃$。

(2) 确定窗孔的位置，分配各窗孔的进排风量。

(3) 计算各窗孔的内外压差和窗孔面积。

仅有热压作用时，先假定中和面位置或某一窗孔的余压，然后根据式（7-8）或式（7-9）计算其余各窗孔的余压。在风压、热压同时作用时，同样先假定某一窗孔的余压，然后按式（7-14）和式（7-15）计算其余各窗孔的内外压差。

应当指出，最初假定的余压值不同，最后计算得出的各窗孔面积分配是不同的。以图7-2为例，在热压作用下，进排风窗孔的面积分别为：

进风窗孔

$$F_a=\frac{G_a}{\mu_a\sqrt{2|\Delta P_a|\rho_w}}=\frac{G_a}{\mu_a\sqrt{2h_1g(\rho_w-\rho_{np})\rho_w}} \tag{7-18}$$

排风窗孔

$$F_b=\frac{G_b}{\mu_b\sqrt{2|\Delta P_b|\rho_p}}=\frac{G_b}{\mu_b\sqrt{2h_2g(\rho_w-\rho_{np})\rho_p}} \tag{7-19}$$

式中　ΔP_a、ΔP_b——窗孔 a、b 的内外压差，Pa；

G_a、G_b——窗孔 a、b 的流量，kg/s；

μ_a、μ_b——窗孔 a、b 的流量系数；

ρ_w——室外空气的密度，kg/m^3；

ρ_p——上部排风温度下的空气密度，kg/m^3；

ρ_{np}——室内平均温度下的空气密度，kg/m^3；

h_1、h_2——中和面至窗孔 a、b 的距离，m。

《采暖通风与空气调节设计规范》中采用进、排风口的局部阻力系数进行计算，在热压作用下，进排风窗孔的面积分别为：

进风窗孔

$$F_j=\frac{G_j}{\sqrt{\frac{2g\rho_{wf}h_j(\rho_{wf}-\rho_{np})}{\xi_j}}}$$

排风窗孔

$$F_p=\frac{G_p}{\sqrt{\frac{2g\rho_p h_p(\rho_{wf}-\rho_{np})}{\xi_p}}}$$

根据空气量平衡方程式，$G_a=G_b$，如果近似认为，$\mu_a\approx\mu_b$，$\rho_w\approx\rho_p$。上述公式可简化为：

$$\left(\frac{F_a}{F_b}\right)^2=\frac{h_2}{h_1}\text{或}\frac{F_a}{F_b}=\left(\frac{h_2}{h_1}\right)^{\frac{1}{2}} \tag{7-20}$$

从式（7-20）可以看出，进排风窗孔面积之比是随中和面位置的变化而变化的。中和面向上移（即增大 h_1，减小 h_2），排风窗孔面积增大，进风窗孔面积减小；中和面向下移，则相反。在热车间都采用上部天窗进行排风，天窗的造价要比侧窗高，因此中和面位置不宜选得太高。

如果车间内同时设有机械通风，在空气量平衡方程式中应同时加以考虑。

7.2.2 车间排风温度的计算

利用式（7-16）计算车间的平均温度，必须知道车间上部的排风温度 t_p。由于热车间的温度分布和气流分布比较复杂，不同的研究者对此有不同的看法和解释，他们提出的计算方法也各不相同。要得到统一的计算方法，今后还要进行大量的工作。

根据设计规范的规定，热车间夏季自然通风的排风温度可按下述三种方法计算：

（1）根据科研、设计单位多年的研究、实践，对某些特定的车间可按排风温度与夏季通风计算温度差的允许值确定，例如文献［27］认为，对大多数车间而言，要保证 $(t_n-t_w)\leqslant 5$℃，(t_p-t_w)应不超过 10～12℃。

（2）对于厂房高度不大于 15m，室内散热源比较均匀，而且散热量不大于 116W/m^3 时，可用温度梯度法计算排风温度 t_p。

$$t_p=t_n+\alpha(h-2) \quad (℃) \tag{7-21}$$

式中 α——温度梯度，℃/m，见表 7-1；

h——排风天窗中心距地面高度，m。

温度梯度 α 值（℃/m） **表 7-1**

室内散热量（W/m^3）	厂房高度(m)										
	5	6	7	8	9	10	11	12	13	14	15
12～23	1.0	0.9	0.8	0.7	0.6	0.5	0.4	0.4	0.4	0.3	0.2
24～47	1.2	1.2	0.9	0.8	0.7	0.6	0.5	0.5	0.5	0.4	0.4
48～70	1.5	1.5	1.2	1.1	0.9	0.8	0.8	0.8	0.8	0.8	0.5
71～93		1.5	1.5	1.3	1.2	1.2	1.2	1.2	1.1	1.0	0.9
94～116				1.5	1.5	1.5	1.5	1.5	1.5	1.4	1.3

（3）按有效热量系数 m 计算

在有强热源的车间内，空气温度沿高度方向的分布是比较复杂的。从图 7-9 可以看出，热源上部的热射流在上升过程中，周围空气不断被卷入，热射流的温度逐渐下降。热射流上升到屋顶后，一部分由天窗排出，一部分沿四周外墙向下回流，返回工作区或在工作区上部重新卷入热射流。返回工作区的那部分循环气流与从下部窗孔流入室内的室外气流混合后，一起进入室内工作区，工作区温度就是这两股气流的混合温度。如果车间内工艺设备的总散热量为 Q，其中直接散入工作区的那部分热量为 mQ，我们把 mQ 称为有效余热量，m 值称为有效热量系数。

根据整个车间的热平衡，消除车间余热所需的全面进风量为：

$$L=\frac{Q}{c(t_p-t_w)\rho_w\beta} \quad (m^3/s) \tag{7-22}$$

根据工作区的热平衡，消除工作区的余热所需全面进风量为：

$$L'=\frac{mQ}{c(t_n-t_w)\rho_w\beta} \quad (m^3/s) \tag{7-23}$$

式中 Q——车间的余热量，kJ/s；

m——有效热量系数；

c——空气的比热，kJ/（kg·℃）；

ρ_w——室外空气密度，kg/m³；

t_p——车间上部排风温度，℃；

t_n——室内工作区温度，℃；

t_w——夏季通风室外计算温度，℃；

β——进风有效系数，见图7-10。

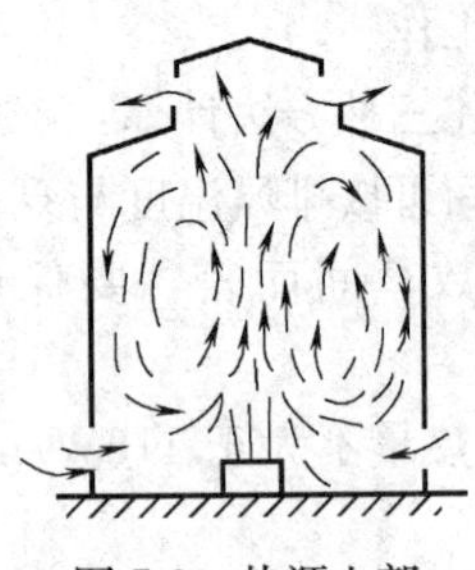

图7-9 热源上部的热射流

进风有效系数是考虑室外空气能否直接进入室内工作。当进风口高度小于（或等于）2m时，$\beta=1.0$。当进风口高度大于2m时，$\beta<1.0$。这是考虑进风气流在进入工作区前已被加热，要通过增大进风量来保证工作区的温度。

根据《采暖通风与空气调节设计规范》的规定，夏季通风室外计算温度为当地每年最热月14时月平均温度的历年平均值。

因为$L=L'$，所以有：

$$\frac{Q}{c(t_p-t_w)\rho_w\beta}=\frac{mQ}{c(t_n-t_w)\rho_w\beta}$$

$$m=\frac{t_n-t_w}{t_p-t_w} \tag{7-24}$$

$$t_p=t_w+\frac{t_n-t_w}{m} \tag{7-25}$$

7.2.3 车间m值的确定

由式（7-24）可以看出，在同样的t_p下，m值越大，散入工作区的有效热量越多，t_n就越高。在式（7-25）中，把t_p的计算问题变成了m值的计算问题，m值确定以后，即可求得t_p。确定m值是一个很复杂的问题，m值的大小主要取决于热源的集中程度和热源布置方式，同时也取决于建筑物的某些几何因素。例如在模型试验中发现，在其他条件均相同的情况下，热源按图7-11（a）布置，$m=0.44$。热源按图7-11（b）布置，$m=0.81$。在一般情况下，m值按下式计算：

$$m=m_1\times m_2\times m_3 \tag{7-26}$$

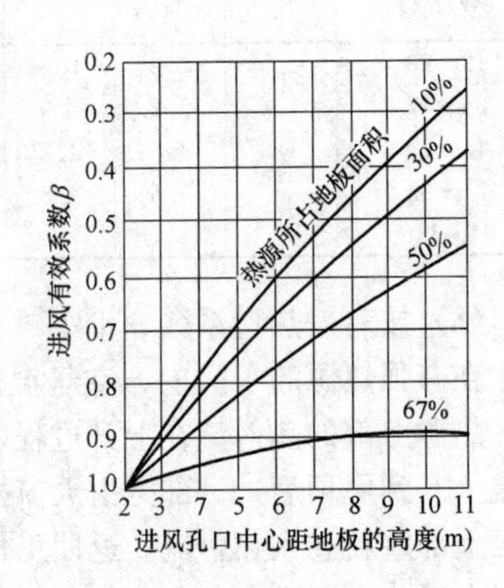

图7-10 进风有效系数β值

式中 m_1——根据热源占地面积f和地板面积F之比值，按图7-12确定的系数；

m_2——根据热源高度，按表7-2（a）确定的系数；

m_3——根据热源的辐射散热量Q_f和总散热量Q之比值，按表7-2（b）确定的系数。

m_2值 表7-2（a）

热源高度(m)	≤2	4	6	8	10	12	≥14
m_2	1.0	0.85	0.75	0.65	0.60	0.55	0.5

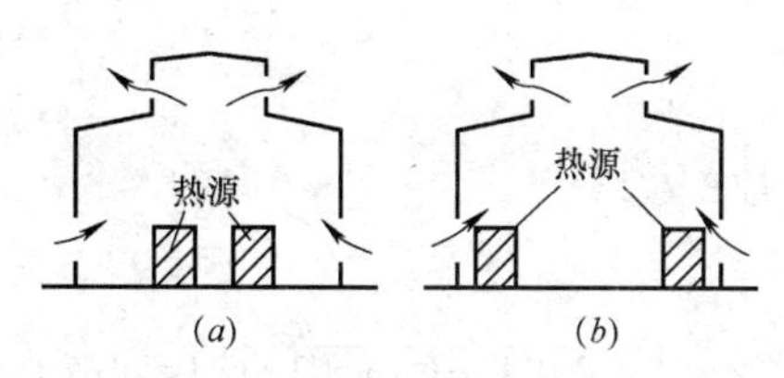

图 7-11　热源布置对 m 值的影响

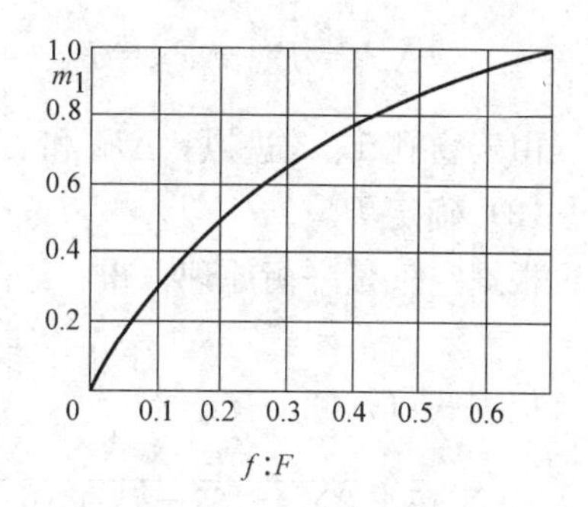

图 7-12　m_1 的计算图

m_3 值　　　　**表 7-2（b）**

热源高度(m)	≤0.4	0.5	0.55	0.60	0.65	0.7
m_3	1.0	1.07	1.12	1.18	2.30	1.45

【例 7-1】　某车间如图 7-13 所示，车间总余热量 $Q=582\text{kJ/s}$，$m=0.4$，$F_1=15\text{m}^2$，$F_3=15\text{m}^2$，$\mu_1=\mu_3=0.6$，$\mu_2=0.4$，空气动力系数 $K_1=0.6$，$K_2=-0.4$，$K_3=-0.3$，室外风速 $v_w=4\text{m/s}$，室外空气温度 $t_w=26℃$，$\beta=1.0$，要求室内工作区温度 $t_n\leqslant t_w+5℃$，计算天窗面积 F_2。

【解】　(1) 计算全面换气量

工作区温度

$$t_n=t_w+5=26+5=31℃$$

上部排风温度

$$t_p=t_w+\frac{t_n-t_w}{m}=26+\frac{31-26}{0.4}=38.5℃$$

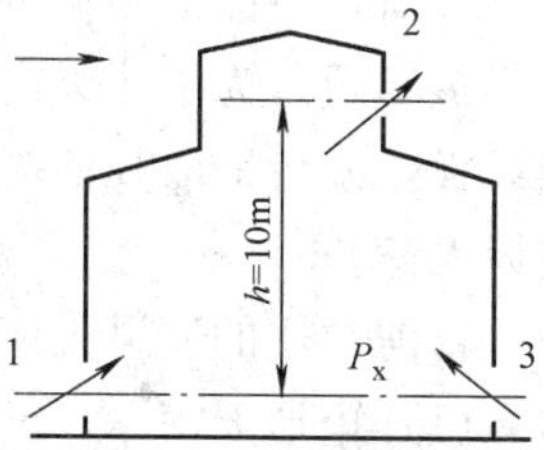

图 7-13　例 7-1 图

车间的平均空气温度

$$t_{np}=\frac{1}{2}(t_n+t_p)=\frac{1}{2}(31+38.5)=34.8℃$$

全面换气量

$$G=\frac{582}{1.01(38.5-26)}=46.1\text{kg/s}$$

(2) 计算各窗孔的内外压差

$$\Delta\rho=\rho_w-\rho_n=\rho_{26}-\rho_{34.8}=1.181-1.147=0.034\text{kg/m}^3$$

室外风的动压

$$\frac{v_w^2}{2}\rho_w=\frac{4^2}{2}\times1.181=9.45\text{Pa}$$

假设窗孔 1 的余压为 P_x，各窗孔的内外压差为：

$$\Delta P_1=P_x-P_{f1}=P_x-K_1\frac{v_w^2}{2}\rho_w=P_x-0.6\times9.45=P_x-5.67$$

$$\Delta P_2=P_x-P_{f2}=P_x+gh\Delta\rho-K_2\frac{v_w^2}{2}\rho_w$$

$$=(P_x+9.81\times10\times0.034)-(-0.4)\times9.45=P_x+7.11$$

$$\Delta P_3 = P_{x3} - P_{f3} = P_x - K_3 \frac{v_w^2}{2} \rho_w = P_x - (-0.3) \times 9.45 = P_x + 2.84$$

由于窗孔 1、3 进风，ΔP_1和 ΔP_3均是负值，代入公式时，应取绝对值。

(3) 确定 P_x

根据空气量平衡原理，得：

$$G_1 + G_3 = G_2 = 46.1 \text{kg/s}$$

根据式 (7-4)，有：

$$0.6 \times 15 \sqrt{2 \times (5.67 - P_x) \times 1.181} + 0.6 \times 15 \sqrt{2 \times (-2.84 - P_x) \times 1.181} = 46.1$$

解上式，得 $P_x \approx -3.0$Pa。

(4) 计算天窗面积 F_2

$$F_2 = \frac{G_2}{\mu_2 \sqrt{2 \Delta P_2 \rho_p}} = \frac{46.1}{0.4 \sqrt{2(7.11 - 3) \times 1.134}} = 37.8 \text{m}^2$$

7.3 避风天窗及风帽

7.3.1 避风天窗

在风的作用下，普通天窗迎风面的排风窗孔会发生倒灌。因此，在平时要及时关闭迎风面天窗，只能依靠背风面天窗进行排风。这样既增加了天窗面积，又给天窗的管理带来了很多麻烦。为了让天窗能稳定排风，不发生倒灌，可以在天窗上增设如图 7-14 所示的挡风板，或者采取其他措施，保证天窗排风口在任何风向下都处于负压区，这种天窗称为避风天窗。

目前常用的避风天窗有以下几种形式：

(1) 矩形天窗

矩形天窗的结构如图 7-14 所示，它是过去应用较多的一种天窗。这种天窗采光面积大，窗孔集中在车间中部，当热源集中布置在车间中部时，便于热气流迅速排除。这种天窗的缺点是建筑结构复杂、造价高。

(2) 下沉式天窗

下沉式天窗的特点是把部分屋面下移，放在屋架的下弦上，利用屋架本身的高度（即上、下弦之间空间）形成天窗（见图 7-15)。它不像矩形天窗那样凸出在屋面之上，而是凹入屋盖里面。因处理的方法不同，下沉式天窗分为纵向下沉式、横向下沉式和天井式三种。下沉式天窗比矩形天窗降低厂房高度 2～5m，节省了天窗架和挡风扳。

它的缺点是天窗高度受屋架高度限制，清灰、排水比较困难。

(3) 曲（折）线形天窗

曲（折）线形天窗是一种新型的轻型天窗，其结构如图 7-16 所示。它的挡风板是按曲（折）线制作的，因此阻力要比垂直式挡风板的天窗小，排风能力大。它同时还具有构造简单、质量轻、施工方便、造价低等优点。

避风天窗在自然通风计算中是作为一个整体考虑的，计算时只考虑热压的作用。在热压作用下，天窗口的内外压差为：

$$\Delta P_t=\xi\frac{v_t{}^2}{2}\rho_p \quad (Pa) \tag{7-27}$$

式中 v_t——天窗喉口处的空气流速（对下沉式天窗是指窗孔处的流速），m/s；

ρ_p——天窗排风温度下的空气密度，kg/m³；

ξ——天窗的局部阻力系数。

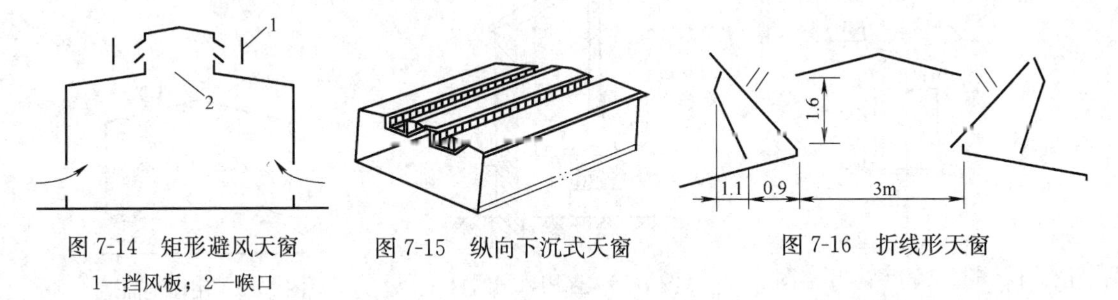

图 7-14 矩形避风天窗

1—挡风板；2—喉口

图 7-15 纵向下沉式天窗

图 7-16 折线形天窗

仅有热压作用时，ξ 值是一个常数，由试验求得。几种常用天窗的 ξ 值在表 7-3 中列出。

局部阻力系数 ξ 反映天窗内外压差一定时，单位面积天窗的排风能力。ξ 值小，排风能力大。必须指出，ξ 值不是衡量天窗性能的唯一指标。选择天窗时必须全面考虑天窗的避风性能、单位面积天窗的造价等多种因素。

几种常用天窗的 ζ 值 **表 7-3**

型　号	尺　寸	ζ值	备　注
矩形天窗	H=1.82m　B=6m L=18m	5.38	无窗扇，有挡雨片
	H=1.82m　B=9m L=24m	4.64	
	H=3.0m　B=9m L=30m	5.68	
天井式天窗	H=1.66m　l=6m H=1.78m　l=12m	4.24～4.13 3.83～3.57	无窗扇，有挡雨片
横向下沉式天窗	H=2.5m　L=24m H=4.0m　L=24m	3.4～3.18 5.35	无窗扇，有挡雨片
折线形天窗	B=3.0m　H=1.6m B=4.2m　H=2.1m B=6m　H=3.0m	2.74 3.91 4.85	无窗扇，有挡雨片

注：B—天窗喉口宽度；L—厂房跨度；H—天窗垂直口高度；l—井长。

7.3.2 避风风帽

避风风帽安装在自然排风系统出口处，它是利用风力造成的负压，加强排风能力的一种装置，其结构如图 7-17 所示。它的特点是在普通风帽的外围，增设一圈挡风圈，挡风圈的作用与避风天窗的挡风板是类似的，室外气流吹过风帽时，可以保证排出口基本上处于负压区内。在自然排风系统的出口装设避风风帽可以增大系统的抽力。有些阻力比较小的自然排风系统则完全依靠风帽的负压克服系统的阻力。图 7-18 是避风风帽用于自然排风系统的情况。有时风帽也可以装在屋顶上，进行全面排风，如图 7-19 所示。

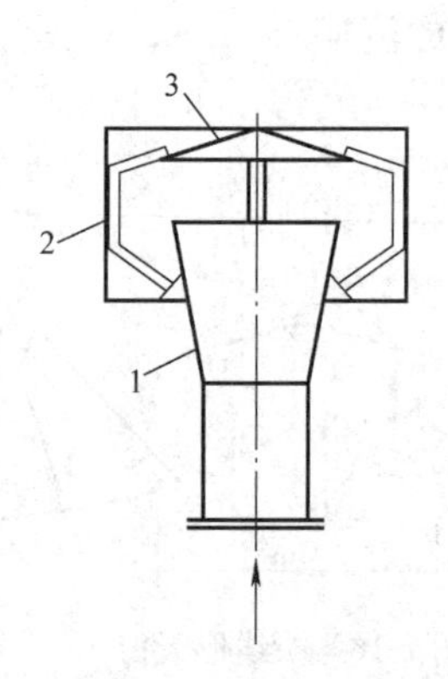

图 7-17 避风风帽结构示意图
1—渐扩管；2—挡风圈；3—遮雨盖

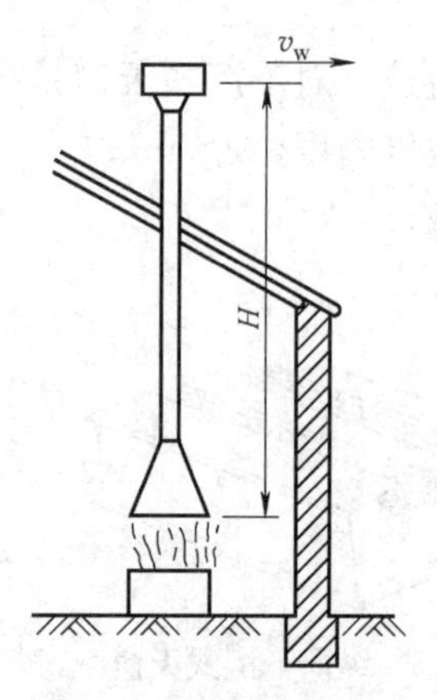

图 7-18 采用风帽的自然排风系统

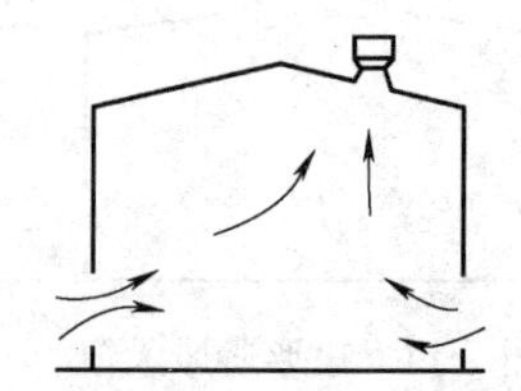

图 7-19 用作全面通风的避风风帽

7.4 自然通风与工艺、建筑设计的配合

工业厂房的建筑形式、总平面布置和车间内的工艺布置对自然通风有较大影响，如果处理不当，不但造成经济上的浪费，而且直接影响工人的劳动条件。因此，确定车间的设计方案时，通风、工艺和建筑等各专业应密切配合，对有关问题综合加以考虑。

7.4.1 关于建筑形式的选择

(1) 为了增大进风面积，以自然通风为主的热车间应尽量采用单跨厂房。

(2) 如果迎风面和背风面的外墙开孔面积占外墙总面积的 25%以上，而且车间内部阻挡较少时，室外气流在车间内的速度衰减比较小，能横贯整个车间，形成所谓的“穿堂风”。穿堂风具有一定的风速，有利于人体散热。在我国南方的冷加工车间和一般的民用建筑广泛采用穿堂风，有些热车间也把穿堂风作为车间的主要降温措施。图 7-20 所示的开敞式厂房是应用穿堂风的主要建筑形式之一。应用穿堂风时应将主要热源布置在夏季主导风向的下风侧。刮倒风时，热车间的通风效果会急剧恶化。

(3) 有些生产车间（如铝电解车间），为了降低工作区温度，冲淡有害物浓度，厂房采用双层结构，如图 7-21 所示。车间的主要工艺设备（电解槽）布置在二层，电解槽两侧的地板上，设置四排连续的进风格子板。室外新鲜空气由侧窗和地板的送风格子板直接进入工作区。这种双层建筑自然通风量大，工作区温升小，能较好地改善车间中部的劳动条件。

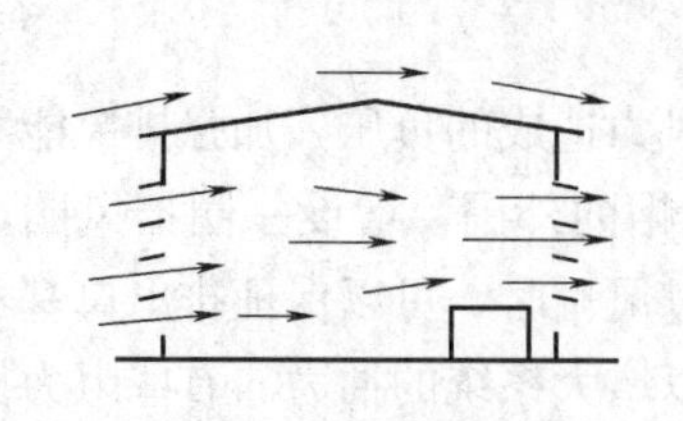

图 7-20 开敞式厂房的自然通风

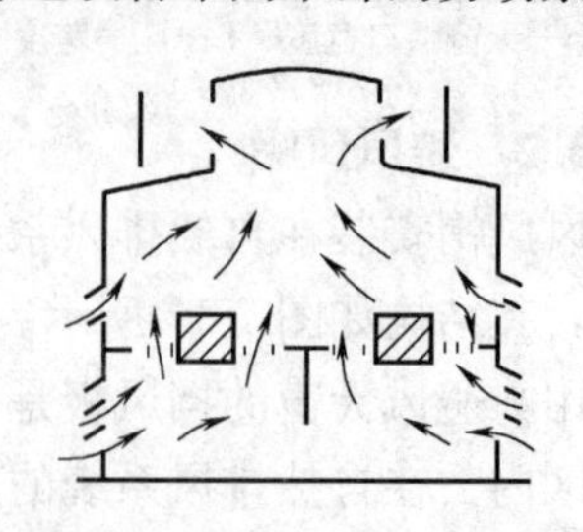

图 7-21 双层厂房的自然通风

(4) 为了提高自然通风的降温效果，应尽量降低进风侧窗离地面的高度，一般不宜超过1.2m，夏热地区可取0.60～0.80m。进风窗最好采用阻力小的立式中轴窗和对开窗，把气流直接导入工作区。集中采暖地区，冬季自然通风的进风窗应设在4m以上，以便室外气流到达工作区前能和室内空气充分混合。

(5) 利用天窗排风的生产厂房，符合下列情况之一者应采用避风天窗：

1) 夏热地区，室内散热量大于23W/m^{2}时；

2) 其他地区，室内散热量大于35W/m^{2}时；

3) 不允许气流倒灌时。

(6) 在多跨厂房中应将冷热跨间隔布置，尽量避免热跨相邻。在图7-22所示的多跨厂房，中间跨为冷跨，利用冷跨进风，热跨工作区的降温效果好。在图7-23中，三跨均为热跨，中间跨的热气流不能及时排出，而且影响相邻热跨。

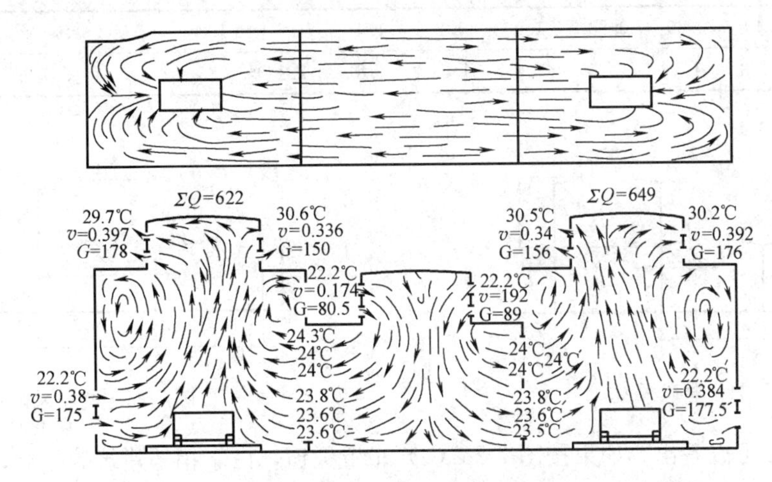

图7-22 冷、热跨间隔布置时多跨厂房的气流运动示意图

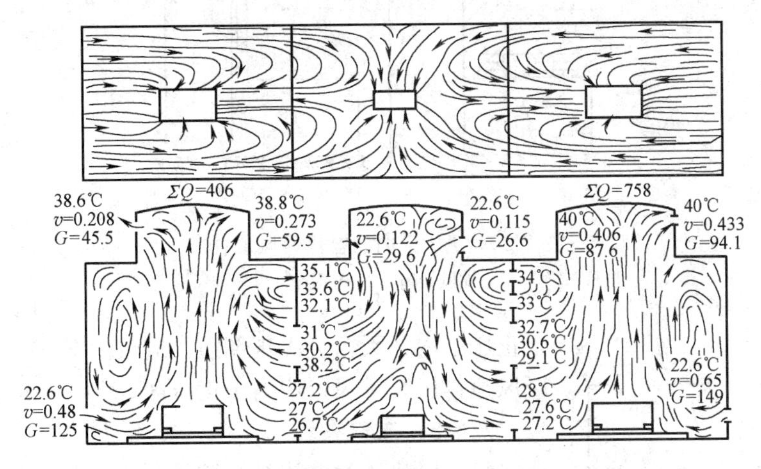

图7-23 均为热跨的多跨厂房气流运动示意图

(7) 多跨厂房可利用相邻冷跨的天窗或外墙孔洞进风。但利用相邻跨进入空气时，空气中有害气体或粉尘浓度应小于其最大允许浓度的30%。

7.4.2 厂房总平面布置

（1）为了保证厂房自然通风效果，厂房迎风面与夏季最多风向成60°～90°角，且不宜小于45°，同时应避免大面积外墙和玻璃窗受到西晒。夏热地区的冷加工车间应以避免西晒为主。为了保证厂房有足够的进风窗孔，不宜将过多的附属建筑布置在厂房四周，特别是厂房的迎风面。

（2）室外风吹过建筑物时，迎风面的正压区和背风面的负压区都会延伸一定的距离，距离的大小与建筑物的形状和高度有关。在这个距离内，如果有其他较低矮的建筑物存在，就会受高大建筑所形成的正压区或负压区的影响。为了保证较低矮的建筑物能正常进风和排风，各建筑之间有关的尺寸应保持适当的比例。例如图7-24和图7-25所示的避风天窗和风帽，其有关尺寸应符合表7-4的要求。

排风天窗或竖风管与相邻较高建筑外墙之间最小距离 **表7-4**

Z/a	0.40	0.60	0.80	1.0	1.2	1.4	1.6	1.8	2.0	2.1	2.2	2.3
$(L-Z)/h$	≤1.3	1.4	1.45	1.5	1.65	1.8	2.1	2.5	2.9	3.7	4.6	5.6

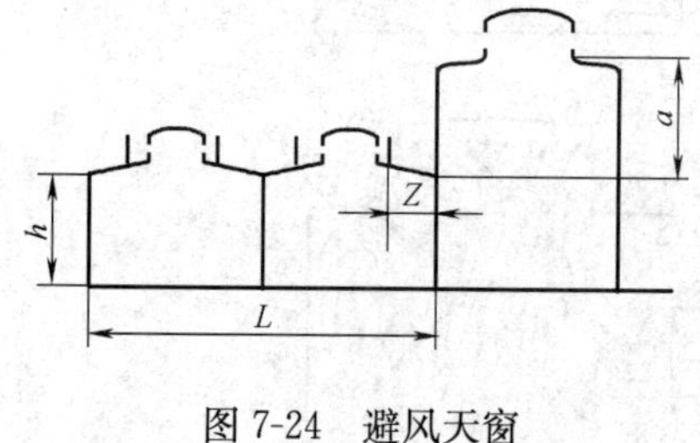

图7-24 避风天窗

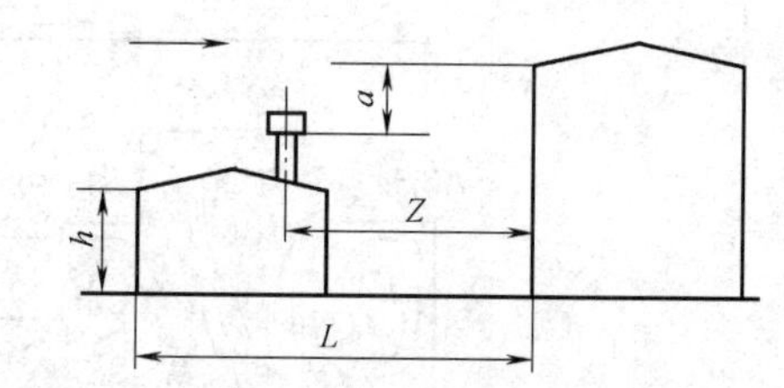

图7-25 避风风帽

从图7-26可以看出，如果按图7-26（*a*）布置天窗，由于相邻建筑的影响，该天窗处于正压区内，天窗会出现倒灌。应改用图7-26（*b*）所示的竖风道排风，排风口应高于正压区。

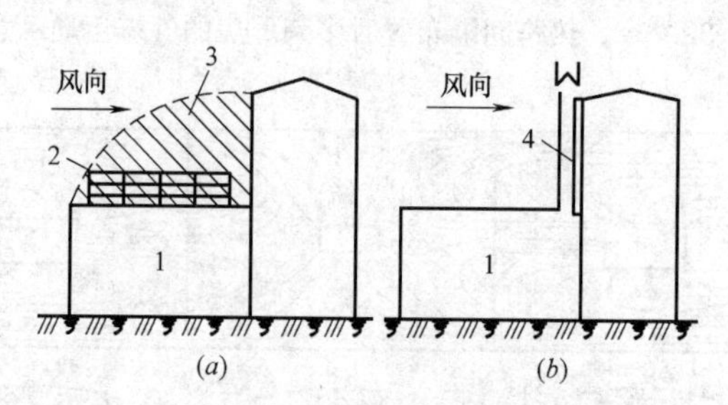

图7-26 正压区内的自然通风装置

1—建筑物；2—排风天窗；3—正压区；4—排风立管

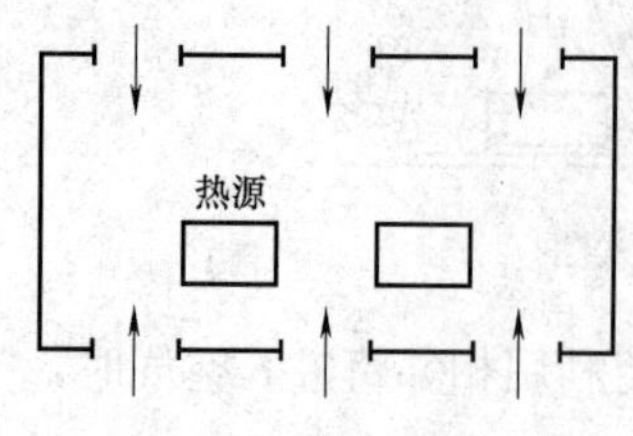

图7-27 热车间的热源布置

7.4.3 工艺布置

（1）以热压为主进行自然通风的厂房，应尽量将散热设备布置在天窗下方。

（2）散热量大的热源（如加热炉、热料等）应尽量布置在厂房外面，夏季主导风向的下风侧。布置在室内的热源，应采取有效的隔热措施。

(3) 当热源靠近生产厂房一侧的外墙布置，而且外墙与热源间无工作点时，热源应尽量布置在该侧外墙的两个进风口之间，如图 7-27 所示。

7.5 局部送风

高温车间采取了工艺改革、隔热、全面通风降温等措施后，如果在工人长期停留的工作地点空气温度仍达不到卫生标准的要求，或者辐射强度超过 350W/m^2，应设置局部送风。用局部送风增加局部工作地点的风速或同时降低局部工作地点的空气温度，以改善工作地点的空气环境。常用的局部送风装置有风扇、喷雾风扇和系统式局部送风装置三种。

7.5.1 风扇

在辐射强度小、空气温度不太高的车间（一般不超过 35℃），可以采用各种风扇增加工作地点的风速，帮助人体散热。当空气温度接近人的体温时，用风扇吹风只可能加强人体的蒸发散热。但是，人体的汗液蒸发过多，对健康是不利的。工作地点的空气温度超过 36.5℃时，采用再循环的风扇，通过对流人体不是散热而是得热。工作地点的风速应符合下列规定；

轻作业　　2～4m/s；

中作业　　3～5m/s；

重作业　　4～6m/s。

产尘车间不宜采用风扇，以免高速气流引起粉尘四处飞扬。

7.5.2 喷雾风扇

图 7-28 是一种喷雾风扇示意图，它是在普通的轴流风机上加设甩水盘，由供水管向甩水盘供水。风机转动时甩水盘同时转动，盘上的水在离心力作用下，沿切线方向甩出，形成许多细小的水滴（雾滴），随气流一起吹出。喷雾风扇除了能增加工作地点的风速外，水滴在空气中绝热蒸发，吸收周围空气的热量，有一定的降温作用，来不及蒸发的水滴落到人体表面后，将继续蒸发，会起“人造汗”的作用。另外，悬浮在空气中的雾滴可以吸收一定的辐射。喷雾风扇吹出的水滴不宜过大，大水滴不易蒸发。水滴直径最好在 60μm 以下，最大不超过 100μm，工作地点风速不应大于 3.0～5.0m/s。

喷雾风扇只适用于温度高于 35℃、辐射强度大于 1400W/m^2，而且细小雾滴对工艺过程无影响的中、重作业地点。

7.5.3 系统式局部送风装置

如果工人经常停留的工作地点辐射强度和空气温度较高，而工艺条件又不允许有水滴，或者工作地点散发有害气体或粉尘不允许采用再循环空气时（如铸造车间的浇注线），可以采用系统式局部送风装置。采用系统式局部送风，空气一般要经过冷却处理，可以用人工冷源，也可以用天然冷源（如地道），进行空气降温。

系统式局部送风系统在结构上与一般的送风系统完全相同，只是送风口的结构不同。系统式局部送风用的送风口称为“喷头”。最简单的喷头是一个渐扩短管，如图 7-29 (a) 所示，它适用于工作地点比较固定的场合，其紊流系数 $a=0.09$。图 7-29 (b) 是旋转式喷头，喷头出口设有活动的导流叶片，喷头与风管之间采用可转动的活动连接，可以任意调整气流方向，它的紊流系数 $a=0.2$。旋转式喷头适用于工作地点不固定，或设计时工作地点还难以确定的场合。旋转式喷头的主要规格在表 7-5 中列出。

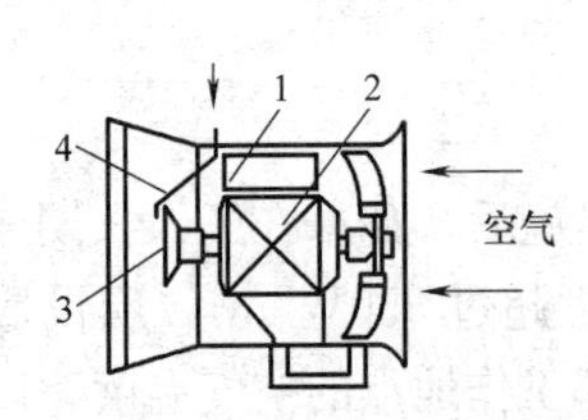

图 7-28　喷雾风扇示意图

1—导风板；2—电动机；3—甩水盘；4—供水管

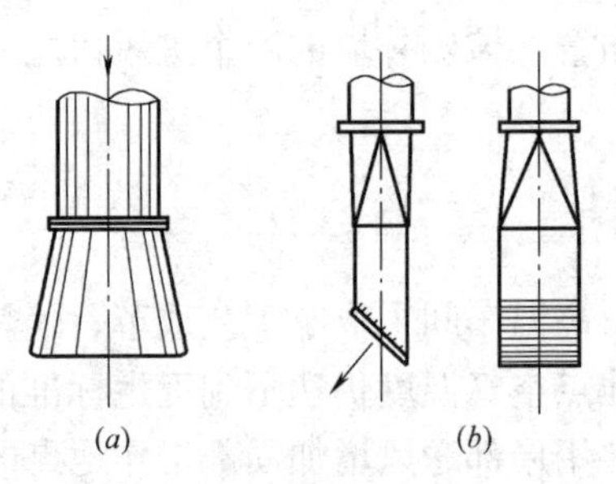

图 7-29　局部送风喷头示意图

(a) 固定式；(b) 旋转式

图 7-30 是球形可调风口，它可以任意调节气流的喷射方向，广泛应用于船舶、飞机及生产车间，其紊流系数 $a\approx0.08\sim0.09$，局部阻力系数 $\xi=1.2$。

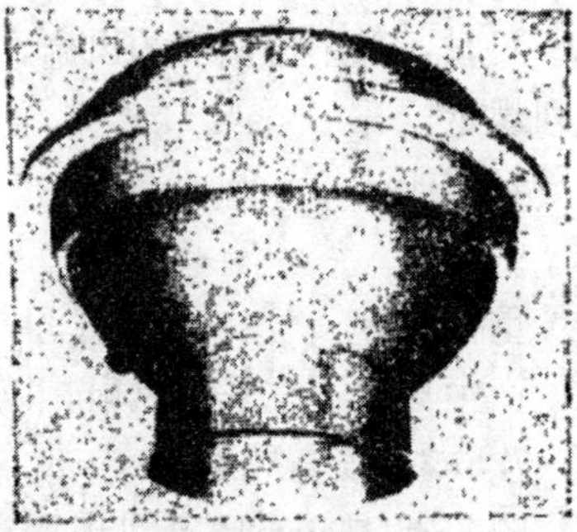

图 7-30　球形可调风口

旋转式喷头　　表 7-5

型号	送风口有效面积 (m^2)	送风口当量直径 D_0 (mm)
1	0.109	392
2	0.125	421
3	0.167	471
4	0.218	555
5	0.30	660

系统式局部送风装置应符合下列要求：

(1) 不得将有害物质吹向人体；

(2) 吹风气流应从人体前侧上方倾斜吹向人体的上部躯干（头、颈、胸），使人体上部处于新鲜空气的包围之中。必要时也可由上向下垂直送风；

(3) 送到人体上的有效气流宽度宜采用 1.0m，对室内散热量小于 $23W/m^2$ 的轻作业可采用 0.60m；

(4) 工人活动范围较大时，宜采用旋转送风口。

采用系统式局部送风时，工作地点的温度和风速可按表 7-6 采用。

工作地点的温度和平均风速　　表 7-6

热辐射照度(W/m^2)	冬季		夏季	
	温度(℃)	风速(m/s)	温度(℃)	风速(m/s)
350～700	20～25	1～2	26～31	1.5～3
701～1400	20～26	1～3	26～30	2～4
1401～2100	18～22	2～3	25～29	3～5
2101～2800	18～22	3～4	24～28	4～6

注：1. 轻作业时，温度宜采用表中较高值；重作业时，温度宜采用较低值，风速宜采用较高值；中作业时，其数据可按插入法确定。
2. 表中夏季工作地点的温度，对于夏热冬冷或夏热冬暖地区可提高 2℃；对于累年最热月平均温度小于 25℃ 的地区可降低 2℃。
3. 表中热辐射照度系数指 1h 内的平均值。

系统式局部送风系统的设计主要是确定喷头尺寸、送风量和出口风速。计算前，首先要根据表7-6的规定，确定局部工作地点的温度和风速，然后按自由射流规律进行计算。

设置系统式局部送风系统的目的是在工作地点造成一定的风速和温度，在自由射流的边界附近，射流温度接近于室温，气流速度接近于零，边界部分的气流实际上起不到局部送风的作用。因此，我们只取流速为轴心速度20%以上的范围作为局部送风的有效作用范围，表7-6中要求达到的温度和风速是指有效作用范围内的平均温度和平均风速，不是指整个射流断面上的平均温度和风速。在这种情况下，不能直接应用流体力学中的有关公式进行计算，局部送风系统用的计算公式经过换算后在表7-7中列出。

系统式局部送风射流计算公式 **表7-7**

项　目	起始段$\frac{as}{D_0}\leqslant 0.355$	基本段
轴心速度$\frac{v_s}{D_0}$	1.0	$\frac{0.48}{\frac{as}{D_0}+0.145}$
按流量的平均流速$\frac{v_{sp}}{v_U}$	$1-0.8\frac{as}{D_0}$	$\frac{0.34}{\frac{as}{D_0}+0.145}$
平均温差$\frac{t_{sp}-t_n}{t_0-t_n}$	$1-0.45\frac{as}{D_0}$	$\frac{0.41}{\frac{as}{D_0}+0.145}$
有效部分宽度$\frac{D_s}{D_0}$	$2.78\frac{as}{D_0}+0.36$	$4\left(\frac{as}{D_0}+0.145\right)$
流量$\frac{L_s}{L_0}$	$1+1.52\frac{as}{D_0}+5.28\left(\frac{as}{D_0}\right)^0$	$4.36\left(\frac{as}{D_0}+0.145\right)$

注：脚码“s”指离送风口s米处的数值；“0”指送风口的数值；“n”指室内空气参数。

【例7-2】 已知夏季室外通风计算温度$t_w=30$℃，工作地点空气温度$t_n=35$℃，辐射强度为0.14W/cm^2。在该处设置系统式局部送风系统，送风喷头至工作地点的距离$s=1.5$m，送风气流的作用范围$D_s=1.4$m，试确定送风喷头的尺寸及送风参数。

【解】 根据表7-6，在局部工作地点送风射流的平均温度$t_{sp}=29$℃，平均风速$v_{sp}=3.4$m/s。

(1) 计算喷头的当量直径

$$\frac{D_s}{D_0}=4\left(\frac{as}{D_0}+0.145\right)$$

$$D_0=\frac{D_s-4as}{0.58}=\frac{1.4-4\times0.2\times1.5}{0.58}=0.344\text{m}$$

根据表7-5，选用NO.1旋转式喷头，送风口面积扩$F_0=0.019$m^2，当量直径$D_0=0.392$m。

(2) 确定送风温度

$$\frac{t_{sp}-t_n}{t_0-t_n}=\frac{0.41}{\frac{as}{D_0}+0.145}=\frac{0.41}{\frac{0.2\times1.5}{0.392}+0.145}=0.45$$

送风温度

$$t_s=t_n+\frac{t_{sp}-t_n}{0.45}=35+\frac{29-35}{0.45}=21.6℃$$

(3) 确定送风口出口流速

$$\frac{v_{sp}}{v_0}=\frac{0.34}{\frac{as}{D_0}+0.145}=\frac{0.34}{0.91}=0.374$$

出口流速

$$v_0=\frac{v_{sp}}{0.374}=\frac{3.4}{0.374}=9.1\mathrm{m/s}$$

喷头的送风量

$$L=v_0F_0=9.1\times0.109=0.99\mathrm{m^3/s}$$

7.5.4 行车司机室降温

热车间（如转炉、平炉车间，铸铁、铸钢车间）的行车司机室位于车间上部，该处气温较高，在夏热地区夏季可达40～60℃，同时还有强烈的辐射、粉尘和有毒气体，工作环境十分恶劣。为了给行车司机创造良好的工作条件，司机室必须密闭隔热，同时用特制的小型局部送风装置向行车司机室送风。TL-3型行车司机室冷风机组是目前应用较广的一种降温装置。这种装置包括压缩冷凝机组和空气冷却器两部分。前者安装在行车桥架上，后者放在司机室内。该机组的冷凝器用空气冷却，为了适应在高温下使用，机组内采用冷凝温度较高的冷媒。设置冷风机组后，行车司机室夏季可维持在30℃左右。为了保证有良好的降温效果，行车司机室本身必须搞好隔热。

习　题

1. 利用风压、热压进行自然通风时，必须具备什么条件？

2. 什么是余压？在仅有热压作用时，余压和热压有何关系？

3. 已知中和面位置如何求各窗孔的余压？

4. 有效热量系数 m 的物理意义是什么？为什么图7-11（b）所示的形式 m 值要比图7-11（a）大？

5. 热源占地面积 f 和地板面积 F 之比很大时，m_1 值和车间内热气流的运动与 f/F 很小时有何不同？

6. 在夏热地区高温车间采用风扇进行降温有何优缺点？要注意什么问题？

7. 本书图7-18所示的自然排风系统，要求其局部排风量 $L=1000\mathrm{m^3/h}$。已知风帽的空气动力系数 $K=-0.4$，室外风速 v_w，风帽局部阻力系数 $\xi=1.2$（对应于接管动压），室内空气温度 t_n，管道内空气温度 t_0（$t_0>t_n$），管道的摩擦阻力系数 $\lambda=0.02$，如何计算该排风管道直径，列出其计算步骤。

8. 有一排风柜如图7-31所示，采用自然排风。已知室内温度为 t_n，柜内排出空气温度为 t_0（$t_0>t_n$），风柜孔口宽度为 B，孔口流量系数 $\mu=0.6$，为防止污染气体进入室内，中和面的最低位置应位于何处？最小的自然排风量是多少？列出其计算式。

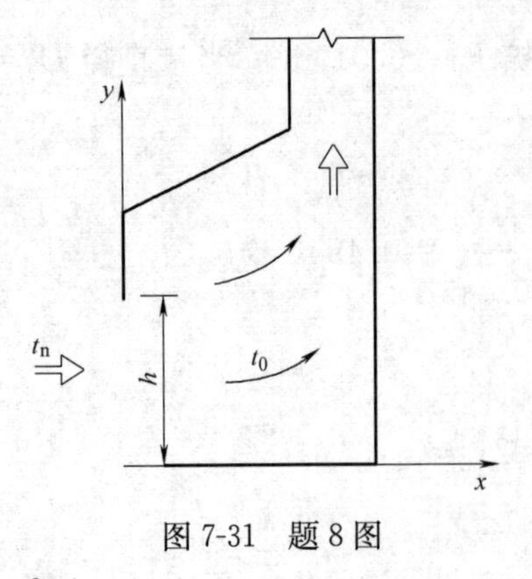

图7-31　题8图

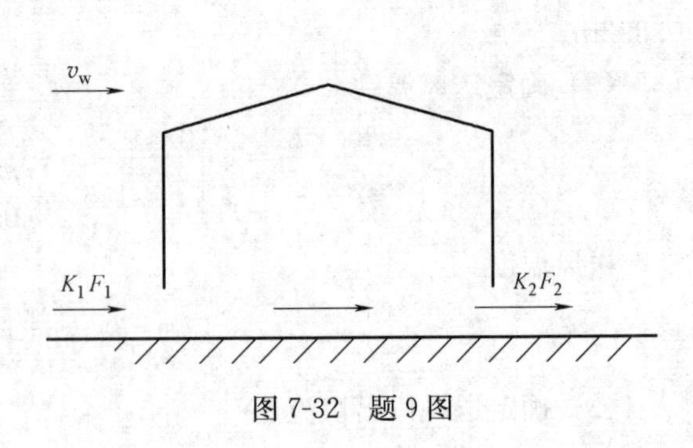

图7-32　题9图

9. 某车间如图 7-32 所示，已知 $F_1=F_2=10m^2$，$\mu_1=\mu_2=0.6$，$K_1=0.6$，$K_2=-0.3$，室外空气流速 $v_w=2.5m/s$，室内无大的发热源。计算该车间的全面换气量。

10. 某车间如图 7-33 所示，已知 $t_w=31℃$，室内工作区温度 $t_n=35℃$，$m=0.4$，下部窗孔中心至地面距离 $h=2.5m$，下部窗孔面积 $F_1=50m^2$，上部窗孔面积 $F_2=36m^2$，$\mu_1=\mu_2=0.6$。计算该车间全面换气量及中和面位置（不考虑风压作用）。

11. 某车间形式如图 7-13 示，车间总余热量 $Q=800kJ/s$，$M=0.3$，室外空气温度 $t_w=30℃$，室内工作区温度 $t_n=t_w+5℃$，$\mu_1=\mu_s=0.6$，$\mu_2=0.4$。如果不考虑风压作用，求所需的各窗孔面积（要求排风窗孔面积为进风窗孔面积的一半）。

12. 相邻建筑的布置如图 7-34 所示，排气立管距外墙 1m。为保证排气主管能正常排气，不发生倒灌，排气立管伸出屋顶的最小高度是多少？

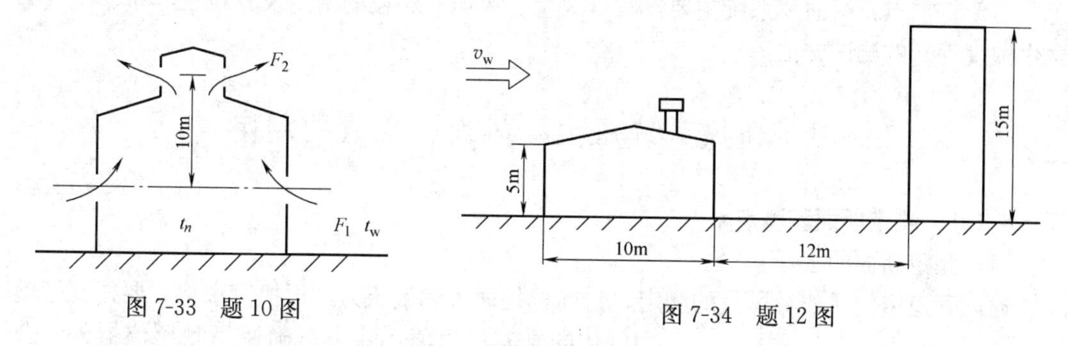

图 7-33　题 10 图

图 7-34　题 12 图

13. 某工作地点需设置局部送风系统，已知工作地点送风参数为 $t_{sp}=25℃$，$v_{sp}=3m/s$，室内空气温度 $t_n=30℃$，喷头至工作地点距离 $s=1.5m$，气流作用范围 $D_s=1.5m$。计算所需的旋转式喷头的当量直径、出口风速、风量、温度。

第 8 章　通风系统的测试

通风空调系统施工完毕后，正式运行前，要通过测试对系统各分支管的风量进行调整。对于已经运行的通风系统，通过测试可以了解运行情况，发现存在的问题。设计新车间时，为收集原始资料和有关数据，也需进行现场测定。

本章将重点介绍通风系统主要参数（风量、风压、颗粒物密度及其粒径分布、空气中含尘浓度等）的测试方法。

8.1　通风系统压力、风速、风量的测定

8.1.1　测定断面和测点

（1）测定断面的选择

通风管道内的风速及风量的测定，目前都是通过测量压力，再换算求得。要得到管道中气体的真实压力值，除了正确使用测压仪器外，合理选择测量断面，减少气流扰动对测量结果的影响，也很重要。测量断面应选择在气流平稳的直管段上。测量断面设在弯头、三通等异形部件前面（相对气流运动方向）时，距这些部件的距离要大于管道直径的 2 倍；设在这些部件的后面时，应大于管道直径的 4～5 倍。如图 8-1 所示。现场条件许可时，离这些部件的距离越远，气流越平稳，对测量越有利。但是测试现场往往难于完全满足要求，这时只能根据上述原则选取适宜的断面，同时适当增加测点密度。但是，距局部构件的最小距离至少是管道直径的 1.5 倍。

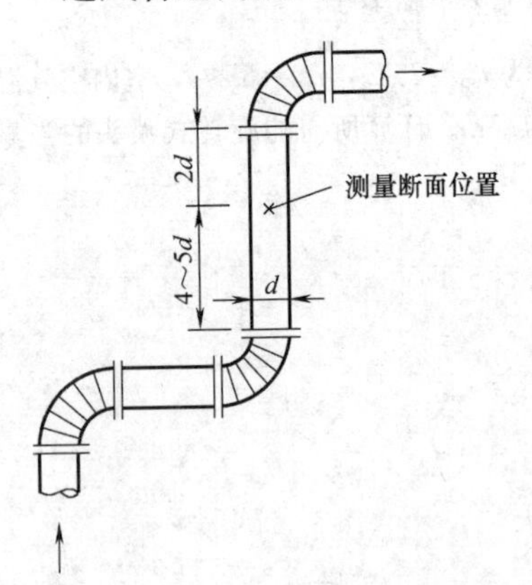

图 8-1　测点布置示意图

在测定动压时如发现任何一个测点出现零位或负值，表明气流不稳定，有涡流，该断面不宜作为测定断面。如果气流方向偏出风管中心线 15°以上，该断面也不宜作测量断面（检查方法：毕托管端部正对气流方向，慢慢摆动毕托管使动压值最大，这时毕托管与风管外壁垂线的夹角即为气流方向与风管中心线的偏离角）。选择测量断面，还应考虑测定操作的方便和安全。

（2）测点的布置

由流体力学可知，气流速度在管道断面上的分布是不均匀的。由于速度的不均匀性，压力分布也是不均匀的。因此，必须在同一断面上多点测量，然后求出该断面的平均值。

1）矩形管道　可将管道断面划分为若干等面积的小矩形，测点布置在每个小矩形的中心，小矩形每边的长度为 200mm 左右，如图 8-2 所示。对于工业炉窑，其烟道的断面积较大，测点数按表 8-1 确定。

矩形烟道的分块和测点数　　表 8-1

烟道断面积(m^2)	等面积小块数	测　点　数
1 以下	2×2	4
1～4	3×3	9
4～9	4×3	12

2）圆形管道　在同一断面设置两个彼此垂直的测孔，并将管道断面分成一定数量的等面积同心环，同心环的环数按表 8-2 确定。

图 8-3 是划分为三个同心环的风管的测点布置图，其他同心环的测点可参照图 8-3 布置。

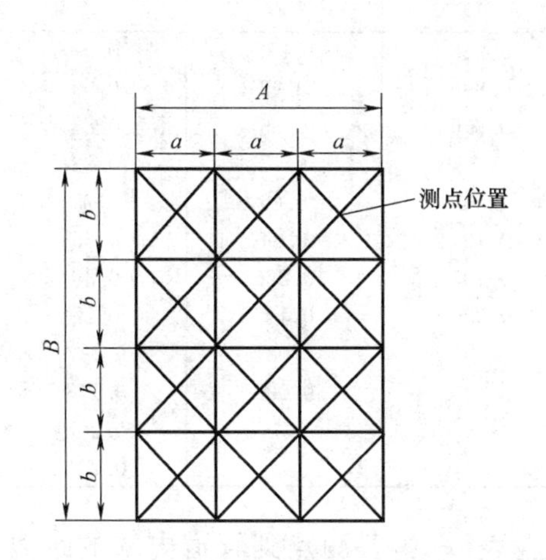

图 8-2　矩形风管测点布置图

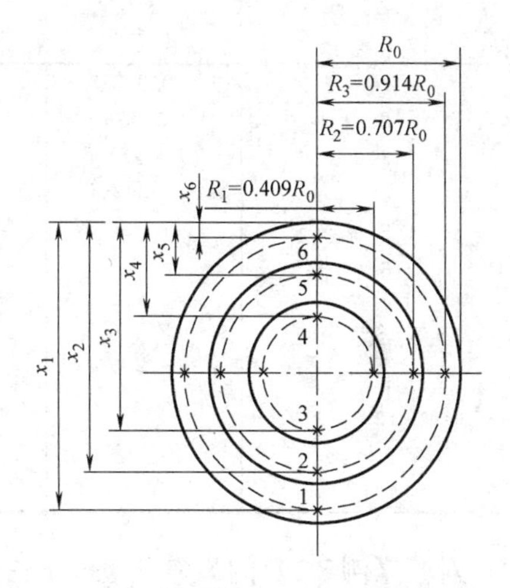

图 8-3　圆形风管测点布置图

圆形风管的分环数　　表 8-2

风管直径 D(mm)	≤300	300～500	500～800	850～1100	>1150
划分的环数 n	2	3	4	5	6

圆形烟道的分环数　　表 8-3

烟道直径(mm)	≤0.5	0.5～1.0	1～2	3～3	3～5
分环数 n	1	2	3	4	5

对于圆形烟道其分环数按表 8-3 确定。

同心环上各测点距中心的距离按下式计算：

$$R_i=R_0\sqrt{\frac{2i-1}{2n}} \tag{8-1}$$

式中　R_0——风管的半径，mm；

R_i——风管中心到第 i 点的距离，mm；

i——从风管中心管起的同心环顺序号；

n——风管断面上划分的同心环数量。

【例 8-1】　已知风管直径 D=400mm，确定风管断面上各测点位置。

【解】　根据表 8-2 划分三个同心环，如图 8-3 所示。

$$R_1=200\sqrt{\frac{2\times1-1}{2\times3}}=82\text{mm}$$

$$R_2=200\sqrt{\frac{2\times2-1}{2\times3}}=140\text{mm}$$

$$R_3=200\sqrt{\frac{2\times3-1}{2\times3}}=182\text{mm}$$

为了简化计算，表 8-4 列出了用管径分数表示的各测点至管道内壁的距离。

圆风管测点与管壁距离系数（以管径为基数） **表 8-4**

测点序号	同心环数				
	2	3	4	5	6
1	0.933	0.956	0.968	0.975	0.98
2	0.75	0.853	0.895	0.92	0.93
3	0.25	0.704	0.806	0.85	0.88
4	0.067	0.296	0.68	0.77	0.82
5		0.147	0.32	0.66	0.75
6		0.044	0.194	0.34	0.65
7			0.105	0.226	0.36
8			0.032	0.147	0.25
9				0.081	0.177
10				0.025	0.118
11					0.067
12					0.021

对于【例 8-1】的风管，若分成三个同心环，查表 8-4，各测点到管道内壁的距离（见图 8-3）为：

点 1　$x_1=0.956D=0.956\times400=382\text{mm}$

点 2　$x_2=0.853D=0.853\times400=341\text{mm}$

点 3　$x_3=0.704D=0.704\times400=282\text{mm}$

点 4　$x_4=0.296D=0.296\times400=118\text{mm}$

点 5　$x_5=0.147D=0.147\times400=59\text{mm}$

点 6　$x_6=0.044D=0.044\times400=17.6\text{mm}$

测点愈多，测量精度愈高，但测定工作量增大。应在保证满足精度的前提下，尽量减少测点数。

8.1.2　管内压力的测量

通风管内气体的压力（全压、静压与动压）可用测压管与不同测量范围和精度的微压计配合测得。常用的测压管是 L 形毕托管、数字式压差计。

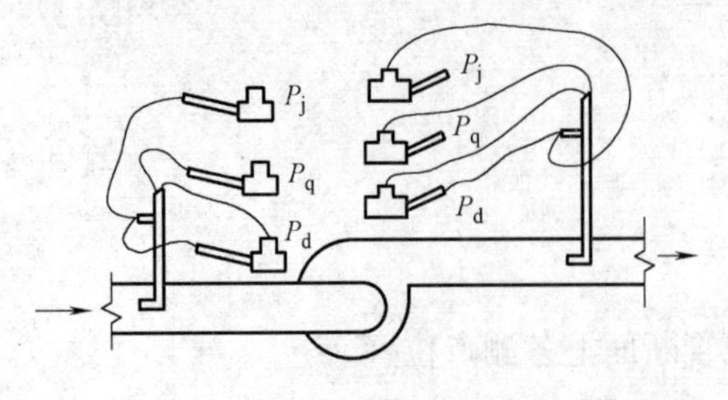

图 8-4　测压管与微压计的连接

测压管与微压计的连接方式如图 8-4 所示。

测压管的管头应迎向气流，其轴线应与气流平行。

在通风测定中，一般采用斜管式微压计。在靠近通风机的管段上，当压力值超过它的量程时，采用U形压力计。用测压管、微压计测量风速时，气流速度不能小于5.0m/s。流速过小，误差较大。必须在小于5.0m/s的流速点测定时，则应使用精度高的补偿式微压计。

按上述方法测得断面上各点的压力值后，可按下式求出该断面的平均值。

平均动压 $$P_d=\frac{P_{d1}+P_{d2}+\cdots\cdots+P_{dn}}{n}\quad(\text{Pa})\tag{8-2}$$

平均全压 $$P_q=\frac{P_{q1}+P_{q2}+\cdots\cdots+P_{qn}}{n}\quad(\text{Pa})\tag{8-3}$$

平均静压 $$P_j=\frac{P_{j1}+P_{j2}+\cdots\cdots+P_{jn}}{n}\quad(\text{Pa})\tag{8-4}$$

式中 P_1、$P_2\cdots\cdots P_n$——各测点的动压、全压、静压值，Pa；

n——测点数。

由于全压等于动压与静压的代数和，可只测其中两个值，另一值通过计算求得。

在同一断面上静压变化较小，静压测定除用毕托管外，也可直接在管壁上开凿小孔测得。在不产生堵塞的情况下，静压孔的直径尽量缩小，一般不宜超过2.0mm。钻孔必须与通风管壁垂直，在圆孔周围不应有毛刺。

数字式压差计是利用压力敏感元件（简称压敏元件）将被测压力转换成各种电量，如电阻、频率、电荷量等来实现测量的。该方法具有较好的静态和动态性能，量程范围大、线性好，便于进行压力的自动控制，尤其适合用于压力变化快和高真空、超高压的测量。主要有压电式压差计、电阻式压差计、振频式压差计等。

8.1.3 风速的测定

常用的测定管道内风速的方法分为间接式和直读式两类。

（1）间接式

先测得管内某点动压 p_d，再用下式算出该点的流速 v。

$$v=\sqrt{\frac{2P_d}{\rho}}\quad(\text{m/s})\tag{8-5}$$

式中 ρ——管道内空气的密度，kg/m^3。

平均流速 v_p 是断面上各测点流速的平均值，即：

$$v_p=\sqrt{\frac{2}{\rho}}\left(\frac{\sqrt{P_{d1}}+\sqrt{P_{d2}}+\cdots\cdots+\sqrt{P_{dn}}}{n}\right)\ (\text{m/s})\tag{8-6}$$

式中 n——测点数。

这种方法虽然比较繁琐，由于其精度高，在通风管道系统主要采用此方法。

（2）直读式

1）热球式热电风速仪

这种仪器的传感器是一球形测头，其中为镍铬丝弹簧圈，用低熔点的玻璃将其包成球状。弹簧圈内有一对镍铬—康铜热电偶，用以测量球体的温升程度。测头用电加热。由于测头的加热量集中在球部，只需较小的加热电流（约30mA）就能达到要求的温升。测头的温升会受到周围空气流速的影响，根据温升的大小，即可测出气流的速度。

仪器的测量部分采用电子放大线路和运算放大器，并用数字显示测量结果。测量的范围为0.050～9.9m/s（必要时可扩大至40m/s）。

仪器中还设有 P-N 结温度测头，可以在测量风速的同时，测定气流的温度。

2）旋浆叶轮式风速计

叶轮式风速计是根据气流推动叶轮的旋转圈数转换成风速的数值。常规的叶轮式风速计，叶轮直径较大，只能直接在叶轮盘上读数，不能远距离测定。在通风管内使用很不方便。

旋桨叶轮式风速计采用了光纤式旋浆流速传感器，用单片机进行自动控制和运算。其工作原理是旋桨叶轮在气流推动下旋转，其反射面掠过检测端前方，反射光通过光纤传输系统，经光敏管转换成电脉冲，根据单位时间内的脉冲累计数和标定的关系，可计算出流速的大小。

仪器可同时测定气流的温度值，可以直接显示瞬间的流速和温度，经过运算并可显示采样时间内的平均流速、工况流量和标况流量（事先将管道横截面积、取样时间、当地大气压力等参数输入）。

测定的温度范围为 0～150℃、0～250℃，流速范围为 0.50～30m/s，4.0～50 m/s。

8.1.4 管内流量的计算

平均流速确定后，可按下式计算管内流量 L。

$$L=v_{\mathrm{p}} \cdot F \quad (\mathrm{m^3/s}) \tag{8-7}$$

式中 F——管道断面积，$\mathrm{m^2}$。

气体在管道内的流速、流量与大气压力、气流温度有关，所以要同时给出气流温度、大气压力。

在实验室进行管内流量测量时，可用孔板流量计、喷嘴、进口流量管、弯头流量计、超声波流量计等固定的测量装置。

8.1.5 用于含尘气流的测压管

毕托管只适用于无尘气流的测量，用于含尘气流容易堵塞。因此必须采用其他形式的测压管。下面介绍一种测量含尘气流动压的 S 形测压管。

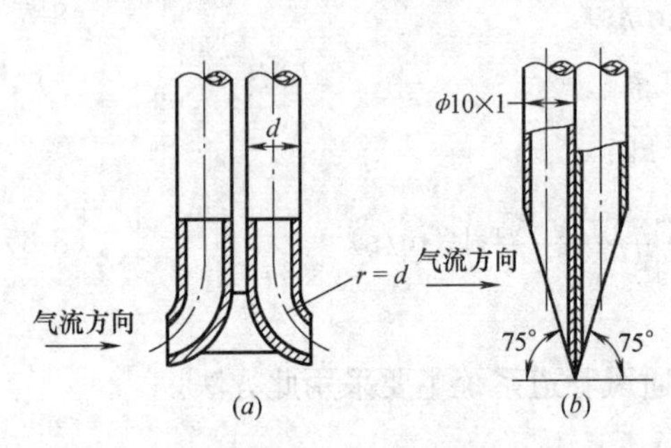

图 8-5　S 形测压管

S 形测压管由两根同样的金属管组成，测端做成方向相反的两个相互平行的开口（见图 8-5）。一个开口面向气流，另一个背向气流，出于背向气流的开口上有涡流影响，测出的动压值比实际值大。因此，S 形测压管在使用前必须校正，求出修正系数。校正的方法不同，测压管的修正系数也不同。常用的有流速修正系数（K）和动压修正系数（K^2）两种，使用时必须注意。

流速修正系数
$$K=\frac{v_0}{v} \tag{8-8}$$

动压修正系数
$$K^2=\frac{P_{\mathrm{d0}}}{P_{\mathrm{d}}} \tag{8-9}$$

式中 v_0——标准毕托管测压的风速，m/s；

v——S 形测压管测出的风速，m/s；

P_{d0}——标准毕托管测出的动压，Pa；

P_d——S形测压管测出的动压，Pa。

不同的S形测压管，修正系数不同。同一根S形测压管在不同的流速范围内修正系数也略有变化。一般在5.0～30m/s的流速范围内校正。

S形测压管开口大，管径粗，减小了被颗粒物堵塞的可能性。当流速低时，测量误差大。S形测压管的侧孔有方向性，两个开口的朝向必须和校正的朝向一致，不能任意颠倒。

8.2 局部排风罩风量的测定

8.2.1 用动压法测量排风罩的风量

如图8-6所示，测出断面1-1上各测点的动压 P_d，再按式（8-6）、式（8-7）计算排风罩排风量。

8.2.2 用静压法测量排风罩的风量

在现场测定时，各管件之间的距离很短，不易找到比较稳定的测定断面，用动压法测量流量有一定困难。在这种情况下，可按图8-7所示，通过测量静压求得排风罩的风量。

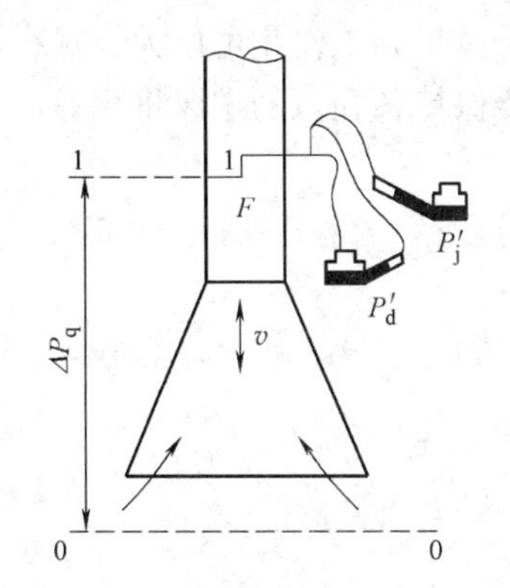

图8-6 排风罩排风量测定装置

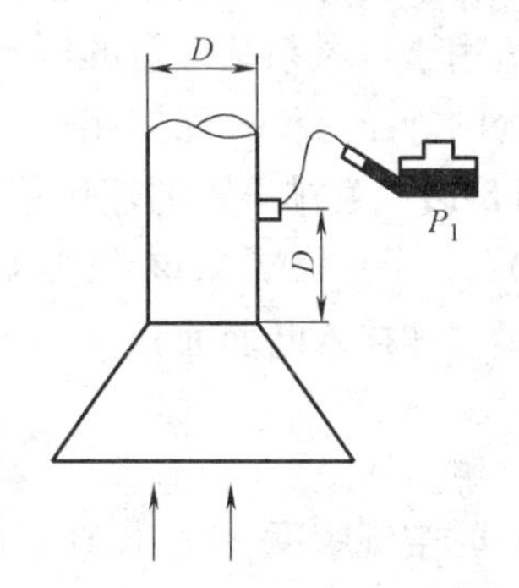

图8-7 静压法测量排风量

局部排风罩的阻力

$$\Delta P_q = P_q^0 - P_q' = 0 - (P_j' + P_d') = -(P_j' + P_d') = \zeta \frac{v_1^2}{2}\rho = \zeta P_d' \qquad (8\text{-}10)$$

式中 P_q^0——罩口断面的全压，Pa；

P_q'——1-1断面的全压，Pa；

P_j'——1-1断面的静压，Pa；

P_d'——1-1断面的动压；Pa；

ζ——局部排风罩的局部阻力系数；

v_1——断面1-1的平均流速，m/s；

ρ——空气的密度，kg/m^3。

因此

$$P_d' = \frac{1}{1+\zeta} \mid P_j' \mid$$

$$\sqrt{P'_{\mathrm{d}}}=\frac{1}{\sqrt{1+\zeta}}\sqrt{|P'_{\mathrm{j}}|}=\mu\sqrt{|P'_{\mathrm{j}}|} \tag{8-11}$$

式中　μ——局部排风罩的流量系数。

局部排风罩的排风量

$$L=v_1F=\sqrt{\frac{2P'_d}{\rho}}\cdot F=\mu F\sqrt{\frac{2}{\rho}}\sqrt{|P'_{\mathrm{j}}|}\ (\mathrm{m^3/s}) \tag{8-12}$$

式中　F——断面1-1的面积，$\mathrm{m^2}$。

从式（8-12）可以看出，只要已知排风罩的流量系数μ及管口处的静压，即可测出排风罩的流量。有些流量计（如各种类型的进口流量计）也是按此原理工作的。

各种形状排风罩的流量系数μ可用实验方法求得，从式（8-11）可以看出：

$$\mu=\sqrt{\frac{P'_{\mathrm{d}}}{|P'_{\mathrm{j}}|}}$$

μ值可以从有关资料查得。由于实际的排风罩和资料上给出的不可能完全相同，按资料上的μ值计算排风量会有一定的误差。

在一个排风系统中，如有多个形式相同的排风罩，用动压法测出罩口风量后，再对各排风罩的排风量进行调整，非常麻烦。如果先测出排风罩的μ值，然后按式（8-12）算出各排风罩要求的静压，通过调整静压调整各排风罩的排风量，工作量可以大大减小。上述原理也适用于送风系统风量的调节。如均匀送风管上要保持各孔口的送风量相等，只需调整出口处的静压，使其保持相等。

【例8-2】 某排风罩的连接管直径$d=200\mathrm{mm}$，连接管上的静压$P_{\mathrm{j}}=-36\mathrm{Pa}$，空气温度$t=20$℃，$\mu=0.9$，求该排风罩的排风量。

【解】 连接管断面面积为：

$$F=\frac{\pi}{4}d^2=\frac{\pi}{4}(0.2)^2=0.0314\mathrm{m^2}$$

20℃时空气密度$\rho_{20}=1.2\mathrm{kg/m^3}$

排风罩排风量为：

$$L=\sqrt{\frac{2}{\rho}}\cdot F\mu\sqrt{|P_{\mathrm{j}}|}=\sqrt{\frac{2}{1.2}}\times0.0314\times0.9\times\sqrt{|-36|}=0.219\mathrm{m^3/s}$$

8.3　颗粒物性质的测定

颗粒物的性质对通风系统和除尘器的工作有很大影响。目前颗粒物性质测定还没有统一的标准方法，下面介绍一些常用的方法。

8.3.1　颗粒物真密度的测定

颗粒物在空气中的沉降或悬浮与其密度有很大关系，真密度是颗粒物的重要物性之一。下面介绍用比重瓶法测定颗粒物真密度的原理和方法。

用比重瓶法测定颗粒物真密度的原理是：利用液体介质浸没尘样，在真空状态下排除颗粒物内部的空气，求出颗粒物在密实状态下的体积和质量，然后计算出单位体积颗粒物的质量，即其密度。

如果把颗粒物放入装满水的比重瓶内，排出水的体积就是颗粒物的真实体积V_0。

由图 8-8 可以看出，从比重瓶中排出的水的体积为

$$V_s=\frac{m_s}{\rho_s}=\frac{m_1+m_c-m_2}{\rho_s}\quad (m^3) \tag{8-13}$$

式中 m_s——排出水的质量，kg；

m_c——颗粒物质量，kg；

m_1——比重瓶加水的质量，kg；

m_2——比重瓶加水加颗粒物的质量，kg；

ρ_s——水的密度，kg/m^3。

V_s 就是颗粒物的体积 V_c，所以颗粒物的真密度为

$$\rho_c=\frac{m_c}{V_c}=\frac{m_c}{m_1+m_c-m_2}\cdot\rho_s \tag{8-14}$$

测出式（8-14）中各项的数值后，即可求得颗粒物真密度 ρ_c。

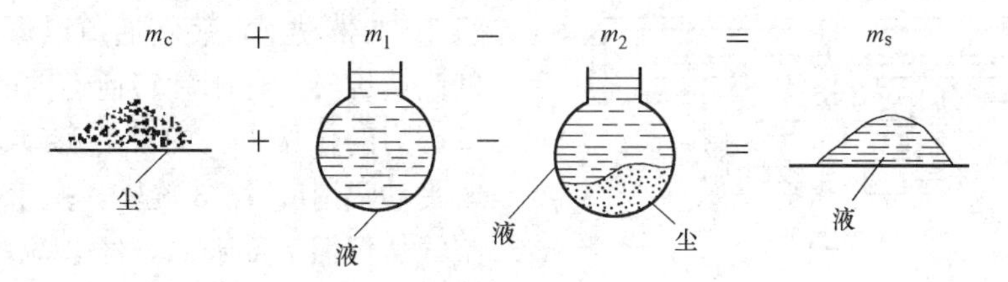

图 8-8 测定粉尘真密度的示意图

测定时应先求得 m_1，然后将烘干的尘样称重求得 m_c，并装入空比重瓶中。为了排除颗粒物内部的空气，先向装有尘样的比重瓶中装入一定量的液体介质（正好让尘样全部浸没），随后把装有尘样的比重瓶和装有备用液体的烧杯一起放在密闭容器内，用真空泵抽气。当空器内真空度接近 100kPa 后，保持 30min。然后取出比重瓶静置 30min，使其与室温相同，再将备用液体注满比重瓶，称重求得 m_2。同时用温度计测出备用液体的温度，得出相应的密度 ρ_s，应用式（8-14）求出颗粒物真密度 ρ_c。测定时应同时测定 2～3 个样品，然后求平均值。每两个样品的相对误差不应超过 2.0%。

选用的液体介质要易于渗入到颗粒物内部的空隙，又不使颗粒物发生物理化学变化。

8.3.2 颗粒物容积密度的测定

测出颗粒物在自然堆积状态下所占的体积及颗粒物的质量，即可按下式求得颗粒物的容积密度 ρ_B。

$$\rho_B=\frac{m_s-m_0}{V}\quad (kg/m^3) \tag{8-15}$$

式中 m_0——量筒的质量，kg；

m_s——盛有颗粒物的量筒质量，kg；

V——量筒的体积，m^3。

考虑到颗粒物在不同堆积状态下占有的体积不同，因此先将颗粒物由一定高度（约 115mm）落入量桶内，用刮刀刮平，再称重求得 m_s。

8.3.3 颗粒物粒径的测定

颗粒物粒径的测定方法很多，可以利用颗粒物不同的特性（如光学性能、惯性、电性

等）测出。由于各种测定方法所依据的原理不同，测出粒径的物理意义也不同。例如用筛分法和显微镜法测得的颗粒物粒径是投影径（定向径、长径、短径等）；用电导法（库尔特法）测得的是等体积径；用沉降法测得的是斯托克斯径等。一般说来，颗粒物并非球体，因而不同方法测出的粒径没有可比性。下面介绍几种在我国通风工程中常用的方法。

（1）离心沉降法

离心沉降法的工作原理是利用不同粒径的尘粒在高速旋转时受到的惯性离心力不同，使尘粒分级。测定用的仪器为离心分级机，也有人把这种仪器称为巴寇（Bahco）离心分级机。

下面简要介绍其作用原理和使用方法。

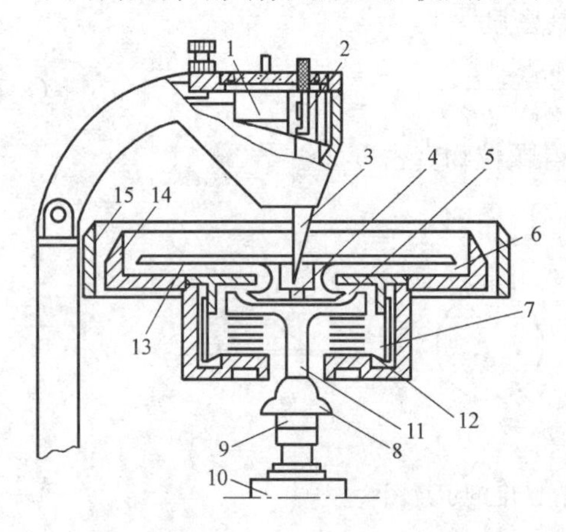

图 8-9　离心分级机结构示意图

1—带金属筛的试料容器；2—带调节螺钉的垂直遮板；3—供料漏斗；4—小孔；5—旋转通道；6—气流出口；7—分级室；8—节流装置；9—节流片；10—电机；11—圆柱状芯子；12—均流片；13—辐射叶片；14—上部边缘；15—保护圈

图 8-9 所示是离心分级机结构示意图，试验颗粒物在容器 1 中由金属筛网除去 0.40mm 以上的粗大尘粒后，均匀进入供料漏斗 3，再经小孔 4 落入旋转通道 5。在电机 10 的带动下，旋转通道以每分钟 3500 转的高速旋转。位于旋转通道内的尘粒在惯性离心力的作用下，向外侧移动。电机 10 同时带动辐射叶片 13 旋转，由于叶片的旋转，空气从仪器下部吸入，经节流装置 8、均流片 12、分级室 7、气流出口 6 后，由上部边缘 14 排出。尘粒由旋转通道 5 到达分级室 7 时，既受到惯性离心力的作用，又受到向心气流的作用。图 8-10 是分级室内气流和尘粒运动的示意图。从该图可以看出，当作用在尘粒 A 上的惯性离心力大于气流的作用力时，尘粒 A 沿点划线继续向外壁移动，最后落入分级室内。如果惯性离心力小于气流的作用力，尘粒 A 沿虚线移动，随气流一起向中心运动，最后吹出离心分级机。当旋转速度、尘粒密度和通过分级室的风量一定时，被气流吹出分级机的尘粒粒径是一定的。

离心分级机带有一套节流片（共 7 片），改变节流片就可以改变通过分级机的风量。由最小的风量开始，逐渐顺序加大风量，就可以由小到大逐级地把颗粒物由分级机吹出，使颗粒物由细到粗逐渐分级。每分级一次应把分级室内残留的颗粒物刷出、称重，两次分级的质量差就是被吹出的尘粒质量，即两次分级相对应的尘粒粒径间隔之间的颗粒物质量。

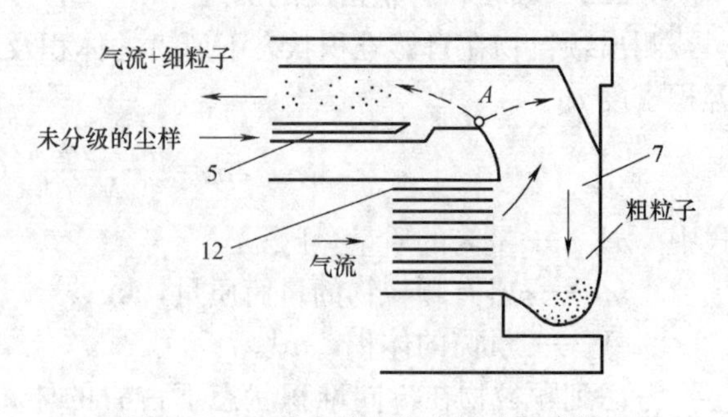

图 8-10　尘粒在分级室内运动示意图

为了确定在分级机内被吹出的尘粒直径，仪器在出厂前，厂方要先用标准颗粒物进行试验，确定每一个节流片（即每一种风量）所对应的颗粒物粒径。试验用的颗粒物密度如与标准颗粒物不同，用下式进行修正：

$$d_c = d'_c \sqrt{\frac{\rho'_c}{\rho_c}} \tag{8-16}$$

式中 d_c——某一节流片对应的实际颗粒物的分级粒径，μm；

d'_c——某一节流片对应的标准颗粒物的分级粒径，μm；

ρ'_c——标准颗粒物的真密度，一般为 1kg/L；

ρ_c——实际颗粒物的真密度，kg/L；

为了便于计算，有的厂家随机给出换算表，根据尘粒真密度和节流片规格，即可查得分级粒径。

每次试验所需的尘样为 10～20g，采用万分之一天平称重。分级一次所需时间为 20～30min。每次分级后，应将分级室内残留的颗粒物刷出、称重。然后再放入离心分级机中在新的风量下（即新的节流片下）进行分级，直到分级完毕。

经第 i 级分离后的残留物，即粒径＞d_i 的尘粒，在尘样中所占的质量百分数按下式计算：

$$\phi_{dci\sim\infty} = \frac{G_j + G_0}{G} 100\% \tag{8-17}$$

式中 $\phi_{dci\sim\infty}$——第 i 级分离后，粒径＞d_{ci} 尘粒所点的质量百分数；

G_j——第 i 级分离后在分级室内残留的尘粒质量，g；

G_0——第一级分离时残留在加料容器金属筛网上的尘粒质量，g；

G——试验颗粒物的质量，g。

某一粒径间隔内的尘粒所占质量百分数为

$$d\phi_i = \frac{(G_{i-1} + G_0) - (G_i + G_0)}{G} 100\% = \frac{G_{i-1} - G_i}{G} 100\% \tag{8-18}$$

式中 $d\phi_i$——在 $d_{ci-1} \sim d_{ci}$ 的粒径间隔内的尘粒所占的质量百分数；

G_{i-1}——第 $i-1$ 次分级后在分级室内残留的尘粒质量，g。

这种仪器操作简单，重现性好，适用于松散性的颗粒物，如滑石粉、石英粉、煤粉等。不适用于黏性颗粒物或粒径≤1.0μm 的颗粒物。由于它分离尘粒的情况与旋风除尘器相似，旋风除尘器实验用的颗粒物用它进行测定较为适宜。

（2）沉降天平法

沉降天平法是利用粒径不同的颗粒物在液体介质中沉降速度的不同，使颗粒物颗粒分级的，其原理图如图 8-11 所示。如均匀分散的悬浮液中含有不同粒径（d_1、d_2、d_3、d_4）的尘粒，由于沉降速度的不同，在沉降距离 H 内，它们的沉降时间分别为 τ_1、τ_2、τ_3、τ_4。不同粒径尘粒的沉降量与时间的函数关系可用直线Ⅰ、Ⅱ、Ⅲ、Ⅳ表示。把不同尘粒的沉降线叠加，得出的折线 $0PQRN$ 就是全部尘粒的合成沉降曲线。运用几何原理可以证明，直线 $0P$ 和 PQ 的斜率差就是粒径 d_1 尘粒的沉降率 $\frac{dW_1}{d\tau}$。$\left(\frac{dW_1}{d\tau} \cdot \tau_1\right)$就是 d_1 尘粒的沉降总量，在纵坐标用（$W_1 \sim 0$）表示。同理（$W_2 \sim W_1$）即为 d_2 的沉降总量。$W_4 \sim 0$ 即为全部颗粒物的总沉降量。将某一粒径（d_i）尘粒的沉降量 ΔW_i 除以总沉降量 W，即为该粒径下尘粒所占质量百分数。

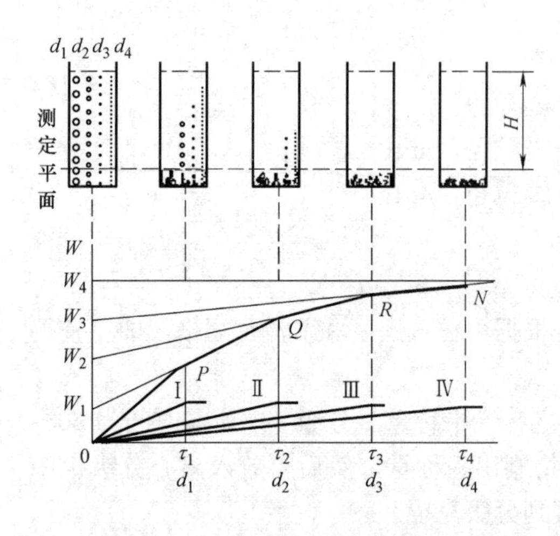

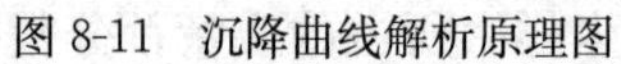

图 8-11　沉降曲线解析原理图

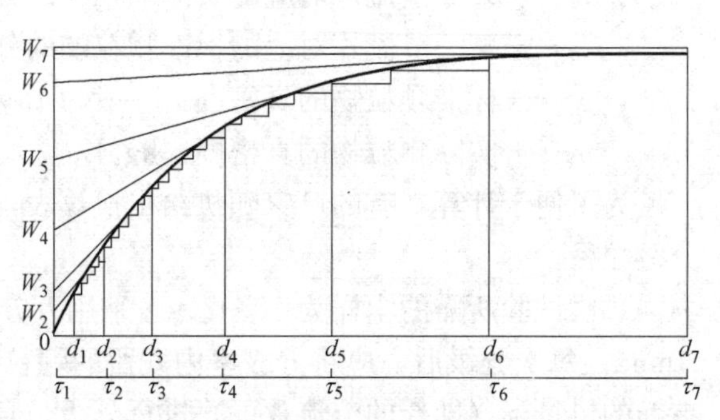

图 8-12　沉降曲线

因为生产颗粒物的粉径分布大多是连续的，所以得出的沉降曲线如图 8-12 所示，该曲线的顶点（坐标原点）是颗粒物开始沉降的点。横轴为颗粒物沉降所需的时间（或相应的颗粒物粒径）；纵轴为沉降颗粒物的累计质量。

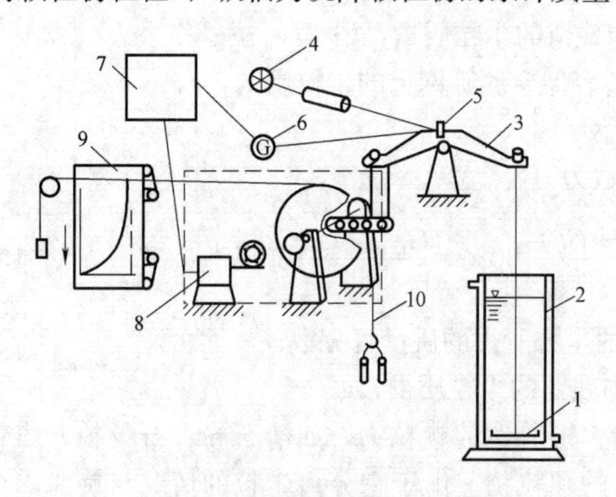

图 8-13　沉降天平结构示意图

1—称量盘；2—沉降瓶；3—天平横梁；4—光源；5—反光镜；6—光电二极管；7—放大器；8—驱动装置；9—记录装置；10—加载装置

沉降天平的结构如图 8-13 所示。天平原处于平衡状态，当悬浮液中尘粒沉积在称量盘上达到一定量（10～20mg）时，天平失去平衡，横梁 3 产生最大倾斜，此时光路接通。光电二极管 6 接受光源 4 的信号后，经驱动装置 8，使记录装置 9 和加载装置 10 产生动作，记录笔向右划出一小格，同时加载链条下降一定的高度，使横梁恢复平衡，横梁平衡时，光路遮断，信号中断。当第二次再沉降 10～20mg 时，上述过程再循环一次。这样，全部记录下整个沉降过程。记录下的曲线为阶梯状（见图 8-12），把阶梯角连成一条光滑的曲线，即为颗粒物的沉降曲线。根据沉降曲线即可算出颗粒物的粒径分布。先进的沉降天平可直接给出粒径分布。

沉降天平测定的粒径范围为 0.20～40μm，大于 40μm 的尘粒要预先去除。因沉降天平装有自动记录装置，简化了操作，缩短了测定时间。

用沉降天平法测出的尘粒粒径就是斯托克斯粒径。

(3) 惯性冲击法

惯性冲击法是利用惯性冲击使尘粒分级的。图 8-14 是它的原理图，从喷嘴高速喷出的含尘气流与隔板相遇时，要改变自身的流动方向，进行绕流。气流中惯性大的尘粒会脱离气流撞击并沉积在隔板上。如果把几个喷嘴依次串联，逐渐减小喷嘴直径（即加大喷嘴出口流速），并由上向下依次减小喷嘴与隔板的距离，在各级隔板上就会沉积不同粒径的尘粒。各级喷嘴所能分离的尘粒粒径，可用有关公式计算。

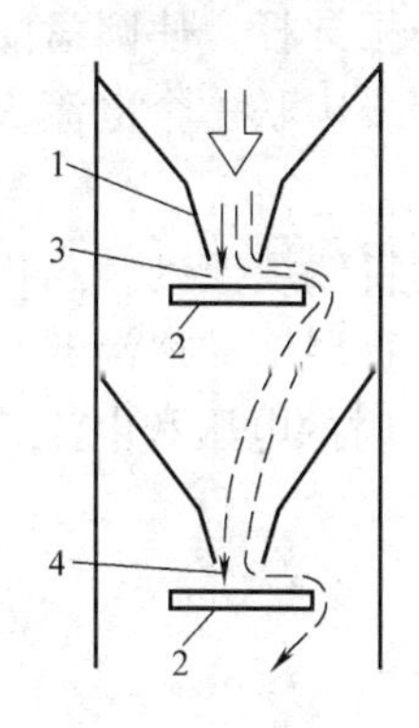

图 8-14 用惯性冲击进行尘粒分级的原理图

1—喷嘴；2—隔板；3—粗大尘粒；4—细小尘粒

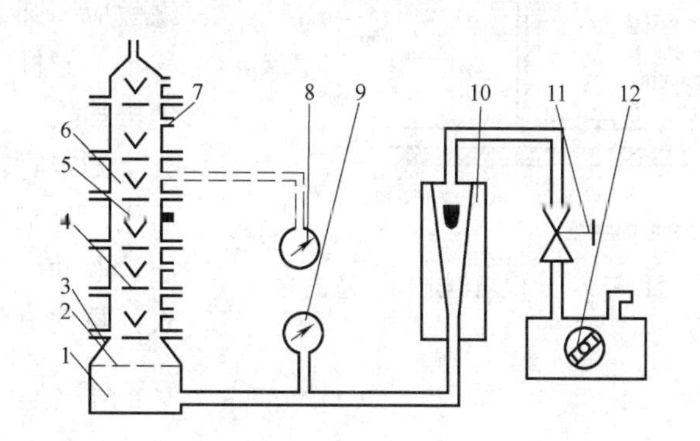

图 8-15 串联冲击器

1—冲击器底座；2—滤膜；3—底座上盖；4—挡板；5—喷嘴；6—级冲击器；7—真空度测试孔；8—直空表Ⅰ；9—真空表Ⅱ；10—转子流量计；11—针状阀；12—真空泵

用上述原理测定颗粒物粒径分布的仪器称为串联冲击器，串联冲击器通常由两级以上的喷嘴串联而成。

图 8-15 是串联冲击器用于现场测定时的情况。这种仪器可以直接测定管道内颗粒物的浓度和粒径分布。和前面所述的仪器相比，采用串联冲击器可以大大简化操作程序和测定时间。用其他方法测定颗粒物粒径分布时，最少需要 5.0～10g 尘样，在高效除尘器的出口，取如此多的尘样是很困难的。所以，测定高效除尘器出口处的颗粒物粒径分布时，它的优越性更为突出。

用上述的各种方法测出的颗粒物粒径分布都可以画在对数概率纸上，以便进一步分析检查。

8.3.4 颗粒物比电阻的测定

如第 4 章所述，颗粒物的比电阻是随其所处的状态（烟气温度、湿度、成分等）而变化的，因此在实验室条件下测定时，应尽可能模拟现场实际的烟气条件，具体的要求为：

（1）模拟电除尘器颗粒物的沉积状态，即颗粒物层的形成是在电场作用下荷电颗粒物逐步堆积而成；

（2）模拟电除尘器中的气体状态（气体的温度、湿度、气体成分等）；

（3）模拟电除尘器的电气工况，即在高压电场下的电压和电晕电流。

在实际测量中，使颗粒物、烟气及电气条件完全满足上述要求是相当困难的。因而不同的仪器及测定方法在满足上述要求时，各有侧重。用不同方法测出的比电阻值差别较大。

下面介绍一种目前在实验室中采用较多的方法——平板（圆盘）电极法，仪器的结构如图 8-16 所示。在一个内径为 76mm、深 5.0mm 的圆盘内装上被测颗粒物，圆盘下部接

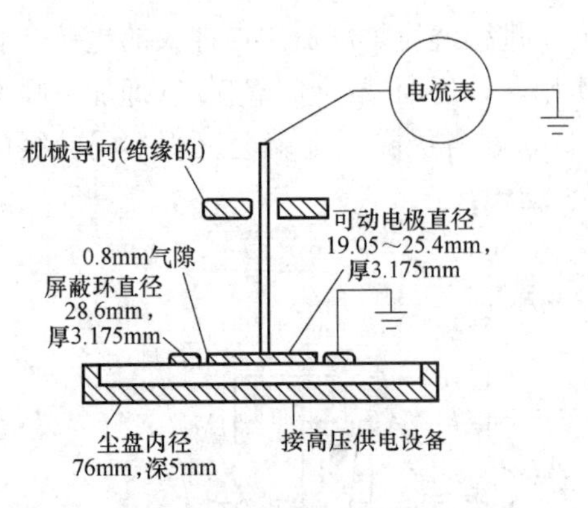

图 8-16　比电阻测定仪示意图

高压电源，颗粒物上表面放置一根可上下移动的盘式电极，在圆盘的外周有一圆环，圆环与圆盘之间有 0.80mm 的气隙（或氧化硅、氧化铝、云母等绝缘材料），导环的作用是消除边缘效应。圆盘上连接一根导杆，使圆盘能上下移动，导杆的端部用导线串联一个电流表并与地极连接。

测定时，将颗粒物自然填充到圆盘内，然后用刮片刮平，给颗粒物层施加逐渐升高的电压，取 90％的击穿电压时的电压和电流，按下式计算比电阻。

$$R_b=\frac{V}{I}\cdot\frac{A}{\delta}\quad(\Omega\cdot cm)\tag{8-19}$$

式中　R_b——颗粒物比电阻，Ω·cm；

V——计算电压，V；

I——计算电流，A；

δ——粉尘层厚度，cm；

A——圆盘面积，cm^2。

根据需要，也可将圆盘置于可调温、湿度和气体参数的测定箱内进行测定。

8.4　车间工作区空气含尘浓度的测定

测定车间工作区空气中颗粒物浓度最常用的方法是滤膜测尘。另外还有光散射测尘、β射线测尘、压电晶体测尘等方法。这些方法测尘时间短，可直接显示结果。

8.4.1　滤膜测尘

(1) 测定原理

在测定地点用抽气机抽吸一定体积的含尘空气，当它通过滤膜采样器中的滤膜时，其中的颗粒物被阻留在滤膜上。根据采样前后滤膜的增重（即集尘量）和总抽气量，即可算出单位体积空气中的质量含尘浓度（mg/m^3）。

(2) 主要采样仪器和器材

图 8-17 是测定工作区含尘浓度的采样装置示意图，采样用的主要仪器和器材有滤膜采样器 1、压力计 2、温度计 3、转子流量计 4 以及抽气机 5 等。下面简要介绍滤膜采样器。

滤膜采样器的构造如图 8-18 所示，它由顶盖Ⅰ、滤膜夹Ⅱ及漏斗Ⅲ等组成。装在滤膜夹中的滤膜 1 被固定盖 2 紧压在锥形环 3 和螺丝底座 4 中间。

滤膜是一种带有电荷的高分子聚合物。在一般的温、湿度下（温度在 60℃以下，相对湿度为 25％～90％），滤膜的质量不受温、湿度影响。因此，滤膜测尘可以简化操作手续，缩短准备和分析时间。空气通过滤膜时的阻力约为 190～470Pa（抽气量为 15L/min)。滤膜分平面滤膜和锥形滤膜两种。平面滤膜的直径为 40mm，容尘量小，适用于空

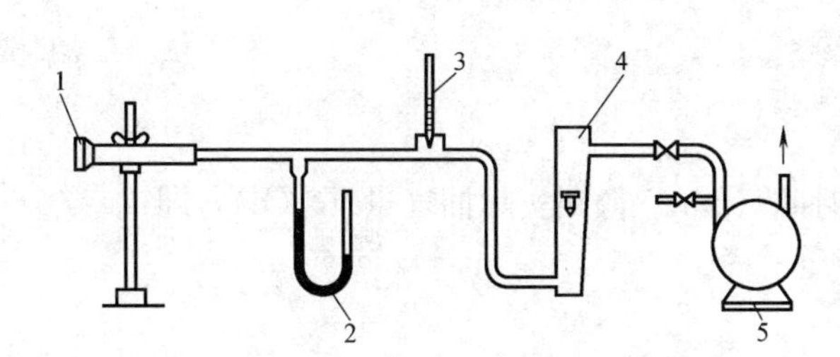

图 8-17　测定工作区空气含尘浓度的采样装置

1—滤膜采样器；2—压力计；3—温度计；
4—流量计；5—抽气机

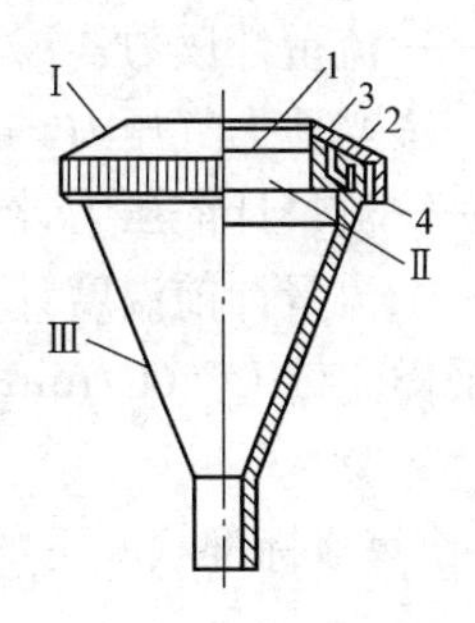

图 8-18　滤膜采样器

Ⅰ—顶盖；Ⅱ—滤膜夹；Ⅲ—漏斗
1—滤膜；2—固定盖；3—锥形环；4—螺丝底座

气含尘浓度小于 200mg/m^3 的场合。锥形滤膜是用直径为 75mm 的平面滤膜折叠而成，它的容尘量大，适用于含尘浓度大于 200mg/m^3 的场合。

抽气机是采样装置的动力。目前应用较多的是刮板泵，此外，还有电动离心式吸气机及压缩空气喷射器等。喷射器一般用在没有电源或要求防火、防爆、不能使用电动设备的场合。

为了便于携带，生产厂已将图 8-17 所示的各种采样装置组装在一起，构成一个测试箱，供现场测试使用。

（3）测定方法

1）滤膜的准备

用感量为万分之一克的分析天平进行滤膜称重，记录质量并编号。

2）现场采样

将颗粒物采样装置架设在测尘地点，检查采样装置是否严密。抽气机开动后，用螺旋夹迅速调整采样流量至所需数值（通常为 15～30L/min），同时进行计时。在整个采样过程中保持流量稳定。

应当指出，为了使采集的尘样具有代表性，在选择采样地点前，应详细了解和观察生产操作、颗粒物发生过程及除尘设备使用等情况。例如，为了评价工作区的卫生条件，应在距地面 1.5m 左右，工人进行作业和经常停留的地点采样，必要时可在一种操作的不同阶段分别采样。

为了减少天平称量的相对误差，应根据空气含尘浓度的大小确定采样时间的长短。一般不得少于 10min。平面滤膜采集的最大颗粒物质量应不大于 20mg（锥形滤膜不受此限制）。为了减小测定误差，要求滤膜的增重不小于 1.0mg。

3）含尘浓度的计算

采样流量 L_j' 由流量计测出。目前常用的转子流量计是在 $t=20$℃，$P=101.3$kPa 的状况下标定的。当流量计前采样气体的状态与标定时的气体状态相差较大时，流量计的读数必须进行修正，修正后的读数才是测定状态下的实际流量值。修正公式如下：

$$L_1=L_1'\sqrt{\frac{101.3\times(273+t)}{(B+P)\times(273+20)}}\quad(\mathrm{L/min})\tag{8-20}$$

式中　L_1——实际流量，L/min；

L_1'——流量计读数，L/min；

B——当地大气压力，kPa；

P——流量计前压力计读数，kPa；

t——流量计前温度计读数，℃。

实际采样流量 L_1（L/min）乘以采样时间（min）得到实际抽气量 V_t（L），即：

$$V_t = L_t\tau \quad (L)$$

将 V_t 换算成标准状况下的体积，则：

$$V_0 = V_t \cdot \frac{273}{(273+t)} \cdot \frac{B+P}{101.3} \tag{8-21}$$

空气的含尘浓度为：

$$y = \frac{G_2 - G_1}{V_0} \times 10^3 \quad (mg/Nm^3) \tag{8-22}$$

式中 G_1——采样前滤膜的质量，mg

G_2——采用后滤膜的质量，mg；

V_0——换算成标准状况后的抽气量，L。

两个平行样品测出的含尘浓度偏差小于20%时，为有效样品，取其平均值作为该采样点的含尘浓度。否则应重新采样。

为了准确地反映室内空气环境污染程度、操作工人实际接触的颗粒物浓度和评价作业环境颗粒物对人体的危害，采用小型个体颗粒物采样器。该仪器体积小、重量轻。使用时将装滤膜的采样头直接固定在工人胸前至锁骨附近的呼吸带。工人进入岗位时，打开仪器开始测定，离开岗位后，关闭仪器停止测定。记下测定时间、滤膜增重及流量，便可求出整个工作时间内工人所接触的空气平均含尘浓度。

【例 8-3】 在空气温度为28℃，大气压为95.7kPa的状况下，以15L/min的流量采样，流量计前压力计读数为－3.3kPa，采样时间为60min。采样前滤膜质量为44.6mg，采样后滤膜质量为51.4mg，求空气的含尘浓度。

【解】 从流量计读出的流量 $L_1' = 15L/min$

通过流量计的实际流量为

$$L_j = L_j'\sqrt{\frac{101.3(273+t)}{(B+P)(273+20)}} = 15\sqrt{\frac{101.3(273+28)}{(95.7-3.3)(273+20)}}$$

$$= 15.9L/min$$

实际的抽气量 $V_t = L_j \cdot \tau = 15.9 \times 60 = 955L$

换算成标准状态下的体积为：

$$V_0 = 955\frac{273}{(273+28)} \times \frac{(95.7-3.3)}{101.3} = 790L$$

空气含尘浓度为：

$$y = \frac{51.4-44.6}{790} \times 10^3 = 8.61mg/m^3$$

8.4.2 光散射测尘

光散射式粉尘浓度计是利用光照射尘粒引起的散射光，经光电器件变成电信号，用其表示悬浮颗粒物浓度的一种快速测定仪。被测量的含尘空气由仪器内的抽气泵吸入，通过尘粒测量区，在此区域它们受到由专门光源经透镜产生的平行光的照射，由于尘粒的存在，会产生不同方向（或某一方向）的散射光，由光电倍增管接收后，再转变为电信号。如果光学系和尘粒系一定，则这种散射光强度与颗粒物浓度间具有一定的函数关系。如果将散射光量经过光电转换元件变换成为有比例的电脉冲，通过单位时间内的脉冲计数，就可以知道悬浮颗粒物的相对浓度。由于尘粒所产生的散射光强弱与尘粒的大小、形状、光折射率、吸收率、组成等因素密切相关，因而根据所测得散射光的强弱从理论上推算颗粒物浓度比较困难。这种仪器要通过对不同颗粒物的标定，以确定散射光的强弱和颗粒物浓度的关系。

光散射式粉尘浓度计可以测出瞬时的颗粒物浓度及一定时间间隔内的平均浓度，并可将数据储存于计算机中。量测范围为 0.010～100mg/m^3。其缺点是对不同的颗粒物，需进行专门的标定。这种仪器在国外应用较为广泛。

8.4.3 压电晶体测尘仪

压电晶体测试仪的工作原理是：石英压电晶体有一定的振荡频率，当晶体表面沉积有一定量的颗粒物粒子时，就会改变其振荡频率，根据振荡频率的变化，可求出颗粒物浓度。

压电晶体测尘仪一般由颗粒物浓度变送器和颗粒物浓度计算器组成。其测定步骤为：用小型抽气泵把含尘空气抽到一个惯性冲击式的分粒装置中，除去粒径大于 10μm 的粒尘，然后利用电沉降的原理，使尘粒采集在石英晶体上，最后根据采样后颗粒物质量的不同，使振荡频率发生改变，以一定的系数换算成颗粒物的质量浓度。这种测尘仪的优点是能较快地获得现场的颗粒物浓度，其缺点是颗粒物浓度的测定范围有限，一般在 10mg/m^3 以内。

8.4.4 β射线测尘仪

β射线是一种电子流，当β射线通过被测物质后，其衰减程度与所透过物质的质量有关，而与物质的物理、化学性质无关。当它的能量很小，穿过物质的质量小于 20mg 而被吸收时，这一吸收量与物质的质量成正比，即：

$$Y=Y_0 e^{\gamma B \rho}$$

式中 Y——采样后经介质吸收的 β 粒子计数；

Y_0——采样前未经介质吸收的 β 粒子计数；

γ——β 粒子对特定介质的吸收系数，cm^2/mg；

B——吸收介质的厚度，cm；

ρ——吸收介质的相对密度，mg/cm^3。

因为采集空气样的体积是已知的，所以可利用这种β射线的吸收原理，通过测定清洁滤膜和采样滤膜对β射线吸收程度的差异，来测定采样滤膜颗粒物浓度。

β射线测尘仪可以直接读出颗粒物质量浓度，操作比较简单，获得结果迅速，适于瞬间测定环境中的颗粒物浓度，也可以用于较长时间的采样。颗粒物一般附着在有粘着剂的玻璃板或滤膜上，在滤膜上的颗粒物处理后也可以在显微镜下观察或做成分分析。该仪器既可测定总颗粒物浓度，也可使用呼吸性颗粒物预分离器测定呼吸性颗粒物浓度，测定精度一般为±10%。

8.5 管道内空气含尘浓度的测定

8.5.1 采样装置

管道中气流含尘浓度的测定装置如图 8-19 所示。它与工作区采样装置的不同处是，在滤膜采样器之前增设采样管 2，含尘气流经采样管进入滤膜采样器 3，因此采样管也称引尘管。采样管头部设有可更换的尖嘴形采样头 1，如图 8-20 所示。滤膜采样器的结构也略有不同，在滤膜夹前增设了圆锥形漏斗，如图 8-21 所示。

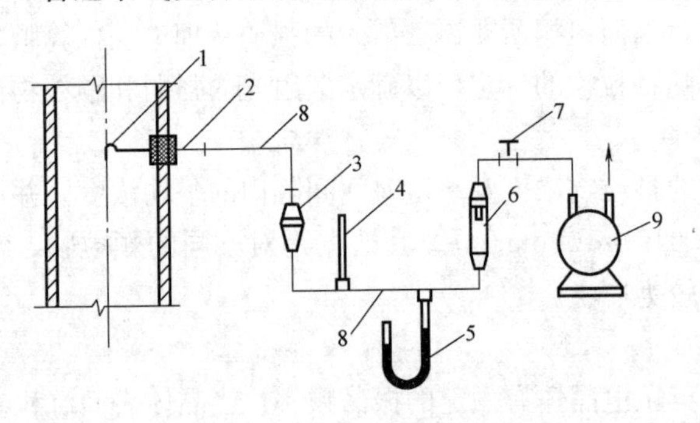

图 8-19 管道采样示意图

1—采样头；2—采样管；3—滤膜采样器；4—温度计；5—压力计；6—流量计；7—螺旋夹；8—橡皮管；9—抽气机

在高浓度场合下，为增大滤料的容尘量，可以采用图 8-22 所示的滤筒收集尘样。滤筒的集尘面积大、容尘量大、阻力小、过滤效率高，对 0.30～0.50μm 的尘粒捕集效率在 99.5％以上。国产的玻璃纤维滤筒有加胶合剂的和不加胶合剂的两种。加胶合剂的滤筒能在 200℃以下使用，不加胶合剂的滤筒可在 400℃以下使用，国产的刚玉滤筒可在 850℃以下使用。有胶合剂的玻璃纤维滤筒，含有少量的有机粘合剂，在高温下使用时，由于粘合剂蒸发，滤筒质量会有某些减轻。因此使用前、后必须加热处理，去除有机物质，使滤筒质量保持稳定。

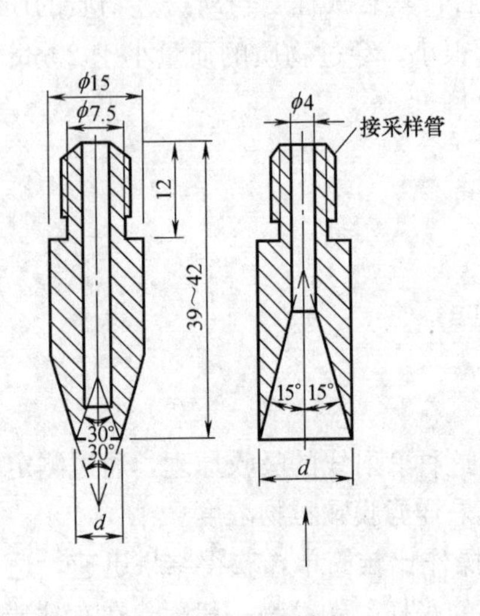

图 8-20 采样头

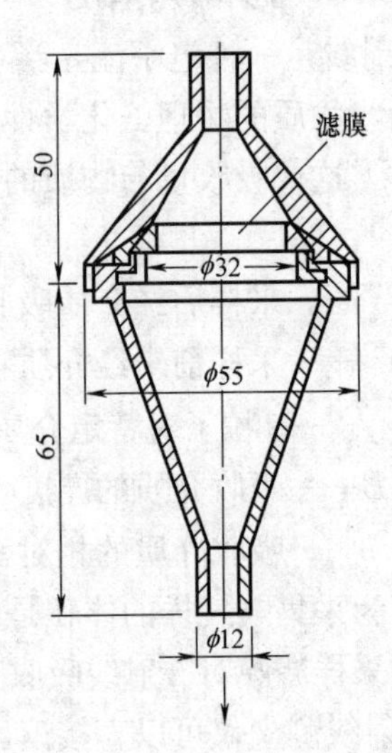

图 8-21 管道采样的滤膜采样器

按照集尘装置（滤膜、滤筒）所放位置的不同，采样方式分为管内采样和管外采样两种。图 8-19 中的滤膜放在管外，称为管外采样。如果滤膜或滤筒和采样头一起直接插入管内，如图 8-23 所示，称为管内采样。管内采样的主要优点是尘粒通过采样嘴后直接进入集尘装置，沿途没有损耗。管外采样时，尘样要经过较长的采样管才进入集尘装置，沿途有可能粘附在采样管壁上，使采集到的尘量减少，不能反映真实情况。尤其是高温、高湿气体，在采样管中容易产生冷凝水，尘粒粘附于管壁，造成采样管堵塞。管外采样大都用于常温下通风除尘系统的测定，管内采样主要用于高温烟气的测定。

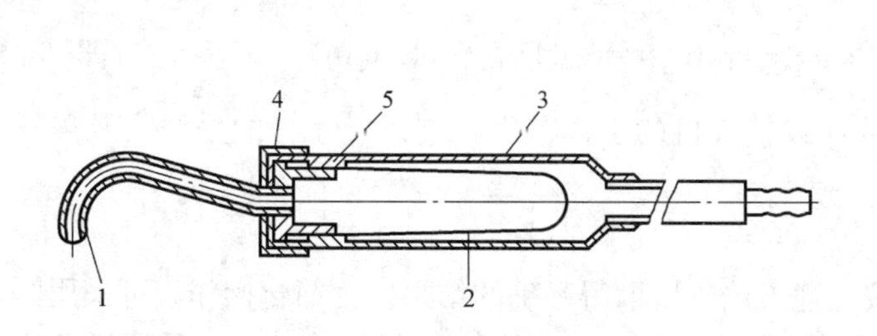

图 8-22　滤筒及滤筒夹

1—采样嘴；2—滤筒；3—滤筒夹；4—外盖；5—内盖

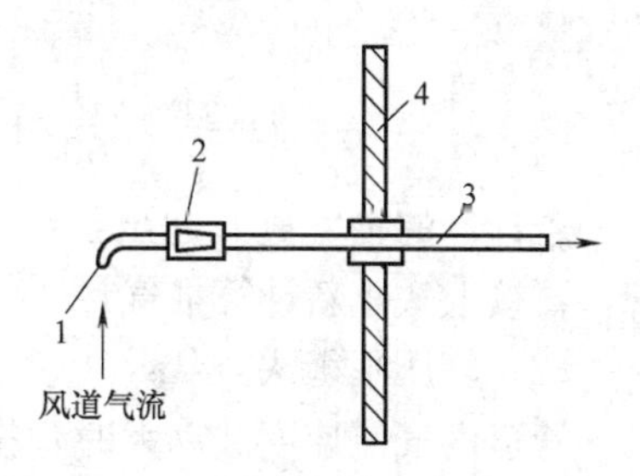

图 8-23　管内采样

1—采样嘴；2—滤筒；3—采样管；4—风道壁

管道中采样的方法与步骤和工作区采样不完全相同，它有两个特点：一是采样流量必须根据等速采样的原则确定，即采样头进口处的采样速度应等于风管中该点的气流速度；二是考虑到风管断面上含尘浓度分布不均匀，必须在风管的测定断面上多点取样，求得平均的含尘浓度。

8.5.2　等速采样

在风管中采样时，为了取得有代表性的尘样，要求采样头进口正对含尘气流，采样头轴线与气流方向一致，其偏斜的角度应小于±5°。否则，将有部分尘粒（直径大于 4.0μm 的）因惯性不能进入采样头，使采集的颗粒物浓度低于实际值。另外，采样头进口处的采样速度应等于风管中该点的气流速度，即通常所说的“等速采样”。非等速采样时，较大的尘粒会因惯性影响不能完全沿流线运动，因而所采得的样品不能真实反映风管内的尘粒分布。

图 8-24 是采样速度小于、大于和等于风管内气流速度时尘粒的运动情况。采样流速小于风管的气流速度时，处于采样头边缘的一些粗大尘粒（＞3.0～5.0μm），本应随气流一起绕过采样头。由于惯性的作用，粗大尘粒会继续按原来方向前进，进入采样头内，使测定结果偏高。当采样速度大于风管中流速时，处于采样头边缘的一些粗大尘粒，出于本身的惯性，不能随气流改变方向进入采样头内，而是继续沿着原来的方向前进，在采样头外通过，使测定结果比实际情况偏低。因此，只有当采样流速等于风管内气流速度时，采样管收集到的含尘气流样品才能反映风管内气流的实际含尘情况。

在实际测定中，不易做到完全等速采样。经研究证明，当采样速度与风管中气流速度误差在－5.0％～＋10％以内时，引起的误差可以忽略不计。采样速度高于气流速度时所造成的误差，要比低于气流速度时小。

为了保持等速采样，最经常采用的是预测流速法等，另外还有静压平衡法和动压平衡法等。

（1）预测流速法

为了做到等速采样，在测尘之前，先要测出风管测定断面上各测点的气流速度，然后根据各测点速度及采样头进口直径算出各点采样流量，进行采样。为了适应不同的气流速度，备有一直进口内径为4、5、6、8、10、12、14mm的采样头。采样头一般做成渐缩锐边圆形，锐边的锥度以30°为宜。

根据采样头进口内径 d（mm）和采样点的气流速度 v（m/s），即可算出等速采样的抽气量 L：

$$L=\frac{\pi}{4}\left(\frac{d}{1000}\right)^2\times v\times 60\times 1000=0.047d^2v\ (\text{L/min}) \tag{8-23}$$

若计算的抽气量 L 超出了流量计或抽气机的工作范围，应改换小号的采样头及采样管，再按上式重新计算抽气量。

（2）静压平衡法

管道内气流速度波动大时，按上述方法难以取得准确的结果。为简化操作，可采用图8-25所示的等速采样头。在等速采样头的内、外壁上各有一根静压管。对于采用锐角边缘、内外表面精密加工的等速采样头，可以近似认为气流通过采样头时的阻力为零。因此，只要采样头内外的静压差保持相等，采样头内的气流速度就等于风管内的气流速度（即采样头内外的动压相等）。采用等速采样头采样，不需预先测定气流速度，只要在测定过程中调节采样流量，使采样头内、外静压相等，就可以做到等速采样。采用等速采样头可以简化操作，缩短测定时间，但是由于管内气流的紊流、摩擦以及采样头的设计和加工等因素的影响，实际上并不能完全做到等速采样。等速采样头目前主要用于工况不太稳定的锅炉烟气测定。

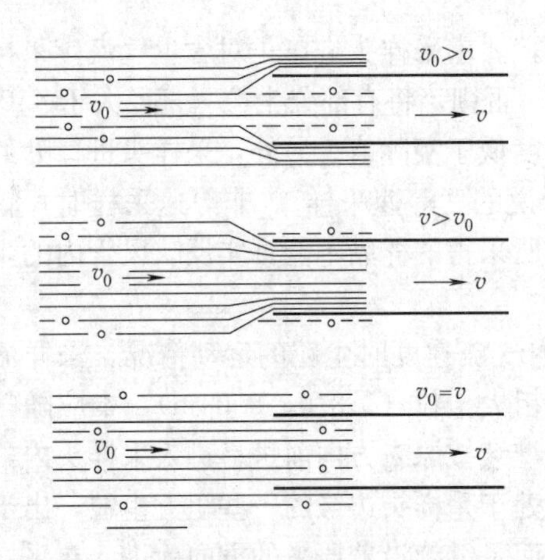

图 8-24　在不同采样速度时尘粒运动情况

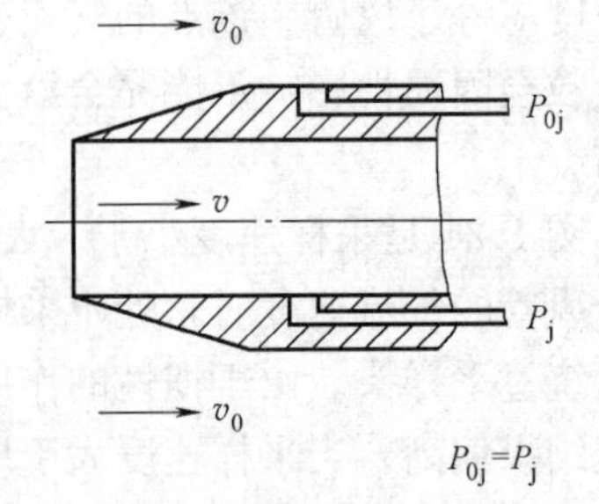

图 8-25　等速采样头示意图

应当指出，等速采样头是利用静压而不是用采样流量来指示等速情况的，其瞬时流量在不断变化着，所以记录采样流量时不能用瞬时流量计，要用累计流量计。

8.5.3　采样点的布置

测定管内气流的含尘浓度，要考虑气流的运动状况和管道内颗粒物的分布情况。研究证明，风管断面上含尘浓度的分布是不均匀的。在垂直管中，含尘浓度由管中心向管壁逐渐增加。在水平管中，由于重力的影响，下部的含尘浓度较上部大，而且粒径也大。因此，一般认为，在垂直管段采样要比在水平管段采样好。要取得风管中某断面上的平均含尘浓度，必须在该断面进行多点采样。在管道断面上应如何布点，才能测得平均含尘浓度，目前尚未取得一致的看法。

目前常用的采样方法有以下几种：

(1) 多点采样法

分别在已定的每个采样点上采样，每点采集一个样品，然后再计算出断面的平均颗粒物浓度。这种方法可以测出各点的颗粒物浓度，了解断面上的浓度分布情况，找出平均浓度点的位置。缺点是测定时间长、工序繁琐。

(2) 移动采样法

为了较快地测得管道内颗粒物的平均浓度，可以用同一集尘装置，在已定的各采样点上，用相同的时间移动采样头连续采样。由于各测点的气流速度是不同的，要做到等速采样，每移动一个测点，必须迅速调整采样流量。在测定过程中，随滤膜上或滤筒内颗粒物的积聚，阻力也会不断增加，必须随时调整螺旋夹，保证各测点的采样流量保持稳定。每个采样点的采样时间不得少于 2min。

这种方法测定结果精度高，目前应用较为广泛。

(3) 平均流速点采样法

找出风管测定断面上的气流平均流速点，并以此点作为代表点进行等速采样。把测得的颗粒物浓度作为断面的平均浓度。

(4) 中心点采样法

在风管中心点进行等速采样，以此点的颗粒物浓度作为断面的平均浓度。这种方法测点定位较为方便。

对于颗粒物浓度随时间变化显著的场合，采用上述两种方法测出的结果较为接近实际。

在常温下进行管道测尘时，同样要考虑温度、压力变化对流量计读数的影响，具体的修正方法以及滤膜的准备、含尘浓度计算等，与工作区采样基本相同。

8.6 高温烟气含尘浓度的测定

8.6.1 高温测尘的特点

测定管道中气流的含尘浓度时，经常遇到高温、高湿气体，如锅炉及工业炉的烟气。因此测定时要涉及烟气的温度、压力、含湿量及烟气的成分等参数。高温测尘采用的设备和方法较常温测尘复杂。图 8-26 是高温测尘采样装置的一种形式。

为了简化高温烟气测尘的计算，作以下假设：

(1) 整个系统内烟气的状态变化规律符合理想气体状态方程。

(2) 烟气的成分和空气不同，在一般情况下，CO_2 浓度高，氧的浓度低，而且还有其他的气体。由于它们对整个计算的影响不大，计算中可把干烟气看成干空气，即把烟气看成干空气和水蒸气的混合气体。

(3) 在测试过程中，整个系统严密，无漏气现象。

高温测尘和常温测尘的不同之处，主要有以下几点：

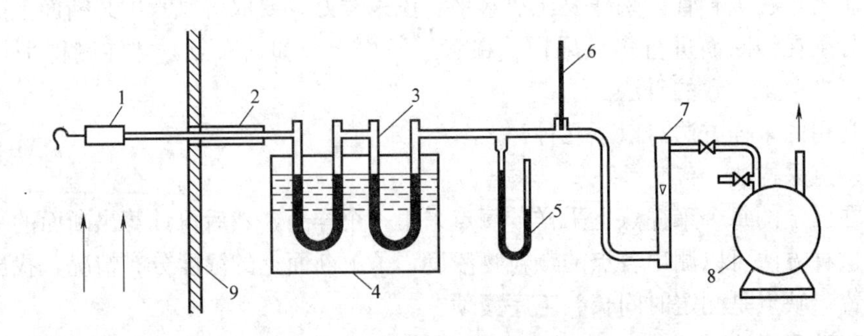

图 8-26　高温测尘采样装置示意图

1—滤筒；2—采样管（加热或保温）；3—吸湿器；4—冷却器；5—压力计；6—温度计；7—流量计；8—抽气机；9—烟道

（1）高温烟气是干烟气和水蒸气的混合气体，为防止结露，流量计前要设不同形式的吸湿器，以去除烟气中的水蒸气。

（2）在采样装置内高温烟气的温度、压力及含湿量是变化的，要根据它们的变化对流量计读数进行修正。

（3）高温测尘时，应根据烟气温度选择玻璃纤维滤筒或刚玉滤筒。

另外，为了防止烟气中水蒸气在采样管中冷凝，高温烟气常采用管内采样。如采用管外采样，采样管必须保温或设加热装置。

8.6.2　烟气含湿量的测定

当高温烟气冷却产生的凝结水进入转子流量计时，会使转子失灵。因此，必须在转子流量计前，设置吸湿装置，并测定烟气的含湿量。

测定烟气含湿量的常用方法有：称重法、干湿球温度法和冷凝法。下面简要介绍称重法和干湿球温度法。

（1）称重法

称重法是从烟道中抽出一定体积的烟气，通过装有吸湿剂的吸湿管，水蒸气100%地被吸湿剂吸收。吸湿管的增重即为烟气中所含的水蒸气量。选用的吸湿剂应只吸收水蒸气，不吸收其他气体，常用的吸湿剂有硅胶、五氧化二磷、氯化钙等。

图8-26是两个串连的吸湿管连接在测试系统中的情况。使用时，将吸湿剂装在吸湿管里，吸湿剂上面要充填少量的玻璃棉防止吸湿剂飞散。装有吸湿剂的吸湿管阀门，应严密关闭，仅在抽取气体时才打开，以免因漏气吸湿产生误差。为使烟气中的水蒸气通过吸湿管时完全被吸收，两个吸湿管通常串连使用。在正式测尘前，先测定烟气含湿量。通过吸湿管的烟气流量应为1.0L/min。测试中记录进入流量计的烟气温度、压力和流量。测试完毕后求出吸湿管增重，再利用下式计算烟气中水蒸气的体积百分数 x_{sw}。

$$x_{sw}=\frac{1.24G_w}{V_d\cdot\frac{273}{273+t_1}\cdot\frac{B+P_1}{101.3}+1.24G_w}100\% \tag{8-24}$$

式中　1.24——标准状态下，1g水蒸气所占的体积，L/g；

G_w——吸湿管吸收的水蒸气量，g；

V_d——测量状态下抽取的干烟气体积，L；

B——当地大气压力，kPa；

P_1——流量计前烟气的压力，kPa。

称重法的精度较高，由于吸湿剂对水蒸气的吸收速率是随温度增高而减少的，因此，使用称重法测定含湿量时要有冷却装置。

(2) 干湿球温度测湿法

干湿球温度测湿法是根据烟气的干湿球温度计算出烟气的水蒸气含量。

图 8-27、图 8-28 是干湿球测湿装置和它的应用情况。测定时，让经滤筒除尘的烟气以大于 2.5m/s 的速度流过干湿球温度计，等干湿球温度计上数值稳定时读数。然后按下式算出烟气中所含水蒸气的体积百分数 x_{sw}。

$$x_{sw}=\frac{P_{bv}=a(t_c-t_b)B_b}{B_g}\times100\% \tag{8-25}$$

式中 P_{bv}——温度为 t_b 时饱和水蒸气压力，kPa；

B_b——通过湿球表面的烟气绝对压力，kPa；

B_g——烟道内烟气绝对静压，kPa；

t_c——干球温度，℃；

t_b——湿球温度，℃；

a——系数，$a=0.00066$。

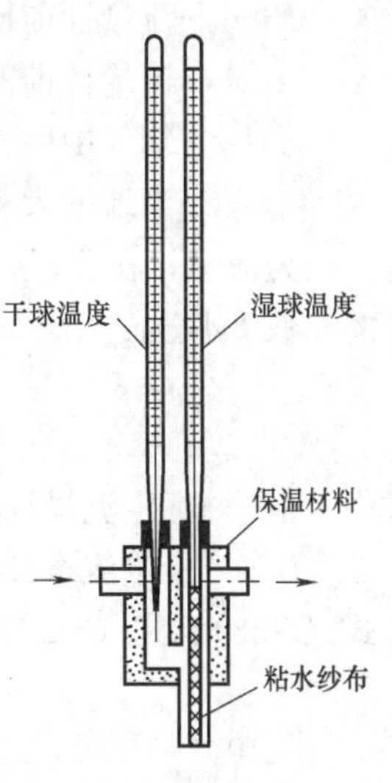

图 8-27 干湿球测温装置示意图

B_b 由压力计 4 测出。

应当注意，通过干湿球温度计的烟气温度不超过 95℃时才能采用本方法。

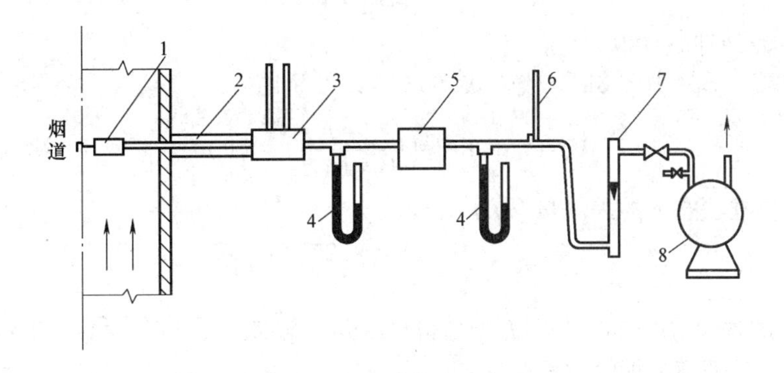

图 8-28 干湿球温度计测湿装置

1—采样器；2—保温或加热装置；3—干湿球温度计；4—压力计；
5—干燥器；6—温度计；7—流量计；8—抽气泵

8.6.3 流量计读数的修正及采气量的计算

进行高温测尘时，要根据烟气温度和压力的变化对流量计读数进行修正。

根据式 (8-23)，等速采样时采样头的抽气量为：

$$L_2=0.047d^2v \quad (\text{L/min})$$

烟气经去湿及沿途冷却后，通过流量计的实际流量 L_1 为：

$$L_1=L_2\frac{B+P_2}{B+P_1}\cdot\frac{273+t_1}{273+t_2}(1-x_{sw})\quad (L/min) \tag{8-26}$$

式中 P_2——烟道内烟气的静压，kPa；

t_2——烟道内烟气的温度，℃；

P_1——流量计前压力计的读数，kPa；

t_1——流量计前的烟气温度，℃；

x_{sw}——烟气中所含水蒸气的体积百分数；

B——当地的大气压力，kPa。

因为流量计在非标定工况（P_1、t_1）下工作，通过流量计的实际流量为 L_1 时，流量计的读数 L_j'应为：

$$L_j'=L_1\left(\frac{B+P_1}{B_j}\right)^{\frac{1}{2}}\left(\frac{273+t_j}{273+t_1}\right)^{\frac{1}{2}}\quad (L/min) \tag{8-27}$$

式中 t_j——标定流量计的气体温度，一般为 20℃；

B——标定流量计的气体压力，一般为 101.3kPa。

将式（8-23）、式（8-26）代入式（8-27），可求得等速采样时所需的流量计读数 L_j'：

$$L_j'=0.08d^2v(1-x_{sw})\frac{B+P_2}{273+t_2}\left(\frac{273+t_1}{B+P_1}\right)^{\frac{1}{2}} \tag{8-28}$$

式中 d——采样头直径，mm；

v——采样头流速，m/s。

通过流量计的实际气体量，即采气量为：

$$V_\tau=L_j'\left(\frac{B_j}{73+t_j}\right)^{\frac{1}{2}}\left(\frac{273+t_1}{B+P_1}\right)^{\frac{1}{2}}\cdot\tau\quad (L) \tag{8-29}$$

式中 τ——测定时间，min。

将 $t_j=20$℃、$B_j=101.3$kPa 代入式（8-29），可简化为：

$$V_\tau=0.588L_j'\tau\left(\frac{273+t_1}{B+P_1}\right)^{\frac{1}{2}}\quad (L) \tag{8-30}$$

将 V_τ 换算成标准状态下的采气量 V 为：

$$V_0=V_\tau\left(\frac{B+P_1}{273+t_1}\right)\left(\frac{273}{101.3}\right)\ (L) \tag{8-31}$$

计算烟尘的含尘浓度时，其单位为在标准状态下每立方米干空气所含有的颗粒量物量。

【例 8-4】 某烟道内烟气温度 $t_2=150$℃，流速 $v_2=12$m/s，含湿量 $x_{sw}=10\%$，烟气静压 $P_2=-2$kPa，当地大量压力 $B=100$kPa，使用进口内径为 6mm 的采样头等速采样，流量计前烟气温度 $t_1=50$℃，压力为 $P_1=-3$kPa，求应取的流量计读数是多少？

【解】 根据式（8-28），有：

$$L_j'=0.08d^2v(1-x_{sw})\frac{B+P_2}{273+t_2}\left(\frac{273+t_1}{B+P_1}\right)^{\frac{1}{2}}$$

$$=0.08\times6^2\times12(1-10\%)\frac{100+(-2)}{273+150}-\left(\frac{273+50}{100+(-3)}\right)^{\frac{1}{2}}$$

$$=13.15L/min$$

【例 8-5】 测定某加热炉烟气的含尘浓度时，已知转子流量计前的烟气温度 $t_1=40$℃，

压力 $P_1=-8\text{kPa}$，所需的流量计读数 $L_j'=25\text{L/min}$，流量计前装有吸湿器。采样时间为 20min，当地大气压 $B=98.7\text{kPa}$。滤筒收集下来的尘粒质量 $G=0.6\text{g}$，计算烟气的含尘浓度。

【解】 按式（8-30）、式（8-31）计算采气量：

$$V_2=0.588L_j'\tau\left(\frac{273+t_1}{B+P_1}\right)^{\frac{1}{2}}$$

$$=0.588\times25\times20\left(\frac{273+40}{98.7+(-8)}\right)^{\frac{1}{2}}=546.155\text{L}$$

$$V_0=V_2\frac{B+P_1}{273+t_1}\cdot\frac{273}{101.3}=546.155\times\frac{98.7+(-8)}{273+40}\times\frac{273}{101.3}$$

$$=426.513\text{L}$$

含尘浓度

$$y=\frac{G}{V_0}=\frac{0.6\times10^3}{426.513}\times10^3=1.407\times10^4\text{mg/m}^3$$

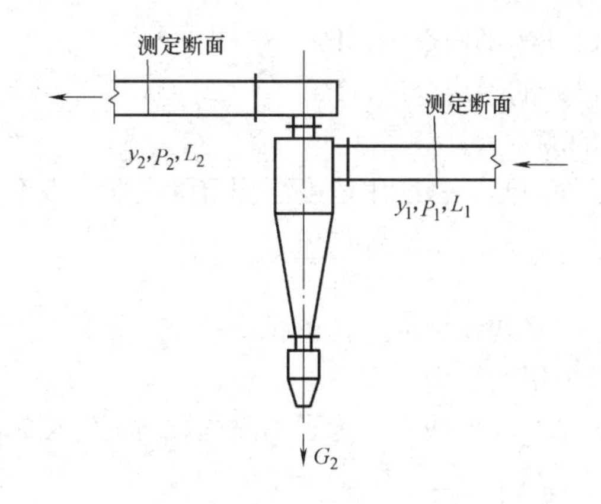

图 8-29　除尘器性能测定图

8.7　除尘器性能的测定

除尘器的性能主要包括除尘器处理风量、除尘器漏风率、阻力及效率等几个方面。

测定除尘器性能时，所用的测定方法及仪表均与前述的风量、风压、含尘浓度的测定相同。

8.7.1　除尘器处理风量的测定

除尘器处理风量是反映除尘器处理气体能力的指标。除尘器处理风量应以除尘器进口的流量为依据，除尘器的漏风量或清灰系统引入的风量均不能计入处理风量之内。因此，测定除尘器处理风量时，其测定断面应设于除尘器进口管段上（见图 8-29）。

8.7.2　除尘器漏风率的测定

除尘器的漏风率是除尘器一项重要的技术指标。它对除尘器的处理风量和除尘效率均有重大影响。因此，某些除尘器的制造标准中对漏风量提出了具体要求。如 CDWY 系列电除尘器要求漏风率＜7.0%，大型的袋式除尘器要求漏风率＜5.0%等。

漏风率的测定方法有风量平衡法、热平衡法和碳平衡法等，风量平衡法是最常用的方法。

根据定义，除尘器漏风率用下式表示：

$$\varepsilon=(\frac{L_2-L_1}{L_1})\times 100\% \tag{8-32}$$

式中 L_1——除尘器进口处风量，m^3/s；

L_2——除尘器出口处风量，m^3/s。

从式（8-32）可以看出，只要测出除尘器进、出口处的风量，即可求得漏风率 ε。

采用风量平衡法测定漏风率时，要注意温度变化对气体体积的影响。对于反吹清灰的袋式除尘器，清灰风量应从除尘器出口风量中扣除。

8.7.3 除尘器阻力的测定

除尘器前后的全压差即为除尘器阻力。

$$\Delta P=P_1-P_2 \tag{8-33}$$

式中 ΔP——除尘器阻力，Pa；

P_1——除尘器进口处的平均全压，Pa

P_2——除尘器出口处的平均全压，Pa。

8.7.4 除尘器效率的测定

现场测定时，由于条件限制，一般用浓度法测定除尘器全效率。除尘器全效率为：

$$\eta=\frac{y_1-y_2}{y_1}\times 100\% \tag{8-34}$$

式中 y_1——除尘器进口处平均含尘浓度，mg/m^3；

y_2——除尘器出口处平均含尘浓度，mg/m^3。

现场使用的除尘系统总有少量漏风，为了消除漏风对测定结果的影响，应按下列公式计算除尘全效率。

在吸入段（$L_2>L_1$）

$$\eta=\frac{y_1L_1-y_1L_2}{y_1L_1}\times 100\% \tag{8-35}$$

在压出段（$L_1>L_2$）

$$\eta=\frac{y_1L_1-y_1(L_1-L_2)-y_2L_2}{y_1L_1}\times 100\%=\frac{L_2}{L_1}\left(1-\frac{y_2}{y_1}\right)\times 100\% \tag{8-36}$$

式中 L_1——除尘器进口断面风量，m^3/s；

L_2——除尘器出口断面风量，m^3/s。

测定除尘器分级效率时，应首先测出除尘器进、出口处的颗粒物粒径分布或测出进口和灰斗中颗粒物的粒径分布，然后再计算除尘器的分级效率。

颗粒物的性质及系统运行工况对除尘器效率影响较大，因此给出除尘器全效率时，应同时说明系统运行工况，以及颗粒物的真密度、粒径分布，或者直接给出除尘器的分级效率。

习 题

1. 如何在现场测定除尘器的分级效率？说明采用的仪器、测定步骤和计算方法。

2. 测定管道中的含尘浓度时为什么要等速采样？如何做到等速采样？

3. 测定管道烟气含湿量时是否需要多点等速采样，为什么？

4. 计算含尘浓度时为什么要把采气量折算成标准状态？

5. 在图 8-30 所示的管段 AB(管径 D=600mm) 上测量风量，试确定测定断面及断面上各测点位置。

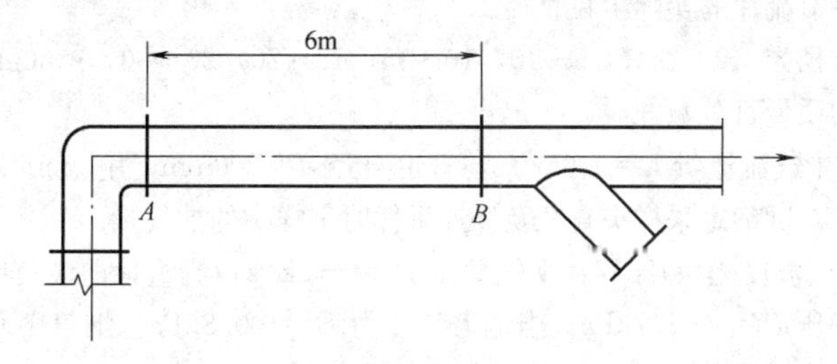

图 8-30　题 5 图

6. 某局部排风系统如图 8-31 所示，三个局部排风罩的结构完全相同。已知系统总风量 $L=2\ m^3/s$，A 点静压 $P_A=-150Pa$；B 点静压 $P_B=-180\ Pa$；C 点静压 $P_C=-150Pa$。求各排风罩的排风量。

7. 局部排风罩结构如图 8-32 所示，连接管直径 D=250mm。在 $t=20$℃下测得 A-B 断面的静压为 －30Pa，平均动压为 24.3Pa，求该局部排风罩的排风量及流量系数。

8. 某通风管道直径为 ϕ440 mm，用流速校正系数 $K=1$ 的毕托管测定动压，读数分别为 250、260、260、270、260、250、240、250、250、260、250、240Pa，倾斜式压力计修正系数 $\alpha=0.3$，管道内气流温度为 20℃，求该风管的流量。

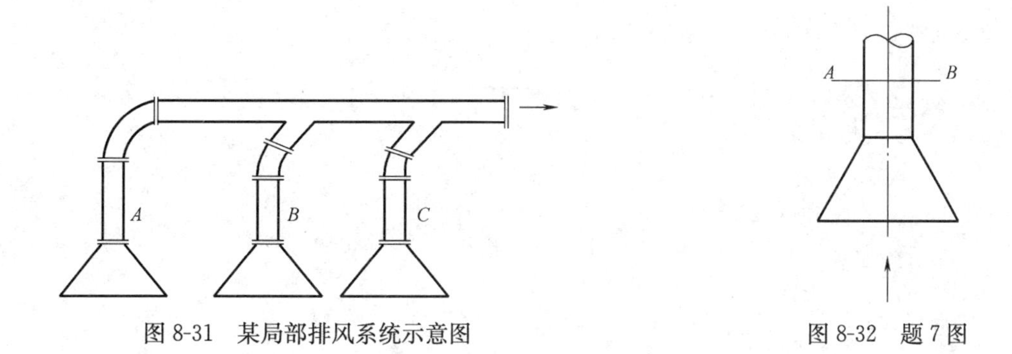

图 8-31　某局部排风系统示意图

图 8-32　题 7 图

9. 车间空气温度 t=30℃，大气压力 B=87.2kPa，采样时转子流量计读数为 20L/min，流量计前温度 t_1=30℃，压力 $P_1=-2.8$kPa，采样时间为 20min，采样前滤膜重为 38.2mg，采样后滤膜重为 45.1mg，求空气中含尘浓度。

10. 在 20℃的酒精中测定某锅炉灰的真密度，酒精密度为 789.5kg/m³，两次测定记录如下表所示：

瓶号	瓶重 m_0(g)	(瓶＋尘)重 m_3(g)	(瓶＋尘＋液)重 m_2(g)	(瓶＋液)重 m_2(g)
1	1765	2434	6544	6212
2	1558	2186	6281	5965

求该颗粒物的平均真密度。

11. 应用离心分级机测定颗粒物的粒径分布。各节流片对应的标准颗粒物直径如下表所示。标准颗粒物的密度 ρ_c'=1kg/L，试验颗粒物质量 G=10g，试验颗粒物密度 ρ_0=2.815kg/L。第一次分级时．剩余在筛网上的粗粒子质量 G_0=0.0201g，各级分离后残留颗粒物质量见下表。

节流片号数	18#	17#	16#	14#	12#	8#	4#	0#
对应标准直径(μm)	8.1	5.0	10.2	17.7	25.1	38.2	51.5	60.3
残留颗粒物重量(g)	9.4653	8.8603	6.8135	4.6418	3.2852	2.0294	1.3309	0.9637

求：(1) 对应于各节流片的实际尘粒直径。

(2) 当颗粒物按粒径为<2，2～5，5～10，10～15，15～20，20～30，>30μm分组时，计算各粒径间隔内的颗粒物所占的质量百分数。

12. 已知管道内含尘气流流量 $L=0.6\text{m}^3/\text{s}$，管道直径 $d=200\text{mm}$，用5mm采样管在平均流速点采样，测定气体含尘浓度。试确定采样头直径及等速采样时采样头的抽气量。

13. 已知烟道内烟气温度 $t_s=123℃$，烟气静压 $P_s=-2\text{kPa}$，流量计前装有吸湿器，流量计前烟气温度 $t_1=28℃$，烟气静压 $P_1=-7.7\text{kPa}$，当地大气压力 $B=100.8\text{kPa}$，烟气中水蒸气所占体积百分比 $x_{sw}=15.4\%$。用6mm采样头在流速 $v=15\text{m/s}$ 的测点上采样，计算等速采样时的流量计读数。

附录1　单位名称、符号、工程单位和国际单位的换算

单位名称	国际单位		工程单位	换　算
	中文	符号		
长度	米 厘米 毫米 微米	m cm mm μm		
质量	千克 克 毫克	kg g mg		
体积	立方米 升 毫升	m^3 l mL		
时间	小时 分 秒	h min s		
流量	米^3/时 米^3/秒 千克/秒	m^3/h m^3/s kg/s		
密度	千克/米^3	kg/m^3		
力	牛顿	N	公斤力	1公斤力=9.8N
压力	标准大气压 帕斯卡 千帕	atm Pa kPa	毫米水柱	1毫米水柱=9.8Pa 1atm=101.325kPa
绝对温度	凯尔文	K	°K	
摄氏温度	度	℃		
热量	瓦、焦耳/秒 千瓦、千焦耳/秒	W、J/s kW、kJ/s	大卡/时	1大卡/时=1.16W=1.16J/s
比热	焦耳/(千克·℃)	kJ/(kg·℃)	大卡/(公斤·℃)	1大卡/(公斤·℃)=4.18kJ/(kg·℃)
传热系数	瓦/(米^2·℃)	W/(m^2·℃)	大卡/(时·米^2·℃)	1大卡/(时·米^2·℃)=1.163W/(m^2·℃)
辐射强度	瓦/米^2	W/m^2	大卡/(厘米^2·分)	1大卡/(厘米^2·分)=0.07W/m^2
动力黏度	帕·秒	Pa·s	公斤·秒/米^2	1公斤·秒/米^2=9.8Pa·s
浓度	毫克/米^3 克/米^3 毫升/米^3 千摩尔/米^3	mg/m^3 g/m^3 ml/m^3 $kmol/m^3$		
转速			转/分(rpm)	
电压	伏 千伏	V kV		
电流	安 毫安	A mA		
电阻	欧母	Ω		

附录 2　环境空气中各项污染物的浓度限值（摘自 GB 3095—1996）

污染物名称	取值时间	浓度限制			浓度单位
		一级标准	二级标准	三级标准	
二氧化硫 SO_2	年平均	0.02	0.06	0.10	mg/m^3（标准状态）
	日平均	0.05	0.15	0.25	
	1 小时平均	0.15	0.50	0.70	
总悬浮颗粒物 TSP	年平均	0.08	0.20	0.30	
	日平均	0.12	0.30	0.50	
可吸入颗粒物 PM_{10}	年平均	0.04	0.10	0.15	
	日平均	0.05	0.15	0.25	
二氧化氮 NO_2	年平均	0.04	0.08	0.08	mg/m^3（标准状态）
	日平均	0.08	0.12	0.12	
	1 小时平均	0.12	0.24	0.24	
一氧化碳 CO	日平均	4.00	4.00	6.00	
	1 小时平均	10.00	10.00	20.00	
臭氧 O_3	1 小时平均	0.16	0.20	0.20	
铅 Pb	季平均	1.50			$\mu g/m^3$（标准状态）
	年平均	1.00			
苯并[a]芘 B[a]P	平均日	0.01			
氟化物 F	日平均	7①			
	1 小时平均	20①			
	月平均	1.8②		3.0③	$\mu g/(dm^2 \cdot d)$
	植物生长季平均	1.2②		2.0③	

注：①适用于城市地区；②适用于牧业区和以牧业为主的半农半牧区，桑蚕区；③适用于农业和林业区。

附录 3　工作场所空气中有毒物质、粉尘容许浓度（摘自 GBZ 2—2002）

编号	中文名 CAS No. ①	最高允许浓度 mg/m^3	时间加权平均容许浓度（mg/m^3）	短时间接触容许浓度②（mg/m^3）
	一、有毒物质			
1	氨 7664-41-7	—	20	30
2	苯（皮） 71-43-2	—	6	10
3	臭氧 10028-15-6	0.3	—	—
4	丙烯醛 107-02-8	0.3	—	—
5	二甲苯（全部异构体） 1330-20-7；95-47-6；108-38-3	—	50	100
6	二硫化碳（皮） 75-15-0	—	5	10
7	二氧化氮 10102-44-0	—	5	10

续表

编号	中文名 CAS No.①	最高允许浓度 mg/m^3	时间加权平均容许浓度(mg/m^3)	短时间接触容许浓度②(mg/m^3)
8	二氧化硫 7446-09-5	—	5	10
9	二氧化碳 124-38-9	—	9000	18000
10	氟化氢(按F计) 7664-39-3	2	—	—
11	汞 7439-97-6 金属汞(蒸气) 有机汞化合物(皮)(按Hg计)	— —	0.02 0.01	0.04 0.03
12	环己酮(皮) 108-94-1	—	50	100②
13	环己烷 110-82-7	—	250	375②
14	甲苯(皮) 108-88-3	—	50	100
15	甲醛 50-00-0	0.5	—	—
16	硫化氢 7783-06-4	10	—	—
17	磷化氢 7803-51-2	0.3	—	—
18	硫酸及三氧化硫 7664-93-9	—	1	2
19	氯 7782-50-5	1	—	—
20	氯化氰 506-77-4	0.75	—	—
21	松节油 8006-64-2	—	300	450②
22	溴 7726-95-6	—	0.6	2
23	溴化氢 10035-10-6	10	—	—
24	一氧化碳 630-08-0 非高原 高原 海拔2000米～海拔>3000m	— 20 15	20 — —	30 — —
25	乙二醇 107-21-1	—	20	40
26	乙酸乙酯 141-78-6	—	200	300
27	氰化氢(按CN计)(皮) 74-90-8	1	—	—
28	氰化氢(按CN计)(皮) 460-19-5	1	—	—
29	镉及其化合物(按Cd计) 7440-43-9	—	0.01	0.02
30	铅及无机化合物(按Pb计) 7439-92-1 铅尘 铅烟	0.05 0.03	— —	— —

续表

编号	中文名 CAS No.①	最高允许浓度 mg/m³	时间加权平均容许浓度(mg/m³)	短时间接触容许浓度②(mg/m³)
31	砷及其无机化合物(按 As 计) 7440-38-2	—	0.01	0.02
32	锰及其无机化合物(按 MnO_2 计) 7439-96-5	—	0.15	0.45②
	二、粉尘			
1	茶尘(总尘)		2	3
2	电焊烟尘(总尘)		4	6
3	滑石粉尘(游离 SiO_2 含量<10%) 14807-96-6 总尘 呼尘		 3 1	 4 2
4	铝、氧化铝、铝合金粉尘 7429-90-5 铝、铝合金(总尘) 氧化铝(总尘)		 3 4	 4 6
5	煤尘(游离 SiO_2 含量<10%) 总尘 呼尘		 4 2.5	 6 3.5
6	棉尘(总尘)		1	3
7	木粉尘(总尘)		3	5
8	人造玻璃质纤维 玻璃棉粉尘(总尘) 矿渣棉粉尘(总尘) 岩棉粉尘(总尘)		 3 3 3	 5 5 5
9	砂轮磨尘(总尘)		8	10
10	石棉纤维及含有10%以上石棉的粉尘 1332-21-4 总尘 纤维		 0.8 0.8f/ml	 1.5 1.5f/ml
11	水泥粉尘(游离 SiO_2 含量<10%) 总尘 呼尘		 4 1.5	 6 2
12	矽尘 14808-60-7 总尘 含10%~50%游离 SiO_2 的粉尘 含50%~80%游离 SiO_2 粉尘 含80%以上游离 SiO_2 的粉尘 呼尘 含10%~50%游离 SiO_2 含50%~80%游离 SiO_2 含80%以上游离 SiO_2		 1 0.7 0.5 0.7 0.3 0.2	 2 1.5 1.0 1.0 0.5 0.3
13	烟草尘(总尘)		2	3
14	其他粉尘③		8	10

① CAS No. 号是美国化学文摘服务社(Chemical Abstracts Service，CAS)为化学物质制订的登记号，该号是检索有多个名称的化学物质信息的重要工具。

② 对于有毒物质数值系根据“超限系数”推算的。对于粉尘指该粉尘时间加权平均容许浓度的接触上限值。

③“其他粉尘”指不含有石棉且游离 SiO_2 含量低于10%，不含有毒物质，尚未制定专项卫生标准的粉尘。

注：1. 总粉尘(Total dust)简称“总尘”，指用直径为40mm滤膜，按标准粉尘测定方法采样所得到的粉尘；

2. 呼吸性粉尘(Respirable dust)简称“呼尘”。指按呼吸性粉尘标准测定方法所采集的可进入肺泡的粉尘粒子，其空气动力学直径在7.07μm以下，空气动力学直径5μm粉尘粒子的采样效率为50%；

3. f/ml 表示每毫升空气中含呼吸性石棉纤维的根数。

附录4　现有污染源大气污染物排放限值（摘自GB 16297—1996）

序号	污染物	最高允许排放浓度（mg/m³）	最高允许排放速率（kg/h）				无组织排放监控浓度限值	
			排气筒高度（m）	一级	二级	三级	监控点	浓度（mg/m³）
1	二氧化硫	1200（硫、二氧化硫、硫酸和其他含硫化合物生产）	15	1.6	3.0	4.1	无组织排放源上风向设参照点，下风向设监控点[1]	0.5（监控点与参照点浓度差值）
			20	2.6	5.1	7.7		
			30	8.8	17	26		
		700（硫、二氧化硫、硫酸和其他含硫化合物生产）	40	15	30	45		
			50	23	45	69		
			60	33	64	98		
			70	47	91	140		
			80	63	120	190		
			90	82	160	240		
			100	100	200	310		
2	氮氧化物	1700（硝酸、氮肥和火炸药生产）	15	0.47	0.91	1.4	无组织排放源上风向设参照点，下风向设监控点	0.15（监控点与参照点浓度差值）
			20	0.77	1.5	2.3		
			30	2.6	5.1	7.7		
		420（硝酸使用和其他）	40	4.6	8.9	14		
			50	7.0	14	21		
			60	9.9	19	29		
			70	14	27	41		
			80	19	37	56		
			90	24	47	72		
			100	31	61	92		
3	颗粒物	22（碳黑尘、染料尘）	15	禁排	0.60	0.87	周界外浓度最高点[2]	肉眼不可见
			20		1.0	1.5		
			30		4.0	5.9		
			40		6.8	10		
		80[3]（玻璃棉尘、石英粉尘、矿渣棉尘）	15	禁排	2.2	3.1	无组织排放源上风向设参照点，下风设监控点	2.0（监控点与参照点浓度差值）
			20		3.7	5.3		
			30		14	21		
			40		25	37		
		150（其他）	15	2.1	4.1	5.9	无组织排放源上风向设参照点，下风设监控点	5.0（监控点与参照点浓度差值）
			20	3.5	6.9	10		
			30	14	27	40		
			40	24	46	69		
			50	36	70	110		
			60	51	100	150		
4	氮氧化物	150	15	禁排	0.30	0.46	周界外浓度最高点	0.25
			20		0.51	0.77		
			30		3.0	2.6		
			40		4.5	4.6		
			50		6.4	6.9		
			60		9.1	14.19		
			70		12			
			80					
5	铬酸雾	0.080	15	禁排	0.009	0.014	周界外浓度最高点	0.0075
			20		0.015	0.023		
			30		0.089	0.178		
			40		0.14	0.13		
			50		0.19	0.21		
			60			0.29		

续表

序号	污染物	最高允许排放浓度（mg/m^3）	最高允许排放速率(kg/h)				无组织排放监控浓度限值	
			排气筒高度(m)	一级	二级	三级	监控点	浓度(mg/m^3)
6	硫酸雾	1000（火炸药厂）	15	禁排	1.8	2.8	周界外浓度最高点	1.5
			20		3.1	4.6		
		70(其他)	30		10	16		
			40		18	27		
			50		27	41		
			60		39	59		
			70		55	83		
			80		74	110		
7	氟化物	100（普钙林业）	15	禁排	0.12	0.18	无组织排放源上风设参照点，下风向设监控点	20ug/m^3（监控点与参照点浓度差值）
			20		0.20	0.31		
		11(其他)	30		0.69	1.0		
			40		1.2	1.8		
			50		1.8	2.7		
			60		2.6	3.9		
			70		3.6	5.5		
			80		4.9	7.5		
8	氯气④	85	25	禁排	0.60	0.90	周界外浓度最高点	0.50
			30		1.0	1.5		
			40		3.4	5.2		
			50		5.9	9.0		
			60		9.1	14		
			70		13.3	20		
			80		1.8	28		
9	铅及其化合物	0.90	15	禁排	0.005	0.007	周界外浓度最高点	0.0015
			20		0.007	0.011		
			30		0.031	0.048		
			40		0.055	0.083		
			50		0.085	0.13		
			60		0.12	0.18		
			70		0.17	0.26		
			80		0.23	0.35		
			90		0.31	0.47		
			100		0.39	0.60		
10	汞及其化合物	0.015	15	禁排	1.8×10^{-3}	2.8×10^{-3}	周界外浓度最高点	0.0015
			20		3.1×10^{-3}	4.6×10^{-3}		
			30		10×10^{-3}	16×10^{-3}		
			40		18×10^{-3}	27×10^{-3}		
			50		27×10^{-3}	41×10^{-3}		
			60		39×10^{-3}	59×10^{-3}		
11	镉及其化合物	1.0	15	禁排	0.060	0.090	周界外浓度最高点	0.050
			20		0.10	0.15		
			30		0.34	0.52		
			40		0.59	0.90		
			50		0.91	1.4		
			60		1.3	2.0		
			70		1.8	2.8		
			80		2.5	3.7		
12	铍及其化合物	0.015	15	禁排	1.3×10^{-3}	2.0×10^{-3}	周界外浓度最高点	0.0010
			20		2.2×10^{-3}	3.3×10^{-3}		
			30		7.3×10^{-3}	11×10^{-3}		
			40		13×10^{-3}	19×10^{-3}		
			50		19×10^{-3}	29×10^{-3}		
			60		27×10^{-3}	41×10^{-3}		
			70		39×10^{-3}	58×10^{-3}		
			80		52×10^{-3}	79×10^{-3}		

续表

序号	污染物	最高允许排放浓度(mg/m³)	最高允许排放速率(kg/h)				无组织排放监控浓度限值	
			排气筒高度(m)	一级	二级	三级	监控点	浓度(mg/m³)
13	镍及其化合物	5.0	15 20 30 40 50 60 70 80	禁排	0.18 0.46 1.6 2.7 4.1 5.5 7.4	0.28 0.46 1.6 2.7 4.1 5.9 8.2 11	周界外浓度最高点	0.050
14	锡及其化合物	10	15 20 30 40 50 60 70 80	禁排	0.36 0.61 2.1 3.5 5.4 7.7 11 15	0.55 0.93 3.1 5.4 8.2 12 17 22	周界外浓度最高点	0.30
15	苯	17	15 20 30 40	禁排	0.60 1.0 3.3 6.0	0.90 1.5 5.2 9.0	周界外浓度最高点	0.50
16	甲苯	60	15 20 30 40	禁排	3.6 6.1 21 36	5.5 9.3 31 54	周界外浓度最高点	3.0
17	二甲苯	90	15 20 30 40	禁排	1.2 2.0 6.9 12	1.8 3.1 10 18	周界外浓度最高点	1.5
18	酚类	115	15 20 30 40 50 60	禁排	0.30 0.51 1.7 3.0 4.5 6.4	0.46 0.77 2.6 4.5 6.9 9.8	周界外浓度最高点	0.25
19	甲醛	30	15 20 30 40 50 60	禁排	0.30 0.51 1.7 3.0 4.5 6.4	0.46 0.77 2.6 4.5 6.9 9.8	周界外浓度最高点	0.25
20	乙醛	150	15 20 30 40 50 60	禁排	0.060 0.10 0.34 0.59 1.3	0.090 0.15 0.52 0.90 1.4 2.0	周界外浓度最高点	0.050
21	丙烯醛	26	15 20 30 40 50 60	禁排	0.91 1.5 5.1 8.9 14 19	1.4 2.3 7.8 13 21 29	周界外浓度最高点	0.75

续表

序号	污染物	最高允许排放浓度(mg/m³)	最高允许排放速率(kg/h)				无组织排放监控浓度限值	
			排气筒高度(m)	一级	二级	三级	监控点	浓度(mg/m³)
22	丙烯醛	20	15	禁排	0.61	0.92	周界外浓度最高点	0.50
			20		1.0	1.5		
			30		3.4	5.2		
			40		5.9	9.0		
			50		9.1	14		
			60		13	20		
23	氰化氢[5]	2.3	15	禁排	0.18	0.18	周界外浓度最高点	0.030
			20		0.31	0.31		
			30		1.0	1.0		
			40		1.8	1.8		
			50		2.7	2.7		
			60		3.9	3.9		
			70		5.5	5.5		
			80					
24	甲醇	2.3	15	禁排	6.1	9.2	周界外浓度最高点	
			20		10	15		
			30		34	52		
			40		59	90		
			50		91	140		
			60		130	200		
25	苯胺类	25	15	禁排	0.61	0.92	周界外浓度最高点	
			20		1.0	1.5		
			30		3.4	5.2		
			40		5.9	9.0		
			50		9.1	14		
			60		13	20		
26	氯苯类	85	15	禁排	0.67	0.92	周界外浓度最高点	
			20		1.0	1.5		
			30		2.9	4.4		
			40		5.0	7.6		
			50		7.7	12		
			60		11	17		
			70		15	23		
			80		21	32		
			90		17	41		
			100		34	52		
27	硝基苯类	20	15	禁排	0.060	0.090	周界外浓度最高点	
			20		0.10	0.15		
			30		0.34	0.52		
			40		0.59	0.90		
			50		0.91	1.4		
			60		1.3	2.0		
28	氯乙烯	65	15	禁排	0.91	1.4	周界外浓度最高点	
			20		1.5	2.3		
			30		5.0	7.8		
			40		8.9	13		
			50		14	21		
			60		19	29		
29	苯并[a]芘	0.50×10^{-3}（沥青、碳素制品生产和加工）	15	禁排	0.06×10^{-3}	0.09×10^{-3}	周界外浓度最高点	
			20		010×10^{-3}	015×10^{-3}		
			30		0.34×10^{-3}	0.51×10^{-3}		
			40		0.59×10^{-3}	0.89×10^{-3}		
			50		0.90×10^{-3}	1.4×10^{-3}		
			60		1.3×10^{-3}	2.0×10^{-3}		
30	光气[6]	5.0	25	禁排	0.12	0.18	周界外浓度最高点	
			30		0.20	0.31		
			40		0.69	1.0		
			50		1.2	1.8		

续表

序号	污染物	最高允许排放浓度(mg/m^3)	最高允许排放速率(kg/h)				无组织排放监控浓度限值	
			排气筒高度(m)	一级	二级	三级	监控点	浓度(mg/m^3)
31	沥青烟	280(吹制沥青)	15	0.11	0.22	0.34	生产设备不得有明显无组织排放存在	
			20	0.19	0.36	0.55		
		80(熔炼、浸涂)	30	0.82	1.6	2.4		
			40	1.4	2.8	4.2		
			50	2.2	4.3	6.6		
		150(建筑搅拌)	60	3.0	5.9	9.0		
			70	4.5	8.7	13		
			80	6.2	12	18		
32	石棉尘	2根(纤维)/cm^3或20mg/cm^3	15	禁排	0.65	0.98	生产设备不得有明显无组织排放存在	
			20		1.1	1.7		
			30		4.2	6.4		
			40		7.2	11		
			50		11	17		
33	非甲烷总烃	150(使用溶剂汽油或其他混合烃类物质)	15	6.3	12	18	周界外浓度最高点	5.0
			20	10	20	30		
			30	35	63	100		
			40	61	120	170		

注：① 一般应于无组织排放源上风向2～50m范围内设参考点，排放源下风向2～50m范围内设监控点。
② 周界外浓度最高点一般应设于排放源下风向的单位周界外范围内。如预计无组织排放的最大落地浓度点越出10m范围，可将监控点移至该预计浓度最高点。
③ 均指含游离二氧化硅10%以上的各种尘。
④ 排放氯气筒不得低于25m。
⑤ 排放氰化氢的排气筒不得低于25m。
⑥ 排放光气的排气筒不得低于25m。

附录5　锅炉烟尘最高允许排放浓度和烟气黑度限值（摘自GB 13271—2001）

锅炉类别		适用区域	烟尘排放浓度(mg/m^3)		烟气黑度(林格曼黑度,级)
			Ⅰ时段	Ⅱ时段	
燃煤锅炉	自然通风锅炉[<0.7MW(1t/h)]	一类区	100	80	Ⅰ
		二、三类区	150	120	
	其他锅炉	一类区	100	80	Ⅰ
		二类区	250	200	
		三类区	350	250	
燃油锅炉	轻柴油、煤油	一类区	80	80	Ⅰ
		二、三类区	100	100	
	其他燃料油	一类区	100	80*	Ⅰ
		二、三类区	200	150	
燃气锅炉		全部区域	50	50	Ⅰ

注：*一类区禁止新建以重油、油渣为燃料的锅炉。

附录6　锅炉二氧化硫和氮氧化物最高允许排放浓度（摘自GB 13271—2001）

锅炉类别		适用区域	SO_2排放浓度(mg/m^3)		NO_2排放浓度(mg/m^3)	
			Ⅰ时段	Ⅱ时段	Ⅰ时段	Ⅱ时段
燃煤锅炉		全部区域	1200	900	/	/
燃油锅炉	轻柴油、煤油	全部区域	700	500	/	400
	其他燃料油	全部区域	1200	900*	/	400*
燃气锅炉		全部区域	100	100	/	400

注：*一类区禁止新建以重油、油渣为燃料的锅炉。

附录 7　燃煤锅炉烟尘初始排放浓度和烟气黑度限值（摘自 GB 13271—2001）

锅炉类别		燃煤收到基灰分（%）	烟尘排放浓度（mg/m^3）		烟气黑度（林格曼黑度，级）
			Ⅰ时段	Ⅱ时段	
层燃锅炉	自然通风锅炉［0.7MW(1t/h)］	/	150	120	Ⅰ
	其他锅炉［≤2.8MW(4t/h)］	Aar≤25%	1800	1600	
		Aar>25%	2000	1800	
	其他锅炉［>2.8MW(4t/h)］	Aar≤25%	2000	1800	
		Aar>25%	2200	2000	
沸腾锅炉	循环流化床锅炉	/	15000	15000	Ⅰ
	其他沸腾锅炉	/	20000	18000	Ⅰ
抛煤机锅炉		/	5000	5000	Ⅰ

附录 8　镀槽边缘控制点的吸入速度 v_x（m/s）

槽的用途	溶液中主要有害物	溶液温度（℃）	电流密度（A/cm^2）	v_x（m/s）
镀铬	H_2SO_4、CrO_3	55～58	20～35	0.5
镀耐磨铬	H_2SO_4、CrO_3	68～75	35～70	0.5
镀铬	H_2SO_4、CrO_3	40～50	10～20	0.4
电化学抛光	H_3PO_4、H_2SO_4、CrO_3	70～90	15～20	0.4
电化学腐蚀	H_2SO_4、KCN	15～25	8～10	0.4
氰化镀锌	ZnO、NaCH、NaOH	40～70	5～20	0.4
氰化镀铜	CuCN、NaOH、NaCN	55	2～4	0.4
镍层电化学抛光	H_2SO_4、CrO_3、$C_3H_5(OH)_3$	40～45	15～20	0.4
铝件电抛光	H_3PO_4、$C_3H_5(OH)_3$	85～90	30	0.4
电化学去油	NaOH、Na_2CO_3、Na_3PO_4、Na_2SiO_3	～80	3～8	0.35
阳极腐蚀	H_2SO_4	15～25	3～5	0.35
电化学抛光	H_3PO_4	18～20	1.5～2	0.35
镀隔	NaCH、NaOH、Na_2SO_4	15～25	1.5～4	0.35
氰化镀锌	ZnO、NaCN、NaOH	15～30	2～5	0.35
镀铜锡合金	NaCN、CuCN、NaOH、Na_2SnO_3	65～70	2～2.5	0.35
镀镍	$NiSO_4$、NaCl、$COH_5(SO_3Na)_2$	50	3～4	0.35
镀锡（碱）	Na_2SnO_3、NaOH、CH_3COONa、H_2O_2	65～75	1.5～2	0.35
镀锡（滚）	Na_2SnO_3、NaOH、CH_3COONa	70～80	1～4	0.35
镀锡（酸）	SnO_4、NaOH、H_2SO、C_6H_6OH	65～75	0.5～2	0.35
氰化电化学浸蚀	KCN	15～25	3～5	0.35
镀金	$K_4Fe(CN)$、Na_2CO_3、$H(AuCl)_4$	70	4～6	0.35
铝件电抛光	Na_3PO_4	—	20～25	0.35
钢件电化学氧化	NaOH	80～90	5～10	0.35
退铬	NaOH	室温	5～10	0.35
酸性镀铜	$CuCO_4$、H_2SO_4	15～25	1～2	0.3
氰化镀黄铜	CuCN、NaCN、Na_2SO_3、$Zn(CN)_2$	20～30	0.3～0.5	0.3
氰化镀黄铜	CuCN、NaCN、NaOH、Na_2CO_3、$Zn(CN)_2$	15～25	1～1.5	0.3
镀镍	$NiSO_4$、Na_2SO_4、NaCl、$MgSO_4$	15～25	0.5～1	0.3
镀锡铅合金	Pb、Sn、H_3BO_4、HBF_4	15～25	1～1.2	0.3
电解纯化	Na_2CO_3、K_2CrO_4、H_2CO_5	20	1～6	0.3
铝阳极氧化	H_2SO_4	15～25	0.8～2.5	0.3
铝件阳极绝缘氧化	C_2H_4O	20～45	1～5	0.3
退铜	H_2SO_4、CrO_3	20	3～8	0.3
退镍	H_2SO_4、$C_3H_5(OH)_3$	20	3～8	0.3
化学去油	NaOH、Na_2CO_3、Na_3PO_4	—	—	0.3
黑镍	$NiSO_4$、$(NH_4)_2SO_4$、$ZnSO_4$	15～25	0.2～0.3	0.25
镀银	KCN、AgCl	20	0.5～1	0.25
预镀银	KCN、K_2CO_3	15～25	1～2	0.25
镀银后黑化	Na_2S、Na_2SO_3、$(CH_3)_2CO$	15～25	0.08～0.1	0.25
镀铍	$BeSO_4$、$(NH_4)_2Mo_7O_2$	15～25	0.005～0.02	0.25
镀金	KCN	20	0.1～0.2	0.25

续表

槽的用途	溶液中主要有害物	溶液温度（℃）	电流密度（A/cm^2）	v_x（m/s）
镀钯	Pa、NH_4Cl、NH_4OH、NH_3	20	0.25～0.5	0.25
铝件铬酐阳极氧化	CrO_3	15～25	0.01～0.02	0.25
退银	AgCl、KCN、Na_2CO_3	20～30	0.3～0.1	0.25
退锡	NaOH	60～75	1	0.25
热水槽	水蒸汽	＞50	—	0.25

注：v_x 值系根据溶液浓度、成分、温度和电流密度等因素综合确定。

附录9　通风管道单位长度摩擦阻力线算图

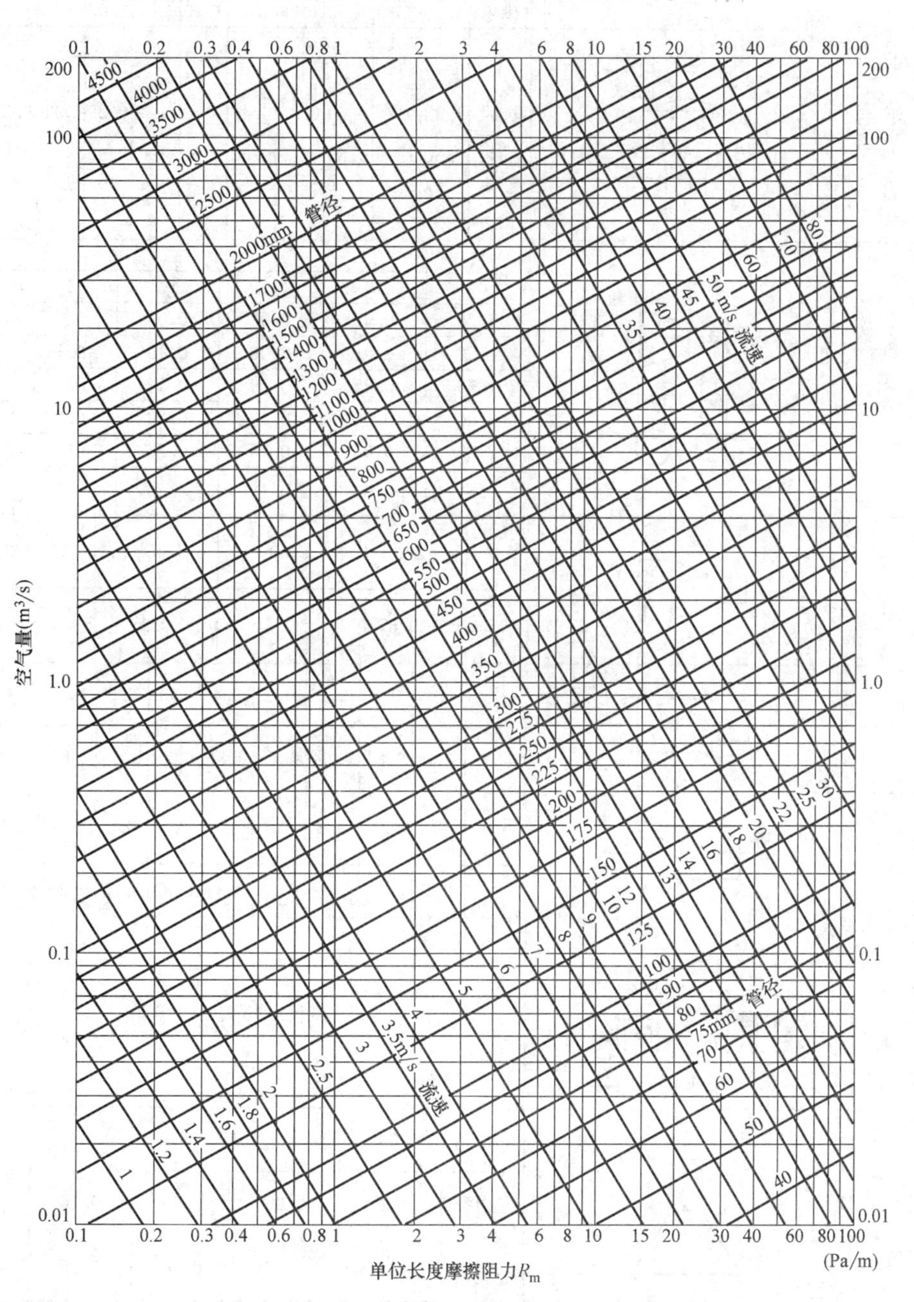

附录 10　局部阻力系数

序号	名称	图形和断面	局部阻力系数 ζ（ζ 值以图内所示的速度 v 计算）

1　伞形风帽（管边尖锐）

h/D_0	0.1	0.2	0.3	0.4	0.5	0.6	0.7	0.8	0.9	1.0	∞
进风	2.63	1.83	1.53	1.39	1.31	1.19	1.15	1.08	1.07	1.06	1.06
排风	4.00	2.30	1.60	1.30	1.15	1.10	—	1.00	—	1.00	—

2　带扩散管的伞形风帽

h/D_0	0.1	0.2	0.3	0.4	0.5	0.6	0.7	0.8	0.9	1.0	∞
进风	1.32	0.77	0.60	0.48	0.41	0.30	0.29	0.28	0.25	0.25	0.25
排风	2.60	1.30	0.80	0.7	0.60	0.60	—	0.60	—	0.60	—

3　渐扩管

$\frac{F_t}{F_0}$ \ α°	10	15	20	25	30
1.25	0.02	0.03	0.05	0.06	0.07
1.50	0.03	0.06	0.10	0.12	0.13
1.75	0.05	0.09	0.14	0.17	0.19
2.00	0.06	0.13	0.20	0.23	0.26
2.25	0.08	0.16	0.26	0.38	0.33
3.50	0.09	0.19	0.30	0.36	0.39

4　渐扩管

α	22.5	30	45	90
ζ_1	0.6	0.8	0.9	1.0

5　突扩

$\frac{F_1}{F_2}$	0	0.1	0.2	0.3	0.4	0.5	0.6	0.7	0.9	1.0
ζ_1	1.0	0.81	0.64	0.49	0.36	0.25	0.16	0.09	0.01	0

6　突缩

$\frac{F_2}{F_1}$	0	0.1	0.2	0.3	0.4	0.5	0.6	0.7	0.9	1.0
ζ_2	0.5	0.47	0.42	0.38	0.34	0.30	0.25	0.20	0.09	0

7　渐缩管

当 $\alpha \leqslant 45^\circ$ 时　$\zeta = 0.10$

8　伞形罩

α°	20	40	60	90	120
图形	0.11	0.06	0.09	0.16	0.27
矩形	0.19	0.13	0.16	0.25	0.33

续表

序号	名称	图形和断面	局部阻力系数 ζ（ζ值以图内所示的速度 v 计算）
9	圆（方）弯管		曲线图：纵坐标 ζ（0～0.5），横坐标 $\alpha°$（30、60、90、120、150、180），曲线 r/d=0.75、1.0、1.25、1.5、2.0、3.0、6.0
10	矩形弯头		见下表
11	板弯头带导叶		1. 单叶式 $\zeta=0.35$ 2. 双叶式 $\zeta=0.10$
12	乙形管		见下表
13	乙形弯	$b_0=h$	见下表
14	Z形弯		见下表
15		$F_1+F_2=F_3$ $\alpha=30°$	见下表

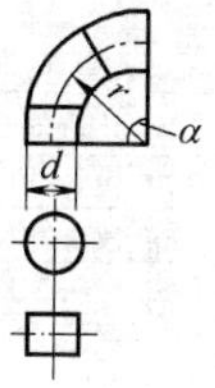

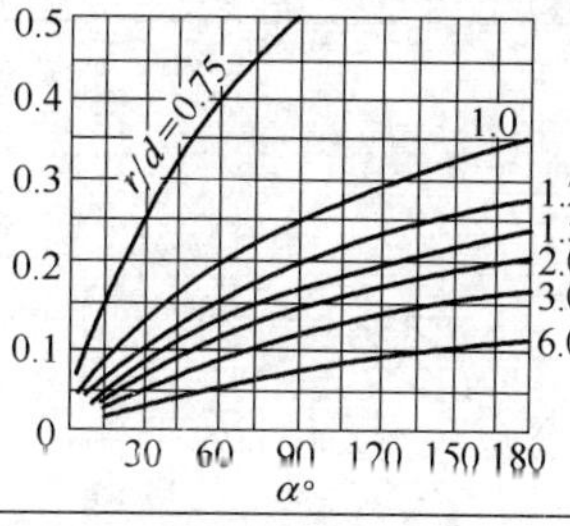

10 矩形弯头

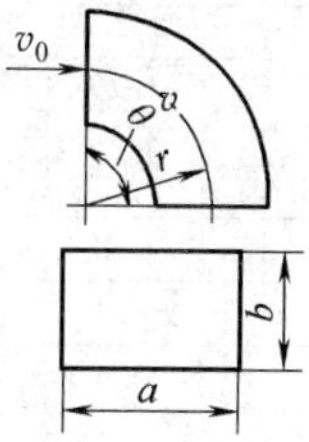

r/b	a/b										
	0.25	0.5	0.75	1.0	1.5	2.0	3.0	4.0	5.0	6.0	8.0
0.5	1.5	1.4	1.3	1.2	1.1	1.0	1.0	1.1	1.1	1.2	1.2
0.75	0.57	0.52	0.48	0.44	0.40	0.39	0.39	0.40	0.42	0.43	0.44
1.0	0.27	0.25	0.23	0.21	0.19	0.18	0.18	0.19	0.20	0.27	0.21
1.5	0.22	0.20	0.19	0.17	0.15	0.14	0.14	0.15	0.16	0.17	0.17
2.0	0.20	0.18	0.16	0.15	0.14	0.13	0.13	0114	0.14	0.15	0.15

12 乙形管

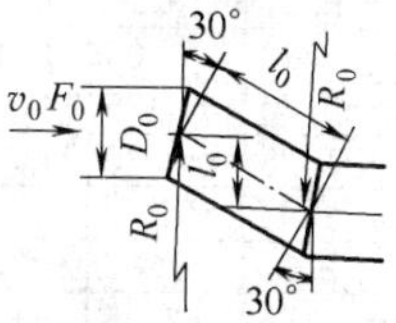

l_0/D_0	0	1.0	2.0	3.0	4.0	5.0	6.0
R_0/D_0	0	1.90	3.74	5.60	7.46	9.30	11.3
ζ	0	0.15	0.15	0.16	0.16	0.16	0.16

13 乙形弯

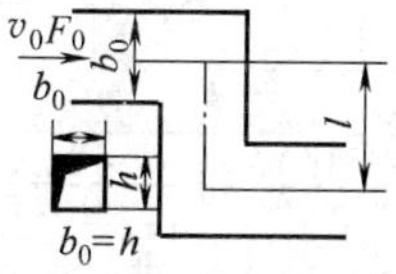

l/b_0	0	0.4	0.6	0.8	1.0	1.2	1.4	1.6	1.8	2.0
ζ	0	0.62	0.89	1.61	2.63	3.61	4.01	4.18	4.22	4.18
l/b_0	2.4	2.8	3.2	4.0	5.0	6.0	7.0	9.0	10.0	∞
ζ	3.75	3.31	3.20	3.08	2.92	2.80	2.70	2.5	2.41	2.30

14 Z形弯

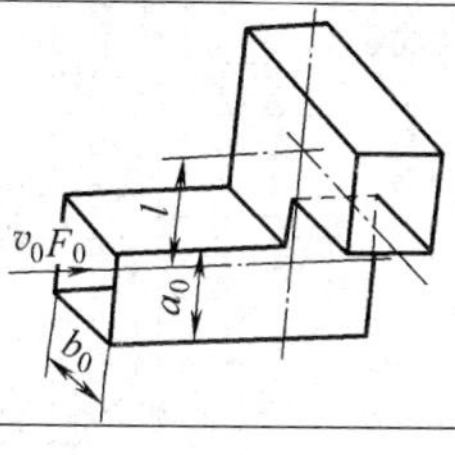

l/b_0	0	0.4	0.6	0.8	1.0	1.2	1.4	1.6	1.8	2.0
ζ	1.15	2.40	2.90	3.31	3.44	3.40	3.36	3.28	3.20	3.11
l/b_0	2.4	2.8	3.2	4.0	5.0	6.0	7.0	9.0	10.0	∞
ζ	3.16	3.18	3.15	3.00	2.89	2.78	2.70	2.50	2.41	2.30

15 局部阻力系数 ζ（ζ_1、ζ_2 值以图内所示速度 v_1、v_2 计算）

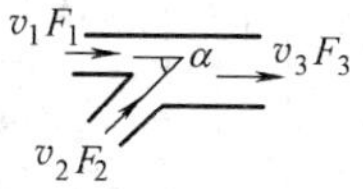

F_2/F_3	L_2/L_3											
	0.00	0.03	0.05	0.1	0.2	0.3	0.4	0.5	0.6	0.7	0.8	1.0
	ζ_2											
0.06	−1.13	−0.07	−0.30	+1.82	10.1	23.3	41.5	65.2	—	—	—	—
0.10	−1.22	−1.00	−0.76	+0.02	2.88	7.34	13.4	21.1	29.4	—	—	—
0.20	−1.50	−1.35	−1.22	−0.84	0.05	+1.4	2.70	4.46	6.48	8.70	11.4	17.3
0.33	−2.00	−1.80	−1.70	−1.40	−0.72	−0.12	+0.52	1.20	1.89	2.56	3.30	4.80
0.50	−3.00	−2.80	−2.6	−2.24	−1.44	−0.91	−0.36	0.14	0.56	0.84	1.18	1.53
	ζ_1											
0.01	0	0.06	0.04	−0.10	−0.81	−2.10	−4.07	−6.60	—	—	—	—
0.10	0.01	0.10	0.08	0.04	−0.33	−1.05	−2.14	−3.60	5.40	—	—	—
0.20	0.06	0.10	0.13	0.16	0.06	−0.24	−0.73	−1.40	−2.30	−3.34	−3.59	−8.64
0.33	0.42	0.45	0.48	0.51	0.52	+0.32	+0.07	−0.32	−0.83	−1.47	−2.19	−4.00
0.50	1.40	1.40	1.40	1.36	1.26	1.09	+0.86	+0.53	0.15	−0.52	−0.82	−2.07

续表

序号	名称	图形和断面	局部阻力系数 $\zeta\left(\begin{matrix}\zeta_1\\ \zeta_2\end{matrix}值以图内所示速度\begin{matrix}v_1\\ v_2\end{matrix}计算\right)$
16	合流三通(分支管)	v_1F_1, v_3F_3, v_2F_2, α $F_1+F_2>F_3$ $F_1=F_3$ $\alpha=30°$	见下表

$\frac{L_2}{L_3}$	F_2/F_3 0.1	0.2	0.3	0.4	0.6	0.8	1.0
	ζ_2						
0	−1.00	−1.00	−1.00	−1.00	−1.00	−1.00	−1.00
0.1	+0.21	−0.46	−0.57	−0.60	−0.62	−0.63	−0.63
0.2	3.1	+0.37	−0.06	−0.20	−0.28	−0.30	−0.35
0.3	7.6	1.5	+0.50	+0.20	+0.05	−0.08	−0.10
0.4	13.50	2.95	1.15	0.59	0.26	+0.18	+0.16
0.5	21.2	4.58	1.78	0.97	0.44	0.35	0.27
0.6	30.4	6.42	2.60	1.37	0.64	0.46	0.31
0.7	41.3	8.5	3.40	1.77	0.76	0.56	0.40
0.8	53.8	11.5	4.22	2.14	0.85	0.53	0.45
0.9	58.0	14.2	5.30	2.58	0.89	0.52	0.40
1.0	83.7	17.3	6.33	2.92	0.89	0.39	0.27

序号	名称	图形和断面
17	合流三通(直管)	v_1F_1, v_0F_0, v_2F_2, α $F_1+F_2>F_3$ $F_1=F_3$ $\alpha=30°$

$\frac{L_2}{L_3}$	F_2/F_3 0.1	0.2	0.3	0.4	0.6	0.8	1.0
	ζ_1						
0	0.00	0	0	0	0	0	0
0.1	0.02	0.11	0.13	0.15	0.16	0.17	0.17
0.2	−0.33	0.01	0.13	0.18	0.20	0.24	0.29
0.3	−1.10	−0.25	−0.01	+0.10	0.22	0.30	0.35
0.4	−2.15	−0.75	−0.30	−0.05	0.17	0.26	0.36
0.5	−3.60	−1.43	−0.70	−0.35	0.00	0.21	0.32
0.6	−5.40	−2.35	−1.25	−0.70	−0.20	+0.06	0.25
0.7	−7.60	−3-40	−1.95	−1.2	−0.50	−0.15	+0.10
0.8	−10.1	−4.61	−2.74	−1.82	−0.90	−0.43	−0.15
0.9	−13.0	−6.02	−3.70	−2.55	−1.40	−0.80	−0.45
1.0	−16.30	−7.70	−4.75	−3.35	−1.90	−1.17	−0.75

序号	名称	图形和断面
18	合流三通	F_2L_2, F_1L_1, F_3L_3, 45°

ζ值

支管 ζ_{31}(对应 v_s)

$\frac{F_2}{F_1}$	$\frac{F_3}{F_1}$	L_3/L_2 0.2	0.4	0.6	0.8	1.0	1.2	1.4	1.6	1.8	2.0
0.3	0.2	−2.4	−0.01	2.0	3.8	5.3	6.6	7.8	8.9	9.8	11
	0.3	−2.8	−1.2	0.12	1.1	1.9	2.6	3.2	3.7	4.2	4.6
0.4	0.2	−1.2	0.93	2.8	4.5	5.9	7.2	8.4	9.5	10	11
	0.3	−1.6	−0.27	0.81	1.7	2.4	3.0	3.6	4.1	4.5	4.9
	0.4	−1.8	−0.72	0.07	0.66	1.1	1.5	1.8	2.1	2.3	2.5
0.5	0.2	−0.46	1.5	3.3	4.9	6.4	7.7	8.8	9.9	11	12
	0.3	−0.94	0.25	1.2	2.0	2.7	3.3	3.8	4.2	4.7	5.0
	0.4	−1.1	−0.24	0.42	0.92	1.3	1.6	1.9	2.1	2.3	2.5
	0.5	−1.2	−0.38	0.18	0.58	0.88	1.1	1.3	1.5	1.5	1.7
0.6	0.2	−0.55	1.3	3.1	4.7	6.1	7.4	8.6	9.6	11	12
	0.3	−1.1	0	0.88	1.6	2.3	2.8	3.3	3.7	4.1	4.5
	0.4	−1.2	−0.48	0.10	0.54	0.89	1.2	1.4	1.6	1.8	2.0
	0.5	−1.3	−0.62	−0.14	0.21	0.47	0.68	0.85	0.99	1.1	1.2
	0.6	−1.3	−0.69	−0.26	0.04	0.26	0.42	0.57	0.66	0.75	0.82
0.8	0.2	0.06	1.8	3.5	5.1	6.5	7.8	8.9	10	11	12
	0.3	−0.52	0.35	1.1	1.7	2.3	2.8	3.2	3.6	3.9	4.2
	0.4	−0.67	−0.05	0.43	0.80	1.1	1.4	1.6	1.8	1.9	2.1
	0.6	−0.75	−0.27	0.05	0.28	0.45	0.58	0.68	0.76	0.83	0.88
	0.7	−0.77	−0.31	−0.02	0.18	0.32	0.43	0.50	0.56	0.61	0.65
	0.8	−0.78	−0.34	−0.07	0.12	0.24	0.33	0.39	0.44	0.47	0.50
1.0	0.2	0.40	2.1	3.7	5.2	6.6	7.8	9.0	11	11	12
	0.3	−0.21	0.54	1.2	1.8	2.3	2.7	3.1	3.7	3.7	4.0
	0.4	−0.33	0.21	0.62	0.96	1.2	1.5	1.7	2.0	2.0	2.1
	0.5	−0.38	0.05	0.37	0.60	0.79	0.93	1.1	1.2	1.2	1.3
	0.6	−0.41	−0.02	0.23	0.42	0.55	0.66	0.73	0.80	0.85	0.89
	0.8	−0.44	−0.10	0.11	0.24	0.33	0.39	0.43	0.46	0.47	0.48
	1.0	−0.46	−0.14	0.05	0.16	0.23	0.27	0.29	0.30	0.30	0.29

续表

序号	名称	图形	ζ值

18 合流三通

直管 ζ_{21}（对应 v_2）

$\frac{F_2}{F_1}$	$\frac{F_3}{F_1}$	L_3/L_2 0.2	0.4	0.6	0.8	1.0	1.2	1.4	1.6	1.8	2.0
0.3	0.2	5.3	−0.01	2.0	1.1	0.34	−0.20	−0.61	−0.93	−1.2	−1.4
	0.3	5.4	3.7	2.5	1.6	1.0	0.53	0.16	−0.14	−0.38	−0.58
0.4	0.2	1.9	1.1	0.46	−0.07	−0.49	−0.83	−1.1	−1.3	−1.5	−1.7
	0.3	2.0	1.4	0.81	0.42	0.08	−0.20	−0.43	−0.62	−0.78	−0.92
	0.4	2.0	1.5	1.0	0.68	0.39	0.16	−0.04	−0.21	−0.35	−0.47
0.5	0.2	0.77	0.34	−0.09	−0.48	−0.81	−1.1	1.3	−1.5	−1.7	−1.8
	0.3	0.85	0.56	0.25	0.03	−0.27	−0.48	−0.67	−0.82	−0.96	−1.1
	0.4	0.88	0.66	0.43	0.21	0.02	−0.15	−0.30	−0.42	−0.54	−0.64
	0.5	0.91	0.73	0.54	0.36	0.21	0.06	−0.06	−0.17	−0.26	−0.35

19 通风机出口变径管

α^0	A_0/A_1 1.5	2	2.5	3	3.5	4
10	0.08	0.09	0.1	0.1	0.11	0.11
15	0.1	0.11	0.12	0.13	0.11	0.15
20	0.12	0.14	0.15	0.16	0.17	0.18
25	0.15	0.18	0.21	0.23	0.25	0.26
30	0.18	0.25	0.3	0.33	0.35	0.35
35	0.21	0.31	0.38	0.41	0.43	0.44

20 分流三通

局部阻力系数ζ（ζ值以图内所示的速度 v 计算）

支管道（对应 v_3）

v_s/v_1	0.2	0.4	0.6	0.7	0.8	0.9	1.0	1.1	1.2
ζ_{1s}	0.76	0.60	0.52	0.50	0.51	0.52	0.56	0.6	0.68
v_s/v_1	1.4	1.6	1.8	2.0	2.2	2.4	2.6	2.8	3.0
ζ_{1s}	0.86	1.1	1.4	1.8	2.2	2.6	3.1	3.7	4.2

主管道（对应 v_2）

v_s/v_1	0.2	0.4	0.6	0.8	1.0	1.2	1.4	1.6	1.8	2.0
ζ_{12}	0.14	0.06	0.05	0.09	0.18	0.30	0.46	0.64	0.84	1.0

21 90°矩形断面吸入三通

$\frac{L_2}{L_1}$	$\frac{F_2}{F_3}$ 0.25	0.50	1.0	$\frac{F_2}{F_3}$ 0.5	1.0
	ζ_2（对应 v_2）			ζ_3（对应 v_3）	
0.1	−0.6	−0.6	−0.6	0.20	0.20
0.2	0.0	−0.2	−0.3	0.20	0.22
0.3	0.4	0.0	−0.1	0.10	0.25
0.4	1.2	0.5	0.0	0.0	0.24
0.5	2.3	0.40	0.1	−0.1	0.20
0.6	3.6	0.70	0.2	−0.2	0.18
0.7	—	1.0	0.3	−0.3	0.15
0.8	—	1.5	0.4	−0.4	0.00

22 矩形三通

F_2/F_1	0.5	1
分流	0.304	0.247
合流	0.233	0.072

续表

序号	名称	图形和断面	局部阻力系数ζ(ζ值以图内所示的速度v计算)

23 圆形三通

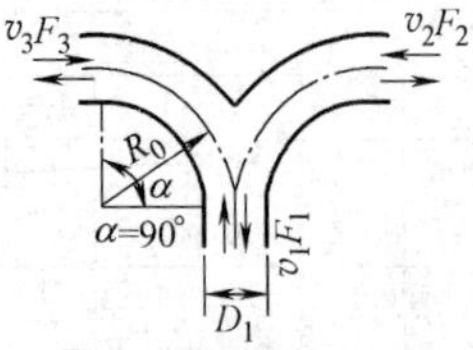

合流($R_0/D_1=2$)

L_3/L_1	0	0.10	0.20	0.30	0.40	0.50	0.60	0.70	0.80	0.90	1.0
ζ_1	−0.13	−0.10	−0.07	−0.03	0	+0.03	0.03	0.03	0.03	0.05	0.08

分流($F_3/F=0.5$,$L_3/L_1=0.5$)

R_0/D_1	0.5	0.75	1.0	1.5	2.0
ζ_1	1.10	0.60	0.40	0.25	0.20

24 直角三通

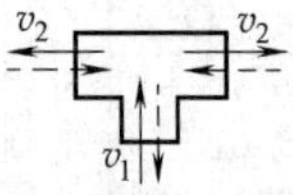

v_2/v_1	0.6	0.8	1.0	1.2	1.4	1.6
ζ_{12}	1.18	1.32	1.50	1.72	1.98	2.28
ζ_{21}	0.6	0.8	1.0	1.6	1.9	2.5

25 矩形送出三通

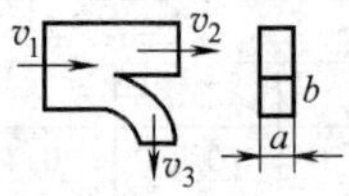

$v_2/v_1<1$时可不计,$v_2/v_1\geqslant 1.0$时

x	0.25	0.5	0.75	1.0	1.25
ζ_2	0.21	0.07	0.05	0.15	0.36
ζ_3	0.30	0.20	0.30	0.4	0.65

表中:$x=\left(\frac{v_3}{v_1}\right)\times\left(\frac{a}{b}\right)^{1/4}$

$\Delta P=\zeta\frac{\rho v_1^2}{2}$

26 矩形吸入三通

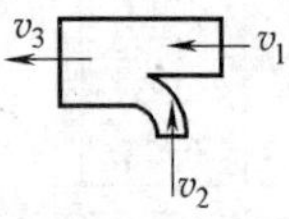

v_1/v_3	0.4	0.6	0.8	1.0	1.2	1.5
$\frac{F_1}{F_3}=0.75$	−1.2	−0.3	0.35	0.8	1.1	—
0.67	−1.7	−0.9	−0.3	0.1	0.45	0.7
0.60	−2.1	−0.3	−0.8	0.4	0.1	0.2
ζ_2	−1.3	−0.9	−0.5	0.1	0.55	1.4

$\Delta P=\zeta\frac{\rho v_3^2}{2}$

27 侧孔吸风

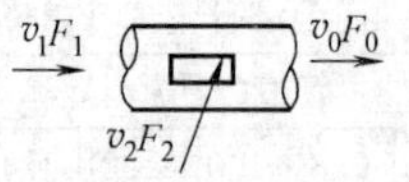

$\frac{F_2}{F_1}$	L_2/L_0 = 0.1	0.2	0.3	0.4	0.5
	ζ_0				
0.1	0.8	1.3	1.4	1.4	1.4
0.2	−1.4	0.9	1.3	1.4	1.4
0.4	−9.5	0.2	0.9	1.2	1.3
0.6	−21.2	−2.5	0.3	1.0	1.2

$\frac{F_2}{F_1}$	L_2/L_0 = 0.1	0.2	0.3	0.4
	ζ_1			
0.1	0.1	−0.1	−0.8	−2.6
0.2	0.1	0.2	−0.01	−0.6
0.4	0.2	0.3	0.3	0.2
0.6	0.2	0.3	0.4	0.4

28 调节式送风口

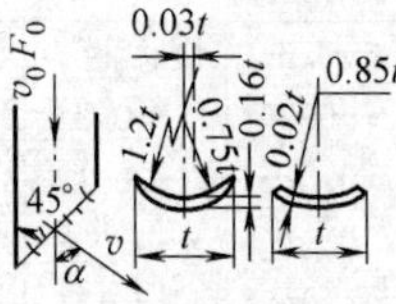

$a°$	30	40	50	60	70	80	90	100	110
流线形叶片	6.4	2.7	1.7	1.6	—	—	—	—	—
简易叶片	—	—	—	1.2	1.2	1.4	1.8	2.4	3.5

29 带外挡板的条缝形送风口

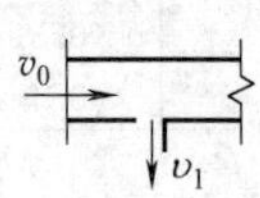

v_1/v_0	0.6	0.8	1.0	1.2	1.5	2.0
ζ_1	2.73	3.3	4.0	4.9	6.5	10.4

30 侧面送风口

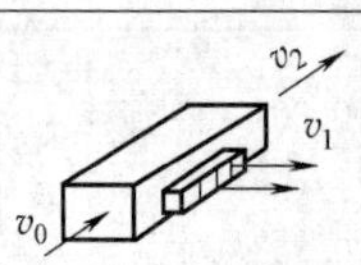

$\zeta=2.04$

续表

序号	名称	图形和断面	局部阻力系数 ζ（ζ 值以图内所示的速度 v 计算）

31　45°的固定金属百叶窗

$\frac{F_1}{F_0}$	0.1	0.2	0.3	0.4	0.5	0.6	0.7	0.8	0.9	1.0
进风 ζ	—	45	17	6.8	4.0	2.3	1.4	0.9	0.6	0.5
排风 ζ	—	58	24	13	8.0	5.3	3.7	2.7	2.0	1.5

F_0—净面积

32　单面空气分布器

当网格净面积为 80%时　$r=0.2D$　$R=1.2D$

$b=0.7D$　$l=1.25D$

$\zeta=1.0$　$K=1.8D$

33　侧面孔口（最后孔口）

	F/F_0	0.2	0.3	0.4	0.5	0.6	0.7	0.8	0.9	1.0	1.2	1.4	1.6	1.8
送出	单孔													
	ζ	65.7	30.0	16.4	10.0	7.30	5.50	4.48	3.67	3.16	2.44	—	—	—
	双孔													
	ζ	67.7	33.0	17.2	11.6	8.45	6.80	5.86	5.00	4.38	3.47	2.90	2.52	2.25
吸入	单孔													
	ζ	64.5	30.0	14.9	9.11	6.27	4.54	3.54	2.70	2.28	1.60	—	—	—
	双孔													
	ζ	65.5	36.5	17.0	12.0	8.75	6.85	5.50	4.54	3.84	2.76	2.01	1.40	1.10

34　墙孔

$\frac{l}{h}$	0.0	0.2	0.4	0.6	0.8	1.0	1.2	1.4	1.6	1.8	2.0	4.0
ζ	2.83	2.72	2.60	2.34	1.95	1.76	1.67	1.62	1.6	1.6	1.55	1.55

35　孔板送风口

v	开孔率 0.2	0.3	0.4	0.5	0.6
0.5	30	12	6.0	3.6	2.3
1.0	33	13	6.8	4.1	2.7
1.5	35	14.5	7.4	4.6	3.0
2.0	39	15.5	7.8	4.9	3.2
2.5	40	16.5	8.3	5.2	3.4
3.0	41	17.5	8.0	5.5	3.7

$\Delta P=\zeta\frac{v^2\rho}{2}$

v 为面风速

36　插板阀

ζ 值（相应风速为管内风速 v_0）

h/D_0	0	0.1	0.125	0.2	0.3	0.4	0.5	0.6	0.7	0.8	0.9	1.0
圆管												
F_h/F_0	0	—	0.16	0.25	0.38	0.50	0.61	0.71	0.81	0.90	0.96	1.0
ζ	∞	—	97.9	35.0	10.0	4.60	2.06	0.98	0.44	0.17	0.06	0
矩形管												
ζ	∞	193	—	44.5	17.8	8.12	4.02	2.08	0.95	0.39	0.09	0

附录11　通风管道统一规格

一、圆形通风管道规格

外径 D (mm)	钢板制风管		塑料制风管	
	外径允许偏差 (mm)	壁厚 (mm)	外径允许偏差 (mm)	壁厚 (mm)
100				
120				
140		0.5		3.0
160				
180				
200				
220			±1	
250				
280				
320		0.75		
360				
400				4.0
450	±1			
500				
560				
630				
700				
800		1.0		5.0
900				
1000				
1120			±1.5	
1250				
1400				
1600		1.2～1.5		6.0
1800				
2000				

外径 D (mm)	除尘风管		气密性风管	
	外径允许偏差 (mm)	壁厚 (mm)	外径允许偏差 (mm)	壁厚 (mm)
80 90 100				
110 120				
(130) 140				
(150) 160				
(170) 180				
(190) 200				
(210) 220		1.5		2.0
(240) 250				
(260) 280				
(300) 320				
(340) 360				
(380) 400				
(420) 450	±1		±1	
(480) 500				
(530) 560				
(600) 630				
(670) 700				
(750) 800				
(850) 900		2.0		3.0～4.0
(950) 1000				
(1060) 1120				
(1180) 1250				
(1320) 1400				
(1500) 1600				
(1700) 1800		3.0		4.0～6.0
(1900) 2000				

二、矩形通风管道规格

<table>
<tr><th rowspan="2">外边长 A×B (mm)</th><th colspan="2">钢板制风管</th><th colspan="2">塑料制风管</th><th rowspan="2">外边长 A×B (mm)</th><th colspan="2">钢板制风管</th><th colspan="2">塑料制风管</th></tr>
<tr><th>外边长允许偏差 (mm)</th><th>壁厚 (mm)</th><th>外边长允许偏差 (mm)</th><th>壁厚 (mm)</th><th>外边长允许偏差 (mm)</th><th>壁厚 (mm)</th><th>外边长允许偏差 (mm)</th><th>壁厚 (mm)</th></tr>
<tr><td>120×120</td><td rowspan="26">−2</td><td rowspan="6">0.5</td><td rowspan="23">−2</td><td rowspan="14">3.0</td><td>630×500</td><td rowspan="26">−2</td><td rowspan="13">1.0</td><td rowspan="26">−3</td><td rowspan="7">5.0</td></tr>
<tr><td>160×120</td><td>630×630</td></tr>
<tr><td>160×160</td><td>800×320</td></tr>
<tr><td>220×120</td><td>800×400</td></tr>
<tr><td>200×160</td><td>800×500</td></tr>
<tr><td>200×200</td><td>800×630</td></tr>
<tr><td>250×120</td><td rowspan="17">0.75</td><td>800×800</td></tr>
<tr><td>250×160</td><td>1000×320</td><td rowspan="11">6.0</td></tr>
<tr><td>250×200</td><td>1000×400</td></tr>
<tr><td>250×250</td><td>1000×500</td></tr>
<tr><td>320×160</td><td>1000×630</td></tr>
<tr><td>320×200</td><td>1000×800</td></tr>
<tr><td>320×250</td><td>1000×1000</td></tr>
<tr><td>320×320</td><td>1250×400</td><td rowspan="13">1.2</td></tr>
<tr><td>400×200</td><td rowspan="9">4.0</td><td>1250×500</td></tr>
<tr><td>400×250</td><td>1250×630</td></tr>
<tr><td>400×320</td><td>1250×800</td></tr>
<tr><td>400×400</td><td>1250×1000</td></tr>
<tr><td>500×200</td><td>1600×500</td><td rowspan="8">8.0</td></tr>
<tr><td>500×250</td><td>1600×630</td></tr>
<tr><td>500×320</td><td>1600×800</td></tr>
<tr><td>500×400</td><td>1600×1000</td></tr>
<tr><td>500×500</td><td>1600×1250</td></tr>
<tr><td>630×250</td><td rowspan="3">1.0</td><td rowspan="3">−3.0</td><td rowspan="3">5.0</td><td>2000×800</td></tr>
<tr><td>630×320</td><td>2000×1000</td></tr>
<tr><td>630×400</td><td>2000×1250</td></tr>
</table>

注：1. 本通风管道统一规格系经“通风管道定型化”审查会议通过，作为通用规格在全国使用。
2. 除尘、气密性风管规格中分基本系列和辅助系列，应优先采用基本系列（即不加括号数字）。

附录 12 各种粉尘的爆炸浓度下限

名 称	(g/m³)	名 称	(g/m³)	名 称	(g/m³)	名 称	(g/m³)
铝粉末	85.0	饲粉粉末	7.6	萘	2.5	六次甲基四胺	15.0
蒽	5.0	咖啡	42.8	燕麦	30.2	棉花	25.2
酪素赛璐璐尘末	8.0	染料	270.0	麦糠	10.1	菊苣(蒲公英属)	45.4
碗豆	25.2	马铃薯淀粉	40.3	沥青	15.0	茶叶末	32.8
二苯基	12.5	玉蜀黍	37.8	甜菜糖	8.9	兵豆	10.1
木屑	65.0	木质	30.2	甘草尘土	20.2	虫胶	15.0
渣饼	20.2	亚麻皮屑	16.7	硫磺	2.3	一级硬橡胶尘末	7.6
工业用酪素	32.8	玉蜀黍粉	12.6	硫矿粉	13.9	谷仓尘末	227.0
樟脑	10.0	硫的磨碎粉末	10.1	页岩粉	58.0	电子尘	30.0
煤末	114.0	奶粉	7.6	烟草末	68.0		
松香	5.0	面粉	30.2	泥炭粉	10.1		

附录13 气体和蒸气的爆炸极限浓度

名称	气体、蒸气比重	爆炸浓度				生产类别	发火点(℃)
		按体积(%)		按质量(mg/m³)			
		下限	上限	下限	上限		
氨	0.59	16.00	27.00	111.20	187.70	乙	
乙炔	0.90	3.50	82.00	37.20	870.00	甲	
汽油	3.15	1.00	6.00	37.20	223.20	甲	−50～+30
苯	2.77	1.50	9.50	49.10	31.00	甲	−50～+10
氢	0.07	9.15	75.00	3.45	62.50	甲	
水煤气	0.54	12.00	66.00	81.50	423.50	乙	
发生炉煤气	2.90	20.70	73.70	221.00	755.00	乙	
高炉煤气	—	35.00	74.00	315.00	666.00	乙	
甲烷	0.55	5.00	16.00	32.60	104.20	甲	
甲苯	3.20	1.20	7.00	45.50	266.00	甲	
丙烷	1.52	2.30	9.50	41.50	170.50	甲	
乙烷	1.03	3.00	15.00	30.10	180.50	甲	
戊烷	2.49	1.40	8.00	41.50	237.00	甲	−10
丁烷	2.00	1.60	8.50	38.00	201.50	甲	
丙酮	2.00	2.90	13.00	69.00	308.00	甲	−17
二氯化乙烯	3.55	9.70	12.80	386.00	514.00	甲	+6
氯化乙烯	—	3.00	80.00	54.00	144.00	甲	
照明气	0.50	8.00	24.50	47.05	145.20	甲	
乙醇	1.59	3.50	18.00	66.20	340.10	甲	+9～+32
丙醇	2.10	2.50	8.70	62.30	226.00	甲	+22～+45
煤油	—	1.40	7.50	—	—	甲	+28
硫化氢	1.19	4.30	45.50	60.50	642.20	甲	
二硫化碳	2.60	1.90	81.30	58.80	250.00	甲	−43
甲醇	—	6.00	36.50	78.50	478.00	甲	−1～+32
丁醇	—	3.10	10.20	94.00	309.00	甲	+27～+34
乙烯	0.97	3.00	34.00	34.80	392.00	甲	
丙烯	1.45	2.00	11.00	34.40	190.00	甲	
松节油	—	0.80	—	44.50	—	乙	

注：根据生产过程中火灾危险性的特征，分为甲、乙、丙、丁、戊五种生产类别。

主要参考文献

[1] 中华人民共和国国家标准. 铸造防尘规范 GB 8959—2007. 北京：中国标准出版社，2007

[2] 中华人民共和国国家标准. 采暖通风与空气调节设计规范 GB 50019—2003. 北京：中国计划出版社，2004

[3] 中华人民共和国卫生部. 工业企业设计卫生标准 GBZ 1—2002. 北京：法律出版社，2002

[4] 中华人民共和国卫生部. 工业场所有害因素职业接触限值 GBZ 2—2002. 北京：法律出版社，2002

[5] 陆耀庆主编. 实用供热空调设计手册（第二版）. 北京：中国建筑工业出版社，2008

[6] 编写组. 钢铁企业采暖通风设计手册. 北京：冶金工业出版社. 1996.12

[7] 许居鹓主编. 机械工业采暖通风与空调设计手册. 上海：同济大学出版社，2007

[8] 张殿印等. 袋式除尘技术. 北京：冶金工业出版社，2008

[9] 王俊民等. 电收尘工程手册. 北京：中国标准出版社，2007

[10] 孙一坚. 简明通风设计手册. 北京：中国建筑工业出版社，1996

[11] 中国劳动保护科学技术学会工业防尘专业委员会编写组. 工业防尘手册. 北京：劳动人事出版社，1989

[12] 林太郎. 工厂通风. 张本华，孙一坚译. 北京：中国建筑工业出版社，1986

[13] 陈明绍等. 除尘技术的基本理论与应用. 北京：中国建筑工业出版社，1981

[14] 嵇敬文. 工厂污染物质通风控制的原理和方法. 北京：中国工业出版社，1965

[15] 郝吉明等. 大气污染控制工程. 北京：高等教育出版社，2002

[16] ［英］D J Croome & B M Roberts. 建筑物空气调节与通风. 陈在康等译. 北京：中国建筑工业出版社，1982

[17] 魏润柏. 通风工程空气流动理论. 北京：中国建筑工业出版社，1981

[18] B. B. Батурин. 工业通风原理. 刘永年译. 北京：中国工业出版社，1965

[19] 嵇敬文. 除尘器. 北京：中国建筑工业出版社，1981

[20] 谭天祐，梁凤珍. 工业通风防尘技术. 北京：中国建筑工业出版社，1984

[21] 北京市设备安装工程公司等. 全国通用通风管道计算表. 北京：中国建筑工业出版社，1977

[22] 北京钢铁学院. 气力输送装置. 北京：人民交通出版社，1974

[23] 编写组. 铸造车间通风除尘技术. 北京：机械工业出版社，1983

[24] American ACGIII. Industrial Ventilation A Mannul of Recommended Practice 14th. 1978

[25] 日本劳动省劳动基准局. 局所排气装置の标准设计につぃての检讨结果报告书，1980

[26] B. B. Батурин. 工业通风原理. 刘永年泽. 北京：中国工业出版社. 1965

[27] B. B. Батурин. Азрация ромысиленых здании. 1963

[28] 陈明绍等. 除尘技术的基本理论与应用. 北京：中国建筑工业出版社，1981

[29] 嵇敬文. 除尘器. 北京：中国建筑工业出版社，1981

[30] ［日］大气污染研究全国协议会. 改议大气污染ハンドブワ（2）（除じん装置编）. 1976

[31] 沈恒根、叶龙、许晋源、张希仲. 旋风分离器平衡尘粒模型. 动力工程. 1996

[32] R. E. Cook，J. Air Pollut. Contr. Assoc. 1975

[33] 陈秉林、侯辉主编. 供热、锅炉房及其环保设计技术措施. 北京：中国建筑工业出版社，1989

[34] 北京市环境保护科学研究所编. 大气污染防治手册. 上海：上海科学技术出版社，1987

[35] ASHRAE. Equipment Handbook. 1979

[36] 江熊主编. 工业防毒技术. 北京：化学工业出版社，1982

[37] 北京大学化学系. 化学工程基础. 北京：人民教育出版社，1979

[38] 上海师范学院等. 化工基础（上册）. 北京：人民教育出版社，1980
[39] W Strauss. Industrial Gas Cleaning. 1975
[40] 中国劳动保护科学技术学会工业防尘专业委员会编. 工业防尘手册. 北京：劳动人事出版社，1989
[41] ASHRAE. HANDBOOK FUNDAMENTALS，1981
[42] 周谟仁主编. 流体力学 泵与风机. 北京：中国建筑工业出版社，1985
[43] V. V. Baturin. Fundamentals of industrial ventilation (Third edition). Pergamon Press，1972
[44] 强天伟. 通风空调设备用蒸发冷却节能技术的研究. 东华大学博士学位论文，2007

尊敬的读者：

感谢您选购我社图书！建工版图书按图书销售分类在卖场上架，共设22个一级分类及43个二级分类，根据图书销售分类选购建筑类图书会节省您的大量时间。现将建工版图书销售分类及与我社联系方式介绍给您，欢迎随时与我们联系。

★建工版图书销售分类表（详见下表）。

★欢迎登陆中国建筑工业出版社网站www.cabp.com.cn，本网站为您提供建工版图书信息查询，网上留言、购书服务，并邀请您加入网上读者俱乐部。

★中国建筑工业出版社总编室　电　话：010—58337016

传　真：010—68321361

★中国建筑工业出版社发行部　电　话：010—58337346

传　真：010—68325420

E-mail：hbw@cabp.com.cn

建工版图书销售分类表

<table>
<tr><th>一级分类名称（代码）</th><th>二级分类名称（代码）</th><th>一级分类名称（代码）</th><th>二级分类名称（代码）</th></tr>
<tr><td rowspan="5">建筑学
（A）</td><td>建筑历史与理论（A10）</td><td rowspan="5">园林景观
（G）</td><td>园林史与园林景观理论（G10）</td></tr>
<tr><td>建筑设计（A20）</td><td>园林景观规划与设计（G20）</td></tr>
<tr><td>建筑技术（A30）</td><td>环境艺术设计（G30）</td></tr>
<tr><td>建筑表现・建筑制图（A40）</td><td>园林景观施工（G40）</td></tr>
<tr><td>建筑艺术（A50）</td><td>园林植物与应用（G50）</td></tr>
<tr><td rowspan="5">建筑设备・建筑材料
（F）</td><td>暖通空调（F10）</td><td rowspan="5">城乡建设・市政工程・
环境工程
（B）</td><td>城镇与乡（村）建设（B10）</td></tr>
<tr><td>建筑给水排水（F20）</td><td>道路桥梁工程（B20）</td></tr>
<tr><td>建筑电气与建筑智能化技术（F30）</td><td>市政给水排水工程（B30）</td></tr>
<tr><td>建筑节能・建筑防火（F40）</td><td>市政供热、供燃气工程（B40）</td></tr>
<tr><td>建筑材料（F50）</td><td>环境工程（B50）</td></tr>
<tr><td rowspan="2">城市规划・城市设计
（P）</td><td>城市史与城市规划理论（P10）</td><td rowspan="2">建筑结构与岩土工程
（S）</td><td>建筑结构（S10）</td></tr>
<tr><td>城市规划与城市设计（P20）</td><td>岩土工程（S20）</td></tr>
<tr><td rowspan="3">室内设计・装饰装修
（D）</td><td>室内设计与表现（D10）</td><td rowspan="3">建筑施工・设备安装技
术（C）</td><td>施工技术（C10）</td></tr>
<tr><td>家具与装饰（D20）</td><td>设备安装技术（C20）</td></tr>
<tr><td>装修材料与施工（D30）</td><td>工程质量与安全（C30）</td></tr>
<tr><td rowspan="4">建筑工程经济与管理
（M）</td><td>施工管理（M10）</td><td rowspan="2">房地产开发管理（E）</td><td>房地产开发与经营（E10）</td></tr>
<tr><td>工程管理（M20）</td><td>物业管理（E20）</td></tr>
<tr><td>工程监理（M30）</td><td rowspan="2">辞典・连续出版物
（Z）</td><td>辞典（Z10）</td></tr>
<tr><td>工程经济与造价（M40）</td><td>连续出版物（Z20）</td></tr>
<tr><td rowspan="3">艺术・设计
（K）</td><td>艺术（K10）</td><td rowspan="2">旅游・其他
（Q）</td><td>旅游（Q10）</td></tr>
<tr><td>工业设计（K20）</td><td>其他（Q20）</td></tr>
<tr><td>平面设计（K30）</td><td colspan="2">土木建筑计算机应用系列（J）</td></tr>
<tr><td colspan="2">执业资格考试用书（R）</td><td colspan="2">法律法规与标准规范单行本（T）</td></tr>
<tr><td colspan="2">高校教材（V）</td><td colspan="2">法律法规与标准规范汇编/大全（U）</td></tr>
<tr><td colspan="2">高职高专教材（X）</td><td colspan="2">培训教材（Y）</td></tr>
<tr><td colspan="2">中职中专教材（W）</td><td colspan="2">电子出版物（H）</td></tr>
</table>

注：建工版图书销售分类已标注于图书封底。